Florian Burgdorf

AF514440

Eine kunden- und lebenszyklusorientierte Produktfamilien-absicherung für die Automobilindustrie

Eine kunden- und lebenszyklus-orientierte Produktfamilienabsicherung für die Automobilindustrie

von
Florian Burgdorf

KIT Scientific Publishing

Dissertation, Karlsruher Institut für Technologie
Fakultät für Elektrotechnik und Informationstechnik, 2010

Impressum

Karlsruher Institut für Technologie (KIT)
KIT Scientific Publishing
Straße am Forum 2
D-76131 Karlsruhe
www.ksp.kit.edu

KIT – Universität des Landes Baden-Württemberg und nationales
Forschungszentrum in der Helmholtz-Gemeinschaft

Diese Veröffentlichung ist im Internet unter folgender Creative Commons-Lizenz
publiziert: http://creativecommons.org/licenses/by-nc-nd/3.0/de/

KIT Scientific Publishing 2010
Print on Demand

ISBN 978-3-86644-562-8

Eine kunden- und lebenszyklusorientierte Produktfamilienabsicherung für die Automobilindustrie

Zur Erlangung des akademischen Grades eines

Doktor-Ingenieurs

von der Fakultät für Elektrotechnik und Informationstechnik
des Karlsruher Instituts für Technologie (KIT)

genehmigte

Dissertation

von

Dipl.-Wi.-Ing. Florian Carsten Nils Burgdorf

aus
Heidelberg

Tag der mündlichen Prüfung: 20.07.2010
Hauptreferent: Prof. Dr.-Ing. Klaus D. Müller-Glaser
Korreferent: Prof. Dr. Andreas Oberweis

Meinen Eltern.

Danksagung

Mein besonderer Dank gilt Prof. Klaus D. Müller-Glaser für die intensive Betreuung dieser Arbeit, die ich in großer Freiheit und mit eigenen Ideen verfolgen konnte. Die zahlreichen Diskussionen und seine wertvollen Ratschläge förderten und forderten mich über die gesamte Promotionszeit. Weiterhin danke ich Prof. Andreas Oberweis für die Übernahme des Zweitberichts und sein Interesse an dieser Arbeit.

Meinen fachlichen Betreuern bei der BMW AG, Dr. Thomas Stauner und Hans-Jürgen Haak, danke ich für unzählige Diskussionen, aus denen ich viel gelernt und die ich stets als Bereicherung empfunden habe. Beide haben Vorversionen dieser Dissertation gelesen und erfreulich kritisch kommentiert. Meinem Abteilungsleiter, Dr. Thomas Kiesewetter, bin ich für die finanzielle Unterstützung meiner Arbeit und die Gewährung von zahlreichen studentischen Mitarbeitern dankbar, welche mir die praktische Validierung der in vorliegender Dissertation entworfenen Modelle erleichterten. Dank gebührt ebenfalls Dr. Johann Prenninger und Jan Philipps für unsere gemeinsame Projektarbeit im Kompatibilitätsmanagement und ihre Unterstützung bei statistischen Fragestellungen. Robert Schuster und Tuan Le danke ich für die in konstruktiver Zusammenarbeit erfolgreich durchgeführten Analyseprojekte und gemeinsame Veröffentlichungen.

Weiterhin bedanke ich mich bei meiner Familie und allen Freunden, die mir seit Jahren Mut machen und mir Kraft sowie Rückhalt geben – ohne sie wäre Vieles nicht möglich gewesen. Hervorheben möchte ich meine Mutter Anita Burgdorf, die mich nach dem frühen Tod meines Vaters, Dr. Hans-Otto Burgdorf, unentwegt mit aller Kraft unterstützt hat. Ebenfalls herausstellen möchte ich ihren Cousin Richard Schlund, von dem ich einiges gelernt habe und der für mich wie ein Vater ist.

Zusammenfassung

Der Wunsch nach steigender Funktionalität von Automobilen, beispielsweise in den Bereichen Verkehrssicherheit, Energieeffizienz und Kommunikation, führt seit fast 40 Jahren zu einem exponentiellen Wachstum des Umfangs hochvernetzter Software und Elektronik im Fahrzeug. Die den Kunden angebotenen Möglichkeiten zur Individualisierung ihrer Fahrzeuge erfordern zusätzlich eine hohe Variantenvielfalt der gesamten Produktfamilie, wobei die im Vergleich zur Automobilindustrie kürzeren Produktlebenszyklen der Softwaretechnik zudem zu weiteren Entwicklungsaktivitäten nach Produktionsstart führen. Die Sicherheit und Qualität der Fahrzeuge muss trotz der Änderungen an deren hochvernetzten, variantenreichen Systemen gewährleistet bleiben, was durch Tests geprüft werden kann. Dazu sind systematische Verfahren nötig, welche repräsentative Konfigurationen zur Absicherung bestimmen, die ihrerseits bestmöglich zu testen sind.

In vorliegender Dissertation wird zuerst gezeigt, dass die Testmethoden des existierenden Stands der Technik keinen ganzheitlichen Ansatz zur Entwicklung einer automotive-geeigneten Methode zur Absicherung massengefertiger, variantenreicher eingebetteter Systeme über ihren Lebenszyklus mit Versionierung ihrer Komponenten ermöglichen. Dementsprechend werden die Randbedingungen in Form der aktuellen Fahrzeugarchitektur mit ihren Echtzeitanforderungen dar- und ein zukünftiges Architekturmuster vorgestellt, das die Grenze der Abstraktionsfähigkeit einer Absicherungsstrategie erhöht.
Der Entwurf von Kennzahlen zur Quantifizierung von Bordnetzkonfigurationen in den zwei Dimensionen der kombinatorischen Varianten und Versionen dient der Bewertung der Ähnlichkeit eines Fahrzeugs zu einer abgesicherten Systemkonfiguration. Korrelationsanalysen zeigen einen eindeutigen Zusammenhang dieser Bordnetzkennzahlen zu Qualitätsmaßen, womit bei einem kausalen Zusammenhang die Effektivität durchgeführter Absicherungsmaßnahmen hinsichtlich der vom Kunden erlebten Fahrzeugqualität beurteilt werden kann.
Die entwickelte Varianten-Clusteranalyse dient der automatisierten Strukturierung verkaufter Fahrzeuge zur Bestimmung repräsentativer Kundenkonfigurationen zur Absicherung. Sie minimiert die kombinatorische Variantenabweichung und richtet so die Absicherung der Produktfamilie an den vom Kunden gekauften Fahrzeugkonfigurationen aus. Die Dimensionen der Varianten-Clusteranalyse bilden die vom Kunden direkt und indirekt wählbaren Fahrzeugeigenschaften vollständig ab, womit

aufgrund der Leistungsfähigkeit der Methode erstmals die empirische Analyse einer gesamten Produktlinie mit ihrem kompletten Variantenumfang möglich ist.
Um abzusichernde Konfigurationen bereits in der Entwicklung kundenorientiert auszuwählen, ist eine Prognose der nach Produktionsstart verkauften Fahrzeugkonfigurationen zu treffen. Das als Virtual Vehicle Generator entwickelte Hidden-Markov-Modell beliebiger Ordnung modelliert Vorbedingungen anhand häufiger Kombinationen von Fahrzeugeigenschaften, womit sich wahrscheinlichkeitstheoretisch gemäß den Absatzerwartungen ein Fahrzeugfeld mit beliebigem Umfang generieren lässt. Das Modell bietet aufgrund der Betrachtung verschieden umfangreicher Vorbedingungen eine hohe Abstraktionsfähigkeit von den analysierten Daten und eine höhere Flexibilität und Genauigkeit als die bisher bekannten Modelle. Insgesamt wird damit erstmalig eine belastbare Prognose von vollständigen Fahrzeugkonfigurationen noch vor Produktionsstart möglich.
Neben Varianten von Fahrzeugbordnetzen betrachtet die entwickelte Absicherungsstrategie auch deren physisches Bordnetz im Lebenszyklus mit dem Verbau verschiedener Steuergeräteversionen. Ausgehend von den Bordnetzkennzahlen und den empirischen Korrelationsanalysen wird ein Risikobegriff entwickelt, dessen Minimierung im Risk Management Module das abzusichernde physische Bordnetz der repräsentativen Fahrzeugkonfiguration bestimmt. Dem Potential der Risikoreduktion durch Absicherung werden die dabei entstehenden Absicherungskosten gegenübergestellt, um derart ein Optimum des Absicherungsumfangs zu bestimmen.
Die als Virtual Vehicle Simulator entworfene Monte-Carlo-Simulation ermöglicht eine vollständige Prognose der Konfigurationsentwicklung im Feld, indem stochastisch über die durchgeführten Korrelationsanalysen der Bordnetzkennzahlen ein Zusammenhang von Fahrzeugkonfigurationen zu Werkstattfällen hergestellt wird. Damit ist erstmals die komplette Generierung mitsamt Analyse eines simulierten Baureihenlebenszyklus möglich, was eine simulative Bewertung der entwickelten Methoden und damit einen Vergleich verschiedener Absicherungsstrategien ermöglicht.

Insgesamt bilden die entwickelten Methoden eine automotive-geeignete Absicherungsstrategie, die erstmals den kompletten Variantenumfang eines massengefertigten eingebetteten Systems inklusive der Versionierung dessen Einzelkomponenten im Lebenszyklus systematisch betrachten und empirisch bewerten kann. Die Realisierung der Strategie bietet statistisch insbesondere Vorteile durch die Steigerung der vom Kunden wahrgenommenen Qualität mit einer sinkenden Anzahl nötiger Werkstattfälle aufgrund einer optimierten Absicherung von Systemvarianten.

Inhaltsverzeichnis

Symbolverzeichnis

α	Statistische Irrtumswahrscheinlichkeit
$\bar{C}^{\text{Absicherung}}(AT)$	Kosten einer Absicherung auf dem Absicherungsträger AT
$\bar{C}^{\text{Betreuung}}(AT)$	Betreuungskosten des Absicherungsträgers AT
$\bar{C}^{\text{Rüstung}}(AT)$	Rüstkosten des Absicherungsträgers AT
$\bar{C}_0$	Mittelwert des Kapitalwerts einer Stichprobe
$\bar{S}$	Durchschnittliche Gewährleistungskosten eines Werkstattfalls
$\Delta\mathcal{AK}$	Menge zusätzlich abgesicherter Konfigurationen
$\Delta R(\mathcal{AK}, \Delta\mathcal{AK}, \Theta)$	Risikopotential, um welches das Risiko einer Fahrzeugmenge Θ durch zusätzlich abgesicherte Konfigurationen $\Delta\mathcal{AK}$ reduziert wird, wenn die Konfigurationen $\mathcal{AK}$ bereits abgesichert wurden
Δt	(uniformes) Zeitintervall im Simulationsmodell
δ	Allgemeines Distanzmaß
δ_c	Aus einer c-Norm abgeleitete Minkowski-Metrik
$\emptyset$	Leere Menge
ϵ	Stochastische Störgröße
η	Anzahl der indikativen Attribute eines Fahrzeugs als Modellentität im Simulationsmodell
γ	Umfang einer Stichprobe
ι	Laufindex der Steuergeräte
κ	Laufindex der durch die Clusteranalyse gebildeten Cluster

λ_{HMM}	Hidden-Markov-Modell
λ_{VMM}	Visible-Markov-Modell
$\mapsto$	Mathematische Abbildung
$\mathbb{N}$	Menge der natürlichen Zahlen
$\mathbb{N}_0$	Menge der erweiterten natürlichen Zahlen, $\mathbb{N} \cup \{0\}$
$\mathbb{R}$	Menge der reellen Zahlen
$\mathbb{R}^+$	Menge der reellen Zahlen echt größer als 0
$\mathbb{R}_0^+$	Menge der reellen Zahlen größer gleich 0
$\mathcal{AK}$	Menge der abgesicherten Konfigurationen
$\mathcal{AT}$	Menge aller Absicherungsträger
$\mathcal{V}_\iota$	Menge der für Steuergerät SG_ι freigegebenen Versionen
$\mathbb{1}$	Charakteristische Funktion, $\mathbb{1} \in \{0;1\}$
mod_ι	Modalwert über Index ι
μ	Mittelwert einer Grundgesamtheit
ν	Anzahl Freiheitsgrade der t-Verteilung
Ω	Menge der betrachteten Varianteneigenschaften
ϕ	Anzahl Softwarefunktionen einer Baureihe
π	Anfangswahrscheinlichkeitsverteilung des Startzustands eines Markov-Modells
ρ^R	Gewichtungsfaktor des Restrisikos im Risikobegriff
ρ^{AN}	Gewichtungsfaktor der Absicherungsnähe im Risikobegriff
ρ^{MVB}	Gewichtungsfaktor des Mischverbaus im Risikobegriff
σ	Standardabweichung einer Grundgesamtheit
σ^2	Varianz einer Grundgesamtheit
τ	Laufindex der Simulationszeitpunkte
Θ	Menge der Feldfahrzeuge

Θ_j	Feldfahrzeug j
$\vec{A}^{\Theta_j}(t)$	Attributsvektor von Fahrzeug Θ_j im Simulationsmodell zum Zeitpunkt t
$\vec{A}^{M}(t)$	Attributsvektor des Simulationsmodells zum Zeitpunkt t
$\vec{c}_\kappa$	Zentroid des Clusters κ
$\vec{E}(\Theta_j)$	Eigenschaftsvektor von Konfigurationen
$\vec{Z}(\Theta_j, t)$	Zustand von Objekt Θ_j im Simulationsmodell zu Zeitpunkt t
$\vec{Z}_M(\Theta, t)$	Zustand des Simulationsmodells zu Zeitpunkt t
$\vee$	Aussagenlogisches *oder*
$\lvert M \rvert$	Mächtigkeit einer Menge M
$\lvert x \rvert$	Absolutbetrag der (reellen) Zahl x
$\wedge$	Aussagenlogisches *und*
$\widehat{\nu}$	Geschätzte Anzahl Freiheitsgrade der t-Verteilung
ξ	Laufindex der Bordnetzdomänen und zugehöriger Teilsysteme einer Baureihe
ζ	Laufindex der diskreten Simulationszeitpunkte
$\mathcal{A}$	Algorithmus
A	Auftretenswahrscheinlichkeit einer Fehlerursache
A	Zustandsübergangsmatrix eines Markov-Modells
$a_1, \ldots, a_k$	Argumente einer Eingabe
AF	Auftretenswahrscheinlichkeit aus Kundensicht eines vermeintlichen Fehlers
AK	Abgesicherte oder abzusichernde Konfiguration
$AN_{[\cdot]}(\mathcal{AK}, \Theta_j)$	Absicherungsnähe der Variantenvielfalt von Fahrzeug Θ_j bei Kennzahl $d_{V[\cdot]}$ mit der Menge $\mathcal{AK}$ an abgesicherten Konfigurationen

$AN_{*[\cdot]}(\mathcal{AK},\Theta_j)$	Absicherungsnähe der Variantenvielfalt von Fahrzeug Θ_j bei Kennzahl $d_{V^*[\cdot]}$ mit der Menge $\mathcal{AK}$ an abgesicherten Konfigurationen und übergreifender Typschlüsselbetrachtung
AT	Absicherungsträger
B	Bedeutung einer Fehlerfolge
B	Menge der Emissionswahrscheinlichkeitsverteilungen eines Hidden-Markov-Modells
$B(t)$	Fahrtüchtiger Fahrzeugbestand eines Produktionsjahres nach t Jahren
BF	Wahrscheinlichkeit der Nichtakzeptanz eines vermeintlichen Fehlers aus Kundensicht
C_{OLC}	Servicekosten
C_{RE}	Entwicklungskosten
C_{RT}	Testkosten
d_N	Normierung der Abstandskennzahl von Integrationsstufen
$d_{(\iota 1,\iota 2)}$	Abstandskennzahl der Integrationsstufen $I_{\iota 1}$ und $I_{\iota 2}$
d_ι	Abstandskennzahl der Integrationsstufe I_ι zu einem Sollstand I_0
$d_{V[\cdot]}(AK,\Theta_j)$	Kombinatorische Variantenabweichung zweier Fahrzeuge AK und Θ_j bei Verwendung der Kennzahl $[\cdot]$
$d_{V^*[\cdot]}(AK,\Theta_j)$	Kombinatorische Variantenabweichung zweier Fahrzeuge AK und Θ_j bei Verwendung der Kennzahl $[\cdot]$ und übergreifender Typschlüsselbetrachtung
DBI	Davies-Bouldin-Index der Clusteranalyse
E	Eingabe (eines Algorithmus A)
E	Entdeckungswahrscheinlichkeit eines Fehlers
E	Kanten eines Graphen (Graphentheorie)
EF	Entdeckungswahrscheinlichkeit aus Kundensicht eines vermeintlichen Fehlers

f	Gesamtanzahl der Fahrzeuge einer Fahrzeugmenge
F_o	Zu erfüllende, kundenrelevante Funktion F_o
G	Gefährdung
G	Graph (Graphentheorie)
i	Kalkulationszinssatz zur Kapitalwertberechnung in %
i	Laufindex der Sonderausstattungen
I_0	Integrationsstufensollzustand der Steuergeräte eines Fahrzeugbordnetzes
I_ι	Integrationsstufe I_ι des Steuergeräts SG_ι
j	Laufindex der Feldfahrzeuge beziehungsweise allgemein von Konfigurationen
K	Menge der Zentroiden der Clusteranalyse als resultierende Clusterung
k	Anzahl der gebildeten Cluster einer k-means-Clusterung
k, l	Allgemeine Laufvariablen
$KDBI$	Kombinatorisch-modifizierter Davies-Bouldin-Index der Clusteranalyse
KS	Konfigurationsspezifikation einer Fahrzeug- oder Teilsystemkonfiguration
KS_{TS}	Konfigurationsspezifikation einer Gesamtfahrzeugkonfiguration mit Typschlüsselbetrachtung
KV	Konfigurationsvielfalt im Lebenszyklus
KV_{VA}	Konfigurationsvielfalt der Varianten
L_P	Sprache des Problems P
m	Anzahl Iterationen einer k-means-Clusterung bis zur Terminierung des Algorithmus
m	Anzahl Kompatibilitätsbeziehungen zwischen verbauten Steuergeräten in einem Fahrzeug Θ_j

MDR	Mean Distance Ratio der Clusteranalyse
$MTBF$	Mean Time Between Failures
$MTTR$	Mean Time To Repair
$MVB(\mathcal{AK},\Theta_j)$	Knoten-Mischverbau eines Fahrzeugs Θ_j bei der Menge $\mathcal{AK}$ an abgesicherten Konfigurationen
$MVB_E(\mathcal{AK},\Theta_j)$	Kanten-Mischverbau eines Fahrzeugs Θ_j bei der Menge $\mathcal{AK}$ an abgesicherten Konfigurationen
$MW(SG_\iota)$	Meldewahrscheinlichkeit eines aufgetretenen, entdeckten sowie nicht akzeptierbaren, vermeintlichen Fehlers durch den Kunden in Steuergerät SG_ι
MW	Meldewahrscheinlichkeit eines aufgetretenen, entdeckten sowie nicht akzeptierbaren, vermeintlichen Fehlers durch den Kunden
N	Mächtigkeit einer Grundgesamtheit
n	Anzahl verbauter Steuergeräte in einem betrachteten Fahrzeug Θ_j
$N_{Cluster}$	Maximale Anzahl zu bildender Cluster als Abbruchkriterium für SplitVR
n_{max}	Maximale Anzahl an Steuergeräten einer Baureihe
o	Laufindex von (Software-) Funktionen
$P(\cdot)$	Eintrittswahrscheinlichkeit des Ereignisses $(\cdot)$
$P(F_o)$	Eintrittswahrscheinlichkeit der Nichterfüllung von Funktion F_o
$P(SG_\iota)$	Eintrittswahrscheinlichkeit des Ausfalls von Steuergerät SG_ι
P	Problem
p	Menge an Einflussparametern der Zielfunktion
p	Parameter eines Bernoulli-Versuchs und bei γ-fache Faltung auch der zugehörigen Binomialverteilung
$p_1, \ldots, p_k$	Parameter eines Problems
$p_{WSF}(\mathcal{AK},\Theta_j)$	Werkstattfallwahrscheinlichkeit einer Fahrzeugkonfiguration Θ_j bei der Menge $\mathcal{AK}$ an abgesicherten Konfigurationen

$q_{t,t+1}$	Anteil der Fahrzeuge eines Produktionsjahres, die zwischen den Jahren t und $t+1$ nach Produktion nicht verschrottet werden
$R(\mathcal{AK}, \Theta)$	Mit einer Fahrzeugmenge Θ verbundenes Risiko bei der Menge $\mathcal{AK}$ an abgesicherten Konfigurationen
$R(\mathcal{AK}, \Theta_j)$	Mit einer Fahrzeugkonfiguration Θ_j verbundenes Risiko bei der Menge $\mathcal{AK}$ an abgesicherten Konfigurationen
$R(F_o)$	Mit einer zu erfüllenden Funktion F_o verbundenes Risiko
$R(SG_\iota)$	Mit einem Steuergerät SG_ι verbundenes Risiko
$R(G)$	Risiko einer Gefährdung G
$R^F(\Theta_j)$	Risiko des Fahrzeugs Θ_j betrachtet aus Funktionssicht
$R^{SG}(\Theta_j)$	Risiko des Fahrzeugs Θ_j betrachtet aus Steuergerätesicht
RPZ	Risikoprioritätszahl der System-FMEA
$S(F_o)$	Potentieller Schaden durch Nichterfüllung von Funktion F_o
$S(SG_\iota)$	Potentieller Schaden durch Ausfall des Steuergeräts SG_ι
S	Schätzer der Standardabweichung einer Grundgesamtheit aus einer Stichprobe
$\mathcal{S}$	Zustandsraum eines Markov-Modells
s	Anzahl der codierrelevanten Sonderausstattungen einer Fahrzeugbaureihe
$S(G)$	Potentieller Schaden einer Gefährdung G
S^2	Schätzer der Varianz einer Grundgesamtheit aus einer Stichprobe
T	Behrens-Fisher-Testgröße
T	Zeithorizont eines Modells
t	zeitlicher Modelleinfluss
$t_P^{\Theta_j}$	Produktionszeitpunkt des Fahrzeugs Θ_j im Simulationsmodell
t_ι	Serieneinsatztermin der Integrationsstufe I_ι
t_ζ	diskreter Simulationszeitpunkt

$t_{Ab}(\Theta_j)$	Zeitpunkt des Abgangs von Fahrzeug Θ_j aus dem Simulationsmodell
t_{EOP}	Zeitpunkt des Produktionsendes
$t_{FI}(SG_\iota)$	Zeitpunkte der Einführung von Flashinkompatibilitäten zwischen Versionen von Steuergerät SG_ι
$t_{SW}(SG_\iota)$	Zeitpunkte der Einführung neuer Softwareversionen für Steuergerät SG_ι
t_{TA}	Zeitpunkte der durchgeführten Absicherungsmaßnahmen
$t_{WSF}(\Theta_j)$	Zeitpunkte der Werkstattfälle von Fahrzeug Θ_j
V	Ausgabealphabet eines Hidden-Markov-Modells
V	Knoten eines Graphen (Graphentheorie)
V_S	Verfügbarkeit eines Systemverbunds aus Einzelkomponenten ι
V_ι	Verfügbarkeit einer Komponente ι
v_ι	Anzahl Versionen für betrachtetes Steuergerät SG_ι
VR	Variance Ratio der Clusteranalyse
w	Laufindex der Steuergeräteversionen
x, y	Allgemeine Bezeichner
ZF	Zielfunktion
w	Allgemeine Eingabe eines Algorithmus als Wort

Kapitel 1

Einführung und Motivation

1.1 Einleitung

Seit fast 40 Jahren ist die Entwicklung von Kraftfahrzeugen durch einen exponentiellen Anstieg des Einsatzes von Software sowie Elektronik geprägt (vgl. Abbildung 1.1). Von exogenen Markt- und Umweltanforderungen getrieben hält dieser Trend bis heute an. Mit Einführung neuer oder erweiterter Funktionen steigt jedoch auch die zu beherrschende Komplexität auf Komponenten- wie Gesamtbordnetzebene [Sch03]. Aktuell existieren in Fahrzeugen der Oberklasse wie dem BMW 5er, 6er oder 7er ca. 3.500 kundenerlebbare Funktionen, die aus über 4.700 Softwarefunktionen zusammengesetzt sind. Unterstellt man, dass jede Softwarefunktion mit allen anderen Softwarefunktionen kommuniziert, so ergeben sich zwischen diesen maximal

$$\phi \cdot (\phi - 1) \overset{\phi=4.700}{=} 22.085.300$$

logische Verbindungen. Die Ausstattung des Fahrzeugs mit den vom Kunden gewählten Sonderausstattungen bestimmt dabei die Menge der tatsächlich verbauten Funktionen, wobei nicht zuletzt aufgrund von gegenseitigen Ausschlüssen nie alle Funktionen gleichzeitig in einem Fahrzeug vorhanden sind, sondern stets nur eine Teilmenge. Da zudem die Menge an Funktionen de facto nicht vollvernetzt ist, ist auch die effektive Anzahl der logischen Verbindungen zwischen Softwarefunktionen geringer. Die Maximalanzahl logischer Verbindungen stellt damit zusammen mit ihrer individuellen Ausgestaltung die Komplexität heutiger Automobile plakativ dar. Mit dem wachsenden Funktionsumfang erhöht sich auch die Wahrscheinlichkeit für

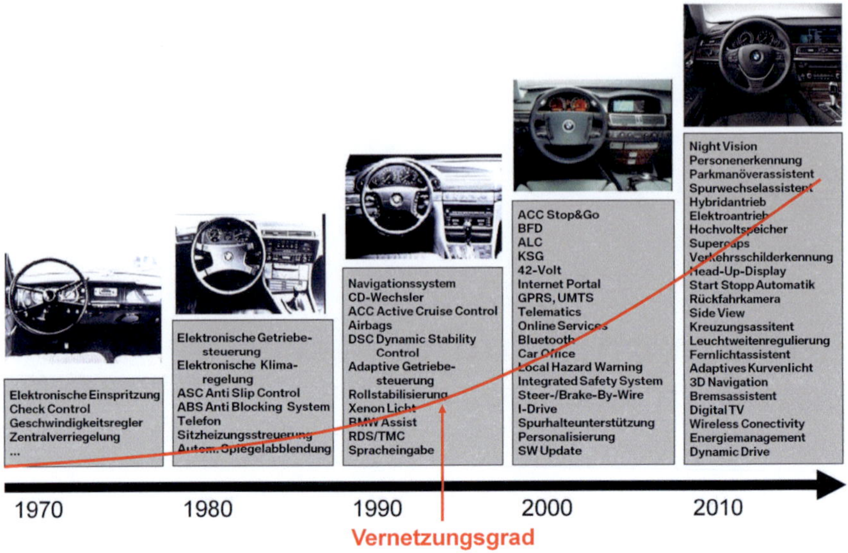

Abbildung 1.1: Steigender Funktionsumfang und Vernetzungsgrad. Quelle bis Jahr 2000: [BMW04].

Entwicklungsaktivitäten nach Produktionsbeginn [Bur07]. Durch Nach- und Weiterentwicklungen von Software entstehen während der typischerweise sieben- bis achtjährigen Produktionsphase einer Fahrzeugbaureihe einzelne Releases, welche bei der BMW Group am so genannten Integrationsstufen-Viertakt ausgerichtet sind, der maximal vier Rollouts pro Jahr vorschreibt. Jegliche Änderung in hochvernetzten Systemen kann jedoch zu einem unerwarteten Verhalten des Gesamtsystems führen.

Um das Verhalten eines Gesamtsystems zu beschreiben, wird der Begriff der Kompatibilität eingeführt. Im Zusammenhang mit Steuergeräten beschreibt Kompatibilität die "Verträglichkeit" mehrerer Hard- respektive Softwarekomponenten untereinander [BMW06]. Damit wird mit einer Kompatibilitätsaussage stets ein Bezug auf (mindestens) eine andere Komponente impliziert, da ein Steuergerät nicht für sich kompatibel ist. Komponenten sind vor diesem Hintergrund genau dann kompatibel, wenn sie ausgetauscht werden können, ohne dass das Gesamtsystem das erwartete Verhalten ändert.
Werden verschiedene Steuergeräte gemeinsam verbaut, so liegt *Vernetzungskompatibili-*

tät vor, wenn jegliche geforderte Eigenschaften von allen Modulen "korrekt" erfüllt werden – das Gesamtsystem also alle Anforderungen erfüllt. Dabei ist bei den verbauten Steuergeräten ihre Versionierung zu betrachten. Abbildung 1.2 verdeutlicht die Möglichkeit, dass ein Steuergerät in unterschiedlichen Umfängen vernetzungskompatibel zu Versionen anderer Steuergeräte sein kann. Die Grafik zeigt beispielsweise eine Kompatibilität des Steuergeräts $SG1$ zu $SG2_{(3)}$, zu $SG3_{(4)}$, $SG3_{(3)}$, $SG3_{(2)}$, ..., sowie Inkompatibilitäten zu $SG2_{(2)}$, $SG2_{(1)}$ und zu $SG4_{(1)}$. Damit bezieht sich die

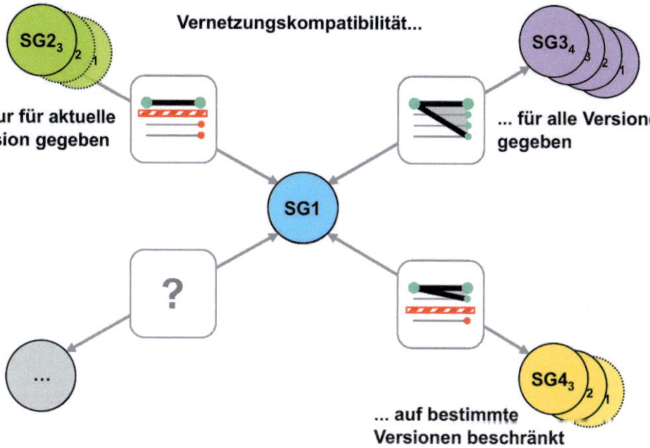

Abbildung 1.2: Fälle von Vernetzungskompatibilität.
Quelle: [BMW06].

Versionskompatibilität auf die Austauschbarkeit unterschiedlicher Versionen einer Komponente in einem gegebenen System. Schlussendlich beschreibt *Flashkompatibilität* die (technisch) mögliche Programmierbarkeit eines Softwarestandes auf eine Steuergerätehardware. Ist eine (neue) Software auf eine (alte) Hardware nicht flashbar, so reichen beispielsweise deren Speicher- oder Rechenressourcen nicht zur Ausführung der Software aus.

Aufgrund der komplexen Interaktionen der Komponenten in individuell von Kunden bestellten Fahrzeugbordnetzen gibt es für ungetestete Komponentenbeziehungen a priori keine vollständig vertrauenswürdige Aussage zu deren Kompatibilität. Die Kompatibilität einer Komponentenbeziehung und des Gesamtsystems ist ungetestet daher letztlich ungewiss. Damit müssen effiziente Tests an repräsentativen Bordnetzen vorgenommen werden, um die Korrekheit der produzierten Fahrzeuge sicherzustellen.

1.2 Varianten- und Versionsvielfalt produzierter Fahrzeuge

Ohne an dieser Stelle einen genaueren Komplexitätsbegriff definieren zu wollen, zeigt sich die Produktfamilienkomplexität bereits in der Vielfalt an Varianten und (Sonder-) Ausstattungsmöglichkeiten. Illustrierend sollen Wahlmöglichkeiten der aktuellen BMW 3er-Reihe anhand des Konfigurators auf *http://www.BMW.de* dargestellt werden.

	Auswahlmöglichkeiten	Möglichkeiten
Karosserieform	Limousine, Touring, Coupé, Cabrio	4
Motoren	318d/i, 320d/i, 325d/i, 330d/i, 335d/i	10
Allrad	ja, nein	2
Automatik	ja, nein	2
Farbe, Interieur, Felgen	etliche Wahlmöglichkeiten	$13 \cdot 12 \cdot 11$
Klima, Heizung	Sonderausstattungen	4
Komfort, Nutzen		$19 + 2 \cdot \binom{2}{1} + \binom{3}{1}$
Optik innen / außen		$5 + \binom{4}{1}$
Polsterungen, Sitze		$4 + \binom{2}{1}$
Radio, Audio, Kommunikation, Info		$8 + 3 \cdot \binom{2}{1}$
Sicherheit		$7 + \binom{2}{1}$
Sportlichkeit		$\binom{2}{1}$

Tabelle 1.1: Variantenvielfalt für einen deutschen 3er BMW. Stand: 30.11.2009.

Nach Tabelle 1.1 ergeben sich für einen farb-, polster- und felgenlosen, deutschen 3er BMW $4 \cdot 10 \cdot 2 \cdot 2 = 160$ grundsätzliche Kombinationsmöglichkeiten. Weiterhin stehen genannte Extras als Sonderausstattung zur Verfügung. Der potentielle Kunde kann beispielsweise bezüglich der Optik seines Fahrzeugs fünf verschiedene Sonderausstattungen unabhängig voneinander bestellen und zusätzlich aus vier Optionen eine auswählen.

$$
\begin{aligned}
4 &= 4 && \text{(Klima, Heizung)} \\
19 + 2 \cdot \binom{2}{1} + \binom{3}{1} &= 26 && \text{(Komfort, Nutzen)} \\
5 + \binom{4}{1} &= 9 && \text{(Optik innen / aussen)} \\
4 + \binom{2}{1} &= 6 && \text{(Polsterungen, Sitze)} \\
8 + 3 \cdot \binom{2}{1} &= 14 && \text{(Radio, Audio, Kommunikation, Info)} \\
7 + \binom{2}{1} &= 9 && \text{(Sicherheit)} \\
\binom{2}{1} &= 2 && \text{(Sportlichkeit)} \\
\hline
\textsc{Summe} &= 70
\end{aligned}
$$

Diese 70 Auswahlmöglichkeiten stehen zur freien Verfügung, somit gibt es

$$\sum_{k=0}^{70} \binom{70}{k} \cdot 1^k \cdot 1^{70-k} = (1+1)^{70} = 2^{70} = 1.180.591.620.717.411.303.424$$

Zusammenstellungsmöglichkeiten der Sonderausstattungen.

Die Konfigurationsvielfalt der Varianten KV_{VA} für dieses Beispiel ergibt sich aus dem Produkt mit den grundsätzlichen Kombinationsmöglichkeiten:

$$
\begin{aligned}
KV_{VA} &= 160 \cdot 1.180.591.620.717.411.303.424 \\
&= 188.894.659.314.785.808.547.840
\end{aligned}
$$

Je nach Modelltyp ergeben sich bei den Sonderausstattungen leicht andere Zusammenstellungsmöglichkeiten, beispielsweise aufgrund von Abhängigkeiten zwischen Ausstattungsmerkmalen oder umfassenderer Serienausstattung. Basis obiger Berechnung ist die deutsche Limousine BMW 318i (E90), zusätzliche Varianten durch nicht-kundenbestellbare Ausstattungen, wie unterschiedliche Länderausführungen, sind explizit vernachlässigt. Obige Berechnung betrachtet also gemäß [Poh05] nur die externe, kundensichtbare Variabilität. Die interne Variabilität, etwa der automatische Verbau einer akustischen Gurtwarnung in Ländern mit entsprechenden Gesetzesvorgaben wie Japan, ist ebenfalls zu betrachten und erhöht obige Anzahl an Varianten zusätzlich deutlich.

Bereits am Beispiel des Mittelklassemodells zeigt sich der notwendige Test- und Absicherungsbedarf komplexer Software sowie Systeme der Elektrik/Elektronik (E/E) im Fahrzeug – ein erschöpfender Test ist aufgrund der umfangreichen Kombinatorik der Produktfamilie sowie des komplexen Produkts selbst als Testobjekt nicht möglich. Für eine definierte Menge an Varianten sind so methodisch aus dem Konfigurationsraum als der Menge theoretisch produzierbarer Fahrzeuge repräsentative Konfigurationen zur Absicherung zu bestimmen. Diese sind ihrerseits bestmöglich zu testen.

Werden allgemein s Sonderausstattungen durch n_{max} Steuergeräte realisiert, wobei Steuergerät ι in v_ι verschiedenen Steuergeräteversionen vorliegt, so erhöht sich die Konfigurationsvielfalt KV im Lebenszyklus auf

$$\begin{aligned} f : \mathbb{N} &\rightarrow \mathbb{N} \\ KV_{VA} &\mapsto KV(n_{max}, v_\iota, KV_{VA}) = \prod_{\iota=1}^{n_{max}} \binom{v_\iota}{1} \cdot KV_{VA} = \prod_{\iota=1}^{n_{max}} v_\iota \cdot KV_{VA}. \end{aligned}$$

Der mögliche Konfigurationsraum, aus dem zur Absicherung Konfigurationen auszuwählen sind, wächst also über den Lebenszyklus einer Baureihe zusätzlich multiplikativ in neu eingeführten Steuergeräteversionen. Damit wird die Auswahl geeigneter, repräsentativer Konfigurationen mit fortschreitendem Lebenszyklus einer Baureihe substantiell komplexer.

1.3 Versionierung der individuellen Fahrzeuge im Lebenszyklus

Die Integrationsstufe stellt zu einem bestimmten Zeitpunkt als Baseline eine vollständige, dokumentierte, strukturierte und abgestimmte Menge an Konfigurationen als Referenz für nachfolgende Prozesse dar. Eine Absicherung der Integrationsstufen findet gemäß einem definierten Systemabnahmeprozess statt, wobei aufgrund der

möglichen Konfigurationsvielfalt nur ausgewählte Typ-, Sonderausstattungs- und Länder-Varianten berücksichtigt werden können. Einzelne Komponenten können unverändert zwischen Integrationsstufen übernommen werden. Das Werk baut alle Fahrzeuge nach den verbindlich festgeschriebenen Integrationsstufen.
Abbildung 1.3 zeigt diesbezüglich ein System aus 15 verschiedenen Steuergeräten. Die Grafik kann auch interpretiert werden als eine Menge von acht Fahrzeugen, die

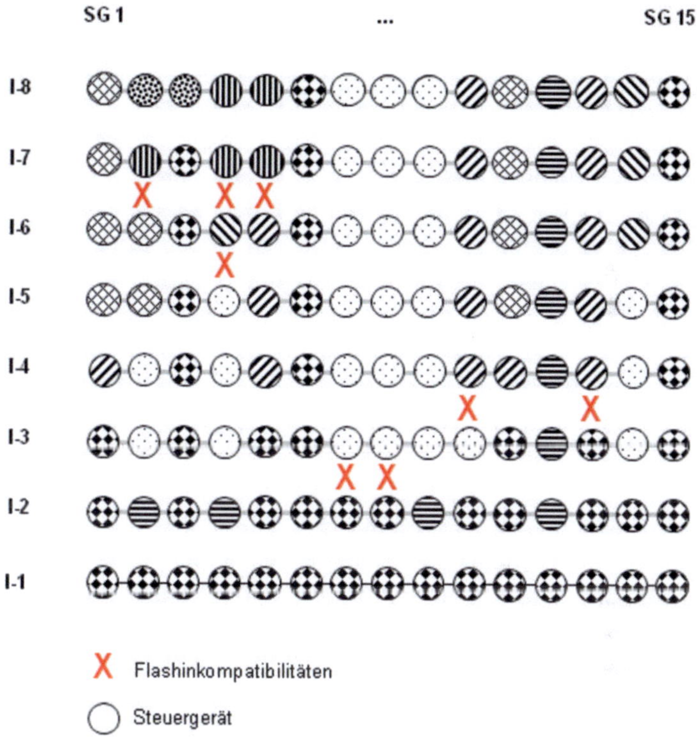

Abbildung 1.3: Entwicklung von Steuergeräteversionen in Integrationsstufen. Quelle: [BMW06].

mit acht verschiedenen Bau-Integrationsstufen produziert wurden. Diese werden als horizontale Linien dargestellt. Werden Änderungen vorgenommen, so ersetzen diese als neue Integrationsstufe entsprechende Vorgängerversionen in der Produktion und im Service. Die ordinale Anordnung der Integrationsstufen auf der Ordinate ergibt sich daher anhand ihrer Serieneinsatztermine. Ein Kreis symbolisiert ein Steuergerät, die Version des Geräts wird durch dessen Flächenmuster gekennzeichnet.

Das verwendete Muster hängt dabei von der Integrationsstufe ab, bei der die Version erstmalig eingesetzt wird. So ist beispielhaft ersichtlich, dass in den ersten drei Integrationsstufen für Steuergerät SG_1 eine identische Version Verwendung findet. Flashinkompatibilitäten werden zwischen den entsprechenden Steuergeräteversionen dargestellt, wenn sich die verschiedenen Versionen des betrachteten Steuergeräts durch Programmierung nicht ineinander überführen lassen.

Der Vollflash findet als Standardvorgehen der Fahrzeugprogrammierung bei großen, deutschen Automobilherstellern Anwendung und soll auch in vorliegender Dissertation die Programmierstrategie im Service definieren. Bei einem Vollflash wird jedes im Fahrzeug vorhandene Steuergerät SG_ι, $\iota = 1, \ldots, n_{max}$, mit der entsprechend zu programmierenden Software versorgt, soweit dieses flashkompatibel ist. Bei Flashinkompatibilität mindestens eines Steuergeräts entstehen also zusätzliche Konfigurationen durch die Kombination unterschiedlicher Gerätegenerationen in einem Bordnetz, was als Mischverbau bezeichnet wird. Diese Konfigurationen sind laut Aussage der Entwicklung vernetzungskompatibel, was jedoch nicht explizit durch Tests geprüft wird. Die Bau-Integrationsstufe des Fahrzeugs legt dabei sowohl die Steuergerätekonfiguration im Werk als auch die Menge möglicher Konfigurationen im Service fest. Abbildung 1.4 zeigt die erreichte Konfiguration eines Fahrzeugs, das mit der Bau-Integrationsstufe I-1 produziert wurde, bei Programmierung mit der Integrationsstufe I-8. Die resultierenden Steuergeräteversionen nach der Umprogrammierung sind zur Illustration mit einer Linie verbunden. Beispielsweise erhält das Steuergerät SG_1 die Software aus Integrationsstufe I-5, die in I-8 noch gültig ist. Damit ist SG_1 im Endzustand mit I-8 konform. Steuergerät SG_2 ist demgegenüber nicht mit I-8 konform, da aufgrund der Flashinkompatibilität nach I-6 die Software verwendet wird, die in I-5 eingeführt wurde. Aufgrund der Flashinkompatibilitäten wird die Soll-Integrationsstufe I-8 nur mit acht der 15 Steuergeräte erreicht.

Das in vorliegender Arbeit beschriebene und angewendete Vorgehen der Fahrzeugprogrammierung aktualisiert also die Softwarestände aller verbauten Steuergeräte auf die neuestmögliche Integrationsstufe. Zur Vermeidung von Steuergerätetausch bei einer Programmierung auf eine aktuellere Integrationsstufe sind abgelöste, flashinkompatible Vorgänger zu allen nachfolgenden Integrationsstufen parallel freigegeben, sofern dies die Entwicklung nicht explizit ausschließt. Abweichend von dieser Programmierstrategie können etwa auch je nur einzelne Steuergeräte des Fahrzeugbordnetzes programmiert werden, was als Einzelflash bezeichnet wird. Dieses ebenfalls in der deutschen Automobilindustrie eingesetzte Vorgehen besitzt gegenüber dem Vollflash

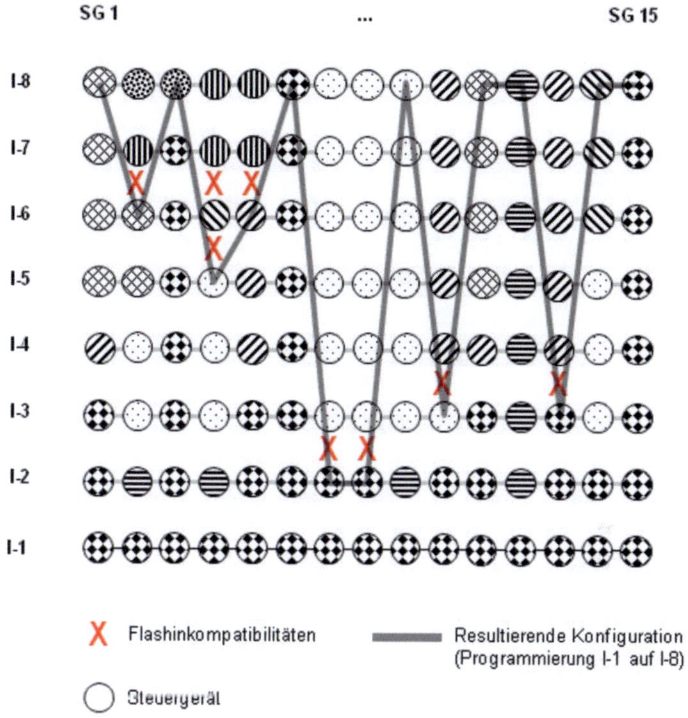

Abbildung 1.4: Konfiguration nach Bordnetzprogrammierung. Steuergeräte der Integrationsstufe I-1 im Vollflash.
Quelle: [BMW06].

Kostenvorteile aufgrund niedrigerer Programmierzeiten und einer geringeren Anzahl an Programmierfehlern im Service, demgegenüber sind jedoch keine proaktiven Bugfixes möglich

Automobile als Gebrauchsgegenstände und besonders als Statussymbole sind langlebige Wirtschaftsgüter. Software kann mit diversen Bugfixes, ständiger Weiterentwicklung und neuen Versionen, nicht nur bedingt durch sich ändernde Hardware, in ihrer Dynamik als kurzlebig bezeichnet werden. Damit existieren aufgrund der unterschiedlich langen Produktlebenszyklen der Softwaretechnik und der Automobilindustie nach [Bur07] diverse Gründe für Nach- und Weiterentwicklungen von Integrationsstufen während der Lebensdauer einer Baureihe, beispielsweise

- durch die Abkündigung von Zuliefer-Bauteilen,
- durch gestiegene Anforderungen an die Rechen- und Speicherleistung einer Komponente,
- durch Cost-Down-Maßnahmen, Bugfixe und Funktionshübe oder
- durch geänderte Nachrichtenkommunikation und Bus-Lasten.

Zukünftig müssen diese im Lebenszyklus entstehenden Konfigurationen aufgrund des steigenden Umfangs vernetzter Funktionen nach Abbildung 1.1 auf ihre Kompatibilität hin überprüft werden. Dabei können Fahrzeuge folgende Konfigurationen aufweisen:

- Die Fahrzeugkonfiguration entspricht einer aktuellen oder früheren Bau-Integrationsstufe.
- Die Konfiguration entspricht keiner Bau-Integrationsstufe und wurde derart im Werk nie verbaut. Dies kann folgende Gründe haben:
    1. Es findet ein Steuergerätetausch etwa durch Ersatzteilverbau statt.
    2. Abgelöste Steuergeräte werden nicht getauscht, sondern mit neuer Software programmiert.

Steuergerätetausch und Ersatzteilverbau

In aller Regel werden neue Steuergeräte nicht nur in der Produktion verbaut, sondern auch als Ersatzteile für Kundenfahrzeuge im Feld genutzt. Ist ein derartiges Steuergerät rückwärtskompatibel, so kann dieses den Vorgänger oder weitere dazu kompatible, frühere Versionen als Ersatzteil ersetzen und in ältere Fahrzeuge eingebaut werden. Es entsteht dabei eine neue Konfiguration.

Abgelöste Steuergeräte und Programmierung

Kann funktionierende Hardware aufgrund einer Flashinkompatibilität nicht auf die aktuelle Integrationsstufe geflasht werden, so ist zur Vermeidung eines Steuergerätetausches die Gültigkeit der Hardware für spätere Integrationsstufen verlängerbar. Weiterhin kann auch auf Programmierungen verzichtet werden, was eine verlängerte Gültigkeit der Software impliziert. Es können somit Hard- als auch Softwareversionen unterschiedlicher Generationen kombiniert werden, was Abbildung 1.5 mit der entstehenden Erhöhung der Konfigurationsvielfalt verdeutlicht. Die Kompati-

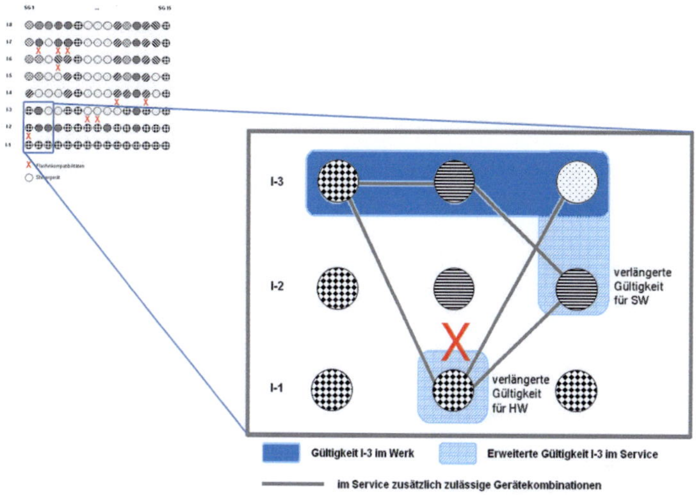

Abbildung 1.5: Verlängerte Gültigkeiten im Service.

bilität der parallelen Freigabe alter Hard- und Softwarestände in nachfolgenden Integrationsstufen basiert dabei auf den Aussagen der Entwicklung.

Mischverbau kann damit nur nach einem Werkstattfall entstehen, da bei der Produktion Steuergeräte aus einer einzelnen Integrationsstufe zusammengesetzt werden und daher in Systemabnahmeprozessen abgesichert sind. Die Kompatibilitätssituation stellt sich also in der Handelsorganisation komplexer als im Werk dar, wobei eine explizite Absicherung dieser zusätzlichen Konfigurationen im Rahmen von Systemabnahmeprozessen bisher nur für ausgewählte Umfange vorgenommen wird. Gerade die sichere Beherrschung der zukünftig entstehenden Konfigurationsvielfalt durch neue Programmier- und Absicherungsstrategien verspricht im Automobilbau jedoch wirtschaftliche und technische Vorteile, die es zu ergründen gilt.

1.3.1 Ökonomische Bewertung von Mischverbau

Dass ein explizit im Testprozess abgesichertes Fahrzeug und entsprechend "ähnliche" Fahrzeuge aufgrund der gefundenen und anschließend korrigierten Entwicklungsfehler eine hohe Qualität aufweisen, erscheint intuitiv logisch und wird in Abschnitt 4.3.1 mittels Korrelation bestätigt. Ob Fahrzeuge einer einheitlichen Integrationsstufe aufgrund der Kombination von Steuergeräten identischer Generationen ebenfalls eine höhere Qualität im Vergleich zu Fahrzeugen mit Mischverbau aufweisen, ist im Folgenden zu untersuchen. Eine ökonomische Mischverbaubewertung der umfangreich vorhandenen Felddaten kann dabei unter verschiedenen Aspekten geschehen. Naheliegend wäre es, die Kunden- und Händlerzufriedenheit als Bewertungsmaßstab einzuführen und eigenen Erfolg daran zu messen. Dennoch ist ein derartiger Image-Verlust respektive -Gewinn nur schwer quantifizierbar. Eine firmenintern leicht zugängliche und quantifizierbare Möglichkeit bietet sich über die Gewährleistungs- und Kulanzkosten. Diese Größe wird beispielsweise auch bei der BMW Group genau beobachtet und deren Niveau aufgezeichnet, weiterhin liegen für jeglichen Gewährleistungsfall detaillierte Fehlerbeschreibungen der Händler aus den Gewährleistungsanträgen vor, die hinsichtlich einer Kostenübernahme der geleisteten Reparaturmaßnahmen zu stellen sind. Bei Verwendung dieser Einflussgröße als Bewertungsmaßstab ist die länderspezifische Gewährleistungsdauer zu beachten, womit über die Lebensdauer der Fahrzeugbaureihe jeweils unterschiedliche Kundenfahrzeuge betrachtet werden. Altfahrzeuge fallen dabei aufgrund des gleitenden Durchschnitts schrittweise aus dem Fokus. Eine beispielhafte Auflistung möglicher Qualitätsmaße findet sich in Anhang A.

Innerhalb des Gewährleistungszeitraumes haben Hersteller pflichtschuldig Fehler zu beseitigen sowie Fahrzeuge kostenfrei mit Ersatzteilen zu versorgen. Es handelt sich somit um eine verschuldungsunabhängige Einstandspflicht für Fehler [Hei05]. Dabei gilt:

$$Gew\ddot{a}hrleistungszeitraum \approx Produktionsdauer + x\ Jahre,$$

mit beispielsweise
$x = 2$ *Jahre* in Deutschland,
$x = 4$ *Jahre* in den USA.

x bezeichnet die länderspezifische Gewährleistungsdauer für das letzte *verkaufte* Produkt und nicht für das zuletzt produzierte, woraus obige Ungenauigkeit entsteht [Bur07]. Nach Auslauf der Gewährleistungsverpflichtungen ist der Hersteller nicht mehr zur Fehlerbehebung verpflichtet, er muss lediglich während des in Deutschland zehnjährigen Produkthaftungszeitraums nachweisen können, dass er am Fehlerauftritt kein Verschulden hat.

Insgesamt ist mit einer siebenjährigen Produktionszeit der Zusammenhang von

Produktions-, Gewährleistungs- und Produkthaftungszeitraum sowie Fahrzeuglebensdauer in Abbildung 1.6 dargestellt.

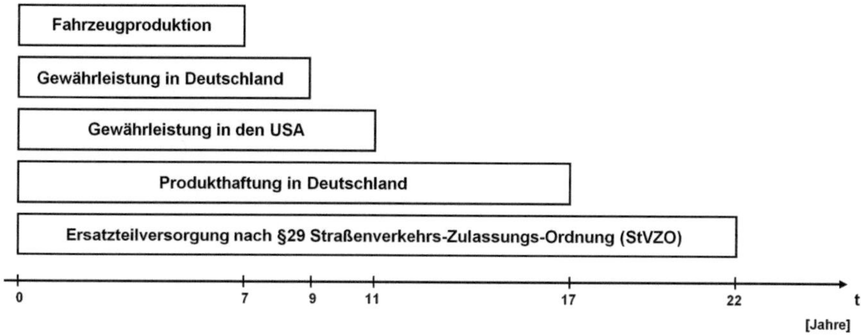

Abbildung 1.6: Zeitcharakteristik eines typischen Produktlebenszyklus.

Zur Untersuchung, ob Auffälligkeiten bezüglich der Gewährleistungs- und Kulanzkosten sowie der Anzahl an Werkstattfällen bei Fahrzeugen mit Mischverbau existieren, stand bei der BMW Group ein 13-monatiges Mengengerüst (März 2006 – April 2007) mit insgesamt 804.000 Fahrzeugen unterschiedlicher Baureihen zur Verfügung. Im Rahmen der Analyse beschreibt der Begriff der Konformität die Bordnetzversionierung eines Fahrzeugs genauer und ermöglicht, die Qualität verschiedener Gruppen von Fahrzeugkonfigurationen zu bewerten.

- Das Fahrzeug ist konform.
  Dies bedeutet, dass sich das Fahrzeug mit Soft- und Hardware entweder auf Werksstand befindet, oder es als integrationsstufenkonform gilt, somit die gesamte Konfiguration Teil eines Absicherungslaufes im Systemabnahmeprozess war. Der Werksstand stellt dabei für ein Fahrzeug historisch im Lebenszyklus die erste, konforme Konfiguration dar.
- Das Fahrzeug hat Mischverbau.
- Abweichende Konfigurationen.
  Unter besonderen Umständen kann es vorkommen, dass das Bordnetz eines Fahrzeugs im Feld von der Entwicklung nicht freigegeben ist. Dieser Zustand entsteht aufgrund eigenmächtiger Werkstattmaßnahmen, die von den vorgegebenen Serviceprozessen abweichen. Im Lebenszyklus der Fahrzeuge ist

dieser Zustand vernachlässigbar und wird beim nächsten Serviceaufenthalt automatisch korrigiert.

Die Veränderung der Konformitätsmetriken bezogen auf Fahrzeuge mit einem Werkstattfall im April 2006 stellt Abbildung 1.7 über den Zeitraum von April bis Dezember 2006 dar. Von den beispielsweise im Mai 2003 produzierten Fahrzeugen war im April 2006 noch jedes zweite Fahrzeug konform, im Dezember 2006 nur noch ca. 35%. Es zeigt sich aus dem Vergleich beider Grafiken jeweils mit der Abszisse als Zeitachse der Produktion der Rückgang konformer Konfigurationen mit zunehmendem Fahrzeugalter.

Als klassifizierende Heuristik zur Erstellung einer Werkstattfallanalyse wird in vorliegender Arbeit definiert, dass ein Diagnose- oder Programmierprotokoll zu einem Werkstattfall gehört, wenn der Abstand zum zeitlich letzten Protokoll dieses Fahrzeugs

1. weniger als 50km oder
2. weniger als fünf Tage

beträgt. Ein neuer Werkstattfall fällt somit genau dann an, wenn der Tachostand mehr als 50km abweicht *und* die Zeitdifferenz zwischen den Protokollen größer als fünf Tage ist.

Betrachtet man Fahrzeuge mit einem Werkstattfall im März 2006 und dokumentiert Werkstattfälle dieser Fahrzeuge für die folgenden zehn Monate, so zeigt sich ein Unterschied der Häufigkeit von Werkstattfällen nach der Fahrzeugkonformität in Tabelle 1.2. Unterteilt man diese Fahrzeuge weiter nach ihrem Produktionsmonat, so

	Werkstattfälle pro Fahrzeug	Änderung gegenüber konformen Fahrzeugen
konform	a	
Mischverbau	$1,0907 \cdot a$	+ 9,07%
abweichend	$1,0793 \cdot a$	+ 7,93%

Tabelle 1.2: Anzahl Werkstattfälle nach Konformität.
Quelle: [ESG07].

wird in Abbildung 1.8 die Dominanz der Mischverbauten hinsichtlich ihrer Anzahl an Werkstattfällen erkennbar.

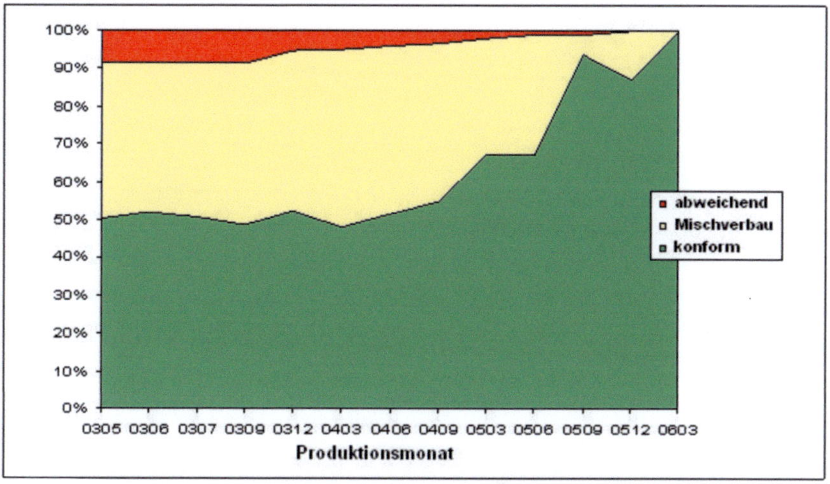

Konformität im April 2006 der Fahrzeuge mit Werkstattfall im April 2006

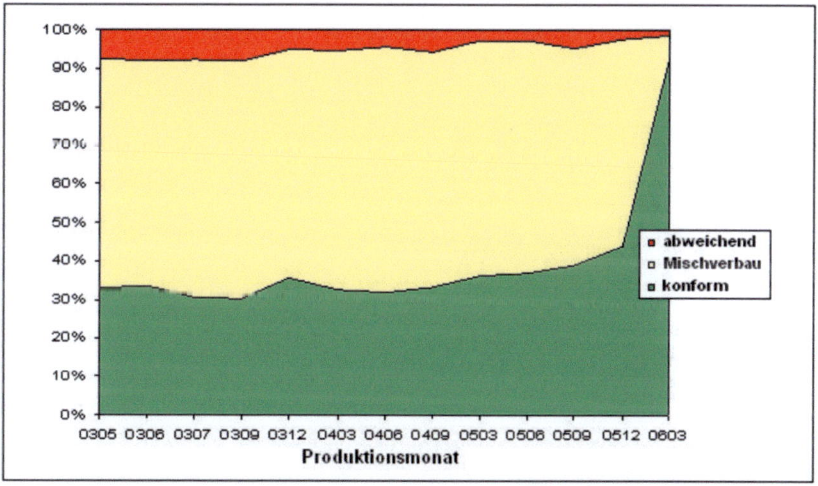

Konformität im Dezember 2006 der Fahrzeuge mit Werkstattfall im April 2006

Abbildung 1.7: Konformitätsänderung über dem Fahrzeuglebensalter.
Beispiel anhand einer 13-elementigen Stichprobe von Produktionsmonaten.
Quelle: [ESG07]

Die von den betrachteten Fahrzeugen erzeugten Gewährleistungs- und Kulanzkosten werden je nach Konformität untersucht und weisen nach Tabelle 1.3 ein substantielles Verbesserungspotential für mischverbaute Fahrzeuge aus.

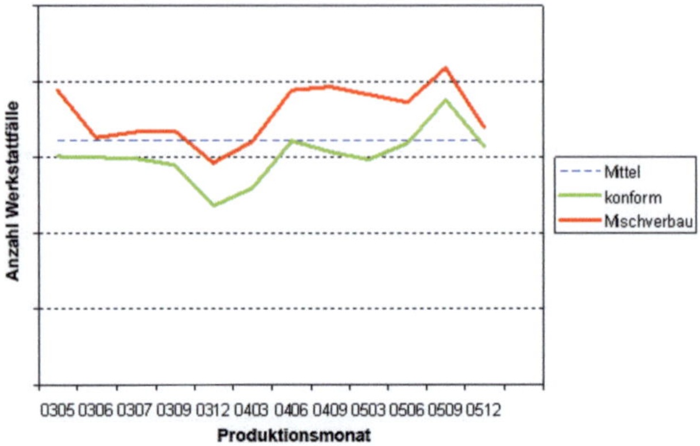

Abbildung 1.8: Anzahl Werkstattfälle nach Konformität und Fahrzeuglebensalter. Quelle: [ESG07].

	Gewährleistungs- und Kulanzkosten pro Fahrzeug	Änderung gegenüber konformen Fahrzeugen
konform	b	
Mischverbau	$1,5516 \cdot b$	+ 55,16%
abweichend	$1,3692 \cdot b$	+ 36,92%

Tabelle 1.3: Gewährleistungs- und Kulanzkosten nach Konformität. Quelle: [ESG07].

Tabelle 1.4 zeigt genauer die Gewährleistungs- und Kulanzkosten unterteilt nach der Konformität bei Fahrzeugen mit verschiedener Steuergeräteanzahl. Die heuristische Aufteilung der Fahrzeuge auf die drei dargestellten Komplexitätsklassen ist dabei ein beispielhafter Auszug der insgesamt fünf betrachteten Komplexitätsklassen. Es ist auch hier erkennbar, dass Fahrzeuge mit Mischverbau im Vergleich zu konformen Fahrzeugen höhere Gewährleistungs- und Kulanzkosten erzeugen.

Bereinigt man im Vergleich zu Tabelle 1.4 die Statistik um die Höhe der Servicekosten des ersten Werkstattfalles und betrachtet also nur die folgenden Gewährleistungs- und Kulanzkosten in den anschließenden Monaten, so schneiden Fahrzeuge mit Mischverbau erneut schlechter ab als konforme Fahrzeuge. Dies stellt Tabelle 1.5 dar.

	Gewährleistungs- und Kulanzkosten pro Fahrzeug	Änderung gegenüber konformen Fahrzeugen
	Einfache Fahrzeuge (Steuergeräteanzahl < 24)	
konform	c	
Mischverbau	$1,5534 \cdot c$	+ 55,34%
abweichend	$1,6342 \cdot c$	+ 63,42%
	Fahrzeuge mittlerer Komplexität (Steuergeräteanzahl $28 \leq x \leq 30$)	
konform	d	
Mischverbau	$1,3156 \cdot d$	+ 31,56%
abweichend	$1,2268 \cdot d$	+ 22,68%
	Komplexe Fahrzeuge (Steuergeräteanzahl > 34)	
konform	e	
Mischverbau	$1,3427 \cdot e$	+ 34,27%
abweichend	$1,1547 \cdot e$	+ 15,47%

Tabelle 1.4: Gewährleistungs- und Kulanzkosten verschiedener Komplexitätsklassen. Quelle: [ESG07].

	Folge-Gewährleistungs- und Kulanzkosten pro Fahrzeug	Änderung gegenüber konformen Fahrzeugen
	Einfache Fahrzeuge (Steuergeräteanzahl < 24)	
konform	f	
Mischverbau	$1,1096 \cdot f$	+ 10,96%
abweichend	$1,2461 \cdot f$	+ 24,61%
	Fahrzeuge mittlerer Komplexität (Steuergeräteanzahl $28 \leq x \leq 30$)	
konform	g	
Mischverbau	$1,2066 \cdot g$	+ 20,66%
abweichend	$1,2124 \cdot g$	+ 21,24%
	Komplexe Fahrzeuge (Steuergeräteanzahl > 34)	
konform	h	
Mischverbau	$1,2906 \cdot h$	+ 29,06%
abweichend	$1,0647 \cdot h$	+ 6,47%

Tabelle 1.5: Folge-Gewährleistungs- und Kulanzkosten verschiedener Komplexitätsklassen. Quelle: [ESG07].

Insgesamt zeigt sich also, dass Fahrzeuge mit Mischverbau häufiger in der Werkstatt als Fahrzeuge einer einheitlichen Integrationsstufe sind und dabei auch höhere Gewährleistungs- und Kulanzkosten erzeugen.

1.3.2 Sicherheits- und juristische Aspekte

Die Forderung nach "sicheren" Systemen wird meist anhand der RAMS-Kenngrößen unterteilt. Diese fordern die Zuverlässigkeit, Verfügbarkeit, Instandhaltbarkeit und Sicherheit (engl. Reliability, Availability, Maintainability, Safety) des betrachteten Systems. Es wird also prinzipiell ein System beschrieben, das korrekt funktioniert, keine oder nur geringe Ausfallzeiten besitzt und wartbar ist. Zusätzlich soll das mit dem Betrieb des Systems verbundene Risiko im Sinne der Eintrittswahrscheinlichkeit eines Fehlers und dem dann entstehenden Schaden gering sein. Zur Entwicklung derartiger Systeme existiert die IEC-Norm 61508 [IEC01] als Meta-Standard, von der aktuell die Norm ISO/DIS 26262 [ISO09] zur Gewährleistung der funktionalen Sicherheit elektronischer Systeme in Automobilen abgeleitet wird. Die Normen definieren Vorgehensmodelle und legen beispielsweise Anforderungen an die Softwareentwicklung sowie übergreifende Aktivitäten wie die Zertifizierung von Entwicklungswerkzeugen oder die Durchführung von Risikoanalysen fest.
Aufgrund des aus den Normen abgeleiteten, aktuellen Sicherheitskonzepts mit der Kapselung der Sicherheitssysteme vom Rest des Bordnetzes ist die Betriebssicherheit eines Fahrzeugs weder von der Variantenvielfalt noch von existierendem Mischverbau gefährdet. Insbesondere durch Mischverbau entsteht (bei korrekter Implementierung der Einzelfunktionen) kein Sicherheits- sondern lediglich ein Verfügbarkeitsproblem – womit zum Beispiel sicherheitshalber eine Warnlampe angesteuert wird. Bei der BMW Group existieren zur Konzeptumsetzung robuste Prozesse, die kritische Fehler vermeiden. Beispielsweise werden Applikationsdaten auf deren Bereichseinhaltung geprüft, wodurch etwa der Verstärkungsfaktor einer geschwindigkeitsabhängigen Servolenkung nur in den von der Entwicklung zugelassenen Grenzen arbeitet. Die Steuerung von bekannt inkompatiblen Ständen wird explizit vorgenommen, derartige Fehler sind damit in von der Entwicklung freigegebenen Konfigurationen quasi nicht möglich. Finden Änderungen an sicherheitskritischen Komponenten statt, so wird zusätzlich ein definiertes Änderungsmanagement und eine Impact-Analyse nach [ISO09] durchgeführt. Die Forderung nach einem "sicheren" System wird in vorliegender Dissertation daher nicht explizit betrachtet, da diese auf etablierten Konzepten und Prozessen aufsetzen kann und der Einfluss von Variantenvielfalt und Mischverbau auf diese Zielerreichung gering ist.

Hinsichtlich juristischer Aspekte ist insbesondere die in Deutschland zehnjährige Produkthaftung relevant, während der eine Pflicht zur Produktbeobachtung existiert und nach dem Stand der Technik alle möglichen Mittel zur Beseitigung etwaiger Funktionsstörungen ergriffen werden müssen. Es gilt während dieser Zeit das Prinzip der "Beweislastumkehr", nach dem nicht der Geschädigte zum Nachweis des vorgetragenen Schadens verpflichtet ist, sondern der Produkthersteller zu beweisen hat, dass er den Schaden nicht zu vertreten hat. Die bewusste Erzeugung von Mischverbau während des Lebenszyklus eines Fahrzeugs mündet somit juristisch in der Frage, ob der Eingriff zu Produktfehlern führen kann. Geänderte Produkteigenschaften mit entsprechend auftretenden Funktionsausfällen lassen sich mit ihren rechtlichen Konsequenzen in drei verschiedene Fälle unterteilen:

1. Das veränderte Fahrzeug genügt nicht mehr der Straßenverkehrs-Zulassungs-Ordnung und darf daher nicht weiter bewegt werden. Dies mündet in der rechtlichen Frage der Zulassung des Kraftfahrzeugs und hat schadensersatzrechtliche Folgen.
2. Es tritt ein Qualitätsverlust für den Kunden ein, etwa wenn das Schiebe-Hebe-Dach nicht mehr funktioniert. Dies stellt einen schadensersatzpflichtigen Sachmangel dar.
3. Durch den Betrieb des Fahrzeugs durch den Kunden kommt ein Dritter zu Schaden, beispielsweise bei einem Ausfall des Richtungsblinkers ohne Warnung des Fahrers in der Instrumentenkombination. Auch dies impliziert eine Schadensersatzpflicht für den Hersteller.

Da ein Automobilhersteller insbesondere bei Werkstattfällen in die Substanz des Fahrzeugs eingreift, muss sich die juristische Person die Konsequenzen der vorgenommenen Maßnahmen zurechnen lassen. Die juristischen Randbedingungen sind dabei unabhängig von der tatsächlichen Fahrzeugkonfiguration mit verbauten Steuergeräten und deren Versionierung, sondern einzig abhängig von der Erfüllung der an den Kunden verkauften Fahrzeugeigenschaften. Damit wird dieser Aspekt in vorliegender Dissertation nicht explizit weiter verfolgt.

1.4 Zielsetzung

Angesichts der im aktuellen Fahrzeugbau existierenden Varianten- und Versionsvielfalt (vgl. Abschnitt 1.2) ist das Ziel der Dissertation die Entwicklung einer kundenorientierten Produktfamilienabsicherung. Da aus Sicht des Produktlebenszyklus der Verbau von Steuergeräten unterschiedlicher Versionen in einem Fahrzeugbordnetz

nicht verhindert werden soll, wird zusätzlich zur reinen Variantenabsicherung die Versionierung der in Testfahrzeugen verbauten Steuergeräte betrachtet.
Es ist somit eine realisierbare Absicherungsstrategie über die Lebensdauer einer Fahrzeugbaureihe zu entwickeln und einzuführen, diesbezüglich sind Lebenszykluskosten zu beachten. Die Lebenszyklusanalyse ist dabei eine generische Methodik zur gesamthaften Evaluierung der im weitesten Sinne wirtschaftlichen und ökologischen Konsequenzen eines Produkts oder eines Prozesses über die gesamte Lebensdauer. Für ein Produkt beginnt die Analyse beispielsweise bei der Produktentwicklung und endet erst mit dem Ende des Serviceangebots für dieses Produkt. Vor diesem Hintergrund definiert also die zu entwickelnde Absicherungsstrategie zu jedem Zeitpunkt des Produktlebenszyklus eine Menge von Absicherungsträgern als absichernde Plattformen einschließlich deren Konfiguration mit Sonderausstattungen und Steuergeräten.

Mit Entwicklungs- C_{RE}, Test- C_{RT} und Servicekosten C_{OLC} als gemäß Anhang B betrachtete Lebenszykluskosten ergibt sich mit einer Menge von Einflussparametern p die Zielfunktion

$$\begin{aligned} ZF(p) &= \min_{p} C(p) \\ &= \min_{p} \left(C_{RE} + C_{RT} + C_{OLC}\right)(p). \end{aligned}$$

Betriebswirtschaftlich betrachtet ist dieses Optimierungsproblem weiterhin mit dem Kapitalwert zu bewerten, der bei einer Zahlungsreihe zu verschiedenen, diskreten Zeitpunkten anfallenden Zahlungsströmen unterschiedlichen Einfluss aufgrund deren Diskontierung zuweist. Unter der Annahme, dass der zeitliche Auftritt t der Zahlungsströme endogen ist, resultiert mit Kalkulationszinssatz i und der Kapitalwertmethode folgende Problemvariation:

$$\begin{aligned} ZF(p,t) &= \min_{p,t} \left\langle \sum_{t=0}^{T} \left(1 + \frac{i}{100}\right)^{-t} \cdot C(p,t) \right\rangle \\ &= \min_{p,t} \left\langle \sum_{t=0}^{T} \left(1 + \frac{i}{100}\right)^{-t} \cdot \left[C_{RE}(t) + C_{RT}(t) + C_{OLC}(t)\right](p) \right\rangle \end{aligned}$$

Vorliegende Arbeit untersucht somit ein multikriterielles Vorgehen der Fahrzeugabsicherung zur qualitativen Beherrschung der auftretenden Varianten- und Versionsvielfalt im Lebenszyklus der Fahrzeuge.

1.5 Abgrenzung und Beitrag der Arbeit

Vorliegende Dissertation grenzt sich durch ihren empirischen Charakter zu anderen Arbeiten im Themenumfeld automotive-geeigneter Absicherungsstrategien ab. Über eine Quantifizierung von (Bordnetz-) Konfigurationen komplexer E/E-Systeme erfolgt eine insbesondere auf Gewährleistungs- und Kulanzkosten basierende, statistisch-ökonomische Bewertung von Varianten- und Versionsabweichungen von in der Systemintegration abgesicherten Ständen. Die derart erarbeitete Korrelation zeigt für die Systemintegration Grenzen der Einsetzbarkeit einer Absicherungsstrategie, welche die Dekomposition eines Systems fokussiert. Es wird somit kein weiteres, auf Modellierung und Abstraktion basierendes Testverfahren entwickelt, sondern angesichts des möglichen Nutzens einer erhöhten Kundenorientierung ein empirischer Schwerpunkt nach [Tic98, Tic07] gelegt. Die entworfenen Methodiken ermöglichen eine kundenorientierte Absicherung zur Steigerung der E/E-Qualität verkaufter Fahrzeuge. Da in vorliegender Arbeit explorative Korrelationsstudien von Bordnetzkennzahlen mit Qualitätsmaßen durchgeführt werden, eine Korrelation jedoch keinen kausalen Zusammenhang impliziert, findet ein Simulationsmodell zur weiteren Erforschung der Ursache-Wirkungs-Beziehungen als auch als Vorhersage- und Optimierungsmodell Anwendung. Das angewendete Vorgehen trägt so explizit der in [Höf07] erkannten Schwachstelle dieses Forschungsthemas Rechnung und vertieft die erkannten Korrelationen durch systematische Untersuchungen.
Abbildung 1.9 zeigt den Zusammenhang der einzelnen Kapitel vorliegender Dissertation und damit mögliche Lesepfade.

Insgesamt findet sich der wissenschaftliche Beitrag der Arbeit im Bereich der angewandten Forschung und Entwicklung mit den Themen:

- Metriken zur Quantifizierung von (Bordnetz-) Konfigurationen komplexer Systeme in der Absicherung und Systemintegration.
- Auf insbesondere Gewährleistungs- und Kulanzkosten basierende, statistisch-ökonomische Bewertung von Varianten- und Versionsabweichungen von abgesicherten Ständen bei komplexen Systemen.

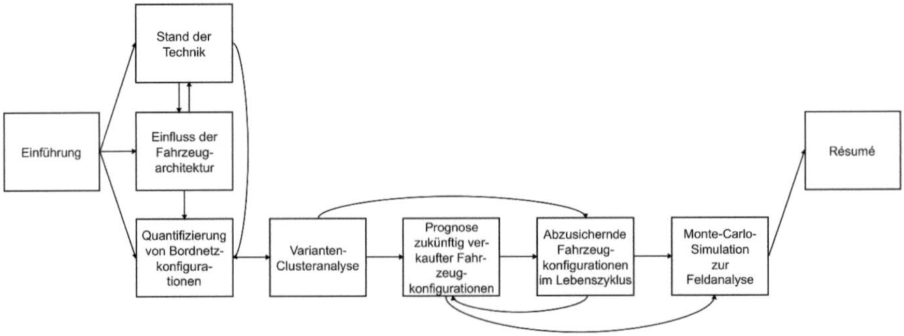

Abbildung 1.9: Zusammenhang der Kapitel vorliegender Dissertation.

- Auf obigen beiden Punkten aufbauend: statistische Risikobewertung einer gegebenen Konfiguration im Feld mit dem Fokus auf kundenerlebbaren Funktionen.
- Adaption und Anwendung bekannter Clusteranalyse-Verfahren zur Ausrichtung der Systemintegration und Absicherung massengefertigter, variantenreicher Produkte an repräsentativen Kundenbedürfnissen.
- Prognose zukünftiger (Fahrzeug-) Konfigurationen aufbauend auf erlerntem Kaufverhalten der Vergangenheit und prognostizierten Feldanteilen von Sonderausstattungen.
- Entwicklung einer multikriteriellen, kundenorientierten Strategie der Absicherung einer Fahrzeugbaureihe im Lebenszyklus.
- Simulationsmodell zur Feldanalyse und -bewertung bei veränderten Service- und Absicherungsstrategien, a priori und a posteriori.

Der Beitrag fokussiert also die intelligente Adaptierung und Verwendung existierender Verfahren des Data-Minings, der Mustererkennung, der heuristischen Optimierung sowie der Monte-Carlo-Simulation zur Entwicklung einer neuen, automotive-geeigneten Methode der Absicherung massengefertiger, variantenreicher eingebetteter Systeme über ihren Lebenszyklus mit Versionierung ihrer Komponenten. Diese Methode ist sowohl aus Entwicklungs-, Werks- als auch aus Servicesicht einsetzbar.

Kapitel 2

Stand der Technik

2.1 Elektronik im Kraftfahrzeug

Ein Fahrzeug erfüllt abhängig von dessen konkreter Konfiguration eine Menge von Funktionen, die über eine funktionale auf eine physikalische Systemarchitektur mit Steuergeräten, Sensoren, Aktoren und Bussen abgebildet werden. Funktionen sind dabei im Regelfall über mehrere Fahrzeugkomponenten verteilt, jede Einzelkomponente liefert einen Beitrag zur Gesamtfunktionalität. Einzelkomponenten sind also in ein technisches System eingebettet, welches gesamthaft als ein *eingebettetes System* bezeichnet wird. Dieses ist vernetzt, reaktiv und besitzt Echtzeitanforderungen. Die hierarchisch verschiedenen Systemebenen zeigt Abbildung 2.1

Steuergeräte steuern oder regeln Prozesse im Automobil, beispielsweise bei Verbrennungsmotoren die Treibstoffeinspritzung. Sie arbeiten dabei nach dem EVA-Prinzip mit Eingabe, Verarbeitung und Ausgabe. Die Eingabe gemessener, physikalischer Größen wie Temperaturen oder Beschleunigungen findet durch Sensoren statt, die Ausgabe im Sinne einer Steuerung oder Regelung durch Motoren, Ventile oder Pumpen übernehmen Aktoren (vgl. Abbildung 2.2). Die logische Schrittkette bis zur Ansteuerung der Aktoren wird als *Wirkkette* bezeichnet.
Die auf Steuergeräte verteilten Funktionen erfordern zur Realisierung der Fahrzeugfunktionalität einen Datenaustausch über Busse. Abbildung 2.3 zeigt das Datenkommunikationsbordnetz des BMW 7ers (F01/F02). Erkennbar sind sieben verschiedene Hauptbusse und 65 Steuergeräte. Die Kommunikationsarchitektur wird mit einem zentralen Gateway *ZGW* realisiert, das die Translation zwischen Domänen mit ver-

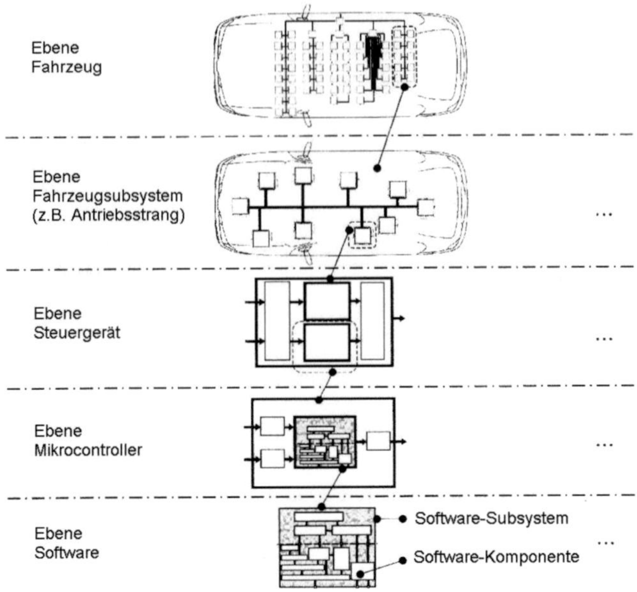

Abbildung 2.1: Systemebenen der Fahrzeugelektronik.
Quelle: [Sch06c].

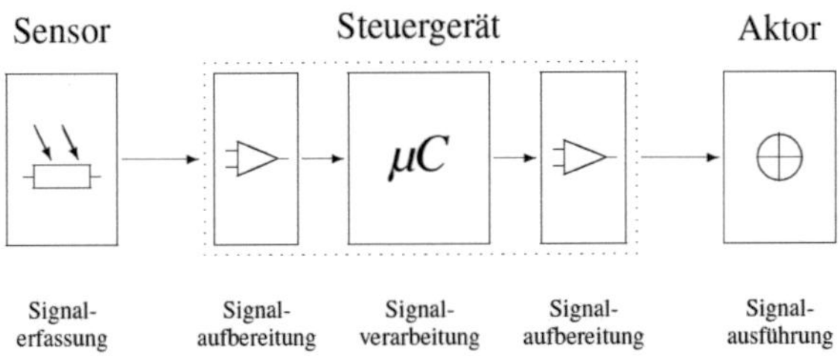

Abbildung 2.2: Steuergerät mit Ansteuerung eines Sensors und Aktors.
Quelle: [Sch03].

schiedenen Bussen realisiert. Nach [Rei06a] ermöglicht dieses Vorgehen eine freie Optimierung des Gateways, dessen Ausfall jedoch zum Versagen des Gesamtsystems führen kann. Aus der Abbildung ist weiterhin ersichtlich, dass die eingesetzten Steuergeräte vollvernetzt sind. Als Busse lassen sich das Controller Area Network (CAN), der Media Oriented Systems Transport (MOST) und FlexRay identifizieren.

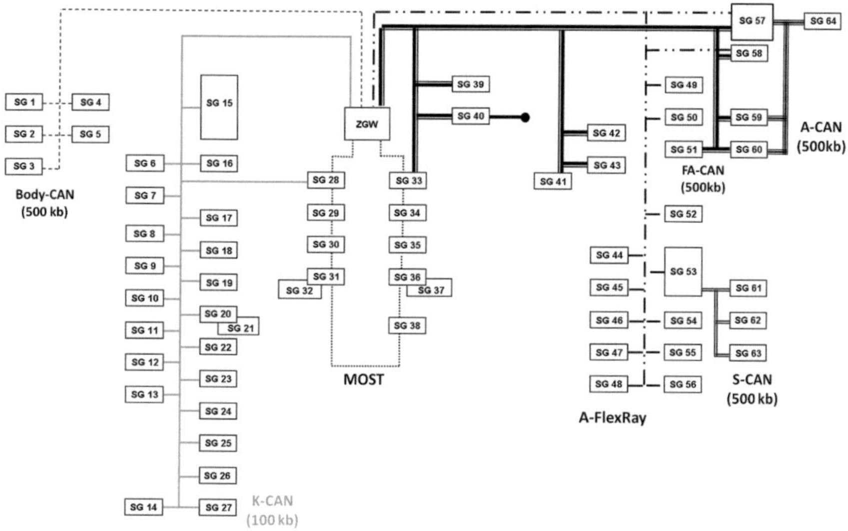

Abbildung 2.3: Datenkommunikationsbordnetz des BMW F01/F02.

Der CAN-Bus bietet durch dessen potentialfreie Übertragung mit Differenzsignalen über verdrillte Kupferkabel eine störsichere Netzwerkumgebung. Die Datenübertragung funktioniert asynchron und seriell, es entstehen nur verhältnismäßig geringe Verluste bei der bitweisen Arbitrierung auf Identifier-Basis mit dem Carrier Sense Multiple Access / Collision Resolution (CSMA/CR)-Verfahren und entsprechender Priorisierung. Durch die asynchrone Übertragung ist das Zeitverhalten des Protokolls nicht garantierbar, weiterhin ist die Datenrate auf maximal 1 $MBit/sec$ begrenzt [Ets01].

Das MOST-Protokoll wurde mit einer maximalen Datenrate von $24,8\ MBit/sec$ speziell für die Audio- und Videoübertragung entwickelt. Die Datenübertragung erfolgt bitseriell und optisch über Glasfaserleitungen. Die verfügbare Bandbreite ist dabei in einen synchronen, einen asynchronen sowie in einen Kontrollteil aufgeteilt. Der synchrone Teil dient der eigentlichen Datenübertragung der Teilnehmer in den für sie vorgegebenen Zeitslots. Der asynchrone Teil ermöglicht zusätzlich eine ereignisgesteuerte Datenübermittlung, der Kontrollteil ist für entsprechende Kontrollbefehle reserviert [Grz07]. Bei der BMW Group stellt ein Ring die MOST-Topologie dar, die Kommunikation erfolgt nach dem Single-Master-Prinzip.

FlexRay als modernstes der drei Bussysteme realisiert Datenraten von 10 $MBit/sec$ über eine serielle, deterministische und fehlertolerante Verbindung. Die Bandbreite ist in einen statischen und einen dynamischen Teil aufgeteilt. Der statische Teil untergliedert sich in definierte Zeitfenster, in denen die Kommunikationsteilnehmer nach Time Division Multiple Access (TDMA) als Zeitmultiplexverfahren Daten übertragen dürfen. Der dynamische Teil dient analog wie bei MOST der ereignisgesteuerten Kommunikation, die Verfügbarkeit der Bandbreite ist dabei nicht jederzeit und für alle Teilnehmer garantiert [Rau07]. FlexRay eignet sich insbesondere für zeitkritische und dynamische Regelsysteme sowie Sicherheitsanwendungen.

Bei einer anspruchslosen Verbindung mit niedrigen Datenraten bis 20 $kBit/sec$ ohne Sicherheitsrelevanz wird das Local Interconnect Network (LIN) eingesetzt. Im Fahrzeug findet es sich in der Regel als Sub-Bus, beispielsweise zur Ansteuerung von Sensoren und Aktoren oder in der Karosserie für Fensterheber und Ähnliches. Das Local Interconnect Network ist ein Single-Master-Multiple-Slave Bus. Kupferleitungen, mit dem Chassis als Bezugspotential, stellen das Übertragungsmedium dar. Der Master kann dabei jeden Slave ansprechen, die ihre Taktraten an die Vorgabe des Masters anpassen und entsprechend synchronisiert werden [Grz05]. Somit bietet das Local Interconnect Network eine kostengünstige Lösung für Anwendungen ohne spezielle Anforderungen.

Vorteile der Steuergerätevernetzung im Bordnetz sind beispielsweise die Einsparung von extra Leitungen und damit von Gewicht. Weiterhin lassen sich Sensorsignale mehrfach nutzen, eine Reduktion der zu montierenden Steckverbindungen erhöht die Monatagequalität und gleichzeitig sinkt die benötigte Montagezeit. Nachteilig ist unter anderem die steigende Komplexität des Gesamtsystems mit der erforderlichen Berücksichtigung funktionaler Abhängigkeiten.

2.2 Produktentstehungsprozess der Automobilindustrie

Der Produktentstehungsprozess der Automobilindustrie lässt sich grundsätzlich in die Spezifikations-, Entwicklungs- und die Integrationsphase unterteilen, welche sich im Regelfall am V-Modell [Brö99, V-M08] orientieren. Das V-Modell setzt dabei die im Laufe der Entwicklung anfallenden Ergebnisse in Beziehung zueinander, macht allerdings keine Aussage über deren zeitliche Reihenfolge. Abbildung 2.4 zeigt die schrittweise Modularisierung des zu entwickelnden Systems während der Spezifikationsphase und die inkrementelle Absicherung während der Integrationsphase mit verschiedenen Testebenen.

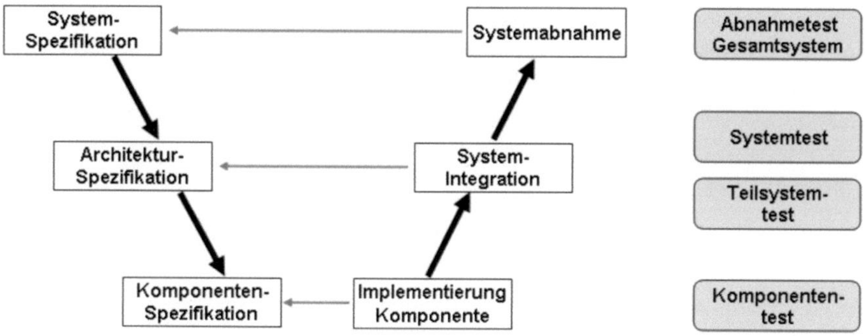

Abbildung 2.4: Vereinfachtes V-Modell mit automotive-relevanten Testebenen.

In der *Spezifikationsphase* werden die in einer Baureihe zu entwickelnden Komponenten, Subsysteme sowie Systeme mit ihren Schnittstellen über die Anforderungen der verschiedenen Nutzergruppen der Fahrzeuge spezifiziert. Anforderungen sollten dabei nach [Ben05] identifizierbar, eindeutig, verständlich, widerspruchsfrei, testbar und deren Änderungen nachverfolgbar sein. Nach der Komponenten- und Systemspezifikation wird die Partitionierung als Verteilung der (System-) Funktionalitäten auf die einzelnen, physischen Hardwarekomponenten vorgenommen sowie die Schnittstellen der Komponenten im Sinne von Syntax und Semantik festgeschrieben.

Die *Entwicklungsphase* setzt die in den Systemspezifikationen und Komponentenlastenheften festgelegten Funktionalitäten um. Ein Großteil der Komponentenentwicklung findet dabei bei Zulieferern auf Basis der Spezifikationen statt. Entwicklungsergebnisse werden bei der BMW Group anhand von Integrationsstufen abgestimmt, ihr Reifegrad erhöht sich bis zur Serienreife (vgl. Abschnitt 1.3). Die Entwicklungsphase wird bereits durch Komponententests unterstützt, welche je nachdem beim Zulieferer unter Anleitung oder beim Original Equipment Manufacturer (OEM) selbst durchgeführt werden. Derart wird beispielsweise bei einem Steuergerät dessen Hardware-Software-Integration geprüft.

Sobald die einzelnen Komponenten in einem ausreichend stabilen Entwicklungsstand existieren, findet in der *Integrationsphase* die Integration zum Gesamtfahrzeug statt. Der OEM übernimmt dabei nach [Ole08] aufgrund seiner Gesamtsystemkenntnis die Rolle des Integrators. Aus Abbildung 2.4 ist erkenntlich, dass als Integrationsvorgehen nach [Bal97] die bottom-up-Strategie verwendet wird, welche erst die Einzelkomponenten prüft, bevor ein Gesamtsystemtest durchgeführt wird. Der Komponententest prüft daher zuerst die Korrektheit einer entwickelten Komponente, beispielsweise eines Steuergeräts. Ein Teilsystemtest als klassischer Integrationstest betrachtet die Interaktion einer Teilmenge von Systemkomponenten, bevor der Systemtest ein vollständig integriertes System auf Korrektheit testet. Der schlussendliche Abnahmetest dient nicht mehr der Reifegraderhöhung oder der Fehleraufdeckung, sondern prüft aus Kundensicht, ob das System die spezifizierten Anforderungen erfüllt und die Entwicklung beendet werden kann. Es werden so alle Systemebenen eines Fahrzeugs (vgl. Abbildung 2.1) berücksichtigt.
Abbildung 2.5 zeigt beispielhaft die eingesetzten Testebenen bei der Audi AG. Die

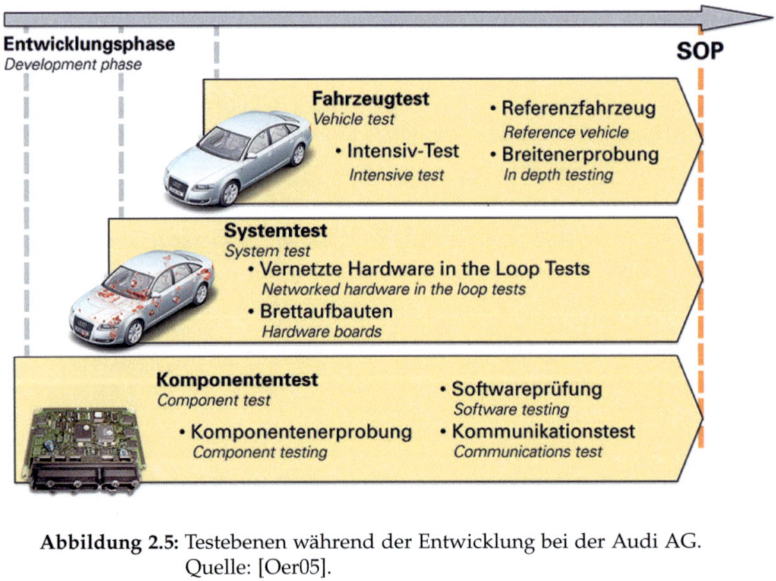

Abbildung 2.5: Testebenen während der Entwicklung bei der Audi AG. Quelle: [Oer05].

vernetzten Hardware in the loop Tests und Brettaufbauten sind in der Nomenklatur der BMW Group die Teilsystemtests und das Laborfahrzeug, der Intensivtest ist der Fahrzeugintensivtest, das Referenzfahrzeug der kundennahe Test und die Breitenerprobung der kundennahe Großversuch.

2.3 Grundlagen der Testtheorie

Als "Test" soll in vorliegender Dissertation der Betrieb eines Testobjekts unter kontrollierten Bedingungen zur Überprüfung dessen Verhaltens verstanden werden. "Absicherung" ist demgegenüber die Menge der Prozesse, welche die Entwicklung eines Systems gemäß des V-Modells vervollständigt und abschließt – also die Gesamtheit der geplanten und durchgeführten Tests. Derart werden im Folgenden insbesondere die Grundlagen zur Durchführung von Tests als atomare Einheiten einer Absicherungsstrategie dargestellt.

2.3.1 Validierung und Verifikation

Nach [IEE98] ist zwischen Validierung und Verifikation zu unterscheiden. Als Validierung wird die "*confirmation by examination and provisions of objective evidence, that the particular requirements for a specific intended use are fulfilled*" bezeichnet. Verifikation ist die "*confirmation by examination and provisions of objective evidence, that specified requirements have been fulfilled*" [IEE98]. Die Validierung stellt also sicher, dass das gewünschte Produkt entwickelt wird, die Verifikation überprüft, dass das Produkt korrekt entwickelt wird. Eine erfolgreiche Produktentwicklung beachtet somit explizit beide Sichtweisen.

Vorliegende Arbeit fokussiert mit der Entwicklung einer neuen Absicherungsstrategie insbesondere die Verifikation eines Systems. Das Ziel des Absicherungsprozesses im betrachteten Sinne ist die Risikominimierung von Abweichungen der Systemimplementierung von dessen Spezifikation und daher die Aufdeckung von Fehlern zur anschließenden Korrektur. Es wird also nach [Vig04] die destruktive Herangehensweise verfolgt und nicht demonstrativ versucht, die Fehlerfreiheit eines Programms nachzuweisen. Qualität als "Grad, in dem ein Satz inhärenter Merkmale Anforderungen erfüllt" [ISO05] ist dabei in ein System nicht "hineintestbar", es werden trivialerweise stets Nacharbeiten oder Prozessänderungen zur Fehlervermeidung erforderlich. Die Fehlerfindung durch Tests sollte daher generell so früh wie im Entwicklungsprozess möglich stattfinden [Pol02].

2.3.2 Entwickeltes Fehlermodell

2.3.2.1 Fehlerklassifizierung

In Anlehnung an eine *System-Failure Mode and Effects Analysis (FMEA) Produkt* oder *System-FMEA Prozess* [Ver96], beziehungsweise unterschieden nach [Car01] in *Konstruktions-* und *Prozess-FMEA*, kann eine Fehlerklassifikation gemäß einer FMEA-Risikoanalyse erfolgen. Die Durchführung einer System-FMEA gliedert sich dabei nach [Ver96] in fünf Schritte, wobei die abschließenden drei die Risikoanalyse bilden (vgl. Abbildung 2.6).

Abbildung 2.6: Durchführung einer System-FMEA in fünf Schritten. Quelle: Nach [Ver96].

Bei der *Fehleranalyse* innerhalb einer System-FMEA Produkt werden ausgehend von Fahrzeugfunktionalitäten durch Negation der Funktionen von Systemelementen mögliche Fehlfunktionen erzeugt. Betrachtet man Wirkketten mit gegebenen Ursache-Wirkungs-Zusammenhängen zwischen Systemelementen durch ausgehende, eingehende und innere Funktionen, so ist die Fehlfunktion eines Systemelements SE_1 die Fehlerursache potentiell aller nachfolgenden Elemente $SE_x, SE_y, SE_z, \ldots$ und, bei Ausschluss eines internen Fehlers, Fehlerfolge mindestens eines vorgeschalteten Systemelements $SE_a, SE_b, SE_c, \ldots$ (vgl. Abbildung 2.7). Insgesamt lässt sich also nach [Ver96] ein hierarchischer Zusammenhang wie folgt ermitteln:

$$\text{Fehlerursache} - \text{Fehler} - \text{Fehlerfolge}\ .$$

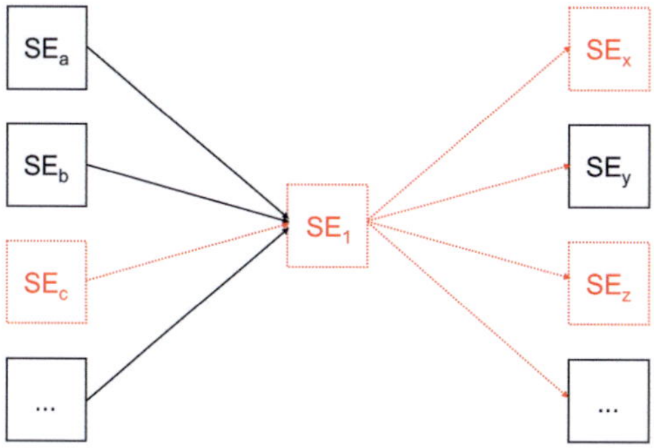

Abbildung 2.7: Funktionsnetz mit Ursache-Wirkungs-Zusammenhängen.
Die Systemelemente SE_c, SE_1, SE_x sowie SE_z weisen Fehlfunktionen auf.

Es ist bei der Systemintegration weiterhin grundsätzlich zwischen systematischen und sporadischen Fehlern zu unterscheiden. *Systematische Fehler* sind aufgrund wohlbekannter, identischer Auftrittsbedingungen reproduzierbar. Bei *sporadischen Fehlern* sind die Rahmenbedingungen und Einflussfaktoren, die zu einer Fehlfunktion führen, entweder nicht vollständig bekannt oder selten exakt identisch. Dementsprechend lassen sich derartige Fehler nur unregelmäßig beobachten, sie sind nichttrivial in ihrer Reproduzierbarkeit und haben eine geringe Auftretenswahrscheinlichkeit, was sich umgangssprachlich als "Vorführeffekt" bezeichnen lässt. Aufgrund von potentiell je Fahrzeugvariante verschiedenen Fehlerbildern bei identischer Fehlerursache sind mit der heute existierenden Variantenvielfalt sowie deren zusätzlicher Versionierung im Lebenszyklus sporadische Fehler während der Absicherung schwer zu finden.

Das technische Risiko erkannter Fehlfunktionen des Funktionsnetzes wird bei der *Risikobewertung* mittels der Risikoprioritätszahl RPZ beurteilt. Sie setzt sich als Produkt aus den Faktoren Auftretenswahrscheinlichkeit der Fehlerursache A, Entdeckungswahrscheinlichkeit des aufgetretenen Fehlers E sowie Bedeutung der Fehlerfolge B zusammen, also

$$RPZ = A \cdot E \cdot B.$$

Nach [Ver96] wird zur Bewertung der Faktoren die Ordinalskala von 1 bis 10 aus den natürlichen Zahlen verwendet, womit sich der ganzzahlige Wertebereich der Risikoprioritätszahl zu $[1; 1000] \subset \mathbb{N}$ ohne Realisierung von Primzahlen ergibt. Aufgrund der Einzelbewertungen anhand Orientierungsskalen mit Konsenserzeugung durch Diskussion im FMEA-Bewertungsteam ist die Risikoprioritätszahl eine präzise und objektive Bewertung [SV04], als subjektive Bewertung jedoch abhängig von den Erfahrungen und dem Fachwissen der einzelnen Teammitglieder [SV00].

Auftretenswahrscheinlichkeit

Die Auftretenswahrscheinlichkeit A bezeichnet nach [Ver96] die Wahrscheinlichkeit, mit der eine Fehlerursache auftritt, die schließlich zu einem (bekannten) Fehler führt.

Betrachtet man E/E-Komponenten, so ist die Auftretenswahrscheinlichkeit unabhängig von der Nutzungsintensität, da diese nach [Bur07] keinem Verschleiß unterliegen und typische Ausfallteile darstellen. Es ist mit stochastischen Ausfallzeiten zu rechnen [Dom02]. Hochrelevanten Einfluss hat demgegenüber die Konfigurationsvielfalt KV respektive die Konfigurationsvielfalt der Varianten KV_{VA}, welche trivialerweise geänderte Funktionsnetze implizieren und damit beispielsweise durch unterschiedliche Busphysik und -lasten verschiedene Auftretenswahrscheinlichkeiten.

Entdeckungswahrscheinlichkeit

Die Wahrscheinlichkeit, dass ein Fehler entdeckt wird, bevor das Produkt einen Kunden erreicht, wird als Entdeckungswahrscheinlichkeit E bezeichnet [Ver96]. Es handelt sich somit um eine bedingte Wahrscheinlichkeit mit der Bedingung, dass der Fehler beziehungsweise die induzierende Fehlerursache aufgetreten ist, also

$$E = P(Fehler\ entdeckt \mid Fehlerursache\ aufgetreten),$$

womit gilt

$$A \cdot E = P(Fehlerursache\ aufgetreten \wedge Fehler\ entdeckt).$$

Die Entdeckungswahrscheinlichkeit ist dabei unabhängig von der Vielfalt abzusichernder Varianten oder der Fehleranfälligkeit eingesetzter Komponenten, sondern einzig abhängig vom betrachteten Fehler respektive der Fehlerfolge und deren Offensichtlichkeit.

Bedeutung der Fehlerfolge

Die Maßzahl B beschreibt nach [Ver96] die Bedeutung der Fehlerfolge für den Kunden aus Sicht der Entwicklung, wobei die Höchstbewertung 10 gleichbedeutend mit einem Sicherheitsrisiko oder einem liegenbleibenden Fahrzeug ist und somit das größte Schadensausmaß für den Hersteller verursacht. Bei einer Bewertung mit 1 ist die Fehlerfolge nur von Fachpersonal zu erkennen.

2.3.2.2 Meldewahrscheinlichkeit

Da die System-FMEA die Bewertung der (Sicherheits-) Kritikalität und weniger der ökonomischen Risiken eines Systems zum Ziel hat, wird modifizierend in vorliegender Arbeit der Begriff der Meldewahrscheinlichkeit MW eingeführt, da Kunden seltene und insbesondere sporadische Fehler mit geringem Störpotential oftmals nicht melden. Zudem lässt sich mit dieser Begrifflichkeit die Problematik des "Bug-or-Feature" bewerten, da "gefühlte Features" im Gegensatz zu "vermeintlichen Bugs" nicht als Fehler gemeldet werden. In diesem Sinne fokussiert die Meldewahrscheinlichkeit konsequenterweise den Kunden. Damit dieser einen Fehler meldet, ist es erforderlich, dass ein (vermutetes) Fehlverhalten aufgetreten ist, dies erkannt wurde und nicht akzeptiert werden kann. Die Wahrscheinlichkeit einer Meldung ergibt sich also zu

$$\begin{aligned} MW &= P(vermeintlicher\ Fehler\ aufgetreten \\ &\quad \wedge\ vermeintlicher\ Fehler\ entdeckt \\ &\quad \wedge\ vermeintlicher\ Fehler\ nicht\ akzeptierbar). \end{aligned}$$

Sind die Ereignisse "Auftritt des vermeintlichen Fehlers" AF, "Entdeckung des vermeintlichen Fehlers" EF sowie "Akzeptierbarkeit des vermeintlichen Fehlers" BF stochastisch unabhängig, so gilt für die Meldewahrscheinlichkeit als Verbundwahrscheinlichkeit in Analogie die Berechnungsweise der Risikoprioritätszahl

$$MW = P(AF) \cdot P(EF) \cdot P(BF).$$

Die stochastische Unabhängigkeit von Fehlerentdeckung und -bedeutung ist sowohl bei der Risikoprioritätszahl einer System-FMEA, als auch bei der Meldewahrscheinlichkeit zu hinterfragen, da beispielsweise eine ein liegenbleibendes Fahrzeug induzierende Fehlfunktion sowohl offensichtlich als auch kaum akzeptierbar ist. Die FMEA als aktueller Stand der Technik setzt diese Unabhängigkeit nicht voraus, womit entsprechende Ungenauigkeit auch für die Meldewahrscheinlichkeit in vorliegender Arbeit hingenommen sei.

Die Definition der Meldewahrscheinlichkeit abstrahiert so beispielhaft in [Mor90, Ber98] vorhandene Modelle von Wirkketten der Fehlerentdeckung und erweitert diese auf die Kundensicht.

2.3.3 Entscheidbarkeit der Fehlerfreiheit eines Systems

In der Informatik heißt ein Problem P mit Parametern $p_1, \ldots, p_k$ und einer Eingabe E als Instanz des Problems mit konkreten Argumenten $a_1, \ldots, a_k$ *entscheidbar*, wenn es einen Algorithmus A gibt, der vollständig und korrekt ist sowie auf jeder zulässigen Eingabe terminiert. Die Sprache L_P des Problems ist damit definiert durch $L_P := \{(a_1, \ldots, a_k) \mid Antwort\ auf\ P(a_1, \ldots, a_k)\ ist\ "ja"\}$.
Mit einer Turing-Maschine lässt sich ein beliebiger, algorithmischer Berechnungsprozess mathematisch beschreiben und eine Aussage über dessen Berechenbarkeit treffen. Ist ein Problem in obigem Sinne entscheidbar, so existiert eine Turing-Maschine TM, welche für alle möglichen Instanzen $P(a_1, \ldots, a_k)$ hält und "ja" antwortet [Win05, Sch07].

Die Frage, ob die Berechnung der Turing-Maschine TM für eine allgemeine Eingabe w terminiert, $L_H = \{(\langle TM \rangle, w) \mid TM\ hält\ bei\ Eingabe\ w\}$, ist unentscheidbar und als *Halteproblem* bekannt [Win05, Sch06b, Sch07]. Es ist äquivalent zur Frage, ob die Sprache L_P das Wort w enthält. Hinsichtlich der Absicherung komplexer Systeme oder Software bedeutet dies, dass eine allgemeine, automatisierte Überprüfung der fehlerfreien Erfüllung vorgegebener Anforderungen nicht möglich ist. Nach [Ric53] lässt sich zwar ein Aspekt des Verhaltens eines speziellen Algorithmus beweisen und sich dies auch automatisieren, es existiert jedoch kein allgemeingültiges Verfahren, das für einen beliebigen Algorithmus und dessen realisierte Funktion die Erfüllung einer gewünschten Eigenschaft nachweisen kann. Zusätzlich zeigt der Unvollständigkeitssatz nach [Göd31] die Grenzen der Ableitbarkeit von Aussagen formaler Systeme, da ab der Logik der ersten Stufe kein vollständiges und korrektes System möglich ist. Für ein entsprechendes System lässt sich also bei Vorliegen eines Fehlers trivialerweise die Fehlerfreiheit falsifizieren, die Existenz eines Fehlers ist jedoch ebenso wenig vorhersehbar wie die Systemkorrektheit beweisbar [Dij70]. Nach [Mye79] kann das Ziel eines Tests somit nicht der (unmögliche) Nachweis der Systemkorrektheit sein, sondern die Aufdeckung von Fehlern.

2.3.4 Testsysteme

Ein Testsystem ist nach [Har01] "ein rechnergestütztes Werkzeug, welches den automatisierten Test von elektronischen Komponenten und Systemen eines Kraftfahrzeugs gestattet". Da nach [Bei95] ein aussagekräftiger, funktionaler Test nur automatisiert durchgeführt werden kann, eignen sich nur simulationsfähige Testsyteme [Har01].

2.3.4.1 Architektur von Testsystemen

Abbildung 2.8 zeigt verallgemeinert die Architektur eines Testsystems. Das Testobjekt

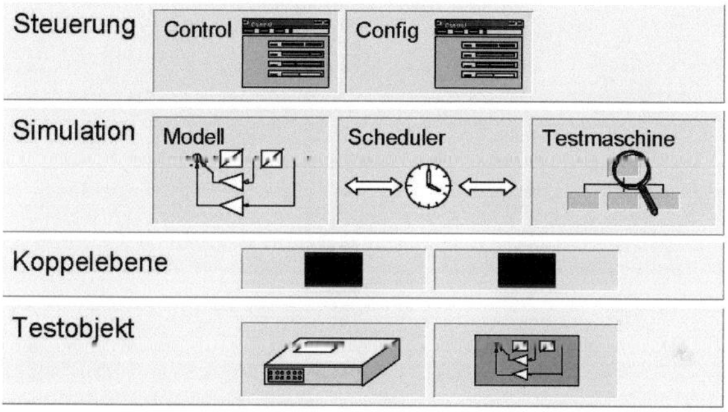

Abbildung 2.8: Architektur von Testsystemen.
Quelle: [Har01].

ist dabei die zu prüfende Komponente beziehungsweise das zu prüfende System. Die Koppelebene ist in ihrer Form vom Testobjekt abhängig und realisiert einen simulierten Daten- oder Signaltransfer als Stimulation des Testobjekts. Ursprung der Daten oder Signale ist die rückgekoppelte Simulation der Umgebung des Testobjekts. Es werden dazu beispielsweise Sensoren und Aktoren nachgebildet, ebenso wie, im Falle einer zu prüfenden Komponente, sonstige Kommunikationsverbindungen über die so genannte Restbussimulation. Die Taktung und Steuerung des Umgebungsmodells mit den Ein- und Ausgaben der Prozessgrößen übernimmt der Scheduler, der gesamte Test wird von der Testmaschine überwacht. Die Schnittstelle zum Benutzer ermöglicht schließlich die Konfiguration und Steuerung des Testsystems. Eine visuelle Anzeige der Prozessgrößen ist dabei ebenso möglich wie eine manuelle Stimulation des Testobjekts [Har01].

2.3.4.2 Klassifikation von Testsystemen

Testsysteme lassen sich gemäß [Har01] anhand ihres Testobjektes und ihrer Umwelt klassifizieren, je nachdem ob diese real verfügbar oder simuliert sind. Es werden somit vier Kategorien unterschieden, die in Abbildung 2.9 dargestellt sind. Umso

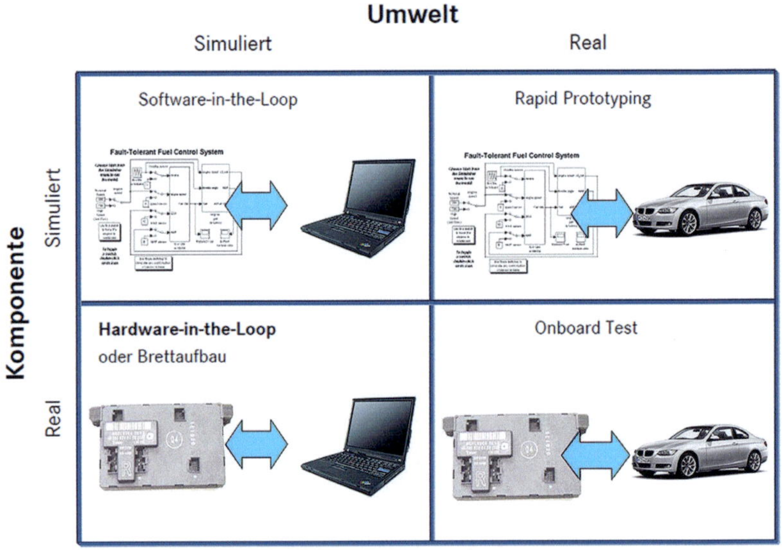

Abbildung 2.9: Klassifikation von Testsystemen.
Quelle: In Anlehnung an [Har01].

weniger simuliert wird, desto realitätsnäher sind die Testsysteme. Die Manipulationsmöglichkeiten nehmen bei einer steigenden Realitätsnähe jedoch ab, womit auch die theoretisch mögliche Testtiefe sinkt. Aufgrund unterschiedlicher Testtiefe und -breite ergänzen sich die Testsysteme und werden jeweils auf verschiedenen Testebenen der Integrationsphase eingesetzt. Die für vorliegende Dissertation wichtigsten Testsysteme sind Hardware in the loop und die Onboard Testsysteme mit real verwendeten Komponenten ab der Ebene des Teilsystemtests (vgl. Abbildung 2.4).

Software in the loop

Existiert noch kein reales Testobjekt, jedoch ein ausführbarer Quellcode oder eine ausführbare Spezifikation, so kann ein virtueller Test mit Software in the loop erfolgen. Dieses entsprechend früh im Entwicklungsprozess angesiedelte Testsystem betrachtet somit die internen Strukturen zu testender Objekte und kann so eine hohe Testtiefe erzielen. Die Realitätsnähe der Simulation ist aufgrund fehlender, physikalischer Einflüsse gering, der zu betreibende Aufwand für die Testumgebung ebenfalls.

Rapid Prototyping

Das Rapid Prototyping kann eingesetzt werden, wenn ausführbarer Quellcode verfügbar ist und die Umgebung des zu testenden Objekts real existiert. In frühen Entwicklungsphasen ist das normalerweise jedoch nicht der Fall. Rapid Prototyping ermöglicht so bei gleichbleibender Testtiefe eine höhere Realitätsnähe als Software in the loop, erfordert aber einen größeren Testaufwand.

Hardware in the loop

Sobald prototypische Komponenten oder (Teil-) Systeme existieren, die der späteren Hardwareplattform entsprechen, aber gegebenenfalls noch nicht optimiert sein können, wird Hardware in the loop angewendet. Das Umweltmodell wird hierbei auf einem Rechner in Echtzeit simuliert. Der Quellcode der Testobjekte wird meist nicht mehr explizit betrachtet, es werden ausschließlich deren externe Schnittstellen verwendet, womit die Testtiefe sinkt. Die Einsatzmöglichkeiten auch hinsichtlich extremer Sonder- oder kritischer Fehlerfälle sind hoch, die Testbreite entsprechend ebenso. Weiterhin sind die durchgeführten Tests realitätsnah und regressionsfähig aufgrund der eingesetzten Ablaufsteuerung, das Verfahren ist jedoch entsprechend aufwändig.

Onboard Testsysteme

Mit onboard Testsystemen werden fahrfähige Prototypen ausgerüstet und so das Gesamtsystem getestet. Trivialerweise ist die Realitätsnähe maximal, wobei die Systeme aufgrund der realen Umgebung nicht so flexibel und umfassend einsetzbar sind wie beispielsweise bei Hardware in the loop. Entsprechend findet sich ein zusätzlicher Verlust an Testtiefe.

In der Praxis existieren etliche andere Testsysteme, die sich als Variationen obig vorgestellter mit verschieden umfangreichen Testobjekten ergeben. Beispielsweise kann *Modell in the loop* verwendet werden, wenn eine Funktion des eigentlichen Testobjekts als ausführbares Modell verfügbar ist, *Processor in the loop* prüft mit dem im finalen Design des Testobjekts geplanten Prozessor und [Boc05, Boc07] testen mittels einer virtuellen Fahrzeugumgebung mit *Vehicle in the loop* Fahrassistenzsysteme in einem kompletten Fahrzeug.

2.3.5 Testaktivitäten

Die für einen systematischen Test erforderlichen Schritte lassen sich in so genannte Testaktivitäten aufteilen, die auf jeder Testebene aus Abbildung 2.4 stattfinden. [Pre03b] gibt einen Überblick zentraler Testaktivitäten in Anlehnung an [Weg01]:

Testplanung Das zu testende Objekt, der Kontext des Tests, das Testziel sowie das Testendekriterium werden bei der Testplanung festgelegt.

Testorganisation Die Testorganisation bestimmt die Verwaltung der Testfälle und der Testobjekte und strukturiert die für einen Test durchzuführenden Tätigkeiten. Die Testorganisation bestimmt somit nicht zuletzt die Regressionsfähigkeit durch reproduzierbare Testläufe.

Testdokumentation Ein reproduzierbarer und nachvollziehbarer Testprozess hat sowohl die durchgeführten Testaktivitäten als auch die erzielten Testergebnisse zu protokollieren.

Testfallgenerierung Testfälle sind hinsichtlich eines zu erreichenden Testziels systematisch und nachvollziehbar zu erstellen.

Testausführung Die Testausführung führt die Testdaten als den Eingabeteil der Testfälle auf dem Testobjekt aus.

Testmonitoring Die Reaktionen und Ausgaben des Testobjekts auf die Testfälle sind aufzuzeichnen um einen systematischen Vergleich zum spezifizierten Sollverhalten des Objekts zu ermöglichen.

Testauswertung Die Testauswertung vergleicht schließlich das tatsächliche mit dem erwarteten Verhalten des Testobjekts. Festgestellte Fehler sind an die Entwicklung zu melden und deren Abstellung zu überwachen, beispielsweise durch eine wiederholte Testdurchführung. Das Testziel wird auf dessen Zielerreichung bewertet und der Testumfang mit einem Überdeckungskriterium quantifiziert.

Als Ziel einer Produktfamilienabsicherung kann unter anderem die Realisierung von Synergien durch Produktfamilienspezifika in allen Testaktivitäten betrachtet werden. Entsprechend finden sich in der Literatur speziell entwickelte Ansätze für die Testplanung [Zen04], die Testorganisation und -dokumentation [Con04a, Wil04] sowie für das Testmonitoring [Kna04, Kau04]. Der Fokus vorliegender Arbeit liegt auf der Auswahl abzusichernder Versuchsfahrzeuge und damit auf der Aktivität der Testfallgenerierung für eine Produktfamilie. Daher werden existierende Verfahren zur systematischen Erstellung und Wiederverwendung von Testfällen bei Produktfamilien kurz skizziert.

[Gep04] stellt eine auf Entscheidungsbäumen basierende Methode zur systematischen Auswahl von Testfällen auf Ebene des Abnahmetests vor. Bereits existierende, produktspezifische Testfälle werden generalisiert, um sie für die gesamte Produktfamilie anzuwenden. Soll anschließend ein spezifisches Produkt der Produktfamilie in der Integrationsphase getestet werden, dient der Entscheidungsbaum der Bestimmung von für das Produkt gültigen Testfällen aus der Menge der generischen Testfälle.

Eine anforderungsbasierte Testmethodik findet sich in [Ber03]. Die *PLUTO* (Product Line Use case Test Optimization) genannte Methode basiert auf der Category-Partition Method (vgl. Abschnitt 2.6.2.1), welche zur Behandlung unterschiedlicher Varianten der Produktfamilie erweitert wird. Mit einer natürlichsprachigen Beschreibung existierender Anwendungsfälle nach [Coc00], die mit Attributen der Variantenvielfalt erweitert werden, können generische Testfälle für die Produktfamilie entwickelt und diese für ein spezifisches Produkt der Familie parametriert werden.

Der Ansatz von [Neb03] basiert auf einer Modellierung von Anwendungsfällen mit logischen Bedingungen zwischen diesen. Es wird so ein für die Produktfamilie allgemeingültiges Transitionssystem mit möglichen Übergängen zwischen Anwendungsfällen als Zuständen erstellt. Aus dem für ein konkretes Produkt parametrisierten Transitionsmodell lassen sich dann Testfälle als gültige Kombination von (zeitlich gestaffelten) Anwendungsfällen ableiten, die speziell eingeführte Überdeckungskriterien des Transitionssystems erfüllen.

Die von [Poh05] auf Ebene des Teilsystem- und Systemtests vorgestellte Methode *ScenTED* (Scenario based test case derivation) hat die Wiederverwendung von Testfällen zum Ziel, um so den Absicherungsaufwand von Produktfamilien zu reduzieren. Aus Anwendungsfällen werden für Tests relevante Anwendungsszenarien mittels Aktivitätsdiagrammen abgeleitet. Spezielle Entscheidungspunkte modellieren dabei die verschiedenen Varianten der Produktfamilie. Die so entstandenen Anwendungsszenarien werden mit zusätzlichen Informationen wie beispielsweise erwarteten Testergebnissen zu Systemtestfall-Designs erweitert, wozu Sequenzdiagramme verwendet werden. Aus den Anwendungsszenarien können weiterhin Architekturszenarien abgeleitet werden, welche etwa für die Erstellung von Teilsystemtestfällen benötigt werden. Sie enthalten Informationen über die im Anwendungsszenario benötigten Komponenten mit ihren Schnittstellen und werden zu Teilsystemtestfall-Designs erweitert. Schlussendlich werden die System- und Teilsystemtestfälle mit ihren Entscheidungspunkten an das jeweilig zu testende Produkt angepasst.
[Rei06b] erweitert die Methode um die Abdeckung nicht-funktionaler Anforderungen.

Basierend auf der Methode *PLUS* (Product line UML based Software Engineering) nach [Gom04] entwickelt [Oli06] einen Ansatz zur Ableitung von funktionsorientierten Testfällen für Produkte einer Produktfamilie. Mit der Unified Modeling Language (UML) beschriebene, anforderungsbasierte Modelle werden mit für die Testfallerstellung benötigten Informationen erweitert, woraus generische Testfälle für die Produktfamilie erzeugt werden können. Diese werden für den Test eines spezifischen Produkts parametriert.

Über ein mutationsbasiertes Testverfahren (vgl. Abschnitt 2.6.2.3) stellt [Ste04] einen Ansatz zur Bestimmung von Unterschieden im mit Matlab/Simulink modellierten Verhalten von Flugtriebwerkssteuerungen in verschiedenen Varianten vor. Ein mit diesem Verfahren durchgeführter Test soll zeigen, dass sich das simulierte Verhalten des betrachteten Produkts bei der Wahl einer speziellen Option korrekt ändert.

In der Literatur existierende Verfahren der Testfallgenerierung zur Absicherung von Produktfamilien fokussieren sich insbesondere auf die systematische Wiederverwendung von Testfällen, wie dargelegt überwiegend durch deren generische, parametrisierbare Erstellung. Es finden sich kaum Ansätze, welche die kombinatorische Vielfalt der möglichen Konfigurationen explizit betrachten. Die Frage nach den für die Produktfamilie repräsentativen Konfigurationen, welche entsprechend abgesichert werden sollten, ist dabei jedoch sowohl für die kostenintensive Hardware-Software-Integration [Sch08c] als auch für rein formale Methoden [Kis05] mindestens ebenso relevant.

2.3.6 Testendekriterium

Abbildung 2.10 zeigt qualitativ die Qualitätskosten in Abhängigkeit des Qualitätsmaßes eines Testobjekts. Nach [DIN08] setzen sich Qualitätskosten aus Fehlerverhütungs-

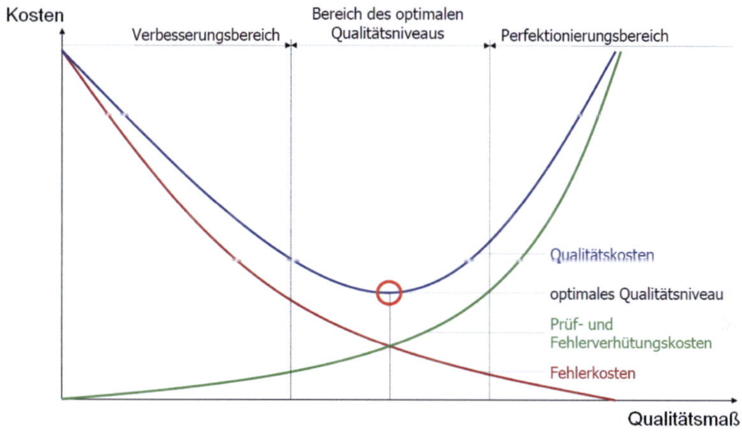

Abbildung 2.10: Zusammenhang von Qualitäts-, Prüf- und Fehlerkosten. Quelle: [SV04].

und Prüfkosten sowie Fehlerkosten zusammen. Aufgrund exponentiell steigender Prüf- und Fehlerverhütungskosten sowie exponentiell fallender Fehlerkosten ergibt sich ein wirtschaftlich optimales Qualitätsniveau, die Notwendigkeit eines Testendekriteriums zum Abbruch der Testphase wird deutlich. [Sch03] nennt als mögliche Testendekriterien beispielsweise:

Fertigstellungstermin Das Testendekriterium nach dem Fertigstellungstermin ist in der Regel durch exogene Einflussfaktoren bestimmt, beispielsweise durch den geplanten Produktionsstart einer Fahrzeugbaureihe.

Anzahl entdeckter Fehler Basierend auf Erfahrungswissen kann die Testphase mit einer bestimmten Anzahl entdeckter Fehler abgebrochen werden, wenn zu erwarten ist, dass ein gewisses Qualitätsniveau damit erreicht wurde.

Kosten je entdecktem Fehler Analog der Fehleranzahl können auch die Kosten je Fehler als Abbruchkriterium der Testphase dienen. Grundlage um ein optimales Qualitätsniveau zu erreichen sind auch hier Erfahrungswerte der Prüf- und Fehlerverhütungskosten (vgl. Abbildung 2.10).

Überdeckungsgrad Bei einer systematischen Generierung von Testfällen kann das Überdeckungskriterium direkt den Testabbruch definieren, wenn ein festgelegter Überdeckungsgrad erreicht wurde – beispielsweise jede Funktion des Testobjekts einmal ausgeführt wurde.

2.4 Klassifikation von Testmethoden

Verfahren zur systematischen Generierung von Testfällen für ein Testobjekt werden als Testmethoden bezeichnet. Eine Klassifizierung existierender Testmethoden lässt sich anhand verschiedener Kriterien vornehmen. Abbildung 2.11 zeigt beispielhaft eine gängige Klassifikation anhand der Prüftechnik. Statische Tests prüfen anhand der Spezifikation und der umgesetzten Implementierung die Korrektheit des Systems ohne dieses auszuführen. Aufgrund des hohen Aufwandes statischer, insbesondere formaler Methoden, können diese im Regelfall nur auf Modelle von Realsystemen angewendet werden, was die Frage nach dem adäquaten Abstraktionsniveau aufwirft [Ern03]. Dynamische Tests hingegen führen das reale System mit festgelegten Eingabedaten aus und prüfen die erzielte Ausgabe auf Konsistenz mit dem erwarteten Verhalten. Ein erschöpfender Test, also der Test eines Systems auf Korrektheit hinsichtlich aller möglichen Eingaben, ist angesichts der komplexen Realsysteme in der Regel nicht möglich. Damit sind streng betrachtet Aussagen über die Korrektheit des Systems nur für die Auswahl der explizit durchgeführten Testfälle gültig, also der speziell geprüften Systemnutzung. Praktische Erfahrungen haben jedoch gezeigt, dass mit fehlersensitiven, repräsentativen und redundanzarmen Testfällen

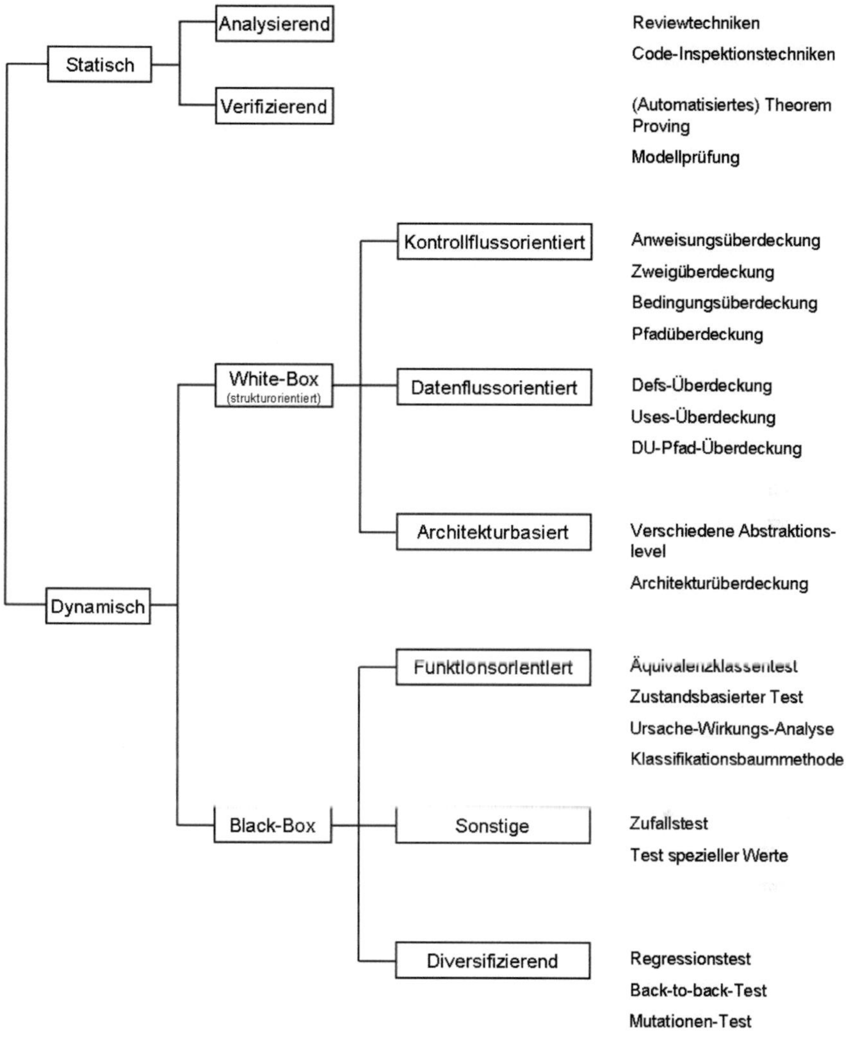

Abbildung 2.11: Klassifikation von Testmethoden nach der Testtechnik. Quelle: In Erweiterung von [Lig02, Rec06].

auch Rückschlüsse auf die Korrektheit des Gesamtsystems zulässig sind [Lig02]. Die dynamischen Tests lassen sich nach dem Informationsstand über das zu testende Objekt weiter in White- und Black-Box-Tests unterteilen. Beim White-Box-Test ist Wissen über die internen Strukturen des Systems, beispielsweise dem Quellcode, vorhanden und dient der Testfallerstellung. Ein Black-Box-Test betrachtet demgegenüber das zu testende System rein funktional über die Ein- und Ausgangsschnittstellen ohne Kenntnisse der internen Funktionsweise.

Weitere Unterteilungen von Testmethoden gemäß einer automatischen oder manuellen Testdurchführung, der Testebene im Absicherungsprozess, der Testart nach bewertendem oder charakterisierendem Test und der Testphase mit Prototypen-, Charakterisierungs- sowie Produktionstest sind möglich [Har01]. Eine von der Zielsetzung abhängige Klassifikation findet sich in [Bal97].

Im Folgenden werden die in der Literatur bekannten Testmethoden zur Testfallgenerierung dargestellt, welche ein in aller Regel komplexes Objekt untersuchen – im Falle der Automobilbranche beispielsweise ein Fahrassistenzsystem oder ein komplettes Fahrzeug. Zusätzlich wird die Eignung der Methoden zur Entwicklung einer vollständigen Produktfamilienabsicherung bewertet und geeignete Methodiken beispielhaft adaptiert.

2.5 Statische Testmethoden

Statische Testmethoden können nach Abbildung 2.11 etwa in analysierende und verifizierende Methoden unterteilt werden.
Analysierende Testmethoden untersuchen gewisse Eigenschaften eines Testobjekts, beispielsweise die Architektur auf Widerspruchsfreiheit oder den Quellcode auf logische Fehler. Verifizierende Testmethoden versuchen mit formalen Ansätzen ein gegebenes Objekt, insbesondere Quellcode, auf Korrektheit zu prüfen. Die Akzeptanz entsprechender Testmethoden in der (Fahrzeug-) Entwicklung ist wegen ihrer unzureichenden Anwendbarkeit eher gering [Lig05], auch aufgrund von oftmals fehlenden oder unvollständigen Spezifikationen. Da sie zudem ihre Stärken bei der Analyse eines einzelnen Testobjekts haben und nicht bei der Betrachtung einer gesamten, variantenreichen Produktfamilie über ihren Lebenszyklus, werden sie in vorliegender Arbeit nicht weiter betrachtet.

2.6 Dynamische Testmethoden

Eingebettete Systeme existieren in den unterschiedlichsten Anwendungen des täglichen Lebens und können nahezu beliebige Komplexität haben, angefangen von einem einfachen Eierkocher bis zu hochkomplexer Flugavionik. Damit existiert nach [Gri95, Bro02] auch kein allgemeines Standardverfahren für jegliche, eingebettete Soft- und Hardware – es werden stets Anpassungen der allgemeinen Methoden vorgenommen. Im Folgenden werden daher die wichtigsten dynamischen Testmethoden vorgestellt.

2.6.1 White-Box-Testmethoden

Bei White-Box-Testmethoden werden Testfälle aus dem implementierten Quellcode oder der Software- beziehungsweise Systemarchitektur des zu testenden Objekts abgeleitet, die Überdeckungskriterien zur Bewertung der Testvollständigkeit definieren sich entsprechend analog. Die Ausleitung von Testfällen erfolgt in aller Regel manuell, es existieren nur wenige Verfahren, die komplette Testsets aus dem Quellcode errechnen, für ANSI Fortran beispielsweise [Cla76].

Prinzipiell können die folgend vorgestellten Verfahren auf jeder Testebene (vgl. Abbildung 2.4) eingesetzt werden. Aufgrund der empirisch nachgewiesenen Korrelation von Quellcodeüberdeckung mit der Fähigkeit der Fehleraufdeckung angewendeter Testsets [Won94, Cai05], finden auf Quellcodeüberdeckung basierende Kriterien überwiegend bei Komponententests Anwendung. Auf der Ebene des Teilsystemtests werden White-Box-Tests auf Basis der Systemstruktur mit den existierenden Schnittstellen verwendet, im Systemtest werden White-Box-Verfahren selten eingesetzt [Lig02]. Ein Vergleich mit der Spezifikation des Testobjekts erfolgt generell nicht, dies ist Aufgabe der Black-Box-Tests (vgl. Abschnitt 2.6.2).

2.6.1.1 Kontrollflussorientierte Testmethoden

Zur Verdeutlichung der Vorgehensweise kontrollflussorientierter Testmethoden sei das aus [Sch08c] entliehene Beispiel der Berechnung des Absolutbetrages einer Eingabe a betrachtet. Abbildung 2.12 zeigt den Flussgraphen des Algorithmus mit dessen Codezeilen L1 bis L6. Knoten symbolisieren bedingungslose Anweisungen, welche je

```
Input : a ∈ ℝ Output : b ∈ ℝ⁺
begin
    if a ≥ 0 then
        b ← a ;
    else
        b ← −a ;
    return b ;
end
```

Algorithmus: Berechnung des Absolutbetrags der Eingangsgröße a.

nach Durchlauf des Programms ausgeführt werden oder nicht. Aufgrund bedingter Verzweigungen existieren selbst für einfachste Programme mehrfache Pfadmöglichkeiten, welche durch Pfeile dargestellt werden.

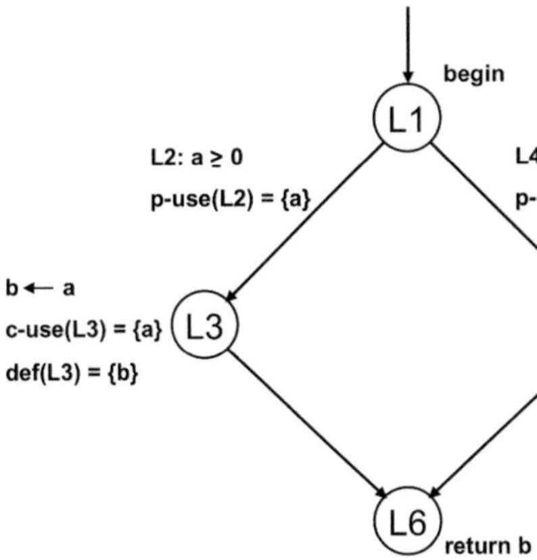

Abbildung 2.12: Flussdiagramm der Berechnung des Absolutbetrags. Pfeile repräsentieren Kontrollfluss, Pfeile und Knoten beinhalten Datenfluss.

Kontrollflussbasierte Testmethoden lassen sich über die eingesetzten Überdeckungskriterien unterscheiden. Die geläufigsten Kriterien sind nach [Lig02] die Anweisungsüberdeckung (C_0), die Zweigüberdeckung (C_1), die einfache Bedingungsüberdeckung (C_2), die mehrfache Bedingungsüberdeckung (C_3), die modifizierte Bedingungsüberdeckung sowie die Pfadüberdeckung (C_4). Der Aufwand der durchgeführten Absicherung hängt dabei vom eingesetzten Überdeckungskriterium ab, da beispielsweise eine komplette Pfadüberdeckung die Ausführung jeder Anweisung beinhaltet.

2.6.1.2 Datenflussorientierte Testmethoden

Die noch jungen und besonders für objektorientierte Systeme geeigneten, datenflussorientierten Testmethoden fokussieren die Verwendung von Daten wie beispielsweise Variablen [Lig02]. Existente Variablen können prinzipiell gelesen (*used, use*) und geschrieben (*defined, def*) werden. Falls der *use*-Lesezugriff im Rahmen eines Kontrollflusses geschieht, wird er als *p-use* (*predicate*) bezeichnet, dient der Zugriff einer Berechnung, bezeichnet sich die Verwendung als *c-use* (*computation*). Abbildung 2.12 zeigt, dass *defs* und *c-uses* im Flussdiagramm eines Quellcodes Knoten zugeordnet werden können, *p-uses* werden mit dem Kontrollfluss und damit direkt mit Pfeilen assoziiert.

Datenflussorientierte Testmethoden lassen sich analog den kontrollflussorientierten Verfahren anhand ihrer Überdeckungskriterien untergliedern, die gemäß [Lig02] häufigsten sind all defs, all p-uses, all c-uses, all uses, sowie all du-paths.

Die Komplexität datenflussbasierter Testmethoden erfordert den Einsatz einer IT-Unterstützung, wobei aufgrund ihres geringen Alters kaum adäquate Werkzeuge vorhanden sind. Die Testmethoden werden bisher insofern kaum in der Praxis angewendet [Lig02].

2.6.1.3 Architekturbasierte Testmethoden

Architekturbasierte Testmethoden tragen der virtuellen Integration Rechnung, welche durch Abstraktion auf den verschiedenen Testebenen von Abbildung 2.4 stattfinden kann, beispielsweise anhand von Architekturbeschreibungen oder Simulationsmodellen. Architekturbeschreibungen bestehen dabei nach [Per92] aus Strukturelementen wie Daten-, Prozess- und Verbindungselementen, womit architekturbasierte Überdeckungskriterien definiert und daraus Testfälle abgeleitet werden können, welche bei ihrer Ausführung die betroffenen Architekturelemente verwenden. Entsprechende Testkriterien finden sich unter anderem in [Ric96]. Ein Ansatz zur virtuellen Systemintegration im Automotive-Bereich wird von [Giu02] beschrieben. Die Skizzierung einer Verifikationsmöglichkeit von Fahrzeugsystemen durch Architektursimulation findet sich in [Mut04], die dazu verwendete Architektursimulation selbst ist in [Sch06a] dargestellt.

[Sch08c] stellt eine architekturbasierte Absicherungsmethode anhand eines hinreichenden Überdeckungskriteriums für Produktfamilien am Beispiel der Automobilindustrie vor. Diese nutzt anhand der Architektur Gemeinsamkeiten zwischen verschiedenen Konfigurationen und fokussiert mit dem definierten Überdeckungskriterium direkt die kombinatorische Komplexität variantenreicher Produktfamilien. Abbildung 2.13 zeigt beispielhaft Zustandsdiagramme einer Produktfamilie bestehend aus zwei Richtungsblinkern *ILa* und *ILb*, die sich durch die Funktion einer Tipp-Anzeige unterscheiden. Beide Richtungsblinker lassen sich als Produktfamilie zu einem Metasystem

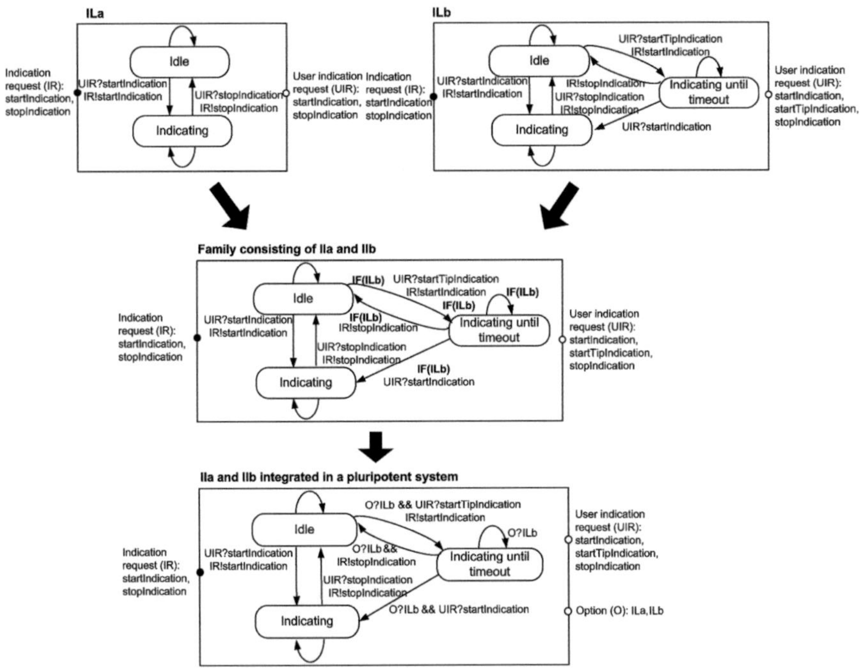

Abbildung 2.13: Richtungsblinker als Produktfamilie und Metasystem.
Quelle: [Sch08c].

mit variablen Systemelementen vereinigen, deren Existenz bei der Durchführung von Testfällen zu entscheiden ist. Werden nun die Gemeinsamkeiten in den Architekturen ausgenutzt, so muss aufgrund der echten Funktionsobermenge von *ILb* über *ILa* bei identischer Implementierung beispielsweise der Funktionsumfang von *ILa* in einer Konfiguration mit *ILb* nicht mehr abgesichert werden, falls er bereits geprüft wurde. Entsprechend lassen sich Testfälle reduzieren und hinsichtlich der Architektur optimierte Konfigurationen zur Absicherung algorithmisch bestimmen.

Insgesamt lässt sich sagen, dass White-Box-Testmethoden zur Absicherung einer Produktfamilie beim heutigen Stand der Technik nur bedingt geeignet sind. Ein Einsatz dieser Methoden erfordert genaue Kenntnisse sowohl der einzelnen, komplexen Produkte als auch der gesamten Produktfamilie selbst mit ihren individualisierbaren Variantenausprägungen. Die entsprechend zu beherrschende Komplexität macht den Einsatz einer IT-Unterstützung und damit die exakte Modellierung der abzusichernden Systeme unumgänglich. Diese ist bei den heutigen, hohen Anforderungen an die Spezifikationsgenauigkeit eingebetteter, komplexer und variantenreicher Systeme nur mit hohem Aufwand realisierbar. In der Praxis wird daher im Regelfall auf eine derart genaue Modellierung verzichtet.

2.6.2 Black-Box-Testmethoden

Im Gegensatz zu White-Box-Verfahren betrachten Black-Box-Testmethoden ein zu testendes Objekt ohne dessen innere Strukturen, nur über die externen Schnittstellen. Analog wie die White-Box-Verfahren können auch die bei Black-Box-Tests angewendeten Methoden auf jeder Testebene aus Abbildung 2.4 eingesetzt werden. Sie ergänzen dabei die strukturbasierte Betrachtung und werden überwiegend auf der Ebene des Systemtests angewendet, auch da in der Praxis auf den vorhergehenden Testebenen eine vollständige Spezifikation oftmals nicht existiert [Lig02].

2.6.2.1 Funktionsorientierte Testmethoden

Testfälle werden bei funktionsorientierten Testmethoden aus der funktionalen Spezifikation des Testobjekts abgeleitet und die erreichte Testüberdeckung entsprechend bewertet, womit zwangsläufig eine Überprüfung der Spezifikation auf Verständlichkeit, Vollständigkeit und Widerspruchsfreiheit erfolgt. In [Sim97] findet sich beispielhaft eine Nutzwertanalyse funktionsorientierter Testmethoden hinsichtlich ihrer Eignung für den Systemtest von Steuergeräten im Automobilbereich.

Anforderungsbasierte Testmethoden

Die mit einer anforderungsbasierten Testmethode erstellten Testfälle prüfen direkt die in der Spezifikation dargelegten Anforderungen eines Systems, eingesetzte Überdeckungskriterien bewerten den Anteil der geprüften Anforderungen. Wird jede Anforderung durch mindestens einen Testfall abgedeckt, so liegt Anforderungsüberdeckung vor. Erforderlich ist eine explizite Abbildung von Anforderungen auf Testfälle, wie sie beispielsweise von [ISO06] gefordert wird. Es handelt sich bei dieser Abbildung um eine n:m-Relation. Entsprechende Ansätze zur Bewertung der Abbildung von Anforderungen auf Testfällen finden sich beispielhaft in [Ham97].

Werden Anforderungen zusätzlich mit ihrem Risiko bewertet, also der Wahrscheinlichkeit ihres Ausfalls und des dann eintretenden Schadens, so ist ein *risikobasiertes Testen* möglich. Das eingesetzte Überdeckungskriterium betrachtet entsprechend nicht mehr die gleichgewichtete Summe der abgedeckten Anforderungen, es ist vielmehr eine Priorisierung von Anforderungen und eine Fokussierung auf riskante Funktionen möglich. Die anschließende Korrektur der durch Testfälle aufgedeckten Fehler reduziert entsprechend das verbleibende Gesamtrisiko des Testobjekts. Abschnitt 7.2.1 stellt auf der Ebene von Steuergeräten einen möglichen Formalismus der risikobasierten Testbetrachtung auf das in dieser Arbeit vorliegende Konfigurationsproblem dar.

Ursache-Wirkungs-Analyse

Die Ursache-Wirkungs-Analyse nach [Elm75] modelliert anhand existierender Teilspezifikationen das Verhaltensmuster eines Testobjekts in Abhängigkeit von getätigten Eingaben mit Ursache-Wirkungsgraphen nach [Mye76, Mye79]. Die Ursachen und Wirkungen werden durch logische Verknüpfungen verbunden und in einen gerichteten, booleschen Graphen überführt, welcher nach Reduzierung durch Einschränkungen aufgrund syntaktischer Zwänge in eine Entscheidungstabelle transfomiert wird. Die Ursachen und Wirkungen bilden dabei die Zeilen, deren Kombinationen als Testfälle die Spalten.

Äquivalenzklassenmethode

Der Äquivalenzklassentest ist für zustandslose Testobjekte anwendbar und teilt den Wertebereich der Eingabeparameter in Äquivalenzklassen derart auf, dass beliebige Eingaben einer Äquivalenzklasse zu je (funktional) identischen Ergebnissen führen beziehungsweise dies entsprechend angenommen werden kann. Äquivalenzklassen können dabei in gültige und ungültige Äquivalenzklassen unterschieden werden, je nachdem ob es sich bei den Eingabewerten um für das Testobjekt gültige oder ungültige Werte handelt. Soll ein gültiger Eingabewert illustrierend dem Intervall $[0;10]$ angehören, so bilden sich drei intuitive Äquivalenzklassen: eine gültige als das Intervall $[0;10]$ selbst und zwei ungültige ober- und unterhalb des gültigen Eingabeintervalls.
Die mit dieser Methode abgeleiteten Testfälle bilden sich aus der Kombinatorik mit einem repräsentativen Wert je Äquivalenzklasse, der zum Beispiel das erwartete Nutzungsprofil widerspiegelt. Nach gängiger Lehrmeinung sollte ein Test auf ein gültiges Verhalten des Testobjekts möglichst viele gültige Äquivalenzklassen abdecken, um die Anzahl an Testfällen gering zu halten. Jeder Testfall ungültiger Eingabewerte sollte demgegenüber je nur eine ungültige Äquivalenzklasse bei sonst gültigen verwenden, da sich andernfalls eine unklare Fehlerursache des auftretenden Fehlerbildes ergibt. Ein entsprechender Test lässt sich somit als *Stresstest* interpretieren.

Als nachteilig zeigt sich bei der Äquivalenzklassenmethode, dass Abhängigkeiten zwischen Äquivalenzklassen nicht modelliert werden und sich daher bei einer automatischen Testfallerzeugung ungültige Testfälle ergeben können. Existieren in vorliegender Themenstellung für eine bestimmte Produktfamilie als Äquivalenzklassen beispielsweise Displays und eine TV-Funktion, so lassen sich Abhängigkeiten zwischen diesen nicht betrachten. Trivialerweise erfordert aber die Wahl der TV-Funktion den Verbau eines Displays.

Grenzwertanalyse

Die Grenzwertanalyse ist streng betrachtet keine rein funktionsorientierte Testmethode, sondern ein Test spezieller Werte (vgl. Abschnitt 2.6.2.2). Aufgrund ihrer Verwandtheit zur Äquivalenzklassenmethode soll sie dennoch an dieser Stelle Erwähnung finden.
Die Testfälle werden bei Verwendung der Grenzwertanalyse so festgelegt, dass ins-

besondere die Grenzen von Gültigkeitsbereichen, beispielsweise Äquivalenzklassen, geprüft werden – oftmals finden sich Fehler etwa bei den Operatoren $<$ und $\leq$. Der für Tests ausgewählte Repräsentant von Äquivalenzklassen wird daher in die Nähe der oberen oder unteren Grenze der Klasseneinteilung gelegt. Im Beispiel der Berechnung des Absolutwertes könnte exemplarisch die Menge der Eingabewerte $\{-0,01;0;0,01\}$ getestet werden.

Kombinatorische Testmethoden

Kombinatorische Testmethoden generieren Testfälle anhand der möglichen Kombinatorik an Eingabedaten, gegebenenfalls unter zusätzlicher Beachtung von Umwelteinflüssen. Die Überdeckungskriterien definieren sich entsprechend im Regelfall als Quotient der getesteten Parameterkombinationen zu den insgesamt möglichen.

Single-mode-faults bezeichnen Fehler, die durch fehlerhafte Eingaben in einem Eingabeparameter erzeugt werden, double-mode-faults entsprechen Fehlern, die durch eine Kombination zweier Parameter verursacht werden. Bei Eingabekombinationen von mehr als zwei Parametern entstehende Fehler werden multi-mode-faults genannt. Mit dieser Klassifikation von Fehlern, kann eine Reduktion der Anzahl an Testfällen erfolgen, indem bei N Eingabeparametern nicht mehr erschöpfend jede N-weise Kombination von Feldern getestet wird, sondern beispielsweise nur noch paarweise Kombinationen von Eingabefeldern wie bei der Pairwise-Methode.
Eine Übersicht existierender, kombinatorischer Testmethoden inklusive umfangreich weiterführender Literatur findet sich in [Gri05], im Folgenden sollen die wichtigsten Überdeckungskriterien zur Ausleitung von Testfällen kurz vorgestellt werden.

Each choice Bei der Each-choice-Methode hat jeder (relevante) Parameterwert in mindestens einem Testfall vorzukommen, dies entspricht einer Parameterüberdeckung.

Single error coverage Für jede ungültige Eingabe der Parameter wird ein Testfall definiert, der diesen Fehlerfall abdeckt. In Analogie zur Äquivalenzklassenmethode und der Kombination ungültiger Klassen, wird auch hier stets nur ein Parameter ungültig gesetzt; die anderen haben gültige Parameter anzunehmen, damit sich ein klares Fehlerbild mit entsprechender Fehlerursache bildet.

Pairwise Die Pairwise-Überdeckung fordert, dass jede Kombination von je zwei Parametern mit mindestens einem Testfall abgedeckt wird.

***t*-wise** Beim t-wise Überdeckungskriterium wird analog der Pairwise-Überdeckung jede mögliche Kombination von je t Parametern mit mindestens einem Testfall geprüft. Aufgrund oftmals komplexer Kombinatorik der Eingabeparameter wird die Testfallbildung großteils automatisch vorgenommen, was beispielsweise deterministisch mit orthogonalen, lateinischen Quadraten [Man85] oder mit speziellen, orthogonalen Matrizen (engl. *covering arrays*) [Ste98a, Ste98b, Wil00] beziehungsweise heuristisch [She94, Coh96] erfolgen kann.

***N*-wise** Die N-wise-Überdeckung ist ein erschöpfender Test, das heißt, alle kombinatorisch möglichen Eingabekombinationen werden von Testfällen abgebildet.

***t*-wise valid** Das Überdeckungskriterium t-wise valid erfordert die Überprüfung jeder möglichen Kombination von t Parametern mit gültigen Werten, wobei die restlichen Parameter ebenfalls gültige Werte annehmen müssen. Entsprechend bilden sich die Überdeckungskriterien pairwise valid und N-wise valid als Spezialfälle.

Bereits mathematisch zeigt sich die Möglichkeit der substantiellen Reduktion von Testfällen durch kombinatorische Überlegungen und auch empirisch konnte eine Eignung der Verfahren festgestellt werden [Dun97, Nai98, Dal99, Bry05]. Mittels des Beitrags von [McG01] übertragen auf die Absicherung einer Automobilbaureihe sind beispielsweise die verbaubaren Steuergeräte als Eingabewerte mit den durch sie erzeugbaren Fehlern zu betrachten – etwa bei der fehlerhaften Kommunikation zweier Steuergeräte. Da der ungültige Verbau von Steuergeräten im Werk ausgeschlossen ist, muss Single error coverage nicht betrachtet werden. Entsprechend sind Each choice, pairwise valid, t-wise valid und N-wise valid sinnvolle Überdeckungskriterien zur Generierung von Testfällen.

Ein ursprünglich für die Integration von Standardkomponenten (Components of the shelf) entwickeltes Konzept zur kombinatorischen Bestimmung abzusichernder Konfigurationen findet sich in [Wil01, Wil02a, Wil02b]. Bei dem vorgestellten Verfahren werden Kombinationen von Komponenten nach dem t-wise-Kriterium gebildet und Algorithmen zur Bestimmung von Systemkonfigurationen untersucht, die möglichst viele t-wise-Kombinationen der Komponenten abdecken.

Category-Partition Method

Die Category-Partition Method nach [Ost88] unterteilt die Spezifikation des Testobjekts in funktionale Einheiten, welche jeweils unabhängig für sich getestet werden können – im Automobilbau stellen für zu prüfende Systeme die Teilsystemtests eine Analogie dar, welche im Regelfall jedoch eine Restbussimulation erfordern.
Der Test erfolgt, indem die möglichen Werte der Eingabeparameter, der Umgebungsbedingungen sowie des Zustandes der aus der Spezifikation herausgelösten Einheiten identifiziert und in Äquivalenzklassen aufgeteilt werden. Diese werden *Kategorien* (engl. *categories*) genannt und besitzen analog der Äquivalenzklasse jeweils für Testfälle ausgewählte Repräsentanten. Aufgrund der möglichen Berücksichtigung des Objektzustandes in einer oder mehreren Kategorien, eignet sich die Category-Partition Method auch zum Test von zustandsbasierten Systemen [Ost88], wobei mittels der speziell entwickelten *Test Specification Language* Testfälle automatisch generiert und auch Zwänge zwischen Werten von Kategorien (engl. *constraints*) berücksichtigt werden können [Lig02]. Im Gegensatz zur Äquivalenzklassenmethode kann damit etwa der Verbau einer TV-Funktion ohne Display ausgeschlossen werden.

Zur Visualisierung werden nach [Bin99] unter anderem Entscheidungstabellen und -bäume verwendet, welche sich auch zur Testdatengenerierung eignen. Eine Entscheidungstabelle kombiniert mögliche Kategorien und dazu gemäß der Spezifikation erwartete Ausgaben, woraus sich die Testfälle bilden (vgl. Abbildung 2.14 oben). Zwänge zwischen Kategorien können durch Auslassen widersprüchlicher Testfälle nur mittelbar berücksichtigt werden. Ein mehrstufiger Entscheidungsbaum mit Testfällen als Blätter erlaubt hingegen die Modellierung von Zwängen und den direkten Ausschluss widersprüchlicher Testfälle, indem die Entscheidungen für Kategorien hierarchisch "passend" angeordnet werden. Betrachtet sei erneut das Beispiel der Berechnung des Absolutbetrags einer Zahl $a \in \mathbb{R}$. Wird als Rechnerrealisierung der reellen Zahlen $\mathbb{R}$ eine double-Genauigkeit nach [IEE85] verwendet, so definieren sich die Grenzen des gültig verarbeitbaren Eingaberaums für Zahlen durch

$$-\left(1-2^{-53}\right)\cdot 2^{1024} \approx -1{,}798 \cdot 10^{308} \quad \text{und} \quad \left(1-2^{-53}\right)\cdot 2^{1024} \approx 1{,}798 \cdot 10^{308}$$

in Schritten von $2^{-1022} \approx 2{,}225 \cdot 10^{-308}$. Aus dem unteren Teil von Abbildung 2.14 ist beispielhaft ersichtlich, dass a kein double-Wert sein kann, wenn a bereits nicht in $\mathbb{R}$ ist. Ein entsprechender Testfall wird automatisch durch die Hierarchie des

Bedingungen	$a \in \mathbb{R}$	wahr	wahr	wahr	falsch	...
	a ist double	wahr	wahr	falsch	falsch	...
	$a \geq 0$	wahr	falsch	wahr	falsch	...
Erwartete Ausgabe	return a	wahr	falsch	falsch	falsch	...
	return -a	falsch	wahr	falsch	falsch	...
Testfälle		ET_TF1	ET_TF2	ET_TF3	ET_TF4	...

Testfallgenerierung durch eine Entscheidungstabelle

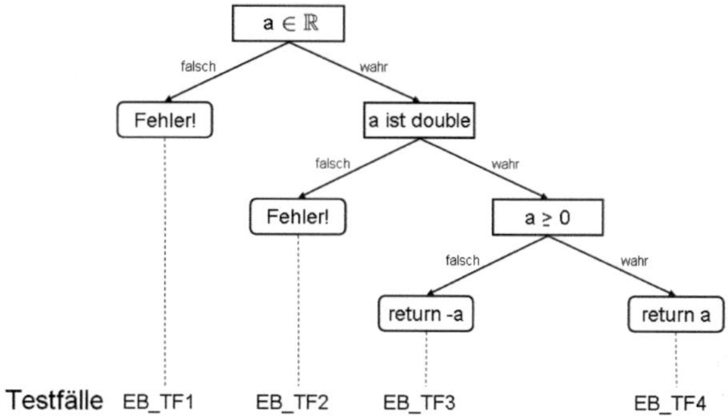

Testfallgenerierung durch einen Entscheidungsbaum

Abbildung 2.14: Entscheidungstabelle und -baum für die Absolutwertberechnung.

Entscheidungsbaums ausgeschlossen. Das Beispiel der TV-Funktion ohne Display lässt sich analog lösen.

Klassifikationsbaummethode

Entstanden aus der Category-Partition Method, wird die Klassifikationsbaummethode nach [Gro93a, Gro93b, Gri95] insbesondere im Bereich des systematischen Tests eingebetteter Systeme eingesetzt. Die Kategorien der Category-Partition Method werden *Klassifikationen* genannt, die Repräsentanten als Auswahl der für Testfälle relevanten Werte heißen *Klassen*. Im Unterschied zu einem Entscheidungsbaum bilden im Klassifikationsbaum die Blattkombinationen die Testfälle.

Die Bestimmung relevanter Testfälle für ein funktional spezifiziertes Testobjekt erfolgt in vier Schritten mit der Ermittlung der testrelevanten Aspekte, deren Klassifikation, der Erstellung des Klassifikationsbaumes sowie der Ableitung der Testfälle aus der

Kombinationstabelle.
Aus einer Analyse der Funktionsspezifikation ermitteln sich die testrelevanten Aspekte mit ihren möglichen Merkmalsausprägungen, welche anschließend über ihren Wertebereich vollständig und disjunkt in Äquivalenzklassen eingeteilt werden. In Analogie zur Äquivalenzklassenmethode gelten die Werte einer Klasse als äquivalent, sie erzeugen also ein identisches Verhalten des Testobjekts und damit je das gleiche Testergebnis. Mit der Klassifikation jedes testrelevanten Aspekts und etwaiger Unter-Klassifikationen ergibt sich mit den gebildeten Äquivalenzklassen der Klassifikationsbaum, dessen Wurzel das Testobjekt ist, die Blätter stellen dabei Äquivalenzklassen dar. Abbildung 2.15 zeigt den Klassifikationsbaum mit der so genannten Kombinationstabelle für das Beispiel der Absolutwertberechnung, die mit ihren Spalten die Blätter des Klassifikationsbaumes abbildet. Deren Kombination in

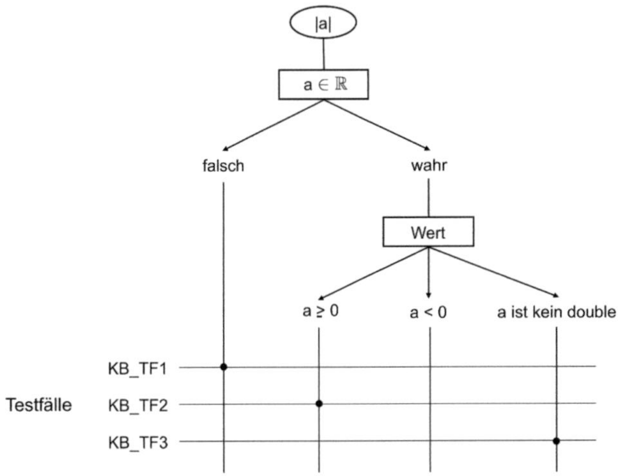

Abbildung 2.15: Klassifikationsbaum und Kombinationstabelle für die Absolutwertberechnung.

einer Zeile spezifiziert je einen Testfall, wobei diejenigen Äquivalenzklassen mit für den Testfall kombinatorisch verwendeten Werten markiert werden. In vorliegendem Beispiel wird aufgrund der Abhängigkeit der Klassen untereinander stets nur je eine für den Test ausgewählt.
In [Nar00] findet sich eine umfassende Formalisierung der Klassifikationsbaummethode und der Testfallgenerierung. Eine Blätterauswahl heißt demnach *potentieller Testfall* des Testobjekts, wenn je Klassifikation maximal eine Klasse für den Testfall verwendet wird. Ein *wohlpotentieller Testfall* liegt vor, wenn die Blätterauswahl einen potentiellen

Testfall darstellt und für jede für den Testfall gewählte Klasse jegliche nachfolgende Klassifikation verwendet wird. Zwar kann aufgrund von Zwangsausschlüssen die Wahl eines Blattes unter einer Klassifikation zum Ausschluss einer benachbarten Klassifikation führen, was intuitiv betrachtet für den Einsatz von potentiellen Testfällen in der Automobilabsicherung spricht, jedoch kann in vorliegender Anwendung mit der kombinatorischen Variante "Klassifikation nicht gewählt" jeder potentielle Testfall in einen wohlpotentiellen Testfall überführt werden.

Als Überdeckungskriterium lässt sich beispielsweise nach [Gro93a] die minimale Classification-Tree Coverage CTC_{min} anführen, die das Verhältnis der in Testfällen geprüften Klassen *actclass* und der insgesamt existierenden *maxclass* bestimmt,

$$CTC_{min} = \frac{actclass}{maxclass}.$$

Existiert eine Blattüberdeckung, also die Berücksichtigung jeder testrelevanten Äquivalenzklasse in mindestens einem Testfall, so gilt $CTC_{min} = 1$. Gemäß der Formalisierung nach [Nar00] ist eine Blattüberdeckung eine Menge M von potentiellen Testfällen, so dass gilt

$$\forall\, r \in Blatt \;\; \exists \;\; Testfall \in M : \; r \in Testfall.$$

Eine minimale Blattüberdeckung ist daher eine Menge M derart, dass alle anderen Blattüberdeckungen eine größere Anzahl an Testfällen besitzen. Für jeden Baum existiert eine minimale Blattüberdeckung [Nar00].

Ein maximales Überdeckungskriterium ergibt sich durch die Berücksichtigung jeder möglichen Kombination testrelevanter Blattklassen als Testfälle [Gro93a]. Das Maß

$$CTC_{max} = \frac{actfall}{maxfall}$$

bewertet so das Verhältnis der Anzahl getesteter Blattkombinationen als Testfälle zu der Anzahl insgesamt möglicher Testfälle. Dabei können sich jedoch Kombinationen von Klassen bilden, die logisch als Testfälle nicht existieren können. Zum Beispiel kann unter Ausschluss der komplexen Zahlen $\mathbb{C}$ in Abbildung 2.15 nicht $a \geq 0$ gelten, wenn $a \notin \mathbb{R}$. Weiterhin können Testfälle zwar mathematisch logisch, doch die damit verbundene Objektnutzung spezifikationsseitig nicht vorgesehen sein. So ist etwa der gleichzeitige Verbau zweier Navigationsgeräte in einem Fahrzeug nicht vorgesehen. Insgesamt ergibt sich nach [Gri95] durch den Ausschluss von logisch oder spezifikationsseitig nicht zu berücksichtigender Testfälle eine wachsende Überdeckung

$$CTC_{max} = \frac{actfall}{maxfall} \leq CTC'_{max} = \frac{actfall}{logfall} \leq CTC''_{max} = \frac{actfall}{spezfall}.$$

Auch bei der Klassifikationsbaummethode lassen sich kombinatorische Strategien wie das t-wise-Überdeckungskriterium mit der Kombination von je t Äquivalenzklassen als CTC_t anwenden. Methodisch betrachtet ergeben sich so mit N als der Anzahl an Klassen die Kriterien CTC_{min} und CTC_{max} als Sonderfälle mit $t = 1$ beziehungsweise $t = N$.

Aufgrund der umfassenden Kombinatorik des Maximalkriteriums werden in der Praxis die getesteten Kombinationen eher durch die Berücksichtigung jeder Blattklasse mit dem minimalen Überdeckungskriterium definiert [Gri95], nur äußerst sicherheitskritische Systeme mit Wechselwirkungen zwischen Klassifikationen sind intensiver gemäß CTC''_{max} zu testen [Ole08].

Nach [Che98] ist die Klassifikationsbaummethode einfach zu erlernen und verhältnismäßig weit verbreitet. Auch in der Automobilindustrie findet sie Anwendung, das diesbezüglich genaue Vorgehen wird in Abschnitt 2.7.1 dargestellt. In der Nutzwertanalyse von [Sim97] erreicht die Klassifikationsbaummethode in den Bereichen *Systematik, Handhabung, Erlernbarkeit* sowie *Darstellung* die bestmögliche Bewertung, bei *Leistung* und *Aufwand* weiterhin sehr gute Bewertungen. Nachteilig bei der Klassifikationsbaummethode ist jedoch die nichttriviale Erstellung eines geeigneten Baumes, da die Klassifikation der relevanten Größen gleichzeitig mit ihren Abhängigkeiten zu betrachten ist.

[Che97] erweitert die Klassifikationsbaummethode zur *Integrated Classification-Tree Method,* welche bei der Erstellung des Klassifikationsbaumes die eigens entwickelte *Classification Hierarchy Table* verwendet. Die Methodik systematisiert damit die Erstellung des Klassifikationsbaumes. Die Classification Hierarchy Table beschreibt die Beziehung zwischen je zwei Klassifikationen mit einem von drei *hierarchical operators.* Bei Angabe einer widerspruchsfreien, transitiven Hierarchietabelle mit ψ Klassifikationen und somit ψ^2 Relationen kann daraus der Klassifikationsbaum automatisch erstellt werden.

Eine erste Adaption der Klassifikationsbaummethode zur Abbildung von zeitabhängigen Testverläufen und internen Zuständen findet sich in [Sim97], die Erweiterung zur *Klassifikationsbaummethode für eingebettete Systeme CTM/ES* mit der Beschreibung von Testsequenzen und kontinuierlichen Signalverläufen wurde in [Con04b] entwickelt. Die dort verwendeten, auf einem schnittstellenbasierten Klassifikationsbaum aufbauenden Testsequenzen bestehen aus einzelnen Testschritten, die in der Kombinationstabelle spezifiziert werden, und einem zeitlichen Ablauf zwischen den Testschritten mit Transitionsvorschriften wie Sprünge, Rampen oder Sinus. Es lassen sich auf diese Art Veränderungen von Prozessgrößen gezielt vorgeben. Existiert beispielsweise die Fahrzeuggeschwindigkeit als testrelevante Klassifikation, so bedeutet ein linearer Übergang zwischen zwei Äquivalenzklassen eine konstante Beschleunigung. Die Generierung von Testfällen durch die Kombination von Äquivalenzklassen orientiert sich dabei an der funktionalen Spezifikation des Testobjekts und den erwarteten Nutzungsprofilen.

Zustandsbasiertes Testen

Da komplexe, reaktive Systeme als zu testende Objekte meist Zustandsänderungen während ihrer Laufzeit unterliegen, betrachten zustandsbasierte Testmethoden die Ausführung von Eingaben in Abhängigkeit des Objektzustands. Der Zustand eines Objektes ergibt sich dabei als Kombination der Objekteigenschaften, also beispielsweise in der objektorientierten Programmierung als Kombination aller Instanzvariablen, welche die Attribute des Objekts beschreiben [Bin99].
Die in aller Regel automatische Testfallerstellung basiert dabei auf einer Zustands- und Verhaltensspezifikation des Objekts, beispielsweise mit der Unified Modeling Language (UML) und Aktivitäts- oder Zustands-, gegebenenfalls auch Sequenzdiagrammen [Har87, Bal04]. Entsprechende Ansätze der Testfallgenerierung mit UML finden sich unter anderem in [Off99, Cav00, Kan03, Bak07]. [Pre03b] stellt einen Ansatz über die Systemmodellierung mit dem Modellierungswerkzeug AutoFocus nach [Hub97] vor. Testfallausleitungen mit Automaten [Bro05] und Transitionssystemen [Tre96] finden sich beispielhaft ebenfalls in der Literatur. Die jeweils verwendeten Zustands- und Verhaltensmodelle sollten dabei nach [Pre03a] möglichst inkrementell entwickelbar sein, um für Anwender weiterhin nachvollziehbar zu bleiben und um die Ausleitung von Testfällen bei Bedarf manuell zu überprüfen.

Abbildung 2.16 zeigt beispielhaft einen Anwendungsfall einer Pfanne als Aktivitätsdiagramm in UML2, aus dem nach [Pre03b] anhand der syntaktischen Struktur, von Nutzungsprofilen oder randomisiert Testfälle ausgeleitet werden können. Es könnte

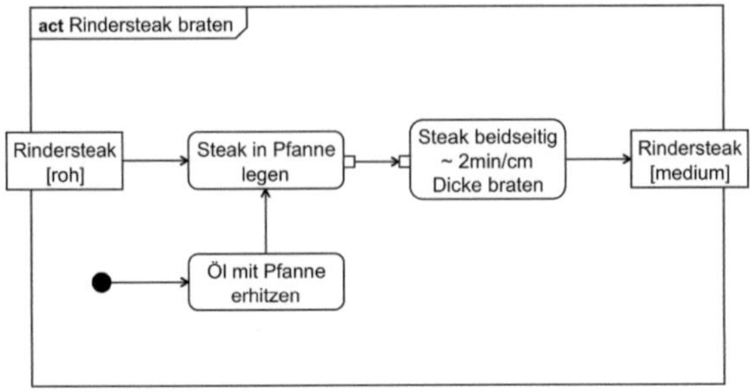

Abbildung 2.16: Beispiel eines Aktivitätsdiagramms.

zum Beispiel je nach Erhitzungsgewohnheiten der Anwender die Beständigkeit der Pfanne mit ihrer Verformung bei Erhitzung mit heißem Öl geprüft werden.

Zusammenfassend sind von den funktionsorientierten Black-Box-Tests die Ursache-Wirkungs-Analyse, die Grenzwertanalyse und das zustandsbasierte Testen nicht für eine Produktfamilienabsicherung mit expliziter Berücksichtigung ihrer Varianz geeignet. Die restlichen Verfahren lassen sich aufgrund der Betrachtung der Kombinatorik verbaubarer Komponenten als geeignet bewerten – wenn auch die kombinatorische Betrachtung mit zusätzlichen Annahmen und Vorkenntnissen optimierbar ist.

2.6.2.2 Sonstige Testmethoden

Testverfahren, die weder vollständig strukturorientierte White-Box-Tests noch funktionsorientiert sind, werden in vorliegender Arbeit nach [Lig02] als sonstige Testmethoden bezeichnet.

Zufallstest

Ein Zufallstest bestimmt die für die Testfälle verwendeten Systemeingaben zufällig, nach stochastischen Verteilungen, was sowohl für zustandslose als auch für zu-

standsbasierte, reaktive Systeme möglich ist. Nach [Lig02] werden die stochastischen Verteilungen der Eingabewerte oftmals anhand des Nutzungsprofils gebildet, wobei im Gegensatz zu funktionsorientierten Testmethoden explizit nicht die Spezifikation des Testobjekts vorab untersucht wird. Entscheidend für die Einsatzfähigkeit eines Zufallstests ist die genaue Kenntnis des Sollverhaltens des Objekts für alle zufällig gewählten Testeingaben.
Adaptiert auf eine Produktfamilienabsicherung wird über den Verbau von Steuergeräten zufällig entschieden, gegebenenfalls noch gemäß ihres (prognostizierten) Feldanteils binomial bewertet.

Test spezieller Werte

Der Test spezieller Werte wählt mit Erfahrungswissen besonders fehlerträchtige oder (sicherheits-) kritische Testfälle aus, womit er streng betrachtet kein Black-Box-Test im eigentlichen Sinne ist, da über die Spezifikation hinausgehende Informationen wie beispielsweise empirische Untersuchungen verwendet werden. Beim Test spezieller Werte wird so ausgenutzt, dass Entwickler häufig identische Fehler begehen oder die Mehrheit der Nutzer eines Objekts ähnliche Operationen durchführt, da ein Großteil der vorhandenen Funktionalitäten den Anwendern meist nicht bekannt ist. Damit ist unter anderem die Grenzwertanalyse ein Test spezieller Werte.

2.6.2.3 Diversifizierende Testmethoden

Vergleicht ein Test unterschiedliche Objekte miteinander, so lässt sich dieser zur Gruppe der diversifizierenden Tests zuordnen. Es erfolgt somit kein Vergleich von Testergebnissen zur Spezifikation, sondern ein Vergleich der Testergebnisse verschiedener Varianten oder Versionen eines Objekts. Diversifizierende Testmethoden spezifizieren dabei kein Überdeckungskriterium, sondern leiten die zu verwendenden Testfälle mittels einer der bisher vorgestellten Methodiken ab. Aufgrund des oft intuitiven Vergleiches zweier Ausgaben eines Objekts sind diversifizierende Tests generell leicht automatisierbar. Fehler, die in beiden Testobjekten identisch enthalten sind, werden jedoch nicht erkannt.

Regressionstest

Ein Regressionstest prüft durch eine wiederholte Ausführung eingesetzter Testfälle die Auswirkungen von Modifikationen in bereits getesteten Teilen eines Testobjekts, beispielsweise nach Weiterentwicklungen oder Korrekturen. Es findet also ein Vergleich der Ergebnisse der aktuellen Version des Testobjekts mit denen einer Vorgängerversion statt. Dies ist insbesondere bei Echtzeitsystemen, wie sie in der Automobilbranche eingesetzt werden, ohne Einsatz eines Testsystems nichttrivial. Aufgrund der Hardwarenähe der zu testenden Objekte können schon geringfügige Änderungen an Hard- oder Software ein anderes Objektverhalten bewirken, weiterhin sind von einem menschlichen Anwender keine zeitgenauen Eingaben zu erwarten. Eine zentrale Herausforderung besteht somit in der Entscheidung, wie groß eine akzeptable Abweichung der Testergebnisse der beiden Testobjekte sein darf.

Back-to-back-Test

Wird ein Objekt mit einer vorgegebenen Spezifikation durch mehrere, unabhängige Entwicklungsteams entworfen, so entstehen unterschiedliche Implementierungen, die beim Back-to-back-Test gegeneinander getestet werden. Beide Implementierungen werden gegen eine Menge von Testfällen geprüft und abweichende Ergebnisse genauer analysiert. Aufgrund der zeitgleichen, unabhängigen Entwicklung des Testobjekts durch mehrere Entwicklungsteams ist das Verfahren mit substantiellen Kosten verbunden und lohnt sich im Regelfall nur bei hohen Sicherheitsanforderungen oder Spitzentechnologie wie beispielsweise Kampfflugzeugen – etwa dem Advanced Tactical Fighter oder dem Joint Strike Fighter.

Mutationen-Test

Ein Mutationen-Test prüft nicht die Korrektheit eines Testobjekts, sondern die Eignung einer bestimmten Testmethode. Ausgehend von einem als korrekt erachteten Testobjekt entstehen durch systematisches Einfügen von Fehlern so genannte Mutationen, mit denen geprüft wird, ob die verwendete Testmethode entsprechende Fehler aufdeckt. Es kann somit ein Vergleich verschiedener Testmethoden als auch unterschiedlicher Testfälle erfolgen [Lig02].

Das *fault-based testing* nach [Mor90, Che02] betrachtet anstelle von Mutationen im Code eingeführte Repräsentanten, die bei der Objektausführung das Ergebnis in symbolischer Form erzeugen, welche von den Eingabeparametern des Testfalls abhängt. Mit dieser Form der Ausgabe ist die Bestimmung der Werte möglich, die zum gewünschten Testresultat führen. Ist das Gleichungssystem zur Bestimmung der zur (korrekten) Lösung benötigen Werte eindeutig lösbar, so unterscheidet der betrachtete Testfall das korrekte Programm von jeglichen, fehlerbehafteten Mutanten.

2.7 Eingesetzte Absicherungsstrategien der Automobilbranche

Der folgende Abschnitt stellt die beim aktuellen Stand der Technik in der Automobilbranche eingesetzten Testmethoden zur Absicherung einer variantenreichen Produktfamilie in deren Lebenszyklus dar.

2.7.1 Absicherung der Produktfamilien

Die Auswahl von für eine Fahrzeugbaureihe adäquater, repräsentativer Fahrzeugkonfigurationen stellt eine nichttriviale Aufgabe dar, die in der Praxis allerdings oft ohne durchgehende, methodische Unterstützung nach einer technischen Komponentenbetrachtung teilweise aus Erfahrung kritischer Steuergeräte als Test spezieller Werte und teilweise nach der Klassifikationsbaummethode erledigt wird. Die Qualität der Absicherung hängt damit von der Qualifikation und der Erfahrung des Testerstellers ab, eine Bewertung beispielsweise mit Überdeckungskriterien ist aufgrund des unsystematischen Vorgehens in aller Regel schwierig.

Abbildung 2.17 zeigt exemplarisch einen Ausschnitt des Klassifikationsbaumes für den BMW 7er (F01/F02). Dessen Produktstruktur bildet sich durch die möglichen Steuergeräte über Klassifikationen ab, deren Varianten bilden die Klassen. Der Nichtverbau eines Steuergeräts stellt dabei kombinatorisch eine eigene Variante dar und ist so explizit aufzuführen. Als Überdeckungskriterium wird die minimale Blattüberdeckung gewählt, es soll also jede Steuergerätevariante in mindestens einer Konfiguration betrachtet werden, wobei die Anzahl der abzusichernden Konfigurationen minimal sein soll. Toolseitig wird der Classification Tree Editor eXtended Logics [Dai07] als Weiterentwicklung des Classification Tree Editors [Gro95] eingesetzt, welcher prinzi-

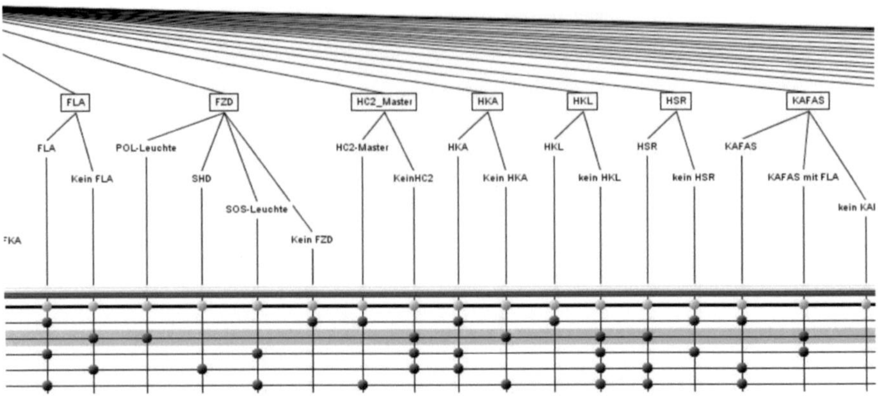

Abbildung 2.17: Beispielhafte Konfiguration von Absicherungsträgern. Ausschnitt der Produktstruktur des BMW 7ers (F01/F02).

piell in der gesamten deutschen Automobilindustrie im Rahmen des systematischen Tests verwendet wird. Der Editor erlaubt die Darstellung auch komplexer Klassifikationsbäume und eine Modellierung von Abhängigkeiten zwischen Klassifikationen und Klassen. Abbildung 2.17 zeigt beispielsweise für die markierte Konfiguration 2 den logischen Widerspruch, dass der Fernlichtassistent *FLA* nicht verbaut sein soll, wobei jedoch die ausgewählte Variante der kamerabasierenden Fahrerassistenzsysteme *KAFAS* den Fernlichtassistenten beinhaltet. Es wird deutlich, das zur Erstellung einer gültigen Konfiguration jegliche Klassifikation gewählt werden muss und so nur wohlpotentielle Testfälle existieren können. Dies ist angesichts des Beispiels offensichtlich ein notwendiges, doch kein hinreichendes Kriterium für die Validität der entstehenden Konfiguration.
Existieren insgesamt φ Blätter im Klassifikationsbaum, so gibt es höchstens 2^{φ} potentielle Testfälle. Deren Berechnung erfolgt daher im schlechtesten Fall mit der exponentiellen Zeitkomplexität $O\left(e^{\varphi}\right)$, die Bestimmung einer minimalen Blattüberdeckung aus nur potentiellen Testfällen in $O\left(\varphi \log \varphi\right)$ [Nar00].

Ein aktueller Ansatz eines deutschen Automobilherstellers, über Methoden der statistischen Versuchsplanung eine möglichst variantenoptimale Versuchsplanung in der Gesamtfahrzeugerprobung zu erreichen, wird in [Ung09a, Ung09b] vorgestellt. Dazu werden die qualitativen Ausstattungsmerkmale der Fahrzeuge nummeriert und deren jeweilige Ausprägungen äquidistant auf das Intervall $[-1;1]$ skaliert, womit gemäß Abbildung 2.18 das Prinzip der d-optimalen Versuchsplanung angewendet werden kann [Coo80]. Eine Variation der Eingangsparameter erzeugt damit verschiedene

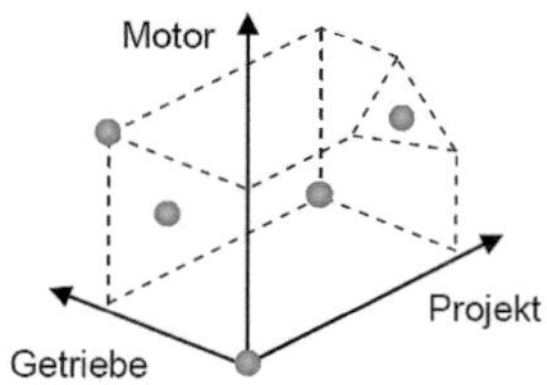

Projekt	Motor	Getriebe	Anlauf
A4 Limousine	1.8 TFSI	Handschalter	2008
A4 Avant	2.0 TDI	Stufenlosgetriebe	2008
A5 Sportback	2.0 TFSI	Handschalter	2009
A5 Coupé	3.0 TDI	Handschalter	2007
A5 Cabrio	3.2 FSI	Stufenlosgetriebe	2008
Q5	3.0 TDI	Direktschaltgetriebe	2008
[...]	[...]	[...]	[...]

Abbildung 2.18: Zustandsraum mit drei Ausstattungsmerkmalen.
Quelle: [Ung09b].

Fahrzeugkonfigurationen, die mehrfache Versuchsdurchführung im Sinne der klassischen Versuchsplanung modelliert die Anzahl verwendeter Erprobungsfahrzeuge. Dem Vorteil der allgemein bekannten und anerkannten Methode der d-optimalen Versuchsplanung steht die Notwendigkeit der manuellen Modellierung der Zwangskopplungen und -ausschlüsse zwischen Ausstattungsmerkmalen der Versuchsfahrzeuge gegenüber. Da sich nicht alle Ausstattungsvarianten durch den Kunden frei zusammenstellen lassen, sind im vollständigen Zustandsraum nicht alle Parameterkombinationen erreichbar – es darf somit in Abbildung 2.18 nur die Teilmenge an tatsächlich zulässigen Kombinationen betrachtet werden. Aufgrund der umfassenden Komplexität durch Varianten ist dies nur für die "wichtigsten Hauptbaugruppen, das heißt unterschiedliche(r) Karosserieformen, Motorisierungen, Getriebe, Fahrwerke sowie Fahrerassistenz- und Infotainment-Systeme" [Ung09b, Seite 2] möglich. Weiterhin soll wie auch bei der Klassifikationsbaummethode die Anzahl der Versuchsfahrzeuge möglichst gering sein, womit so viele Erprobungsanforderungen wie möglich in einem Fahrzeug abzubilden sind. Dies resultiert in stets hochausgestatteten Fahrzeugen ohne Betrachtung der Kundenrelevanz der damit durchgeführten Tests.

2.7.2 Lebenszyklusabsicherung

Aus [HIS07] zeigt sich, dass die Problematik der Lebenszyklusabsicherung aufgrund der Versionierung verbauter Komponenten OEM-übergreifend existiert und Sensibilität für die Komplexität einer Absicherung über den Lebenszyklus vorhanden ist. In der deutschen Automobilindustrie finden sich aktuell beispielsweise erfahrungsbasierte, unsystematische Ansätze mit der dezidierten Teilsystemprüfung einiger Komponentenkombinationen im Infotainment und im Antrieb. Bei einem anderen

Hersteller wird ein Test ausgeführt, falls eine Kompatibilitätsaussage zweier Komponenten zu treffen ist, deren Einführungszeitpunkte um über zwei Jahre differieren. Als weitere Möglichkeit werden bei einem dritten Hersteller während des Lebenszyklus durch Versionierung entstehende Mischverbauten nicht abgesichert, sondern die Kompatibilitätsaussagen transitiv fortgeschrieben. In vorliegender Arbeit wird daher neben der Produktfamilien- auch die Entwicklung einer systematischen, risikobasierten Lebenszyklusabsicherung behandelt.

2.8 Eingesetzte Absicherungsstrategien anderer Branchen

Die Testsituation bei E/E-Systemen in Fahrzeugbordnetzen unterscheidet sich explizit auch von potentiell vergleichbaren Branchen beispielsweise aufgrund von Sicherheits- und Qualitätsansprüchen, der individuellen Massenproduktion mit Varianten- und Versionsvielfalt oder der Integration heterogener Systeme wie Fahrwerksregelsysteme und Infotainment in einem gemeinsamen Bordnetz. Tabelle 2.1 gibt einen qualitativen Überblick über die speziellen Randbedingungen der Automobilindustrie im Vergleich zur *Luft- und Raumfahrt*, *Business-IT*, *PC-Technik* sowie zur *Telekommunikationsbranche* unterteilt in *Endgeräte* sowie *Infrastruktur*.
Es zeigen sich spezifisch beispielhaft die hohen Safety- und Qualitätsanforderungen auch aufgrund geringer Fehlerakzeptanz durch den Kunden, breite Schnittstellen mit etlichen Interaktionsmöglichkeiten heterogener Systeme sowie ein komplexes Verhältnis zwischen OEM und Lieferant, nicht zuletzt durch deren Anzahl. Mit dem langem Lebenszyklus des variantenreichen Massenprodukts "Automobil" findet ungefähr jährlich eine Wartung statt, welche jedoch nicht immer von Fachpersonal durchgeführt wird. Da Autofahrer im Gegensatz zu beispielsweise Piloten auch kaum spezielle Schulungen für ihr Fahrzeug erhalten, erschwert sich zusätzlich die Kommunikation von aufgetretenen Fehlern und damit die Wartung im Service.

Lösungsansätze anderer Industriezweige können daher bestenfalls teilweise unter Beachtung der besonderen Randbedingungen des Automotivesektors angewendet werden.

	Automotive	L&R	Business-IT	PC-Technik	TK Endgeräte	TK Infrastruktur
Safety- / Qualitätsanforderungen	-	-	o	+	o	-
Schnittstellenbreite	-	+	-	o	+	+
Systemheterogenität	-	-	+	-	o	+
Supplier- / OEM-Verhältnis	-	o	+	+	+	+
Lieferantenanzahl	-	o	+	-	+	+
Lebenszyklusdauer	-	-	o	+	+	o
Wartungshäufigkeit	-	+	+	-	-	+
Wartungsqualität	o	+	+	-	-	+
Stückzahlen	-	o	+	-	-	o
Varianten- und Versionsvielfalt	-	+	+	-	+	o
Softwareumfang	o	o	-	-	+	-
Kenntnisstand des Kunden	-	+	+	-	-	+

Tabelle 2.1: Qualitativer Vergleich der Randbedingungen verschiedener Branchen. +/o/- $\widehat{=}$ positive/neutrale/negative Randbedingungen. Quelle: In Anlehnung an [BMW05].

2.8.1 Luft- und Raumfahrt

Tabelle 2.1 zeigt, dass die Luft- und Raumfahrtindustrie mindestens vergleichbare Safety- und Qualitätsanforderungen wie die Automobilindustrie hat. Im Falle von Flugregelsystemen wie dem System für die automatisierte Landung sind diese höher, in vielen Bereichen jedoch niedriger als in der Automobilindustrie [Kir02]. Die Heterogenität der Systeme ist mit Avionik und Insassenunterhaltung ähnlich ausgeprägt, jedoch sind diese stark voneinander abgegrenzt, variantenärmer und erfordern weniger fachlich verschiedene Zulieferer. Abbildung 2.19 zeigt das Bordnetz des Airbus A380. Erkennbar ist insbesondere die teils mehrfach redundante Auslegung sicherheitskritischer Systeme mit deren Kommunikationsverbindungen. Die Kommu-

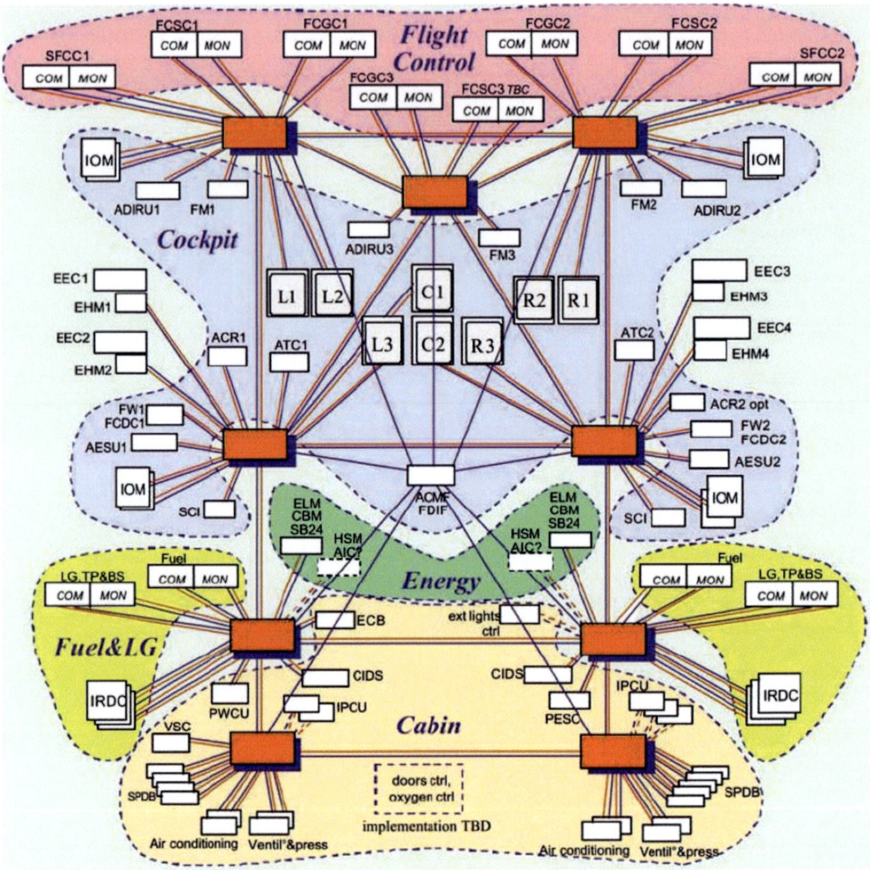

Abbildung 2.19: Bordnetz des Airbus A380.
Quelle: Airbus S.A.S.

nikationsinfrastruktur wird durch Avionics Full Duplex Switched Ethernet [ARI02] in der Luftfahrt erstmals domänenübergreifend mit Ethernet [Met76] realisiert, welches auch in der Boeing 787 Dreamliner Verwendung findet. Die Lebenszyklusproblematik stellt sich generell ähnlich wie im Automotivesektor dar, essentieller Unterschied sind jedoch die niedrigen Stückzahlen in Verbindung mit der täglichen Wartungsmöglichkeit durch geschultes Personal. Damit ist neben den umfangreichen Tests während der Entwicklung auch eine Absicherung nach Produktionsstart beziehungsweise einer Veränderung des Produkts im Lebenszyklus möglich. Die Übertragbarkeit der angewendeten Lösungskonzepte ist somit eingeschränkt.

Zur Erreichung der Qualitätsanforderungen existieren in der Luft- und Raumfahrtindustrie etliche Standards für die System- und eingebettete Softwareentwicklung wie beispielsweise [RTC92], [SAE96] und [RTC00]. Es findet insbesondere ein langwieriger, qualitätsorientierter Entwicklungsprozess mit starker Modellorientierung statt, beispielsweise hinsichtlich der Produktgeometrie anhand von digitalen Mock-ups. Da ein Versagen der eingesetzten Systeme mit der Gefährdung von Menschenleben und hohen finanziellen Verlusten verbunden ist, sind generell ein hoher Aufwand an Qualitätsmaßnahmen während des Entwicklungsprozesses und der Einsatz von Redundanz in den Systemen gerechtfertigt. Dies amortisiert sich angesichts der Produktions- und Wartungskosten der hochkomplexen Produkte. Das schlussendlich entwickelte System wird weiterhin vor dessen Einsatz durch eine unabhängige Instanz zertifiziert.

Während des Produktlebenszyklus werden keinerlei Komponenten- oder Systemänderungen ohne vorhergehenden Test zugelassen, weiterhin werden beispielsweise von der European Aviation Safety Agency [EAS08] Vorschriften zur Aufrechterhaltung der Lufttüchtigkeit (*EASA Part M*) und zur Lizenzierung von Entwicklungs- und Herstellerbetrieben luftfahrttechnischer Geräte (*EASA Part 21*), von Wartungspersonal (*EASA Part 66*) sowie von Wartungsbetrieben (*EASA Part 145*) vorgegeben.

2.8.2 Business-IT

Als Business-IT werden in vorliegender Arbeit geschäftskritische Anwendungen bezeichnet, beispielsweise Finanzsoftware mit Internetanbindung. Die Safety- und Qualitätsanforderungen der zumeist kundenspezifisch aus einer Hand entwickelten Software sind entsprechend hoch, eine Manipulation muss ausgeschlossen und die ständige Verfügbarkeit gewährleistet werden (vgl. Tabelle 2.1). Eine Adaption der eingesetzten Absicherungsmethodiken dieser speziell entwickelten und angepassten Einzelsysteme mit niedrigen Stückzahlen ist somit jedoch nicht möglich, da sowohl während der Entwicklung als auch im Lebenszyklus Änderungen an Testsystemen abgesichert werden können, bevor sie im Produktivsystem angewendet werden.

2.8.3 PC-Technik

PC-Technik im Sinne der gängigen Betriebssysteme, Heimanwender-Software und -Hardware hat niedrige Safety- und Qualitätsanforderungen, auch durch die hohe Fehlertoleranz der Nutzer. Die Schnittstellenbreite der Betriebssysteme ist schmal, in der Summe aller potentiellen Anwendungen jedoch äußerst breit mit entsprechend hoher Heterogenität und Variantenvielfalt. Es existiert damit eine hohe Anzahl an Lieferanten, wobei eine (hardwarenahe) Integration verschiedener Anwendungen im Regelfall jedoch nicht gegeben ist (vgl. Tabelle 2.1). Die Übertragbarkeit angewendeter Lösungskonzepte zur Sicherstellung der korrekten Funktionsweise des Produkts ist für die Automobilbranche insofern eingeschränkt bis auf die Integration von Gerätetreibern unterschiedlichster Hersteller im Betriebssystem und die Existenz eines Hardwarebaukastens mit standardisierten Schnittstellen.

Obwohl nur bilaterale Abhängigkeiten zwischen Treiber und Betriebssystem gegeben sind, können nach [Swi03] dennoch etwa 85% der bei WindowsXP bekannten Fehler auf Kernel-Erweiterungen durch Treiber zurückgeführt werden. Zur Vermeidung derartiger Fehler wurde von der Microsoft Corporation das Windows Logo Program [Mic08b] eingeführt. Bei der Teilnahme an diesem Programm ist eine Zertifizierung der digitalen Treibersignatur erforderlich um das Prädikat *Certified for Windows Vista* zu erhalten. Produkte mit diesem Logo werden als für den Einsatz mit Windows Vista entwickelt und getestet ausgezeichnet, sie erfüllen die unter [Mic08c] umfangreich vorgegebenen Komponenten- beziehungsweise Systemanforderungen. Die Verifikation, dass der Treiber einer Komponente kompatibel zu Windows ist, erfolgt im Selbsttest des Herstellers mit dem von Microsoft vorgegebenen Windows Logo Kit [Mic08a], das automatisch die für die Komponente nötigen Tests bestimmt. Damit gefundene Fehler sind zu beheben und die anschließenden Testergebnisse bei Microsoft zur Zertifizierung des Treibers mitsamt der Hardware in den Windows Hardware Quality Labs einzureichen. Eine entsprechend ähnliche Zertifizierung der Integrationsfähigkeit in Windows existiert auch für Anwendungssoftware [Lio07].
Es wird also von der Microsoft Corporation zur Integration von Hard- und Software eine definierte Schnittstelle zum Betriebssystem angeboten, gegen die externe Produkte getestet werden. Beim aktuellen Stand der Technik können Automobilhersteller ihren Zulieferern eine entsprechende Schnittstelle (noch) nicht anbieten, einen Blick in die Zukunft liefert diesbezüglich Kapitel 3.

Bei der Connected Systems Division der Microsoft Corporation [Mic05] fallen Änderungen an einem Produkt im Lebenszyklus in mehrere Kategorien, angefangen bei Notfällen einzelner Kunden (Quick-Fix-Engineering) über allgemeine Reparaturen (Updates), Re-Releases mit integrierten Updates (General Distribution Release), vermarkteten Sammel-Updates (Service Pack) bis hin zu Minor- und Major-Releases. Updates und Service-Packs werden dabei weiterhin nach *optional, recommended* sowie *critical* charakterisiert. Die Sicherstellung, dass keine unerwarteten Seiteneffekte auftreten, findet also insbesondere durch Klassifikation in Verbindung mit dem kontrollierten Einsatz von Qualitäts- und Absicherungsmaßnahmen statt. Ein Quick-Fix wird so nur in der Umgebung bestimmter Kunden bezüglich der erwarteten Einsatzszenarien getestet. Releases, die über Update-Services verteilt werden, genügen hingegen besonders hohen Anforderungen hinsichtlich der Erfüllung bestehender Eigenschaften, da beispielsweise Critical Security Updates von vielen Kunden automatisch installiert werden. Um das identische Verhalten zu garantieren, kommen etablierte Testtechniken wie Modul-, Integrations-, Regressions- und Sicherheitstest, Design- und Code-Reviews bei einem definierten Änderungsmanagement zum Einsatz, welche stellenweise durch formale Model-Checkers und Theorem-Provers ergänzt werden.

2.8.4 Endgeräte der Telekommunikation

Nach Tabelle 2.1 weisen die Endgeräte der Telekommunikation mittlere Safety- und Qualitätsanforderungen auf, ihre Kernfunktionen wie GSM oder UMTS werden über wohldefinierte Schnittstellen realisiert, es existieren jedoch mit Kameras oder MP3-Playern im wachsenden Umfang multimediale Zusatzfunktionen mit komplexen Zusatzprotokollen wie Bluetooth [Mer02]. Eine Adaptierung der eingesetzten Absicherungsverfahren auf die Automobilindustrie stellt sich aufgrund der überschaubaren Anzahl von Zulieferern und des kurzen Lebenszyklus der varianten- und versionsarmen Produkte mit seltener Wartung jedoch schwierig dar. Die zu beherrschende Komplexität ist auch bei einem Mobiltelefon der neuesten Generation nicht vergleichbar mit der eines Fahrzeugs der Oberklasse.

Das mittlerweile nicht mehr verwendete Kompatibilitätslogo Nokia OK wurde von Nokia beispielsweise speziell für Entwickler von Zubehör entworfen, deren Produkte anhand vorgegebener Kriterien auf Kompatibilität getestet wurden. Eine entsprechend enge Anbindung von Zulieferern beziehungsweise Drittherstellern mit dem

Test deren Produkte gegen die Schnittstelle zur Anwendungsprogrammierung API (engl. *application programming interface*) ermöglichte Nokia weitgehend die Sicherstellung kompatibler Zubehörprodukte. Es handelte sich damit ähnlich wie das Windows Logo Program um eine offene Schnittstelle für Drittanbieter zur Integration von zusätzlichen Komponenten.

2.8.5 Infrastruktur der Telekommunikation

Als Infrastruktur der Telekommunikation werden in vorliegender Arbeit beispielsweise Vermittlungsanlagen betrachtet. Die Safety- und Qualitätsanforderungen sind entsprechend hoch, die Heterogenität überschaubar und die Breite der Schnittstelle schmal mit einer geringen Anzahl von Lieferanten. Aufgrund der hohen Fertigungstiefe der Hersteller mit entsprechendem Know-how lässt sich eine qualitative Entwicklung und Wartung der Anlagen aus einer Hand sicherstellen (vgl. Tabelle 2.1). Erneut bleibt die Übertragbarkeit der eingesetzten Absicherungsverfahren auf die Automobilindustrie eingeschränkt, da eine deutlich geringere Variantenvielfalt mit homogenen Systemen existiert, also weniger und zudem standardisierte Schnittstellen zu beachten sind. Lediglich das Lösungskonzept mit wohldefinierten Schnittstellen und genormten Protokollen ließe sich auf den Automotivesektor übertragen.

Die Spezifikation aller Schnittstellen findet sich dabei in Standards nach 3rd Generation Partnership Project, einer weltweiten Kooperation hinsichtlich der Standardisierung im Mobilfunk mit den bisherigen Standards GSM und UMTS [3GP08]. Über die Standardisierung in Technical Standardisation Groups soll eine derart hohe Qualität erreicht werden, dass jegliches Endgerät jeglichen Herstellers in allen Mobilfunknetzen fehlerfrei funktioniert. Die entsprechenden Protokoll- und Schnittstellentests werden anschließend insbesondere mit Protokolltestern von Rohde & Schwarz [RuS08] durchgeführt. Beispielsweise ist der R&S CMU200 ein Protokolltester für UMTS-, GSM- sowie Bluetooth-Endgeräte, der R&S CMD55 ein Protokolltester für GSM-Handys verschiedener Netzfrequenzen, der R&S TSMU testet UMTS- und GSM-Netze, der R&S TSMW WiMAX Netze.

Kapitel 3

Einfluss der verwendeten Fahrzeugarchitektur

Als *Architektur* wird in vorliegender Arbeit das Gestaltungsprinzip und Grundkonzept für den Aufbau der Bordnetzsysteme im Fahrzeug verstanden. Sie stellt damit aus Sicht der Elektrik/Elektronik die vollständige Infrastruktur des Fahrzeugs zur Realisierung der angebotenen Funktionen dar. Die Anforderungen an die Bordnetzarchitektur werden also durch die zu realisierenden Fahrzeugfunktionen bestimmt. Bei Kenntnis der Fahrzeugfunktionen und dem Informationsaustausch zwischen den Funktionen über Signale kann das *Funktionsnetz* zur Darstellung der funktionalen Zusammenhänge im Datenkommunikationsbordnetz erstellt werden. Diese logische Architektur wird durch die *technische Architektur* des Fahrzeugs realisiert, welche beispielsweise die Steuergeräte mit den Bussen zwischen diesen umfasst (vgl. Abbildung 3.1). Die Abbildung des logischen Funktionsnetzes auf die technische

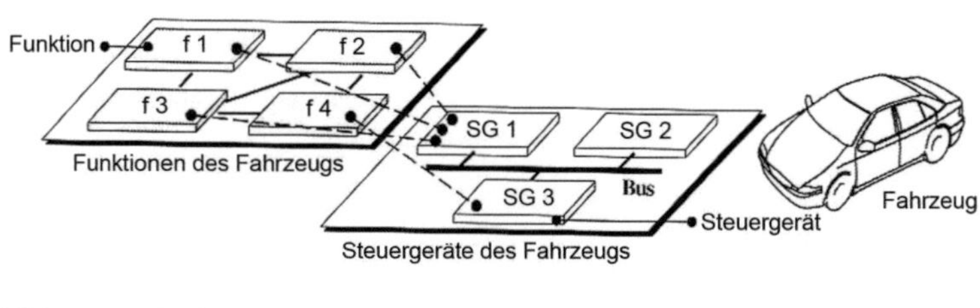

Abbildung 3.1: Realisierung eines Funktionsnetzes durch die technische Architektur. Quelle: [Sch06c].

Architektur mit der Verteilung der Funktionen auf verschiedene Steuergeräte sowie deren Signale auf Busse wird als *Partitionierung* bezeichnet.
Eine Übersicht über Elemente einer technischen Elektrik/Elektronik-Architektur ist in Abbildung 3.2 dargestellt. Die technische Realisierung von Teilzielen des Fahr-

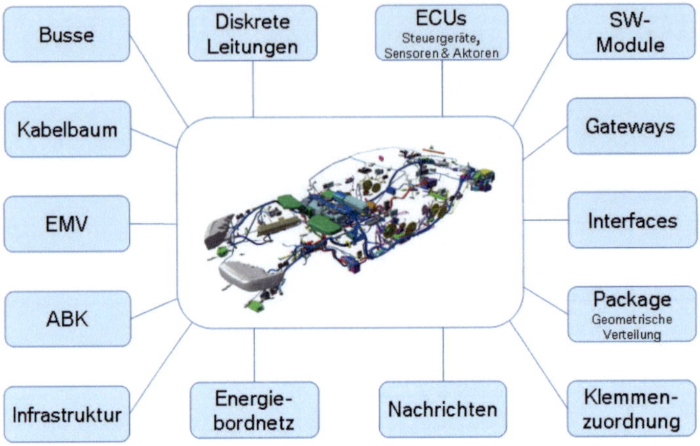

Abbildung 3.2: Elemente der technischen E/E-Architektur.

zeugprojekts mündet dabei gesamthaft in die Entwicklung der Bordnetzarchitektur, wobei zu erreichende Ziele im Regelfall trivialerweise voneinander abhängig sind und teilweise auch im Konflikt stehen.

In heutigen eingebetteten Systemen existiert eine Hardware-Software-Abhängigkeit mit sehr hohen Anforderungen an die Spezifikationsgenauigkeit, insbesondere hinsichtlich des Timing-Verhaltens des Systems. Mit einem schnelleren Prozessor ändert sich beispielsweise der Spannungs- $\frac{dU}{dt}$ sowie Stromanstieg $\frac{dI}{dt}$ im Sinne einer steileren Flanke, womit sich bei einem Prozessorwechsel ohne Softwareanpassung das Echtzeitverhalten eines eingebetteten Systems ändern kann. Vorliegende Dissertation betrachtet die aktuell verwendete Komponenten- und Fahrzeugarchitektur als gegeben, wodurch ein Test von Fahrzeugsystemen hinsichtlich einer sicheren Aussage ihrer Kompatibilität erforderlich ist. Damit wird der Schwerpunkt auf die Absicherungsstrategie gelegt.
Das folgende Kapitel erarbeitet als Abgrenzung flankierend, mit welchen Architekturverbesserungen sich die Abhängigkeit der Systemstabilität von den insgesamt im Fahrzeug verbauten Varianten und Versionen der Hardware abschwächt. Damit

würde der momentan für quasi jede Fahrzeugfunktion nötige Hardware-Software-Integrationstest an Bedeutung sowie folglich auch insgesamt an Umfang verlieren und für die Systemintegration würde eine stärker auf Modellierung und Dekomposition des zu testenden Systems basierende, vereinfachte Absicherung realisierbar werden. Dementsprechend werden die aktuellen Arbeiten hinsichtlich eines Industriestandards für Software- sowie Systemarchitekturen und beispielhaft ein zukünftiges Architekturmuster der aktuellen Forschung vorgestellt, das anhand von vier Themengebieten die Abhängigkeit der Systemintegration von der Hardware in Varianten und Versionen des Fahrzeugbordnetzes abschwächt. Auch mit Einführung einer fortschrittlicheren Architektur als der aktuellen werden jedoch weiterhin (physikalische) Grenzen der Abstraktion etwa durch Modellierung oder Virtualisierung existieren, womit weiterhin die Notwendigkeit von beispielsweise kundenorientierten Testverfahren besteht, welche die modellhafte Modularität eines Systems weder voraussetzen, noch zur Ableitung von Testfällen einsetzen.

3.1 Software- und Systemstandardisierung

Die Bemühungen der Automobilindustrie zur Erarbeitung einheitlicher Standards erfolgt im Regelfall in Standardisierungsgremien, die Spezifikationen erarbeiten, aber keine verbindlichen Implementierungen für die Umsetzung im Wettbewerb vorschreiben – *Cooperate on standards, compete on implementation* [Rei06a, Zim06]. Dies ist insbesondere durch die Differenzierung der Fahrzeuge am Markt begründet, die über die Menge der angebotenen Funktionen vorgenommen wird. Die Abgrenzung vom Wettbewerb erfolgt also über die (softwaretechnisch) umgesetzten Funktionalitäten des Fahrzeugs und nicht über die Art und Weise, wie Software für eine bestimmte Hardware entwickelt wird.

3.1.1 OSEK

Das 1993 gegründete Standardisierungsgremium "Offene Systeme und deren Schnittstellen für die Elektronik im Kraftfahrzeug" [OSE09] unterscheidet bezüglich der Standardisierung der Softwarearchitektur in den Steuergeräten nach [Sch06c] in Anwendungs- und Plattformsoftware. Die Anwendungssoftware übernimmt die eigentlichen Aufgaben des Steuergeräts wie etwa Regelungsfunktionen, die stellenweise hardwareabhängige Plattformsoftware realisiert beispielsweise die On- und

Offboard-Kommunikation. Darin umfasst der Hardware-Abstraction-Layer die Softwarekomponenten zur Realisierung der hardwarenahen Ein- und Ausgabeeinheiten des Steuergeräts, wobei das Netzwerkmanagement und die Bus- [OSE09] sowie Diagnosekommunikation [ISO00] der Plattformsoftware separat betrachtet werden (vgl. Abbildung 3.3). Die Plattformsoftware unterstützt damit die Abstraktion der An-

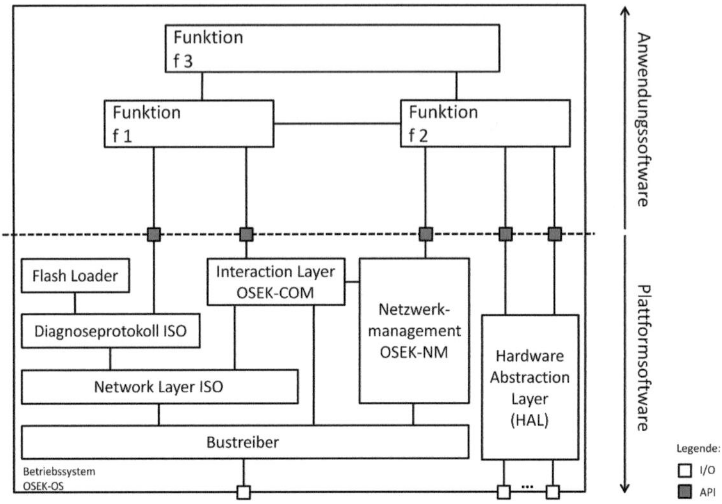

Abbildung 3.3: Softwarearchitektur eines Steuergeräts nach dem OSEK-Standard. Quelle: [Sch06c].

wendungssoftware von der verwendeten Hardware, indem sie ihr standardisierte Schnittstellen zur Verfügung stellt. Das statische Echtzeitbetriebssystem OSEK-OS, das gemeinsam mit der Anwendung kompiliert und gelinkt wird, umfasst zur Funktionsrealisierung alle entsprechend konfigurierten Tasks und Betriebsmittel und skaliert auf 8- bis 32-Bit-Mikroprozessoren.

Die weitere Abstraktion eingesetzter Anwendungen von der verwendeten Hardware wird im 2003 gestarteten AUTOSAR-Projekt vorgenommen.

3.1.2 AUTOSAR

Der Verbund "AUTomotive Open System ARchitecture" erarbeitet einen offenen Standard für Softwarearchitekturen in Kraftfahrzeugen. Gemäß Abschnitt 3.1 verfolgt die Automobilindustrie mit AUTOSAR damit gemeinschaftlich folgende Ziele, welche für die einzelnen Hersteller die Umsetzung wettbewerbsrelevanter Software erleichtern:

- Entwicklung eines industrieweit einheitlichen Betriebssystems für Steuergeräte.
- Flexible Partitionierung der Software im Fahrzeug mittels eines Komponentenkonzeptes.
- Vereinfachte Integration von Software verschiedener Zulieferer.
- Entwicklung eines durchgehenden Redundanzkonzeptes.
- Verbesserte Beherrschung der Softwareentwicklungsprozesse.

Zur Erreichung dieser Ziele definiert AUTOSAR für Steuergeräte eine Softwarearchitektur, um die entwickelte Software von der verwendeten Hardware zu abstrahieren. Die AUTOSAR-Applikationssoftware besteht aus einzelnen Softwarekomponenten, die unabhängig auch von verschiedenen Herstellern entwickelt werden können [Zim06]. Eine AUTOSAR-Softwarekomponente umfasst dabei nach [AUT08] eine Anwendung, die innerhalb der AUTOSAR-Infrastruktur mit AUTOSAR-Services der Basissoftware ausgeführt wird und wohldefinierte sowie standardisiert beschriebene Schnittstellen besitzt. Die Schnittstelle der Anwendung selbst muss dabei nicht unbedingt standardisiert sein (vgl. Abbildung 3.4). Die Basissoftware beinhaltet hauptsächlich ein OSEK-Echtzeitbetriebssystem und Treiber für einzelne Hardwarekomponenten wie Sensoren oder Aktoren. Diese Struktur wurde also von OSEK durch AUTOSAR übernommen. Aufgrund der von der Basissoftware angebotenen Dienste und standardisierten Schnittstellen ist die Implementierung der Softwarekomponenten damit prinzipiell unabhängig von der verwendeten Hardware des Steuergeräts. Zusätzlich findet bei AUTOSAR insbesondere eine Abstraktion von Kommunikationsdetails statt, womit die interagierenden Softwarekomponenten unabhängig von der Partitionierung auf dem identischen Steuergerät oder im Fahrzeugbordnetz sind. Der *Virtual Functional Bus VFB* stellt dazu die komplette Kommunikationsmiddleware dar, seine Funktionalität wird innerhalb eines Steuergeräts insbesondere durch die an die Softwarekomponenten angepasste *Runtime Environment RTE* implementiert. Für eine AUTOSAR-konform entwickelte Softwarekomponente ist es entsprechend irrelevant, ob ein an den Virtual Functional Bus übergebenes Signal nur lokal auf dem Steuergerät selbst verwendet oder es über das Datenkommunikationsbordnetz an weitere Steuergeräte verteilt wird (vgl. Abbildung 3.5). Der Virtual Functional Bus agiert damit als Kommunikationszentrum und abstrahiert die vollständige Kommunikation von der verwendeten Hardware [AUT08]. AUTOSAR modularisiert also die

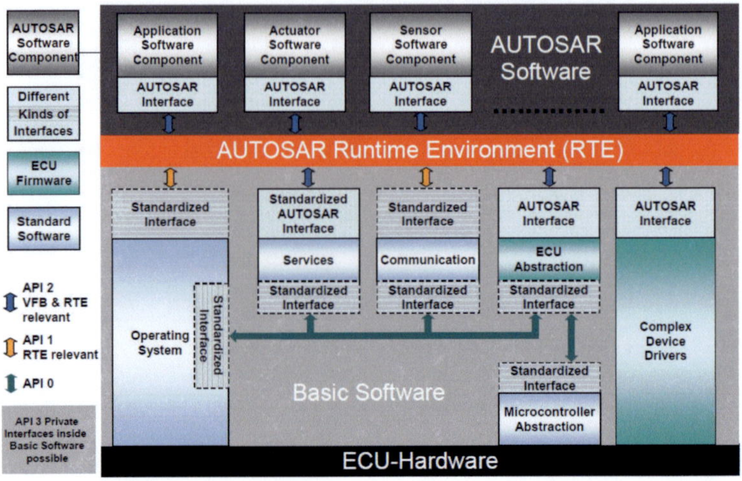

Abbildung 3.4: Softwarearchitektur eines AUTOSAR-konformen Steuergeräts. Quelle: [AUT08].

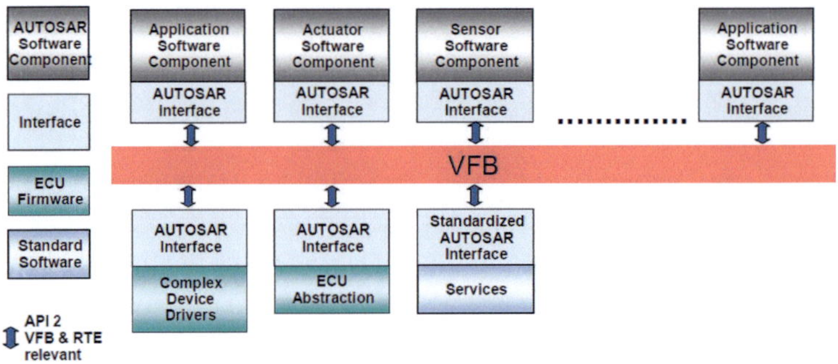

Abbildung 3.5: Virtual Functional Bus mit AUTOSAR-Softwarekomponenten. Quelle: [AUT08].

angebotenen Dienste und ermöglicht mit dem Virtual Function Bus eine weitgehend freie Partitionierung von Softwarekomponenten auf Steuergeräte. Die Konfiguration des Systems ist jedoch ausschließlich statisch während der Designzeit möglich.

Insgesamt sinkt bei konsequenter Umsetzung von AUTOSAR der nötige Portierungsaufwand von Software durch die stärkere Abstraktion von der verwendeten Hardware. Es ergibt sich einerseits eine wachsende Unabhängigkeit bezüglich der Abkündigung verwendeter Mikrocontroller, andererseits ist auch ein flexibler Wechsel bei steigendem Bedarf von Rechen- und Speicherkapazität möglich. Weiterhin verringert sich mittels des Virtual Functional Bus und abstrahierter Kommunikationsstrukturen der Aufwand der Umpartitionierung von Funktionen. Grundsätzlich können damit Softwarekomponenten auf verschiedene Geräte verteilt werden, es sollen sich ohne Anpassung der Implementierung nur andere Latenzzeiten ergeben, jedoch keine funktionalen Unterschiede [Zim06]. Damit vereinfacht sich die Wiederverwendung von Softwarekomponenten auch in anderen Fahrzeugbaureihen. Um beispielsweise zusätzlich Latenzzeiten beachten zu können, wurde in [Sch08a] die Erweiterung von AUTOSAR um eine Timing-Spezifikation vorgeschlagen. Die damit möglichen Optimierungen der Software- und Systementwicklung stellt [Sch08b] dar. Der Release 4.0 von AUTOSAR beinhaltet eine entsprechende Spezifikation, mit der auch für den Virtual Function Bus Zeitbeschränkungen modelliert werden können.

Zusammenfassend sind OSEK und AUTOSAR Schritte auf dem Weg zu einer stärkeren Abstraktion der (Anwendungs-) Software von der verwendeten Hardware. AUTOSAR verwendet dabei Komponenten, die von OSEK bekannt sind und versteht sich insbesondere als Weiterentwicklung in Richtung einer Abstraktion von verwendeten Kommunikationsstrukturen. Mit der gestiegenen Abstraktion sowie wohldefinierten, einheitlichen Kommunikationsschnittstellen steigt die Flexibilität der Architektur, wodurch ebenfalls die Beherrschbarkeit angebotener Varianten durch verschiedene Softwarekomponenten im Sinne eines verringerten Fehlerrisikos erleichtert wird. Auch AUTOSAR ermöglicht jedoch aufgrund der beim aktuellen Stand der Technik nicht ausreichenden Modellierung des Timing-Verhaltens eines Systems mitsamt dessen unbedingter Erfüllung durch Komponenten keine modulare Absicherung in dem Sinn, dass die Funktionsweise eines (beliebigen) Bordnetzes einer Baureihe getestet wird und sich aus dieser Konfiguration alle weiteren Konfigurationen modular als ebenfalls mit dem identischen Ergebnis getestet ergeben.

3.2 Ein zukünftiges Architekturmuster

Die heutige Elektrik/Elektronik-Architektur der Automobilbranche stößt insbesondere mit ihrer Hardware-Software-Abhängigkeit angesichts der stetigen Funktionsmehrung durch neue Kundenanforderungen, dem Wettbewerb sowie gesetzlicher Vorgaben an Komplexitätsgrenzen. In deutlich kürzeren Innovationszyklen entwickelte

MP3-Player können in älteren Fahrzeugmodellen nicht ohne zusätzliche Maßnahmen ins Bordnetz integriert werden, womit sie sich beispielsweise nicht über das Multifunktionslenkrad bedienen lassen. Prinzipiell ist diesbezüglich eine steigende Flexibilisierung des Bordnetzes erforderlich, [Gla08] stellt etwa eine mit Field Programmable Gate Arrays realisierte, innovative Schnittstelle vor, die sich an das zu integrierende Endgerät der Konsumerelektronik selbst anpasst. Im Folgenden wird daher ein Architekturmuster zukünftiger Vernetzungs- und Steuergerätearchitekturen vorgestellt, das die Abhängigkeit der Systemintegration von der im Fahrzeug verbauten Hardware im Vergleich zu AUTOSAR weiter reduziert. Damit wird die Integrierbarkeit auf Systemebene sowohl während der Fahrzeugentwicklung als auch in der Serienbetreuung substantiell erleichtert. Das Bordnetz wird dabei mit einer geringen Anzahl an zentralen, leistungsfähigen und homogenen Recheneinheiten realisiert, die über eine leistungsfähige, homogene Kommunikationsinfrastruktur miteinander verbunden sind. Die Verfügbarkeit insbesondere der automotive-geeigneten, leistungsstarken Verarbeitungseinheiten kann bei Gültigkeit des Mooreschen Gesetztes [Moo65] zukünftig erwartet werden. Nach dieser empirischen Faustregel verdoppelt sich die Anzahl an Transistoren eines handelsüblichen Mikroprozessors alle achtzehn Monate. Wurde es ursprünglich nur zur Beschreibung der Entwicklung der PC-Technik verwendet, kann es zeitversetzt mittlerweile auch in der Automobilindustrie und anderen Industrien beobachtet werden.

Ausgehend von aktuellen Optimierungspotentialen der Fahrzeugarchitektur basiert das in [TUM09] entwickelte und folgend skizzierte Architekturmuster auf vier Grundprinzipien. Abbildung 3.6 zeigt, welche der heutigen Herausforderungen mit deren Umsetzung adressiert werden. Das Zusammenspiel dieser Prinzipien realisiert eine innovative Architektur zukünftiger Bordnetzsysteme im Automobil.

3.2.1 Zentralisierung der Hardware

Die Zentralisierung von Verarbeitungseinheiten und Diensten fokussiert insbesondere eine Reduktion der eingesetzten Steuergeräte, Sensoren und Aktoren. Die dedizierte Zuordnung insbesondere von Sensoren und Aktoren zu je einer oder zumindest wenigen Funktionen wandelt sich zu einem zentralen Informationssystem. Damit werden diese Komponenten zu "funktionsneutralen" Knoten mit standardisierten Schnittstellen, die Steuergeräte als universelle Verarbeitungseinheiten mit Systemwis-

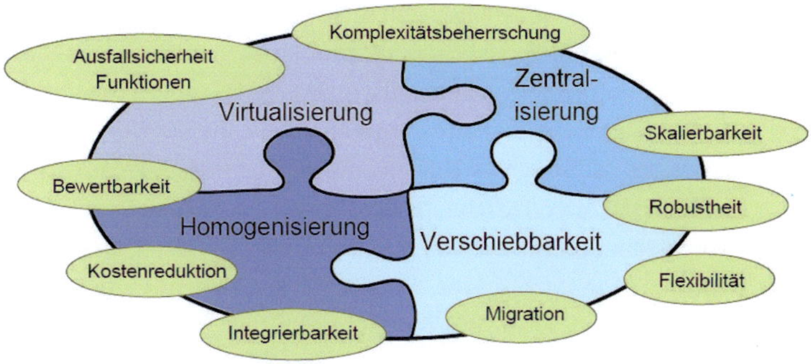

Abbildung 3.6: Grundprinzipien und dadurch adressierte Herausforderungen. Quelle: [TUM09].

sen versorgen. Dieses Vorgehen erfordert trivialerweise exakt definierte Schnittstellen zum System.

Findet eine Reduktion der eingesetzten Anzahl an Hardwarekomponenten durch Zentralisierung statt, so reduziert dies für (hoch) interaktive Funktionen die Anzahl benötigter, verschiedener Ressourcen. Die korrekte Implementierung des Funktionsverbundes bestehend aus interagierenden Steuergeräten, Sensoren und Aktoren über unterschiedliche Busse ist entsprechend vereinfacht. Damit vereinfachen sich gleichermaßen auch sowohl der Integrationstest und die Fehlerdiagnose auf Systemebene durch die leichtere Ortbarkeit des Fehlers. Insgesamt liegt dies darin begründet, dass die heutigen, umfangreichen Wirkketten mit zur Funktionsrealisierung benötigten Komponenten kürzer und entsprechend auf Systemebene auch einfacher werden. Die Komplexität des Gesamtsystems vereinfacht sich durch die geringere Anzahl an Komponenten, bei identischem Funktionsumfang verschiebt sich diese in die Einzelkomponenten.

3.2.2 Homogenisierung der Hardware

Der Begriff der Homogenisierung beschreibt in vorliegendem Zusammenhang die Reduzierung der Anzahl von speziellen Hardwarelösungen der Automobilbranche und somit insbesondere eine Variantenreduktion. Es können sowohl die eingesetzten Verarbeitungseinheiten als auch die verwendete Kommunikationsinfrastruktur vereinheitlicht werden. Für die Entwicklung und Integration bedeutet die Reduktion der

Hardwarevarianten in erster Linie eine weitere Vereinfachung im Sinne der Auswahl alternativer Komponenten und daher der Anzahl kombinatorisch existierender, zu testender Wirkketten. Betrachtet sei beispielsweise eine Funktion, die das Signal der Raddrehzahl dem Navigationsgerät zur Verfügung stellt, damit dieses etwa in einem Tunnel bei Verlust des GPS-Signals die ungefähre Position des Fahrzeugs errechnen und einen eventuell erforderlichen Spurwechsel im Display der Mittelkonsole anzeigen kann. Existieren bei identischen Raddrehzahlsensoren und einer einheitlichen Buskommunikation jeweils zwei verschiedenen Varianten des Displays und des Navigationsgeräts, so ergeben sich kombinatorisch vier mögliche Wirkketten der Funktion, die in der Systemintegration zu testen sind. Würde demgegenüber nur ein einziges Display und ein Standard-Navigationsgerät eingesetzt werden, so wäre die Wirkkette mit den verbauten Hardwarekomponenten eindeutig. Eine Abhängigkeit der Systemintegration von im Bordnetz eingesetzten Varianten der Hardware existiert in diesem Beispiel trivialerweise nicht.

Grundsätzlich vereinfacht der Einsatz von homogenen Verarbeitungseinheiten, aufgrund der geringen Anzahl unterschiedlicher Hardwaretypen, zusätzlich zur dargestellten Reduktion der Anzahl an Wirkketten eine zu implementierende Hardware-Abstraktionsschicht, wie sie etwa bereits in AUTOSAR mit der Runtime Environment entworfen ist. Damit wird auch ein einheitlicher Hardware-Software-Integrationstest möglich.

Ein homogenes Kommunikationsnetz ermöglicht eine domänen- und subnetzübergreifende Steigerung der Dienstqualität sowie eine erleichterte Entwicklung und Absicherung der kompletten Kommunikationsinfrastruktur. Erfolgt eine vollständige Migration auf ein homogenes Netz, so lässt sich beispielsweise die Komplexität der verbauten Gateways reduzieren, da keine Übersetzung der Datenformate und insbesondere von Kommunikationsparadigmen wie ereignisbasierte (event-based) oder zeitgesteuerte (time-triggered) Kommunikation zwischen verschiedenen Bussen wie CAN, FlexRay oder MOST nötig ist [Bro07]. Eine einfache Vermittlung der Datenpakete reicht in diesem Fall aus. Als verwendete Techniken deuten sich dabei wie in der Luftfahrtbranche (vgl. Abschnitt 2.8.1) Ethernet und das Internet Protocol [Pos81, Dee98] an. Eine einheitliche Kommunikationsinfrastruktur, die entsprechend nur aus einem Kabeltyp – etwa einer verdrillten Kupferleitung in einem Cat-5-Kabel – besteht, verursacht zusätzlich eine geringere Kabelbaumkomplexität und reduziert erneut als zusätzlich eingesparte Variante die Komplexität einer Produktfamilienabsicherung.

Insgesamt müssen bei identischem Funktionsumfang die bisher durch unterschiedliche Hardware mit spezialisierter Software realisierten Funktionen zukünftig in wachsendem Umfang allein durch Software realisiert werden.

3.2.3 Virtualisierung der Hardware für Software

Virtualisierung bezeichnet die Entkopplung einer Funktionalität von den zur Erfüllung benötigten realen Ressourcen durch eine Abstraktionsschicht. Die Funktionen verwenden die von der Abstraktionsschicht angebotenen virtualisierten Ressourcen, womit eine definierte Schnittstelle für Softwarefunktionen angeboten wird. Die derart modularisierbaren Funktionen realisieren damit unabhängig von der real verwendeten Hardware die verschiedenen funktionalen Varianten eines Fahrzeugbordnetzes. Abbildung 3.7 verdeutlicht das Prinzip, welches durch die gestiegene Leistungsfähigkeit von Hardware zunehmend eingesetzt wird [Fig05]. Bei einer Ressource kann es

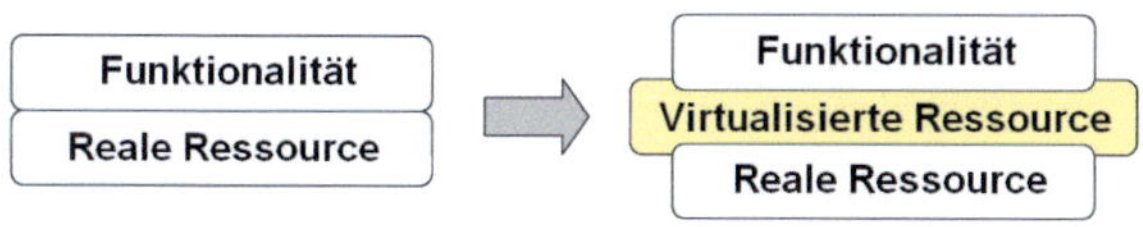

Abbildung 3.7: Prinzip einer Virtualisierung.

sich dabei sowohl um Hardware wie Prozessoren, Speicher oder ein Netzwerk als auch um (meist hardwarenahe) Software wie ein Betriebssystem handeln. Da eine reale Ressource durch mehrere virtuelle Ressourcen und eine virtuelle Ressource durch mehrere reale Ressourcen abgebildet werden kann, wird ein flexibler Ressourcenpool und eine hohe Skalierbarkeit der Architektur über Varianten geschaffen.
Die Virtualisierung von Rechenressourcen ermöglicht den Einsatz leistungsstarker Verarbeitungseinheiten, auf denen verschiedene Applikationen unabhängig voneinander betrieben werden können. Mit einer Virtualisierung des persistenten Speichers der eingesetzten Verarbeitungseinheiten steht der Speicher global allen Verarbeitungseinheiten zur Verfügung und lässt sich beliebig aufteilen. Das Ziel der Virtualisierung von Kommunikationsressourcen ist die Trennung der funktional benötigten Kommunikation von ihrer physikalischen Realisierung. Schlussendlich ermöglicht eine Virtualisierung von Software die Robustheit des Systems durch die gegenseitige Abschottung einzelner Softwarekomponenten zu steigern. Abbildung 3.8 zeigt den kontrollierten Zugriff verschiedener Anwendungen auf die verfügbaren Hardwareressourcen sowie ihre Kapselung. Es ist dabei möglich, sowohl echtzeitkritische

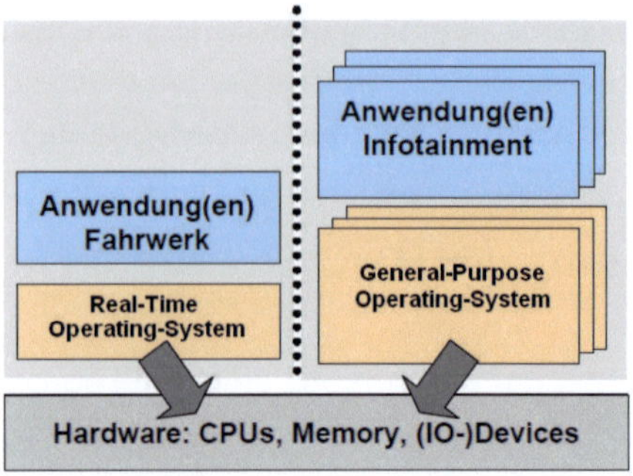

Abbildung 3.8: Struktur der Architektur einer Verarbeitungseinheit.
Quelle: [TUM09].

Anwendungen mit einem Real-Time Operating-System als auch datenintensive Anwendungen aus dem Infotainment mit einem General-Purpose Operating-System auf einer identischen Verarbeitungseinheit zu betreiben. Bei Ausschluss eines physischen Defekts wird die (korrekte) Funktionsweise des Fahrzeugbordnetzes bei korrekter Virtualisierung der verbauten Hardware also nur durch die implementierten Softwarefunktionen mit ihren Abhängigkeiten untereinander bestimmt.

Eine derartige Abstraktion der Software von der real verwendeten Hardware mittels definiert angebotenen, abstrakten Schnittstellen virtueller Ressourcen ermöglicht innerhalb der physikalischen Grenzen, etwa durch Latenzzeiten von Signalen über Leitungen, die Absicherung des Gesamtsystems über die Dekomposition in unabhängig voneinander zu testende Elemente oder Teilsysteme. Dementsprechend kann der Fokus auf die (versionierten) Softwarefunktionen als einziges variantenspezifisches Merkmal eines Fahrzeug gelegt werden, es muss nicht wie aktuell die kombinatorische Zusammensetzung des gesamten Bordnetzes mit jeweils spezialisierter Hard- und Software betrachtet werden.

3.2.4 Dynamische Verschiebbarkeit

Lassen sich Softwarekomponenten und Kommunikationspfade im Gegensatz zur aktuellen, statischen Partitionierung während der Entwicklung dynamisch zur Laufzeit verschieben, so steigert sich die Flexibilität sowie die Ausfallsicherheit der Architektur. Motiviert wird dieses Vorhaben durch das Forschungsfeld des *organic computing* der

Business-IT, welche mit so genannten self-x-Eigenschaften ebenfalls Ziele wie etwa eine Selbstheilung zur Laufzeit verfolgt. Die variantenabhängige Fahrzeugintegration wird durch diesen Ansatz zwar nicht weiter vereinfacht, als interessanter Aspekt der in [TUM09] entworfenen Architektur wird er der Vollständigkeit halber dennoch kurz skizziert. Bei Realisierung eines dynamischen Bordnetzes können Fahrzeuge auch außerhalb des Werkes oder der Werkstatt neu konfiguriert werden, zusätzlich können beim Ausfall einer Verarbeitungseinheit mit sicherheitskritischen Funktionen andere Verarbeitungseinheiten die weitere Ausführung dieser Funktionen übernehmen. Reichen dabei die zur Verfügung stehenden Ressourcen der neuen Zielhardware nicht aus, so können priorisiert andere Anwendungen abgeschaltet oder in einem degradierten Modus ausgeführt werden. Diese Eigenschaft eines Systems wird "graceful degradation" genannt und bezeichnet allgemein dessen Fähigkeit, auf Fehler und unerwartete Ereignisse sicher zu reagieren [Her91]. Ein Fehler in einer Komponente des Systems resultiert derart für das Gesamtsystem nur in einem reduzierten Funktionsumfang oder einer verminderten Qualität der Funktionen.
Es sei zur Illustration das aus [TUM09] entliehene System mit zwei Verarbeitungseinheiten und den vier Softwarekomponenten aus Tabelle 3.1 betrachtet. Abbildung 3.9

Anwendung	Kritikalität	Degradationsmodi
Entertainment (DVD)	niedrig	ja
Navigation (NAV)	mittel	ja
Adaptive Geschwindigkeitsanpassung (ACC)	hoch	ja
Kurvenassistent (KAS)	hoch	nein

Tabelle 3.1: Beispiel zur horizontalen Verschiebbarkeit mit graceful degradation. Quelle: [TUM09].

zeigt links den fehlerfreien Fall mit den zwei Verarbeitungseinheiten VE 1 und VE 2, welche die vier betrachteten Anwendungen ausführen. Fällt nun VE 1 aufgrund eines Hardwarefehlers aus, so wird die sicherheitsrelevante ACC-Funktion von der zentralen Datenhaltung auf VE 2 verschoben. Im Bild rechts ist dargestellt, dass die freien Ressourcen dieser Verarbeitungseinheit für einen vollständig fehlerfreien Betrieb der Softwarekomponenten nicht ausreichen, womit ACC und NAV im degradierten Betrieb ausgeführt werden. DVD wird aufgrund dessen geringen Kritikalität abgeschaltet und nicht weiter ausgeführt.

Es wird deutlich, dass Hardwarefehler aufgrund der Verschiebbarkeit von Softwarekomponenten als auch Kommunikationspfaden zur Laufzeit abgefangen werden

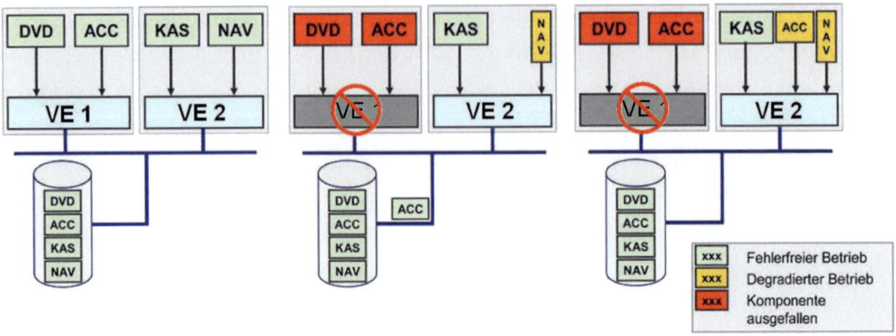

Abbildung 3.9: Verschiebung einer Anwendung mit graceful degradation. Quelle: [TUM09].

können. Dies unterscheidet die entwickelte, dynamische Architektur von statischen wie etwa AUTOSAR.

3.2.5 Realisierte Architektur

Das vorgestellte Architekturmuster verschiebt die Komplexität des Gesamtsystems über die Zentralisierung von Hardware in die Komponente und über deren Homogenisierung in die Software. Dort wird der Komplexität über die Entkopplung der Softwarefunktionen des Fahrzeugs von der verwendeten Hardware durch Abstraktion begegnet. Prinzipiell verändert dabei Abstraktion die Komplexität eines Systems nicht, jedoch ändert sich die Betrachtungsebene, was den Umgang mit dem Gesamtsystem vereinfacht. Es sinkt damit auf Systemebene insbesondere die Abhängigkeit der Korrektheit des Fahrzeugbordnetzes von der eingesetzten Hardware, etwa hinsichtlich des Timing-Verhaltens bei Einsatz eines schnelleren Prozessors als realer Ressource. Durch diese Virtualisierung der Ressourcen entsteht eine flexible Skalierungsmöglichkeit der verwendeten Infrastruktur über verschiedene Fahrzeugvarianten, Baureihen und der Zeit. Entwickelte Funktionen können damit über die bereitgestellten Schnittstellen der virtuellen Ressourcen modular in eine Produktlinie integriert werden. Auf der höheren Abstraktionsebene reduziert sich ähnlich wie in der heutigen PC-Technik die Variantenkomplexität, da die zur Erfüllung der Funktionen benötigte, reale Hardware nicht mehr betrachtet werden muss. Die resultierenden Kombinationsmöglichkeiten von Soft- und einer (virtuellen) Hardware sind entsprechend geringer, auch wenn sich der Umfang verschiedener, im Lebenszyklus einer

Baureihe versionierter Funktionen nicht reduziert. Bei einer ausreichend leistungsfähigen realen Hardware, die dem benötigten Timing-Verhalten des Systems genügt, kann der Test des Gesamtsystems somit in wachsendem Umfang über den Test einzelner, gekapselter Softwarefunktionen oder abgeschotteter Teilmengen von Softwarefunktionen mit ihren virtuellen Ressourcen als Software-Software-Integrationstest erfolgen. Zusammen mit den zentralisierten, homogenen Verarbeitungseinheiten als realen Ressourcen mit einem einheitlichen Hardware-Software-Integrationstest ergibt sich eine substantiell vereinfachte Gesamtfahrzeugintegration.

Automotive-spezifische Anforderungen wie etwa der begrenzte Bauraum im Fahrzeug oder Umwelteinflüsse wie Temperatur, Feuchtigkeit, Chemikalien oder elektromagnetische und mechanische Verträglichkeit verhindern den Einsatz von aktuellen Standard-IT-Komponenten beispielsweise von der Intel Corporation oder der AMD Inc. im Fahrzeug. Der in Abbildung 3.10 dargestellte Prototyp der im Rahmen von [TUM09] durchgeführten Machbarkeitsstudie verzichtet zur Demonstration insbesondere auf die Stabilität gegenüber Umwelteinflüssen und realisiert einen erstmaligen Machbarkeitsnachweis der skizzierten Bordnetzarchitektur mit Standard-IT-Technologie. Nach dem Mooreschen Gesetz lässt sich zukünftig mit der für die

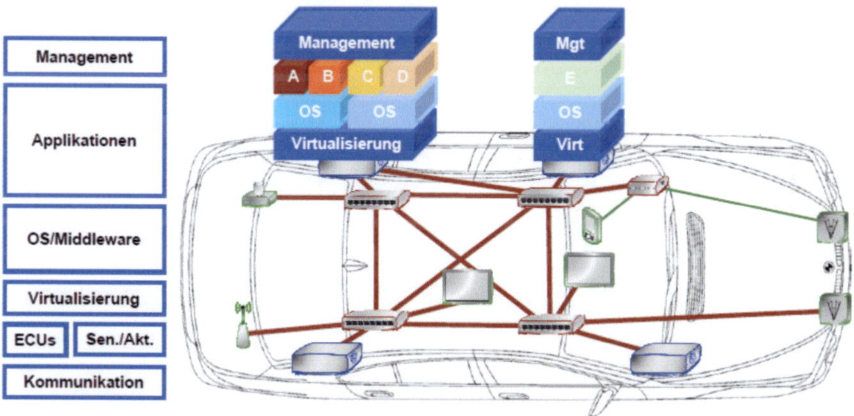

Abbildung 3.10: Strukturelle Sicht der realisierten Bordnetzarchitektur. Quelle: [TUM09].

praktische Umsetzung benötigten, automotive-geeigneten Hardware rechnen.

3.3 Fazit

Als Zielsetzungen einer Fahrzeugarchitektur lassen sich allgemein etwa die Reduktion der Herrstellkosten, des Entwicklungs- und Absicherungsaufwandes beziehungsweise die Erhöhung der Testtiefe oder -breite sowie die Sicherstellung der Zukunftsfähigkeit ansehen. Die für vorliegende Dissertation insbesondere interessante Reduktion von Absicherungsaufwänden respektive die Erhöhung der Testtiefe und -breite bei unverändertem Kapitaleinsatz kann durch wohldefinierte Schnittstellen mit einer Kapselung von Funktionen durch die damit gestiegene Wiederverwendbarkeit von bereits erprobten Komponenten realisiert werden. Dies können Funktionen, Steuergeräte oder auch ganze Baugruppen im Rahmen eines Industriebaukastens beziehungsweise einer Software- und Systemarchitektur mit ausgereifter, von der Hardware abstrahierender Basissoftware sein. Eine zukunftsfähige Architektur skaliert über Fahrzeugkonfigurationen mit unterschiedlichem Ausstattungsumfang. Sie muss sowohl ein vollausgestattetes System als auch die Minimalkonfiguration ohne jedwede Sonderausstattung berücksichtigen können, bei der im Vergleich etliche Komponenten nicht verbaut werden. Ein Ziel einer Elektrik/Elektronik-Architektur ist also, nicht nur eine einzelne Baureihe zu realisieren, sondern als Plattform die Bündelung mehrerer Baureihen zu unterstützen. Insbesondere das in Abschnitt 3.2 vorgestellte, zukünftige Architekturmuster ermöglicht über die gestiegene Abstraktion der Software von der Hardware mittels Virtualisierung eine höhere Wiederverwendbarkeit entwickelter Softwarekomponenten. Der vermehrte Einsatz bereits erprobter Hard- und Software und insbesondere die höhere Abstraktion der Software mit einer vollständigen Realisierung aller Fahrzeugfunktionen erleichtert die Integration und schwächt die Abhängigkeit der Korrektheit des Bordnetzes von der konkret verbauten Hardware in Varianten und Versionen.

Beim aktuellen Stand der Technik hält AUTOSAR Einzug in entwickelte Fahrzeuge, wobei nach [Kai08] erst zwischen 2012 und 2014 mit den ersten Bordnetzen gerechnet werden kann, die komplett auf AUTOSAR basieren. Die vollständige Umsetzung der vorgestellten Architekturansätze ist in der Praxis aufgrund beispielsweise zu hoher Speicheranforderungen noch nicht erfolgt und insbesondere mit einem Architekturmuster wie dem aus Abschnitt 3.2 kann wohl nicht vor 2025 oder gar 2030 gerechnet werden. Die Grenzen der Abstraktion einer Absicherungsstrategie erhöhen sich bis dahin, da sich die Hardware-Software-Abhängigkeit aktueller Fahrzeugbordnetze mitsamt den hohen Anforderungen an die Spezifikationsgenauigkeit, etwa hinsichtlich des Timing-Verhaltens, abschwächt. Dennoch wird diese stets existieren, womit auf einen Gesamtfahrzeugtest nicht verzichtet werden kann. Dieser sollte möglichst effektiv sein, daher optimiert vorliegende Dissertation die Integration und Absicherung einer Produktfamilie anhand ihrer entstehenden Lebenszykluskosten.

Kapitel 4

Entwurf von Kennzahlen zur Quantifizierung von Bordnetzkonfigurationen

Zur Bestimmung der Ähnlichkeit eines Fahrzeugs zu der während der Entwicklung abgesicherten Variantenvielfalt sowie zur Quantifizierung des Mischverbauausmaßes integrationsstufenübergreifend während des Lebenszyklus sind Kennzahlen zu entwickeln, die eine technische Bewertung ermöglichen. Dies bedingt sich durch die grundlegende Annahme, dass Fahrzeuge mit ähnlicher oder identischer Sonderausstattung wie beispielsweise abgesicherte Prototypen eine höhere Qualität während ihrer Lebensdauer aufweisen als stärker abweichende Fahrzeuge. Entsprechende Annahme erweitert auf die Fahrzeughistorie impliziert, dass Fahrzeuge mit substantiellem Mischverbau fehleranfälliger als Fahrzeuge einer einheitlichen Integrationsstufe zu erwarten sind (vgl. Abschnitt 1.3.1). Insgesamt betrachtet ergibt sich somit eine zweidimensionale Abweichung von abgesicherten Konfigurationen durch Varianten- und Versionskombinationen (vgl. Abbildung 4.1). $V1$ und $V2$ bezeichnen dabei beispielsweise eine Komponente, die in diesen ersten beiden Versionen zur Grundausstattung eines produzierten Fahrzeugs gehört. Mit Einführung der Variante B als "High"-Variante wird die Weiterentwicklung $V3$ als Variante A zur "Low"-Variante und beide zur Sonderausstattung. Variante C stellt ab diesem Zeitpunkt die Möglichkeit der Nichtexistenz entsprechender Sonderausstattungen mit zugeordneten Steuergeräten dar und bildet im Sinne der Kombinatorik eine eigene Variante.

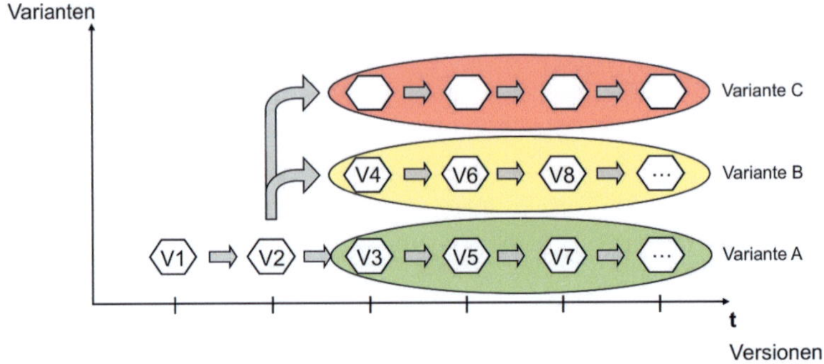

Abbildung 4.1: Versionen und Varianten im Lebenszyklus.
Varianten existierten ab Versionen V3 und V4.

4.1 Kombinatorische Variantenabweichung

Die Konfigurationsvielfalt der Varianten gemäß Abschnitt 1.2 lässt sich offensichtlich nicht explizit absichern, weswegen zu testende, repräsentative Konfigurationen auszuwählen sind, deren korrekte Absicherung die Verifikation der planmäßigen Anforderungserfüllung einer mächtigeren oder repräsentativen Menge impliziert.

4.1.1 Absicherungsnähe der Variantenvielfalt

Variantenabweichung von abgesicherten Konfigurationen können nur über Sonderausstattungen entstehen, da innerhalb einer Baureihe für alle Fahrzeuge identische Grundausstattungen existieren. Es ist vor diesem Hintergrund die Menge der Sonderausstattungen eines Erprobungs- und eines Feldfahrzeugs, also einem Fahrzeug in Kundenhand, mit einem Ähnlichkeitsmaß zu vergleichen.

4.1.2 Modellierung

4.1.2.1 Ähnlichkeitsbegriff

In [Val07] wurden potentielle Ähnlichkeitsbegriffe für Variantenabweichungen vorgestellt, welche nun mathematisch zu modellieren sind.

Bezeichne $\mathcal{AK}$ die Menge an abgesicherten Konfigurationen, Θ die Menge an Feldfahrzeugen und $\{SA_i\}$ mit $i = 1, \ldots, s$ die indizierte Menge an E/E-Sonderausstattungen der betrachteten Baureihe. Dann lässt sich die kombinatorische Variantenabweichung durch Sonderausstattungen $d_V(AK, \Theta_j)$ zweier Fahrzeuge $AK \in \mathcal{AK}$ und $\Theta_j \in \Theta$ gemäß folgender Kennzahlen definieren (vgl. Abbildung 4.2).

Up-Distance

Bei der Up-Distance werden nur überschüssige Sonderausstattungen der Feldfahrzeuge gegenüber den Testfahrzeugen gemessen. Fahrzeuge mit einer Up-Distance von "0" besitzen somit keine überschüssigen Sonderausstattungen, sondern nur eine (echte) Teilmenge der Sonderausstattungen des Testfahrzeugs. Unterstellt man, dass eine Obermenge von Komponenten deren Untermengen absichert, kann erwartet werden, dass entsprechende Fahrzeuge im *Windschatten* (vgl. Abbildung 4.3) eine höhere Qualität aufweisen. Die Kennzahl bildet somit diese Prämisse der heutigen Versuchsfahrzeugkonfiguration nach und berücksichtigt, inwiefern ein Feldfahrzeug im Vergleich zur abgesicherten Konfiguration zusätzliche Anforderungen erfüllen muss. Eine höhere Anzahl an Funktionen belastet in der Regel das E/E-System stärker.

$$d_{V[up]}(AK, \Theta_j) = \sum_{i=1}^{s} \mathbb{1}_{(SA_i \text{ nicht in } AK \text{ enthalten})} \cdot \mathbb{1}_{(SA_i \text{ in } \Theta_j \text{ enthalten})}$$

Down-Distance

Ausschließlich überschüssige Sonderausstattungen der Testfahrzeuge im Vergleich zu den Fahrzeugen im Feld werden bei der Down-Distance gemessen. Bei großer Down-Distance besitzt das Feldfahrzeug aufgrund der begrenzten Anzahl s möglicher Sonderausstattungen einer Fahrzeugbaureihe eine geringe Anzahl an Sonderausstattungen, womit durch Komplexitäts- sowie statistische Ausfalleffekte inhärent eine hohe Qualität zu erwarten ist. Kausal können aufgrund dieser Effekte hohe Distanzen also genauso fehlerfrei sein wie ein Fahrzeug mit Down-Distance 0, welches in seiner Konfiguration exakt einem abgesicherten Testfahrzeug entspricht.

$$d_{V[down]}(AK, \Theta_j) = \sum_{i=1}^{s} \mathbb{1}_{(SA_i \text{ in } AK \text{ enthalten})} \cdot \mathbb{1}_{(SA_i \text{ nicht in } \Theta_j \text{ enthalten})}$$

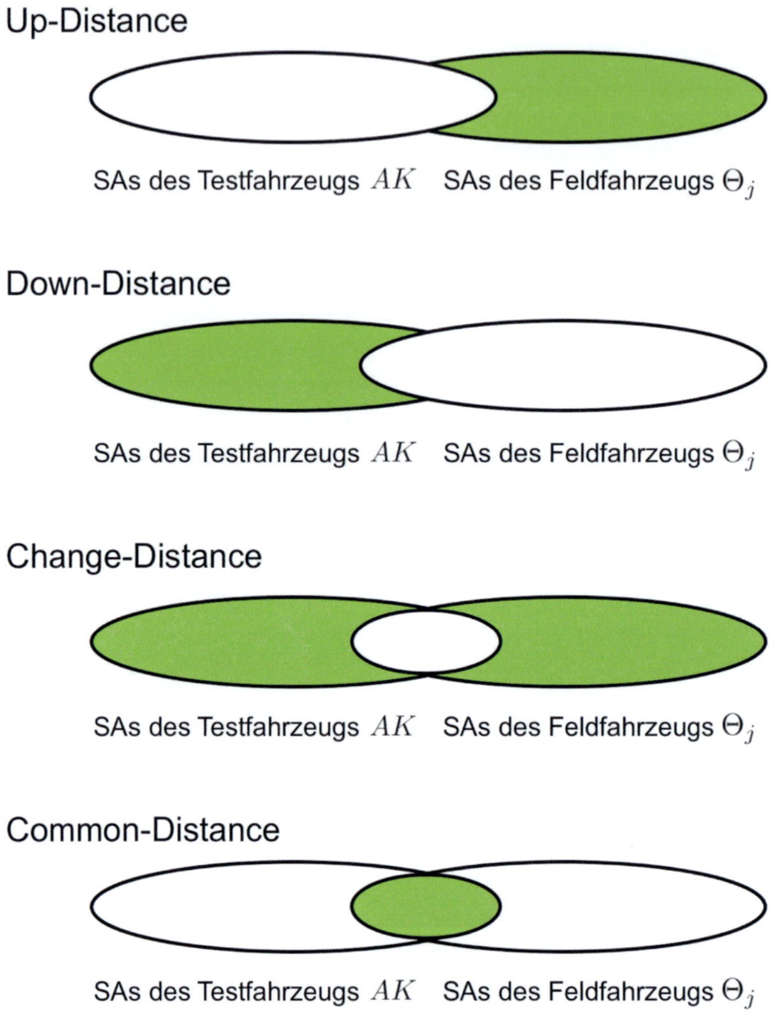

Abbildung 4.2: Mengentheoretisch illustrierter Vergleich von Up-, Down-, Change- und Common-Distance.

Change-Distance

Beidseitig überschüssige Sonderausstattungen der Test- und Feldfahrzeuge werden bei Verwendung der Change-Distance betrachtet. Bei geringer Change-Distance

Abbildung 4.3: Windschatteneffekt bei der Up-Distance.

haben ein Feld- und ein absicherndes Fahrzeug also nahezu identische Sonderausstattungen und es lässt sich unter der Annahme der generellen Wirksamkeit von Absicherungsprozessen aufgrund des geringen, ungetesteten Bordnetzanteils eine hohe Qualität erwarten. Dennoch werden mit dem Windschatteneffekt der Up- sowie den Komplexitäts- und Ausfalleffekten der Down-Distance signifikant gegenläufige Effekte summiert, womit die Aussagekraft der Change-Distance beeinträchtigt wird.

$$\begin{aligned} d_{V[change]}(AK, \Theta_j) &= \sum_{i=1}^{s} \mathbb{1}_{(SA_i \text{ in } AK \text{ enthalten})} \cdot \mathbb{1}_{(SA_i \text{ nicht in } \Theta_j \text{ enthalten})} + \\ &\quad \mathbb{1}_{(SA_i \text{ nicht in } AK \text{ enthalten})} \cdot \mathbb{1}_{(SA_i \text{ in } \Theta_j \text{ enthalten})} \\ &= d_{V[up]}(AK, \Theta_j) + d_{V[down]}(AK, \Theta_j) \end{aligned}$$

Common-Distance

Die Common-Distance beschreibt die Anzahl gemeinsamer Sonderausstattungen der Feld- und Testfahrzeuge, somit die Mächtigkeit der Schnittmenge der Sonderausstattungen beider Fahrzeuge. Auch hier ergeben sich tendenziell unklare Komplexitäts- und statistische Ausfalleffekte bei niedrig ausgestatteten Fahrzeugen mit geringer Common-Distance und hoch ausgestatteten Fahrzeugen mit identischer Konfiguration wie ein Testfahrzeug, womit erneut sowohl niedrige als auch hohe Distanzen kausal vorteilhaft sein können. Dennoch bietet sie sich aufgrund ihres metrischen Charakters zur Optimierung einer kundenorientierten Absicherung an.

$$d_{V[common]}(AK, \Theta_j) = \sum_{i=1}^{s} \mathbb{1}_{(SA_i \text{ in } AK \text{ enthalten})} \cdot \mathbb{1}_{(SA_i \text{ in } \Theta_j \text{ enthalten})}$$

Typübergreifende Betrachtung

Wird der Typschlüssel (TS) zur Kennzeichnung von Baureihe, Motorart, Getriebeart und Lenkradanordnung bei der Ähnlichkeitsberechnung heuristisch als Strafterm multiplikativ zusätzlich mit betrachtet, so ist ein Vergleich zwischen verschiedenen Fahrzeugtypen möglich. Die Kennzahlen können somit übergreifend auf Baureihen in verschiedener Kontinentalausführung, Unterschiede zwischen Handschalter und Automatik sowie der Motorvariante erweitert werden. Mit $||TS(AK, \Theta_j)||$ als Summation der Strafpunkte für die vier Attribute des Typschlüssels lassen sich die Kennzahlen erweiternd als kombinatorische Variantenabweichung durch Sonderausstattungen bei übergreifender Typschlüsselbetrachtung definieren gemäß:

$$d_{V^*[\cdot]}(AK, \Theta_j) = ||TS(AK, \Theta_j)|| \cdot d_{V[\cdot]}(AK, \Theta_j).$$

Der Strafterm $||TS(AK, \Theta_j)||$ spiegelt die Unterschiede in den Fahrzeugbordnetzen wider, womit die Strafpunkte zwar durch die Bordnetzkomplexität der Unterschiede induziert, aber letztlich doch willkürlich zu wählen sind. Dies ist für weitergehende Analysen aber nicht primär entscheidend, da insbesondere Monotonieeigenschaften auf Fahrzeugclustern relevant sind.

Referenztestfahrzeug der Absicherungsnähe der Variantenvielfalt

Wird nun der Grad an Variantenabsicherung der Sonderausstattungen eines Feldfahrzeugs Θ_j betrachtet, so ist die kombinatorische Variantenabweichung dieses Fahrzeugs zu allen abgesicherten Fahrzeugkonfigurationen $AK \in \mathcal{AK}$ zu bestimmen und beispielsweise für die Up-Distance zu minimieren, für die Common-Distance zu maximieren. Das Minimum respektive Maximum der kombinatorischen Variantenabweichung zu diesen abgesicherten Fahrzeugen wird definiert als die Absicherungsnähe der Variantenvielfalt durch Sonderausstattungen des Fahrzeugs Θ_j, beispielsweise im Falle der Minimierung also

$$AN_{[\cdot]}(\mathcal{AK}, \Theta_j) = \min_{AK \in \mathcal{AK}} \left\{ d_{V[\cdot]}(AK, \Theta_j) \right\}$$

und bei übergreifender Typschlüsselbetrachtung

$$AN_{*[\cdot]}(\mathcal{AK},\Theta_j) = \min_{AK \in \mathcal{AK}} \left\{ d_{V^*[\cdot]}(AK,\Theta_j) \right\}.$$

Diese Kennzahl gibt bei Verwendung von $d_{V[\cdot]}$ respektive $d_{V^*[\cdot]}$ letztlich an, wie ähnlich die nächst abgesicherte Konfiguration dem Feldfahrzeug Θ_j ist – also die ähnlichste Konfiguration von Sonderausstattungen eines abgesicherten Fahrzeugs zu dem betrachteten Feldfahrzeug. Abbildung 4.4 verdeutlicht grafisch das Konzept der Absicherungsnähe der Variantenvielfalt anhand der Minimierung der berechneten Variantenabweichungen $d_{V[\cdot]}$. Der mittige Punkt stellt dabei das Feldfahrzeug Θ_j dar, dessen Abstand zu den abgesicherten Fahrzeugkonfigurationen minimiert die Absicherungsnähe bildet. Abhängig von der verwendeten Kennzahl können sich

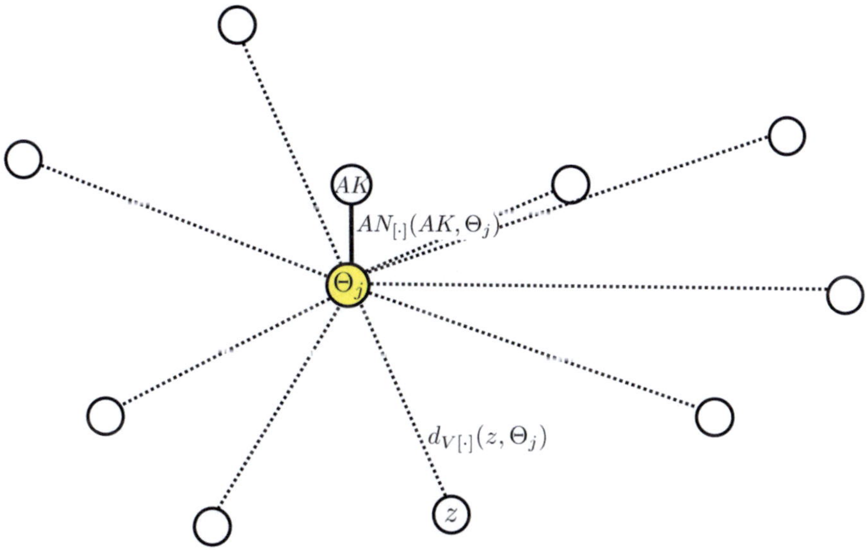

Abbildung 4.4: Bestimmung der Absicherungsnähe der Variantenvielfalt. Zweidimensionale Illustration von $\min_{AK \in \mathcal{AK}} \left\{ d_{V[\cdot]}(AK,\Theta_j) \right\}$.

dabei natürlich unterschiedliche Referenztestfahrzeuge ergeben.

Zur methodisch einwandfreien Interpretation der Kennzahlen muss das Erprobungsfahrzeug vor dem Fahrzeug im Feld gebaut worden sein, damit ein Absicherungsprozess stattgefunden haben kann. Die Fälle, in denen das Erprobungsfahrzeug nach dem zu testenden Fahrzeug produziert wurde, sind prinzipiell auszuschließen. Dies wurde für die empirischen Feldanalysen in Kapitel 4.3 berücksichtigt, aus Vereinfachungsgründen weicht jedoch das in Kapitel 8 entwickelte Simulationsmodell von dieser Annahme ab.

4.1.2.2 Gewichtung

Der Existenz oder Abwesenheit von Sonderausstattungen kann durch eine Priorisierung unterschiedliche Bedeutung hinsichtlich ihrer E/E-Relevanz beigemessen werden. Die Unterschiede in Sonderausstattung SA_i zwischen Feld- und Testfahrzeug werden dann durch den Koeffizient a_i bewertet.

4.1.2.3 Normierung

Ohne Gewichtung der unterschiedlichen Relevanz von Sonderausstattungen gilt offensichtlich für jede der vier Kennzahlen

$$d_{V[\cdot]}(AK, \Theta_j) \in [0; s] \cap \mathbb{N}_0 \quad \forall\, (AK, \Theta_j) \in \mathcal{AK} \times \Theta$$

beziehungsweise

$$d_{V^*[\cdot]}(AK, \Theta_j) \in \Big[0; ||TS(AK, \Theta_j)|| \cdot s\Big] \cap \mathbb{N}_0 \quad \forall\, (AK, \Theta_j) \in \mathcal{AK} \times \Theta,$$

womit die Beschränktheit der Kennzahlen in einem abgeschlossenen Intervall gegeben und eine Normierung per affiner Abbildung mit Skalierung und Translation auf jedes abgeschlossene Intervall $[b; c] \subset \mathbb{R}$ möglich ist.

Findet die Berücksichtung einer Gewichtung statt, so ändert sich die untere Intervallgrenze nicht, für die obere gilt ohne typübergreifende Betrachtung

$$\sum_{i=1}^{s} a_i = \varsigma.$$

Da mit $a_i \in \mathbb{R} \backslash \{\infty\}\ \forall\, i$ gilt $\varsigma \in \mathbb{R} \backslash \{\infty\}$ ist ebenfalls die Beschränktheit im abgeschlossenen Intervall $[0; \varsigma]$ gegeben und eine Normierung durchführbar. Analoges gilt für die typübergreifende Betrachtung.

4.1.2.4 Teilsysteme und Bordnetzausschnitte

Eine Betrachtung der Variantenabweichungen zweier komplexer Systeme kann genau dann erfolgen, falls die Menge Ω der betrachteten Varianteneigenschaften endlich und nichtleer ist. Für eine vollständige Produktfamilie ist dies aufgrund der beschränkten Anzahl an Sonderausstattungen $s = |\{SA_i\}|$ gegeben und auch bei einer Modellierung von wohldefinierten Teilsystemen oder Bordnetzausschnitten gilt $\Omega \subset \{SA_i\}$, womit Ω endlich ist. Algorithmisch ist bei der Absicherung einer Domäne eines Fahrzeugs durch einen Teilsystemtest dessen Umfang mit dem entsprechenden Umfang der für die Domäne im Sinne der Absicherungsnähe $AN_{[\cdot]}$ bisher ähnlichsten, abgesicherten Konfiguration zu vergleichen. Ist die Konfiguration des neuen Teilsystemtests der Domäne dem betrachteten Fahrzeug ähnlicher als die bisher ähnlichste abgesicherte Konfiguration, so verbessert sich der Teilbeitrag von $AN_{[\cdot]}$ für die Fahrzeugdomäne entsprechend. Die Absicherungsnähe eines Feldfahrzeugs mit beispielsweise vier überschneidungsfreien Domänen kann sich somit entweder aus dem Vergleich mit einer abgesicherten Konfiguration auf Gesamtsystemebene, aus vier Teilsystemtests der Domänen oder aus einem Gesamtsystemtest kombiniert mit bis zu drei Teilsystemtests ergeben.

4.2 Mischverbau als kombinatorische Versionsabweichung

Fahrzeugbordnetze lassen sich als Graphen $G = (V, E)$ betrachten, mit Steuergeräten als Knoten $V \neq \emptyset$ und Kompatibilitätsbeziehungen als Kanten $E \neq \emptyset$. Es ergeben sich also zwei grundlegende Modellierungsmöglichkeiten von Mischverbau in Fahrzeugbordnetzen, nämlich Steuergeräteabweichungen von einem Sollstand sowie eine Kantenbetrachtung mit Kompatibilitätsbeziehungen zwischen Steuergeräten.

4.2.1 Abweichen eines Steuergeräts von einem Sollstand

Die Abweichung eines Steuergeräts von einer dezidierten Sollversion ergibt sich damit gemäß der Graphentheorie [Har74] aus einer Knotenbetrachtung. Der *Knoten-Mischverbau* wird somit relativ zu einer definierten Soll-Integrationsstufe I_0 definiert und ergibt sich aus der Summe der Abweichungen vorhandener Steuergeräte zu dieser Integrationsstufe (vgl. Abbildung 4.5).

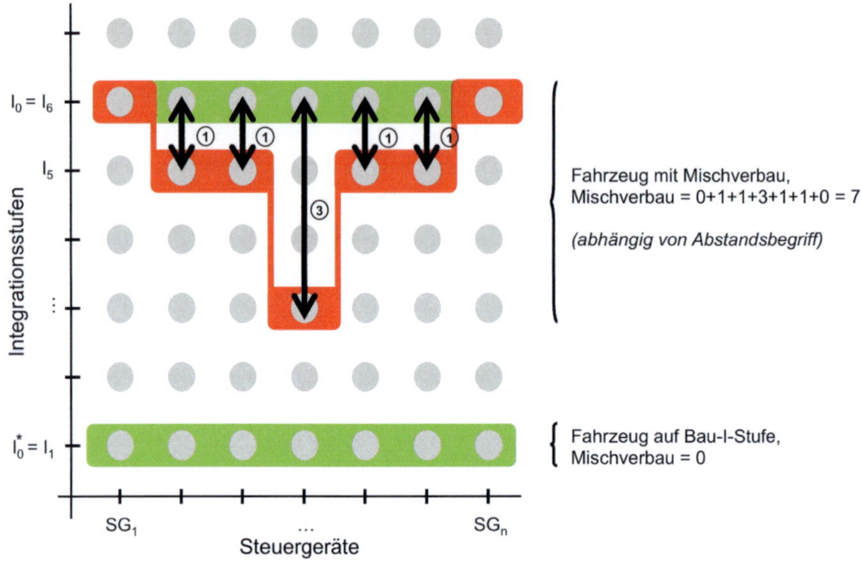

Abbildung 4.5: Abweichungen von Steuergeräten gegenüber eines Sollstandes.

Zur sinnvollen Bestimmung einer Integrationsstufe I_0 als Sollzustand der Steuergeräte des Bordnetzes hinsichtlich der Knotenbetrachtung des Mischverbaus eignen sich prinzipiell drei Ansätze.

Integrationsstufe des Gesamtfahrzeugs

Jedes produzierte Fahrzeug verlässt die Produktion mit einer spezifischen Bau-Integrationsstufe. Wird während des Produktlebens ein Fahrzeug im Service programmiert, so erfolgt dies in vorliegender Arbeit stets auf eine einheitliche Integrationsstufe, auch wenn aufgrund von Flashinkompatibilität nicht jedes respektive gar kein Steuergerät diesen Versionsstand erreicht. Die Integrationsstufe des Gesamtfahrzeugs beschreibt somit den neuestmöglichen Sollzustand der Steuergeräte eines betrachteten Fahrzeugs.

Modalwert der Steuergeräteintegrationsstufen

Da die Integrationsstufe eines Fahrzeugs nur bei der Betrachtung auf Gesamtfahrzeugebene existiert, sind für die Modellierung von Teilbordnetzen andere Referenzpunkte der Berechnung zugrunde zu legen, beispielsweise der Modalwert der Steuergeräteintegrationsstufen. Dieser unterstellt, dass die mit zugehörigen Steuergeräten betragsmäßig umfangreichste Integrationsstufe des Bordnetzes den Bezugspunkt der Mischverbauberechnung bilden sollte, da diese einheitlich einen Systemabnahmeprozess durchlaufen haben. Damit werden beispielsweise vereinzelt neue Steuergeräte als "Ausreißer" nicht zur Berechnungsgrundlage.

Mathematisch wird also nach

$$\begin{aligned} I_0 &= \operatorname*{mod}_{\iota}\{I_\iota\} && falls \left|\left\{\operatorname*{mod}_{\iota}\{I_\iota\}\right\}\right| = 1\ (unimodal) \\ I_0 &= \operatorname*{random}_{\varpi}\left\{I_\varpi | I_\varpi = \operatorname*{mod}_{\iota}\{I_\iota\}\right\} && sonst \end{aligned}$$

die Integrationsstufe gewählt, welche die meisten der verbauten Steuergeräteversionen umfasst. Existieren mehrere Integrationsstufen mit identischer Anzahl an Steuergeräteversionen, so wird von diesen randomisiert eine gewählt. Dabei bezeichnet I_ι die Integrationsstufe des Steuergeräts SG_ι zum Serieneinsatztermin t_ι, $\iota = \{1, \ldots, n_{max}\} \supseteq \varpi$. Die Gesamtanzahl an Steuergeräten ist n_{max}.

Minimierungsansatz

Eine weitere Lösung des Sollzustands einer Konfiguration Θ_j ergibt sich aus der Prüfung der Mischverbaukennzahl zu jeder Integrationsstufe I_ι der verbauten Steuergeräte und deren Minimierung, also

$$MVB(\Theta_j, I_0) = \min_{\iota}\left\{MVB(\Theta_j, I_\iota)\right\}.$$

Die Integrationsstufe I_ι, für die das Minimum angenommen wird, definiert somit die Soll-Integrationsstufe I_0.

4.2.2 Kompatibilitätsbeziehungen zwischen Steuergeräten

Aus einer Kantenbetrachtung lässt sich der *Kanten-Mischverbau* ableiten, welcher relativ zu einem Vernetzungsgraphen definiert ist. Er berechnet sich aus der Summe der Kantenabweichungen von einem Sollzustand, in welchem die betrachteten Steuergeräte einer einheitlichen Integrationsstufe angehören (vgl. Abbildung 4.6).

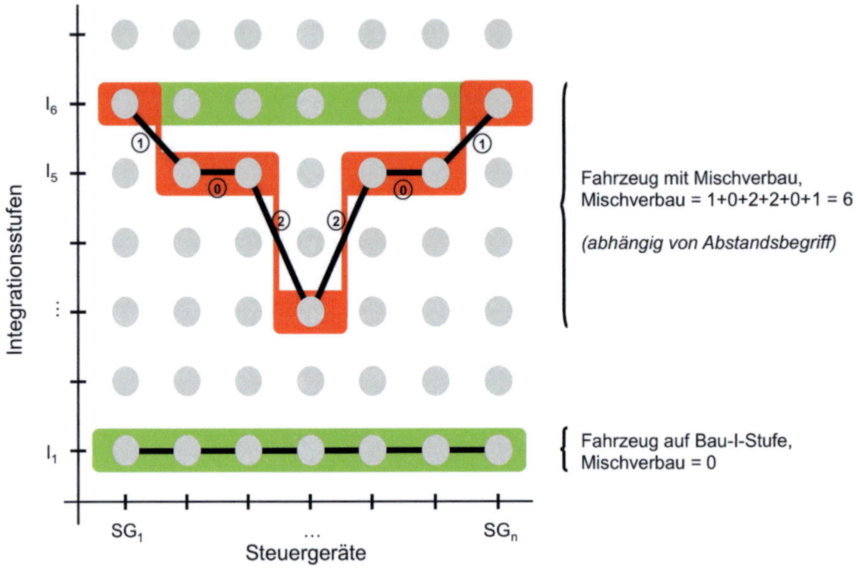

Abbildung 4.6: Kantenabweichungen relativ zu einem Vernetzungsgraph.
Zur Darstellbarkeit Vernetzung hier nur zwischen direkten Nachbarn.

Bezüglich der Vernetzungsstruktur als Definition der Kanten eignen sich prinzipiell Kompatibilitätsbeziehungen zwischen Steuergeräten. Schränkt man sich unter der Annahme, dass eine Kompatibilitäts- auch eine Kommunikationsbeziehung impliziert auf entsprechende Vernetzungen zwischen Steuergeräten ein, so lässt sich ein physischer *Bus-* und ein funktionaler *Signal-Graph* betrachten.
Beim ungerichteten Bus-Graphen werden als Vernetzungsinformation kombinierend alle Steuergerätepaare betrachtet, die einem gemeinsamen Bus angehören. Gateways als Knotenpunkte sind entsprechend in mehreren Bussen enthalten. Der wahlweise gerichtete oder ungerichtete Signal-Graph beschreibt das Auftreten gemeinsamer Signale zwischen Permutationen respektive Kombinationen von Steuergerätepaa-

ren. Die Infrastruktur, wie Netzwerk- oder alive-management, kann dabei explizit betrachtet oder vernachlässigt werden.

Hinsichtlich Kommunikationsinformationen sind in der Praxis meist nur direkte Kommunikationswege zwischen Steuergerätepaaren gepflegt, wobei aber auch indirekte Kommunikation über Steuergeräte hinweg existieren kann. Es stellt sich damit die Frage nach einer hinreichenden Suchtiefe eines rekursiven Suchalgorithmus ausgehend von Steuergeräten respektive einzelner Funktionen. Da Komponentenentwickler eigenständig die Umsetzung von Lastenheftfunktionalitäten auf OSEK-Tasks abbilden und die interne Kommunikation von Steuergeräten in aller Regel in der Gesamtfahrzeugintegration nicht explizit bekannt ist, wird die Aussagekraft von Suchtiefen > 1 durch die n:m-Relation der Funktionalitäten auf den sie realisierenden OSEK-Tasks erschwert. Daher beschränkt sich sich vorliegende Arbeit auf die Suchtiefe $= 1$ mit der Kombination beziehungsweise Permutation von Steuergerätepaaren.

4.2.3 Modellierung

4.2.3.1 Durchgeführte Absicherungsumfänge

Werden Absicherungsumfänge an mischverbauten Testfahrzeugen durchgeführt, so ist die Mischverbauberechnung von Feldfahrzeugen zu diesen Mischkonfigurationen gegenüber der Berechnung zu einer Integrationsstufe als Baseline zu unterscheiden. Dies ist bedingt, da die abgesicherte Konfiguration nicht jede mögliche Bordnetzvariante abbildet, wie es bei einer Baseline der Fall ist. So kann in einem Kundenfahrzeug beispielsweise ein Navigationsgerät verbaut sein, in der abgesicherten Konfiguration jedoch keines.

Ist entsprechend auf Knotenbasis ein Vergleich zu einer getesteten Konfiguration zu führen, in welcher ein Steuergerät des Feldfahrzeugs nicht enthalten ist, so ist für dieses heuristisch die Soll-Integrationsstufe I_0 der Kundenkonfiguration und damit die bisherige Berechnungsmethodik anzunehmen. Der umgekehrte Fall ist aufgrund des definierten doch nicht verwendeten Sollstandes analog wie bei der Baseline-Berechnung konsistent (vgl. Abbildung 4.7).

Hinsichtlich der Berechnung des Kanten-Mischverbaus werden bei durchgeführten Absicherungsumfängen bilaterale Vernetzungsbeziehungen zwischen je zwei

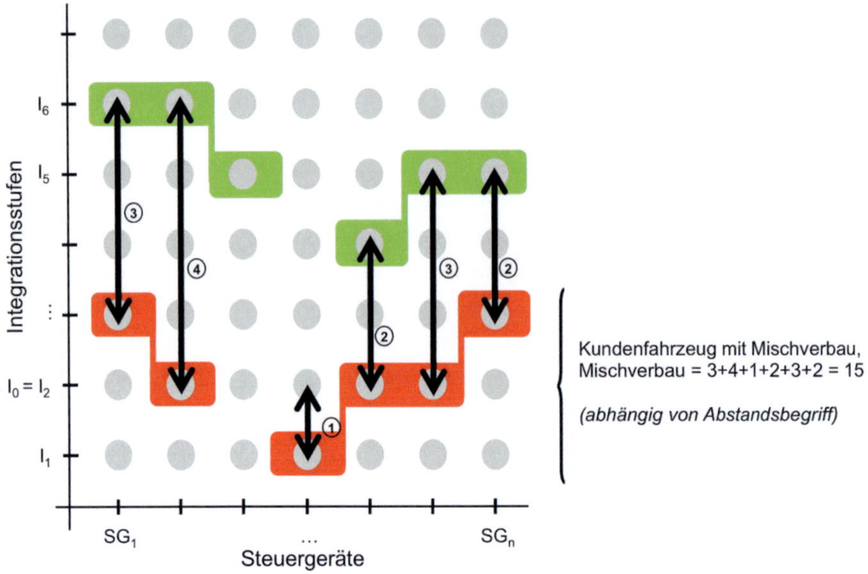

Abbildung 4.7: Mischverbau bei Absicherungsumfängen auf Konfigurationsebene. Soll-Integrationsstufe I_0 der Kundenkonfiguration als Modalwert der Steuergeräte-Integrationsstufen.

Steuergeräten potentiell auch verschiedener Integrationsstufen abgesichert, womit diese in anderen Konfigurationen ebenfalls als valide gelten. Der Mischverbau eines Feldfahrzeugs wird somit durch Absicherungsmaßnahmen anteilig verringert, wenn in Abbildung 4.6 beispielsweise die integrationsstufenübergreifende Beziehung zwischen den beiden linken Steuergeräten während einer Absicherung überprüft wurde.

Insgesamt ist damit bei durchgeführten Absicherungsumfängen der Mischverbau jedes Fahrzeugs Θ_j zu dessen Soll-Integrationsstufe I_0 mit dem Mischverbau zu den abgesicherten Fahrzeugkonfigurationen $AK_1, AK_2, \ldots$ zu vergleichen. Das Minimum davon definiert den Mischverbau des betrachteten Fahrzeugs, also

$$MVB(\mathcal{AK}, \Theta_j) = \min \left\{ MVB(I_0, \Theta_j), MVB(AK_1, \Theta_j), \ldots, MVB(AK_x, \Theta_j) \right\}.$$

4.2.3.2 Abstandsbegriff zweier Integrationsstufen

Gemäß Abschnitt 1.3 können Steuergeräte mit ihrer Hard- und Software von einer Integrationsstufe unverändert in eine nachfolgende übernommen werden. Es ergeben sich Gültigkeitsstreifen eines Steuergeräts über verschiedene Integrationsstufen.

Hinsichtlich einer Quantifizierung des Ausmaßes der Abweichung eines Fahrzeugbordnetzes von einer abgesicherten Konfiguration oder Baseline des Systemabnahmeprozesses durch Mischverbau sind zur Auswahl der zu betrachtenden Steuergeräte-Integrationsstufe aus einem Gültigkeitsstreifen algorithmische Regeln anzuwenden. Diese bedingen sich dadurch, dass eine unveränderte Komponente in weiteren Integrationsstufen im veränderten Systemverbund getestet wird, womit Konfigurationen mit dieser Komponente als valide im Sinne zu erfüllender Anforderungen angenommen werden können.

Knoten-Mischverbau (vgl. Abbildung 4.8):

- Gilt für betrachtetes Steuergerät SG_i ein Gültigkeitsstreifen streng neuer als die Referenzintegrationsstufe, so ist daraus die älteste Integrationsstufe I_a auszuwählen. Liegt eine ordinale Ordnung der Integrationsstufen zugrunde also $I_a = \min_b\{I_b\}$ mit $b = \{1, \ldots, k\}$ als Index der Steuergeräte des Gültigkeitsstreifens.
- Analog ist bei einem Gültigkeitsstreifen streng älter als die Referenzintegrationsstufe die neueste Integrationsstufe I_c zu wählen, also mit ordinaler Ordnung $I_c = \max_d\{I_d\}$ mit $d = \{1, \ldots, l\}$ als Index der Steuergeräte des Gültigkeitsstreifens.
- Enthält der Gültigkeitsstreifen des betrachteten Steuergerätes die Referenzintegrationsstufe, so ist diese der Rechnung zugrunde zu legen und der Abstand $\equiv 0$.
- Beim Vergleich auf Konfigurationsebene nach durchgeführten Absicherungsmaßnahmen ist auch ein Gültigkeitsstreifen für das Steuergerät der getesteten Konfiguration möglich. Obige Auswahlregeln finden analog Anwendung indem beim relativ betrachtet älteren Gerät die neueste, beim neueren Gerät die älteste Integrationsstufe des Gültigkeitsstreifens gewählt wird, falls die Schnittmenge der Streifen disjunkt ist.

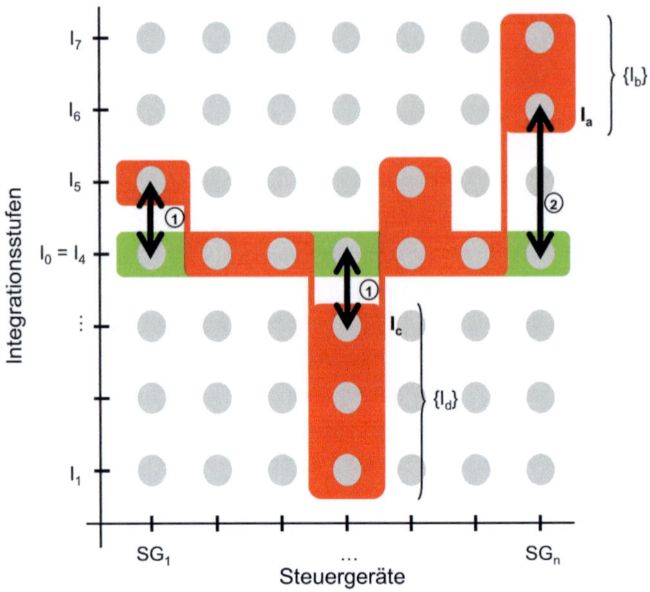

Abbildung 4.8: Gültigkeitsstreifen über Integrationsstufen.
Auswahl bei Knotenbetrachtung.

Kanten-Mischverbau:

- Existiert bei der Kantenbetrachtung für ein Steuergerätepaar $(SG_{\iota 1}, SG_{\iota 2})$ kein eindeutiger Abstand und somit für mindestens ein Steuergerät ein Gültigkeitsstreifen von Integrationsstufen $\{I_b\}$ beziehungsweise $\{I_d\}$, so ist dieser Abstand stets zu minimieren. Es gilt $d_{(\iota_1,\iota_2)} = \min_{I_a \in \{I_b\}, I_c \in \{I_d\}} \{|I_a - I_c|\}$, wobei $\{I_b\}$ die Menge der Integrationsstufen im Gültigkeitsstreifen von SG_{ι_1} bezeichnet und analog $\{I_d\}$ für Steuergerät SG_{ι_2}. Die algorithmische Auswahl der zu vergleichenden Geräte ist somit identisch mit der des konfigurationsbasierten Vergleichs beim Knoten-Mischverbau.

Zur konsistenten Darstellung und der Einsparung von Indizes soll obige Abbildung von Steuergeräten $SG_{\iota 1}$, $SG_{\iota 2}$ auf die zu betrachtenden Integrationsstufen I_a, I_c der Steuergeräte, also

$$SG_{\iota 1} \mapsto I_a \qquad SG_{\iota 2} \mapsto I_c,$$

als gegeben vorausgesetzt und die zugehörigen Integrationsstufen mit $I_{\iota 1}$ respektive $I_{\iota 2}$ bezeichnet werden.

Datumsdifferenz ihrer Einführung in der Produktion

Zur Bewertung des Abstandes $d_{(\iota 1,\iota 2)} = ||I_{\iota 1} - I_{\iota 2}||$ zweier Integrationsstufen $I_{\iota 1}, I_{\iota 2}$ wird die zwischen ihren Ersteinsatzzeitpunkten in der Produktion $t_{\iota 1}, t_{\iota 2}$ liegende Zeit $|t_{\iota 1} - t_{\iota 2}|$ betrachtet. Als Bewertungsmaßstab bei der knotenbezogenen Berechnung des Ausmaßes an Mischverbaus eines Fahrzeugs ist somit der Abstand zur definierten Referenzintegrationsstufe I_0 zu bestimmen, also

$$d_\iota = |t_\iota - t_0|,$$

bei der Berechnung des Mischverbaus anhand von Kompatibilitätsbeziehungen zwischen Steuergeräten der Abstand der Integrationsstufen beider Steuergeräte, also

$$d_{(\iota 1,\iota 2)} = |t_{\iota 1} - t_{\iota 2}|.$$

In der empirischen Praxis ist die eindeutige Abbildung einer Integrationsstufe auf einen Ersteinsatzzeitpunkt nichttrivial, da Verzögerungen und Nachlieferungen höherer Reifegrade im Bereich von bis zu vier Wochen erfahrungsgemäß möglich sind und damit Genauigkeitsfehler entstehen.

Ordinalzahldifferenz der Reihenfolge der Integrationsstufen

Um Fehler durch Mapping von Integrationsstufen zu Ersteinsatzzeitpunkten zu umgehen, lässt sich eine nur ordinale Differenz zwischen Integrationsstufen anhand ihrer Serieneinsatztermine bestimmen. Es werden bei diesem Abstandsbegriff somit ausgehend von der ordinalen Reihenfolge von Integrationsstufen die Anzahl der zwischenliegenden Entwicklungszyklen addiert (vgl. die Abbildungen 4.5, 4.6, 4.7 und 4.8).

Binäre Differenz der Versionsstände

Die binäre Differenz zweier Versionsstände $I_{\iota 1}, I_{\iota 2}$ wird definiert durch

$$d_{(\iota 1, \iota 2)} = \begin{cases} 0 & \text{für } I_{\iota 1} = I_{\iota 2} \\ 1 & \text{sonst} \end{cases}.$$

Der Mischverbau als Summe der binären Differenzen bildet damit bei einer Knotenbetrachtung mit Verwendung der Integrationsstufe des Gesamtfahrzeugs als Sollstand die Menge der Steuergeräte des Bordnetzes ab, welche flashinkompatibel sind.

4.2.3.3 Gewichtung

Sowohl Knoten als auch Kanten können in der additiven Betrachtung einzeln gewichtet werden um feingranulare Modellanpassungen zu ermöglichen. Es kann dabei eine wachsende Abweichung von einem Sollstand multiplikativ gewichtet werden, zusätzlich ermöglicht ein Summand die Bewertung von Kombinationen, die von der Entwicklung nicht freigegeben sind (vgl. Abschnitt 1.3.1).

Knoten-Mischverbau

Nicht jedes Steuergerät SG_ι hat bei einer Abweichung vom Sollstand identisch relevante Auswirkungen auf das Fahrzeugbordnetz. Um die höhere Relevanz eines hochvernetzten Car Infotainment Computers gegenüber eines Anhängemoduls zu modellieren, können Funktionskoeffizienten a_ι eingeführt werden, weiter beispielsweise für bezüglich der betrachteten Soll-Integrationsstufe nicht freigegebene Steuergeräteversionen zusätzliche Strafsummanden b_ι.

Kanten-Mischverbau

Die Bewertung der Kommunikationsbeziehung des Steuergerätepaares $(SG_{\iota 1}, SG_{\iota 2})$ hinsichtlich ihres Einflusses auf die Bordnetzstabilität kann beispielhaft aus einer Signal-FMEA erfolgen und erhält über $a_{(\iota 1, \iota 2)}$ als Koeffizienten eine quantitative

Gewichtung hinsichtlich der betrachteten Bordnetzkommunikation. Strafsummanden $b_{(\iota 1,\iota 2)}$ für nicht freigegebene Zwangsausschlüsse sind in Erweiterung möglich.

Mögliche Funktionsverläufe

Generell erscheinen monoton steigende Funktionen zur spezifischen Gewichtung des Abstands sinnvoll. Die folgenden, stetigen Funktionen erlauben nicht nur bei diskreten, sondern auch auch bei stetigen Abstandsbegriffen eine Gewichtung. Es gilt dabei d_ι beziehungsweise $d_{(\iota 1,\iota 2)} \mathrel{\widehat{=}} x$, auf eine weitere Indizierung der Konstanten wird zugunsten der Darstellung verzichtet.

$$\boldsymbol{f(x) := a \cdot x + b} \qquad a > 0,\ b \geq 0$$

Die Funktion $f(x)$ stellt die trivialste Form einer Gewichtungsfunktion dar. Neben ihrer einfachen Handhabbarkeit eignet sie sich auch als lineare Approximation komplexerer Funktionen gemäß des ersten Taylorpolynoms.

$$\boldsymbol{g(x) := a \cdot \sqrt[c]{d \cdot x} + b} \qquad a,d > 0,\ b \geq 0,\ c > 1$$

Eine Analogie zur Vergessenskurve nach [Ebb85] (vgl. Abbildung 4.9) stellt die Funktion $g(x)$ dar. Geht man unter Konstanz weiterer, exogener Faktoren davon aus, dass die inhaltliche Veränderung einer neuen Lösung proportional zu den vergessenen Inhalten einer existierenden, alten Lösung ist, lassen sich die Abstände zwischen Integrationsstufen gemäß $g(x) - b$ gewichten. Dies kann insbesondere bei einem Entwicklungsteam in gleicher Personalzusammensetzung mit einem veränderten Nachfolgeprojekt angenommen werden. Der Summand b modelliert zusätzlich exogene Einflüsse wie beispielsweise Mitarbeiterfluktuation in $x = 0^+$.

$$\boldsymbol{h(x) := a \cdot e^{c \cdot x} + b} \qquad a,c > 0,\ b \geq 0$$

Mit während der Serienproduktion stochastisch beginnenden Lernzyklen nach einer (streng) monoton fallenden Dichtefunktion kann ein bis Produktionsende progressiver Bewertungsverlauf gemäß $h(x)$ unterstellt werden. Zu Beginn der Serienproduktion werden entsprechend noch häufig Änderungen vorgenommen, was sich im Laufe des Lebenszyklus verringert und entsprechendes Wissen über das System schrittweise verloren geht.
Eine Analogie stellt dabei die Fehlerhäufigkeit von Software-Updates für existie-

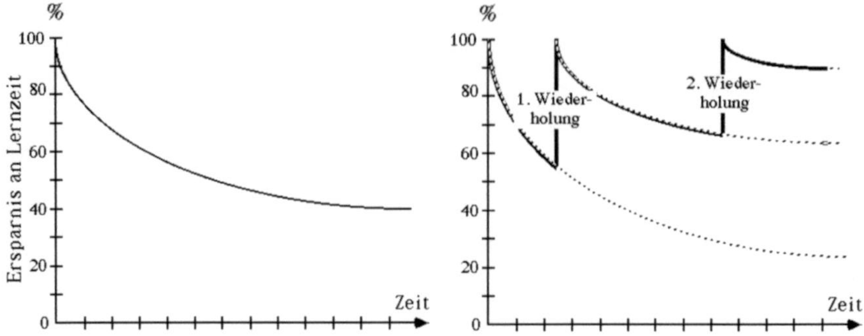

Abbildung 4.9: Vergessenskurven nach erst- und mehrmaligem Lernen.
Quelle: In Anlehnung an [Rot04].

rende Komplettinstallationen dar, die exponentiell mit der Häufigkeit von Releases wächst.

4.2.3.4 Normierung

Um eine von der Fahrzeugkomplexität unabhängige Kennzahl des Mischverbaus zu erhalten, ist die Summe der Abstände über die Steuergeräteanzahl n beziehungsweise der Anzahl an Kompatibilitätsbeziehungen m zu normieren um Fahrzeuge mit umfassenderer Ausstattung durch die Addition nicht implizit stärker zu gewichten. Bei einer Gewichtung einzelner Geräte oder Kompatibilitätsbeziehungen sind diese bei der Normierung analog zu berücksichtigen.

Hinsichtlich einer intuitiven Interpretation des Ausmaßes an Mischverbau ist für ein gegebenes System ein Bewertungsindex innerhalb eines Intervalls wünschenswert. Dies ist mit einer (gegebenenfalls gewichteten) Normierung der Abstände mit $d_N = \max_\iota\{||I_\iota - I_0||\}$ respektive $d_N = \max_{(\iota 1,\iota 2)}\{||I_{\iota 1} - I_{\iota 2}||\}$ über Quotientenbildung auf das Intervall $[0;1)$ beziehungsweise $[0;1]$ möglich. Die Beweise finden sich in Anhang C.

4.2.3.5 Teilsysteme und Bordnetzausschnitte

Generell sind auch Teilbordnetze nach obiger Knotenbetrachtung modellierbar. Ähnlich wie die Absicherungsnähe in Abschnitt 4.1.2.4 kann der Mischverbau eines Feldfahrzeugs bei beispielsweise vier überschneidungsfreien, vollständigen Subsystemen als Referenz eine abgesicherte Konfiguration auf Gesamtsystemebene, vier Teilsystemtests oder eine Kombination aus Systemtest mit bis zu drei Teilsystemtests besitzen. Die Summation des Ausmaßes an Mischverbau der Teilsysteme ist dabei genau dann identisch mit dem Mischverbau auf Systemebene, falls unabhängig von ihrer Aufteilung auf Teilmengen die gleichen Steuergeräte betrachtet werden, die summierte Vielfachheit der Steuergeräte in den Teilsystemen gleich mächtig ist wie im Gesamtfahrzeug, der Sollstand als Berechnungsbasis jeweils gleich, sowie für ein Steuergerät keine unterschiedlichen Abstandsbewertungen zwischen Teilsystem und System vorgenommen werden.
Sei ξ der Index des Teilsystems des Fahrzeugbordnetzes, $\xi = 1, \ldots, l$, k_ξ der Steuergeräteindex des Teilsystems ξ, wobei SG_{k_ξ} die konkrete Ausprägung des Steuergeräts beschreibt, f_{k_ξ} beziehungsweise f_ι eine Gewichtung und n die Steuergeräteanzahl im betrachteten Gesamtfahrzeug. Die Abbildung V stellt dabei die Multimenge über der Menge der betrachteten Steuergeräte $\{SG\}$ dar und bildet die Vielfachheit eines Steuergeräts in $\mathbb{N}$ ab, also $V : \{SG\} \mapsto \mathbb{N}$.

Es gilt damit

$$\sum_{\xi=1}^{l} \sum_{k_\xi=1}^{m_\xi} f_{k_\xi}(||I_{k_\xi} - I_{\xi_0}||) = \sum_{\iota=1}^{n} f_\iota(||I_\iota - I_0||)$$

falls

$$\{SG\} = \bigcup_{\xi} \bigcup_{k_\xi} SG_{k_\xi} = \bigcup_{\iota} SG_\iota$$

und

$$\sum_{SG_{k_\xi}=SG_\iota} V(SG_{k_\xi}) = V(SG_\iota) \quad \forall\, \iota$$

sowie

$$I_{\xi_0} = I_0 \quad \forall\, \xi$$

bei

$$SG_{k_\xi} = SG_\iota \quad \Rightarrow \quad f_{k_\xi} = f_\iota \quad \forall\, k_\xi.$$

Die Normierung auch der Teilsysteme hat auf Gesamtfahrzeugebene zu erfolgen mit der Gesamtanzahl an Steuergeräten im Fahrzeug n und mit

$$d_N = d_{N_\xi} = \max_\iota\{||I_\iota - I_0||\} \quad \forall\, \xi$$

bei der Abbildung auf das Intervall $[0;1)$.

Eine Modellierung von Teilbordnetzen mit Kanten-Betrachtung ist nur möglich, wenn disjunkte, vom Rest des Bordnetzes gekapselte Teilsysteme existieren, zwischen denen keine Kompatibilitätsbeziehungen existieren und dementsprechend bei der Betrachtung die Aufteilung in Teilmengen erfolgt. Derartige Unabhängigkeiten vom Rest des Bordnetzes bestehen in aktuellen Fahrzeugbordnetzen nicht, weswegen auf eine mathematische Modellierung verzichtet wird.

Der anhand der Knotenbetrachtung zu einer Soll-Integrationsstufe berechnete Mischverbau eines Fahrzeugs Θ_j definiert sich insgesamt mathematisch also zu

$$MVB(I_0, \Theta_j) = \frac{\sum_{\iota=1}^{n} f_\iota(||I_\iota(\Theta_j) - I_0(\Theta_j)||)}{\sum_{\iota=1}^{n} d_N(\Theta_j)} = \frac{\sum_{\iota=1}^{n} f_\iota(||I_\iota(\Theta_j) - I_0(\Theta_j)||)}{n \cdot d_N(\Theta_j)}.$$

Die Knoten-Mischverbauberechnung zu einer während des Lebenszyklus zusätzlich abgesicherten Konfiguration AK ist

$$MVB(AK, \Theta_j) = \frac{\sum_{\iota=1}^{n} f_\iota(||I_\iota(\Theta_j) - I_0(AK, \Theta_j)||)}{\sum_{\iota=1}^{n} d_N(AK, \Theta_j)} = \frac{\sum_{\iota=1}^{n} f_\iota(||I_\iota(\Theta_j) - I_0(AK, \Theta_j)||)}{n \cdot d_N(AK, \Theta_j)}.$$

In vorliegender Dissertation werden diese beiden Berechnungsmethoden eingesetzt, welche im Lebenszyklus anhand der Minimumsberechnung aus Abschnitt 4.2.3.1 den Mischverbau von Feldfahrzeugen beschreiben.

4.3 Ökonomische Bordnetzbewertung im Feld

Die ökonomische Bewertung von Fahrzeugbordnetzen lässt sich mittels der Qualitätsmaße aus Anhang A sowie der Bordnetzkennzahlen aus den Abschnitten 4.1 und 4.2 über Korrelationen zueinander vornehmen. Eine existierende Korrelation kann dabei einen Hinweis liefern, ob die Qualität eines Fahrzeugbordnetzes mit der verwendeten Absicherungsstrategie zusammenhängt. Die verschiedenen Kennzahlen zur Quantifizierung von Bordnetzkonfigurationen werden im Folgenden ohne jegliche Gewichtung normiert auf die Intervalle $[0;1]$ beziehungsweise $[0;1)$ auf Gesamtfahrzeugebene verwendet.
Da die Konfiguration jedes von der BMW Group produzierten Fahrzeugs in einer Datenbank gespeichert wird und Händler im Abrechnungsprozess von Gewährleistung und Kulanz verpflichtet sind, entsprechende Anträge auszufüllen, handelt es sich bei den nachfolgenden Auswertungen nicht um Stichproben, sondern um 100%-Datenerfassungen. Die Objektivität der Fahrzeugdaten ist dabei sichergestellt, jedoch ist dies bei den Gewährleistungs- und Kulanzdaten nicht notwendigerweise gegeben, da der Händler an einer unkomplizierten Kostenabrechung gegenüber der BMW Group interessiert ist. Unter Umständen werden daher von Händlern Werkstattbefunde angegeben, die nach ihren Erfahrungen eine einfache Kostenerstattung ermöglichen. Nimmt man an, dass dies unentdeckt nur in geringem Umfang und unabhängig von den untersuchten Fahrzeugkonfigurationen geschieht, stellt dieser Umstand eine Störgröße dar und hat keinen signifikanten Einfluss auf eine potentielle Korrelation.

4.3.1 Variantenabweichung

In [Val07] wurden die verschiedenen Ähnlichkeitsbegriffe aus Abschnitt 4.1.2.1 für den BMW 5er und 6er der Produktlinie E6x mit seit Produktionsstart im dritten Quartal 2003 bis zum Stichtag der Datenerhebung am 23.01.2007 weltweit insgesamt produzierten 878.775 Fahrzeugen statistisch untersucht.
Abbildung 4.10 zeigt als Histogramm die Verteilung der Change-, Down- und Up-

Distance für alle BMW 5er Limousinen als E60 in der Datenmenge zu den während der Entwicklung abgesicherten Fahrzeugkonfigurationen. Die im Vergleich zur Up-

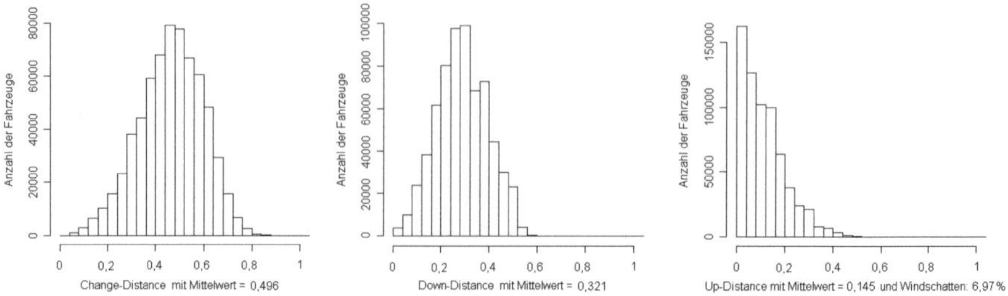

Abbildung 4.10: Histogramme dreier Kennzahlen der Variantenabweichung für den BMW E60. Quelle: [Val07].

Distance im Mittel deutlich höhere Down-Distance verdeutlicht mit der rechtsschiefen Verteilung der Up-Distance, dass die verwendeten Testfahrzeuge durchschnittlich höher ausgestattet sind als die Fahrzeuge in Kundenhand und es nur wenige Feldfahrzeuge mit mehr Sonderausstattungen als die Testfahrzeuge gibt.

Gegebenenfalls ist jedoch eine explizite Annäherung der Test- an Kundenfahrzeuge in Form einer der Ähnlichkeitsbegriffe aus Abschnitt 4.1.2.1 sinnvoll, da auch spezifische Fehler bei niedrig ausgestatteten Fahrzeugen auftreten können, beispielsweise:

- Es ist eine andere Komponente verbaut. Abhängig von der Fahrzeugausstattung besteht etwa der aktive FlexRay-Sternkoppler im Zentralen Gateway des BMW 7ers (F01/F02) aus einem oder zwei Stern-Transceivern [Kel08].
- Eine fehlerhafte Software-Codierung findet Anwendung.
- Aufgrund des Nichtverbaus oder der falschen Codierung eines Steuergeräts fehlen von anderen Steuergeräten benötigte Nachrichten.
- Physisch in Abhängigkeit von der Fahrzeugausstattung verschiedene Hardwarevarianten wie Kabelbäume weißen bezüglich ihrer elektrischen Schnittstellen ein unterschiedliches Verhalten auf.

Die ersten beiden Punkte stellen analog auch für hochausgestattete Fahrzeuge potentielle Problemfelder dar, weiterhin lassen sich Fehler aufgrund zu hoher Buslast als charakteristisch für hochausgestattete Fahrzeuge identifizieren.

Rein statistisch betrachtet gilt für die *Verfügbarkeit V* eines Systems oder einer Komponente

$$V = \frac{MTBF}{MTBF + MTTR},$$

wobei die *Mean Time Between Failures MTBF* den Erwartungswert der störungsfreien Einsatzzeitdauern darstellt und die $MTTR$ als *Mean Time To Repair* den Erwartungswert der Ausfallzeitdauern [Arn06]. Bei einem Steuergeräteausfall fallen auch die dort partitionierten Funktionen aus. Beim aktuellen Stand der Technik existiert für keine der im Fahrzeug vorhandenen Funktionen Redundanz in den verbauten Steuergeräten, womit die Gesamtzuverlässigkeit eines Fahrzeugs V_{ges} sich als theoretische Reihenschaltung aus dem Produkt der Steuergeräteverfügbarkeiten V_ι ergibt,

$$V_{ges} = \prod_{\iota=1}^{n} V_\iota.$$

Mit $V_\iota < 1 \; \forall \; \iota$ ist offensichtlich, dass eine größere Anzahl an Sonderausstattungen und damit auch Steuergeräten mit einer geringeren Systemverfügbarkeit einhergeht, somit höhere Gewährleistungs- und Kulanzkosten zu erwarten sind. Die Korrelation aus Abbildung 4.11 bestätigt korrelativ diesen theoretisch erwarteten Zusammenhang von Gewährleistungs- und Kulanzkosten programmierrelevanter Servicearbeiten und der Anzahl an E/E-Sonderausstattungen für Feldfahrzeuge.

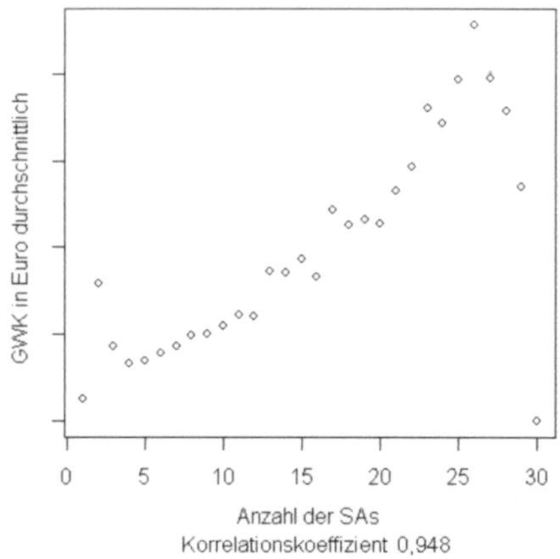

Abbildung 4.11: Korrelation von Gewährleistungs- und Kulanzkosten zur Anzahl verbauter Sonderausstattungen beim BMW E60.
Quelle: [Val07].

Entsprechend sind sowohl niedrig- als auch hochausgestattete Fahrzeuge (wenn auch in zu diskutierender, unterschiedlicher Relevanz) absicherungsrelevant und das zu betrachtende Fahrzeugfeld nicht einzuschränken.

Die Untersuchung der verschiedenen Ähnlichkeitsbegriffe auf ihre Korrelation mit den entstandenen Gewährleistungs- und Kulanzkosten für den BMW 5er und 6er der Produktlinie E6x in [Val07] bewertet ihre deskriptive Eignung zur Erklärung der Servicekosten. Als am besten geeigneter Ähnlichkeitsbegriff hat sich dabei sowohl durch Regressionsanalysen mit hohen Korrelationskoeffizienten als auch durch χ^2-Tests die Up-Distance herausgestellt, welche bei näherer Analyse folgende drei Eigenschaften konsistent erfüllt:

1. Fahrzeuge mit einer hohen Anzahl an Sonderausstattungen, die ähnlich zu einer abgesicherten Konfiguration sind, besitzen eine geringe Up-Distance. Unter der Annahme der generellen Wirksamkeit durchgeführter Absicherungsmaßnahmen ist auch eine hohe Qualität des Bordnetzes und damit geringe Gewährleistungs- und Kulanzkosten zu erwarten.
2. Bei hoch ausgestatteten Fahrzeugen, die im Gegensatz keinem Testfahrzeug ähnlich sind, also eine hohe Up-Distance besitzen, lassen sich entsprechend hohe Gewährleistungs- und Kulanzkosten erwarten.
3. Fahrzeuge mit wenigen Sonderausstattungen besitzen prinzipiell nur eine geringe Up-Distance, was implizit dem Aspekt der Komplexität Rechnung trägt, wonach auch nur geringe Gewährleistungs- und Kulanzkosten zu erwarten sind.

Die Hypothese *Je höher die Up-Distance, desto höher die Gewährleistungskosten* konnte folgerichtig statistisch nicht verworfen werden.

Abbildung 4.12 korreliert die Gewährleistungs- und Kulanzkosten programmierrelevanter Servicearbeiten beispielhaft für alle 158.818 BMW E60 des Produktionsjahres 2005 mit ihrer jeweiligen Up-Distance. Der nach der Fahrzeugmasse gewichtete Korrelationskoeffizient nach Pearson zeigt für die Jahresproduktion des BMW E60 trotz der großen statistischen Masse den theoretisch nahezu idealen Wert von $0,967$ und damit den Trend, dass mit steigender Up-Distance die Gewährleistungs- und Kulanzkosten der Elektrik/Elektronik steigen. Werden die Gewährleistungs- und Kulanzkosten über die Anzahl der im jeweiligen Fahrzeug vorhandenen Sonderausstattungen normiert um einen etwaigen Einfluss verschiedener Bordnetzkomplexitäten

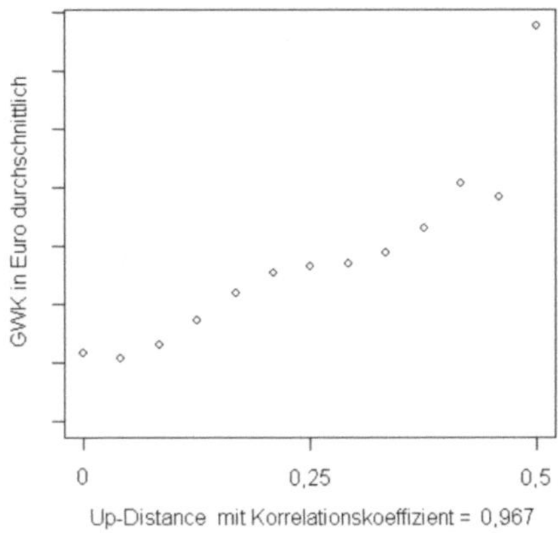

Abbildung 4.12: Korrelation von Gewährleistungs- und Kulanzkosten zur Up-Distance beim BMW E60.
Jahresproduktion 2005, Quelle: [Val07].

in den Auswertungen zu elimieren, zeigt Abbildung 4.13 weiterhin einen hohen Korrelationskoeffizienten von $0,928$, womit gemäß der aufgestellten Hypothese auch hier ein begründeter Zusammenhang zwischen Up-Distance und den Gewährleistungs- und Kulanzkosten anzunehmen ist.

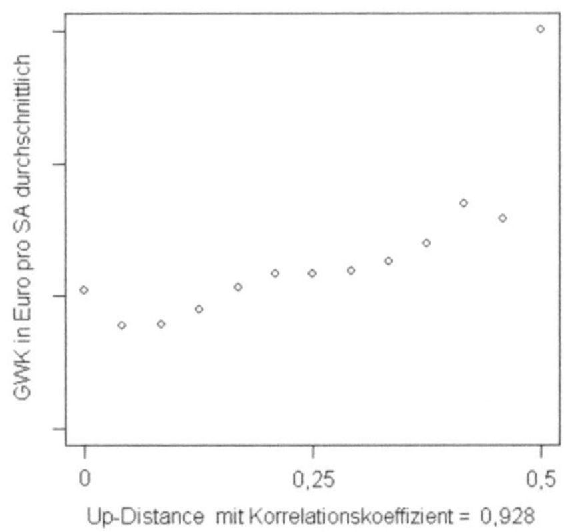

Abbildung 4.13: Korrelation von normierten Gewährleistungs- und Kulanzkosten zur Up-Distance beim BMW E60.
Jahresproduktion 2005, Quelle: [Val07].

Die für den BMW 5er und 6er der Produktlinie E6x entdeckte Aussage, dass eine steigende Up-Distance mit höheren Gewährleistungs- und Kulanzkosten korreliert, konnte in vorliegender Arbeit gesamthaft für den BMW 1er und 3er als Produktlinie 2 bestätigt werden, der Produktlinie der BMW Group mit den höchsten Produktionszahlen. Betrachtet man beispielsweise die gesamte Produktion vom 01.01.2005 bis zum Stichtag der Datenerhebung am 31.08.2007 mit jeglichem Derivat des BMW 1ers und 3ers sowie einer zweijährigen Gewährleistungsdauer, so zeigt sich mit dem E/E-Filter programmierrelevanter Servicearbeiten für gewährleistungsrelevante Kosten die Korrelation in Abbildung 4.14 links. Trotz der enormen statistischen Masse mit

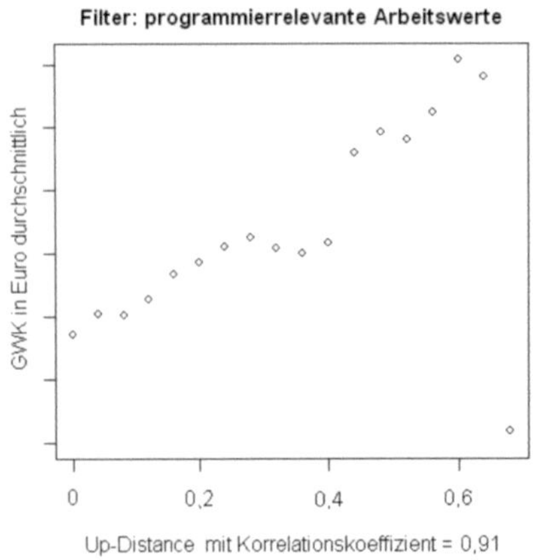

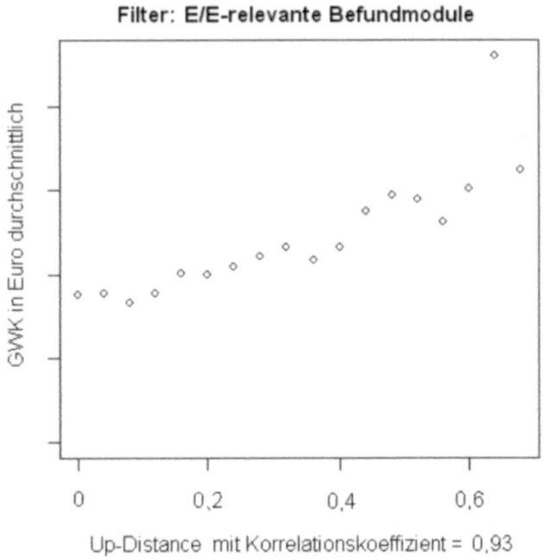

Abbildung 4.14: Korrelation von Gewährleistungs- und Kulanzkosten zur Up-Distance bei der BMW Produktlinie 2.
Produktion 01.01.2005 bis 31.08.2007.

1.596.014 Kundenfahrzeugen ergibt sich für die Analyse ein gewichteter Korrelationskoeffizient nach Pearson von $0,91$ und damit eine hohe, baureihenübergreifende Repräsentativität der Analyse. Mit der großen Anzahl produzierter Fahrzeuge der Produktlinie 2 kann zudem gezeigt werden, dass verschiedene Elektrik/Elektronik-Filterkriterien der Gewährleistungs- und Kulanzkosten die Ergebnisse jeweils nur minimal beeinflussen. Abbildung 4.14 zeigt rechts beispielhaft die Korrelation der entstandenen Gewährleistungs- und Kulanzkosten zur Up-Distance gefiltert nach Elektrik/Elektronik-relevanten Befunden. Es wird der kaum veränderte Kurvenverlauf und der ebenso hohe Korrelationskoeffizient deutlich.

Genauer analysiert zeigt sich mit der identischen Gewährleistungsdauer und der E/E-Filterung von Gewährleistungs- und Kulanzkosten nach programmierrelevanten Servicearbeiten in Abbildung 4.15 eine schwächere Korrelation für den BMW 1er in allen Derivaten mit 407.121 Fahrzeugen sowie eine hohe Korrelation für den BMW 3er in allen Derivaten mit einer Masse seit dem Produktionsstart am 01.03.2005 von 1.188.893 Fahrzeugen. Mögliche Erklärungen für das korrelativ schwächere Abschnei-

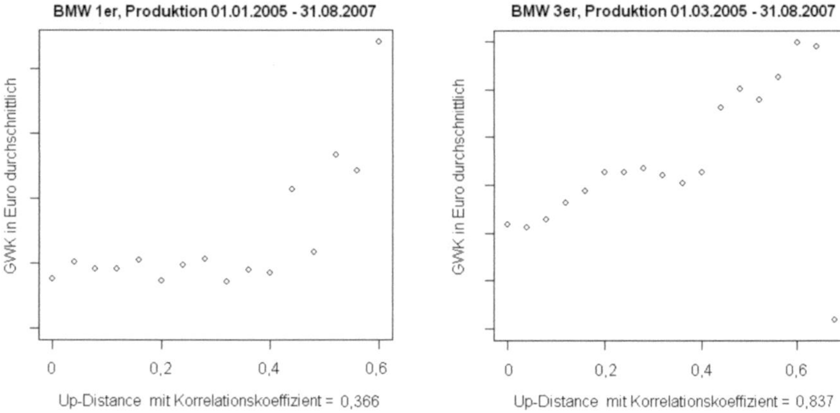

Abbildung 4.15: Korrelation von Gewährleistungs- und Kulanzkosten zur Up-Distance bei BMW 1er und BMW 3er.
Produktion 01.01.2005 / 01.03.2005 bis 31.08.2007.

den des BMW 1ers im Vergleich zu 3er, 5er und 6er können dabei beispielsweise sein:

- Die Kundenakzeptanz von Fehlern der Elektrik/Elektronik ist beim BMW 1er anders als bei den drei preislich höher im Markt positionierten Baureihen.
- Es werden keine hochtechnologischen Innovationen wie Nachtsichtgeräte eingeführt, sondern vielmehr erprobte Komponenten aus den anderen Baureihen verwendet.
- Damit dient der BMW 1er nicht als Technologieträger und besitzt entsprechend einen anderen Komplexitätsgrad, der besser beherrscht wird.
- Der BMW 1er besitzt eine generell hohe Qualität [ntv08].

Insgesamt sind bei jeder durchgeführten Analyse positive Korrelationen zwischen auch verschieden nach der E/E-Relevanz gefilterten Gewährleistungs- und Kulanzkosten mit der Up-Distance erkennbar. Für den BMW 3er, 5er und 6er sind diese statisch hochsignifikant. Eine Erklärung im Lebenszyklus einer Baureihe entstehender Servicekosten mit der Up-Distance scheint damit plausibel.

4.3.2 Versionsabweichung

Nachdem in Abschnitt 1.3.1 gezeigt wurde, dass Fahrzeuge mit Mischverbau, also mit $MVB(I_0, \Theta_j) > 0$, höhere Gewährleistungs- und Kulanzkosten haben als konforme Fahrzeuge, $MVB(I_0, \Theta_j) = 0$, stellt sich die Frage, ob höherer Mischverbau nach den Kennzahlen aus Abschnitt 4.2 generell auch mit höheren Gewährleistungs- und Kulanzkosten einhergeht, beide statistischen Variablen also miteinander korreliert sind. Wird erneut die gesamte Produktion aller BMW 5er und 6er der Produktlinie E6x bis zum Stichpunkt der Datenerhebung am 23.01.2007 betrachtet und (notwendigerweise) um die Fahrzeuge bereinigt, für die keine genaueren Aussagen über verbaute Steuergerätekonfigurationen getroffen werden können, so stehen insgesamt 560.184 Fahrzeuge zur Korrelationsanalyse zur Verfügung. Die Häufigkeitsverteilungen des Knoten- sowie Kanten-Mischverbaus der Fahrzeugmenge zeigt Abbildung 4.16 normiert auf die Intervalle $[0;1)$ beziehungsweise $[0;1]$ als Histogramme.

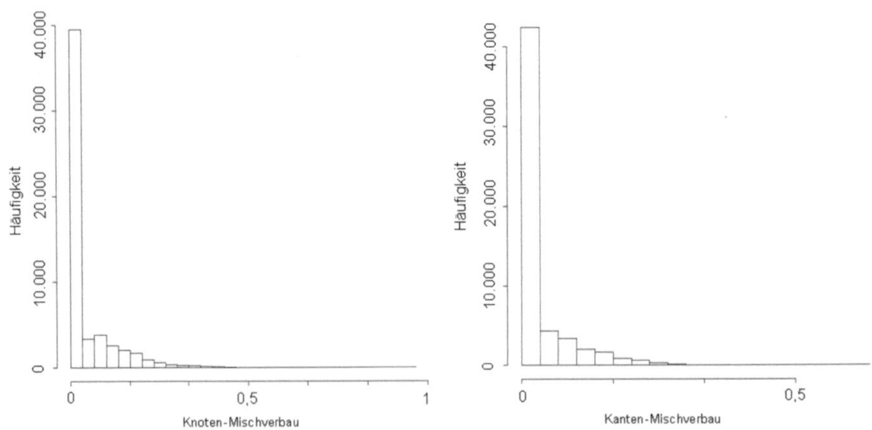

Abbildung 4.16: Mischverbau-Histogramme für den BMW 5er und 6er der Produktlinie E6x.

Analog wie in Abschnitt 4.3.1 lassen sich Gewährleistungs- und Kulanzkosten mit den verschiedenen Mischverbaukennzahlen korrelieren, um die Frage zu beantworten, ob höherer Mischverbau auch mit höheren Gewährleistungs- und Kulanzkosten einhergeht. Beispielhaft ist in Abbildung 4.17 links die Korrelation von programmierrelevanten Gewährleistungs- und Kulanzkosten zur Knoten-Mischverbaukennzahl mit der binären Differenz der Versionsstände als Abstandsbegriff zweier Integrationsstufen dargestellt, rechts wird die Ordinalzahldifferenz der Reihenfolge der Integrationsstufen als Knoten-Abstandsmaß verwendet. Der Sollzustand ist dabei jeweils die Integrationsstufe des Gesamtfahrzeugs.

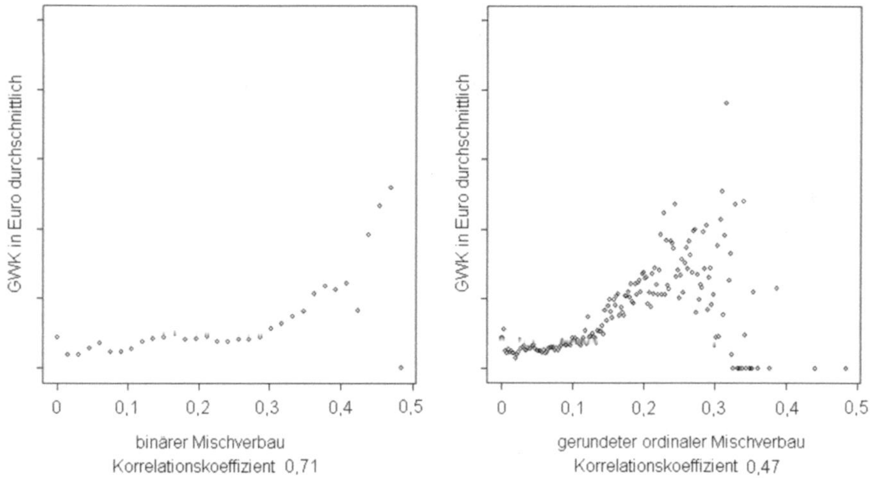

Abbildung 4.17: Beispielhafte Korrelation von Gewährleistungs- und Kulanzkosten zu zwei Mischverbaukennzahlen für den BMW 5er und 6er der Produktlinie E6x.

Aufgrund der Kombinationsmöglichkeiten verschiedener Mischverbau- und Qualitätsmaße bietet sich der einfach durchzuführende *Vierfeldertest* an, statistisch signifikante Unterschiede zwischen zwei Gruppen zu ermitteln. Dazu werden in vorliegender Anwendung jeweils aus der Grundgesamtheit Stichproben von 10.000 Fahrzeugpaaren gezogen und über ihren Mischverbau und die erzeugten Gewährleistungskosten in zwei Gruppen gemäß der erwarteten Theorie eingeteilt: ist der Mischverbau von Fahrzeug 1 kleiner als von Fahrzeug 2, so wird auch erwartet, dass die Gewährleistungskosten von Fahrzeug 1 kleiner sind als die von Fahrzeug 2. Entsprechend bestätigt die Anzahl der Fahrzeugpaare in zwei Feldern des Vierfeldertests die Behauptung, in den anderen beiden Feldern wird sie verworfen. Die (zu verwerfende)

Nullhypothese lautet also

$$H_0 = (MVB_1 \leq MVB_2) \text{ ist statistisch unabhängig von } (Cost_1 \leq Cost_2).$$

Abbildung 4.18 zeigt beispielhaft einen der Vierfeldertests für den BMW 5er und 6er

	$Cost_1 \leq Cost_2$	$Cost_1 > Cost_2$	Summe
$MVB_1 \leq MVB_2$	**6630**	**2385**	9015
$MVB_1 > MVB_2$	**794**	**191**	985
Summe	7424	2576	10000

Abbildung 4.18: Beispielhafter Vierfeldertest für den BMW 5er und 6er der Produktlinie E6x.

der Produktlinie E6x mit programmierrelevanten Gewährleistungs- und Kulanzkosten als Qualitätsmaß, Knoten-Mischverbau mit der Ordinalzahldifferenz als Abstandsbegriff einer Integrationsstufe von der Integrationsstufe des Gesamtfahrzeugs als Sollstand sowie eingeschränkt auf europäische Fahrzeuge. Das Verhältnis von die Theorie bestätigenden Fahrzeugpaaren zu den die Theorie verwerfenden Fahrzeugpaaren beträgt hier $q = \frac{6630+191}{2384+794} = 2,15$. Die Prüfgröße χ^2 berechnet sich zu $23,17$, was einer Irrtumswahrscheinlichkeit von $0,00015\%$ entspricht, dass die beiden Gruppen keinen statistisch signifikanten Unterschied aufweisen. Es kann somit in diesem Fall mit äußerst hoher statistischer Sicherheit angenommen werden, dass die Nullhypothese zu verwerfen und die postulierte Theorie korrekt ist, steigender Mischverbau also signifikant positiv mit Gewährleistungs- und Kulanzkosten der Elektrik/Elektronik korreliert ist.

Eine Auflistung aller mit den verschiedenen Qualitäts- und Mischverbaukennzahlen durchgeführten Vierfeldertest findet sich in Anhang D. Die jeweiligen Korrelationen sind stark sichtbar und können mit hoher statistischer Sicherheit meist nicht verworfen werden. Zwischen den verschiedenen Mischverbaumaßen existieren nur geringe Unterschiede, wobei die Korrelation bei Gewährleistungs- und Kulanzkosten generell stärker ausgeprägt ist als bei der Betrachtung gewährleistungsrelevanter Werkstattfälle.

4.4 Fazit

Im vorhergehenden Abschnitt wurden eindeutige Korrelationen entwickelter Bordnetz- zu Qualitätsmaßen bei gegebenen, abgesicherten Testfahrzeugen für reale Felddaten mit insgesamt 2.474.789 Fahrzeugen verschiedener BMW-Baureihen nachgewiesen. Bereits mit den ungewichteten Bordnetzkennzahlen wurden nahezu ideale Ergebnisse im Sinne von statistisch hoch- und höchstsignifikanten Abhängigkeiten erzielt, womit eine Optimierung der entworfenen Kennzahlen über Gewichtungsfaktoren weder nötig war noch vorgenommen wurde. Es lassen sich unter der Annahme eines kausalen Zusammenhangs zwischen durchgeführten Absicherungsmaßnahmen sowie entstehenden Gewährleistungs- und Kulanzkosten eine Bewertung der Effektivität der durchgeführten Absicherung vornehmen und das Risiko nicht abgesicherter Fahrzeugkonfigurationen bestimmen. Dabei muss jedoch beachtet werden, dass von einer Korrelation weder im Allgemeinen ("cum hoc ergo propter hoc") noch im speziellen Fall eines zeitlichen Nacheinanders von Ursache und Wirkung ("post hoc ergo propter hoc") auf eine Kausalität geschlossen werden kann. Um obige Korrelationsergebnisse kausal entsprechend interpretieren und für eine zweifelsfreie a priori-Risikobewertung vorgeschlagener Absicherungsstrategien verwenden zu können, wären beispielsweise langfristige Einzelfallanalysen für eine statistisch signifikant große Menge an Kundenfahrzeugen erforderlich.

Kapitel 5

Einführung der Varianten-Clusteranalyse zur Konfigurationsauswahl

Aufgrund der umfangreichen Ausstattungsmöglichkeiten eines einzelnen Fahrzeugs (vgl. Abschnitt 1.2) und der Fließbandproduktion vorhandener Baureihen ist eine automatisierte Strukturierung der Felddaten zur Bestimmung repräsentativer Kundenkonfigurationen nötig. Dabei existieren mehrere Millionen Feldfahrzeuge, welche jedoch stark heterogen sind, da die Anzahl aller möglichen Varianten bereits ohne Versionierung deutlich größer ist als die Anzahl produzierter Fahrzeuge. Zur repräsentativen Auswahl abzusichernder Konfigurationen wird somit ohne a priori übergeordnete Strukturinformationen eine explorative Clusteranalyse durch E/E-relevante Sonderausstattungen entwickelt, die zu clusternden Objekte stellen dabei Fahrzeuge oder Teilsystemkonfigurationen im Feld dar. Es wird also eine Partitionierung der Feldkonfigurationen in Cluster mit ähnlichen Eigenschaften vorgenommen, wobei die Existenz sowie die möglichen Ausprägungen der Eigenschaften vordefiniert sind, die resultierende, übergeordnete Clusterstruktur jedoch nicht. Diese ergibt sich ausschließlich durch die vorliegenden Daten auf Basis von Ähnlichkeitsanalysen. Die Clusteranalyse ist somit nach [Kem04] ein multivariates, strukturaufdeckendes Verfahren zur Bestimmung von Gruppen von Objekten mit ähnlichen Eigenschaften und lässt sich im Data-Mining zur automatischen Klassifizierung und zur Mustererkennung verwenden.

Aktuell orientiert sich die Automobilbranche bei der Auswahl von Absicherungsträgern zur Produktfamilienabsicherung mit der Klassifikationsbaummethode an der Kombinatorik verbaubarer Komponenten (vgl. Abschnitt 2.7.1), woraus prinzipiell eine gleichmäßige Abdeckung des möglichen Konfigurationsraumes resultiert. Die multidimensionale Skalierung ermöglicht die Anordnung hochdimensionaler Objekte auf Basis ihrer Ähnlichkeit in einem beispielsweise zweidimensionalen Raum, wobei die Distanzen zwischen Punkten möglichst exakt deren Ähnlichkeit wiedergeben [Bor07]. Derart dargestellt verdeutlicht Abbildung 5.1 mit der euklidischen Metrik plakativ die heutige Auswahl von Absicherungsplattformen – die größer dargestellten Absicherungsträger sind unabhängig von den kleineren Kundenfahrzeugen gleichmäßig im Rechteck als Konfigurationsraum verteilt und werden nicht nach Feldcharakteristika ausgerichtet. Die beiden darstellenden Dimensionen als so

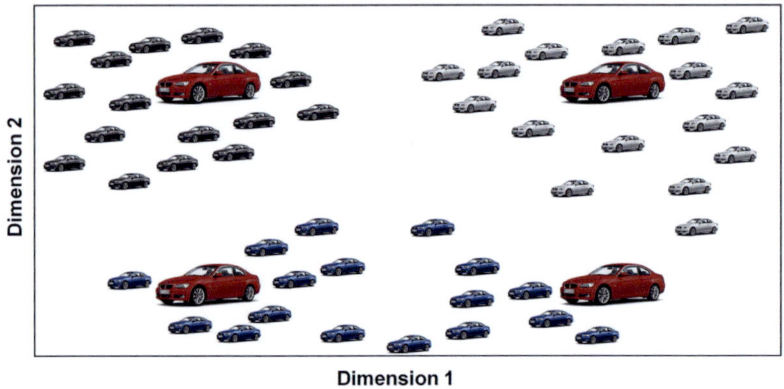

Abbildung 5.1: Bisherige Auswahl der Absicherungsträger ohne Feldbetrachtung.

genannte Faktoren können dabei inhaltlich nicht mehr intuitiv interpretiert werden.

Eine per Clusteranalyse automatisierte Bestimmung repräsentativer Kundenkonfigurationen resultiert im statistischen Mittel in einer verbesserten Absicherungsnähe, da derart zur Absicherung ausgewählte Konfigurationen anhand der verkauften Fahrzeuge ausgerichtet werden. In Abbildung 5.2 bilden die Absicherungsträger die Zentren der dargestellten Cluster, indem sie intuitiv veranschaulicht den euklidischen Abstand zu den Kundenfahrzeugen ihrer Umgebung minimieren. Es fällt auf, dass deren Anzahl auf drei Testfahrzeuge reduziert wurde, da visuell und mathematisch abgegrenzte Cluster erkennbar sind. Weiterhin lassen sich umgekehrt auch bei Vorgabe einer Anzahl an Plattformen die aufzubauenden Konfigurationen bestimmen sowie

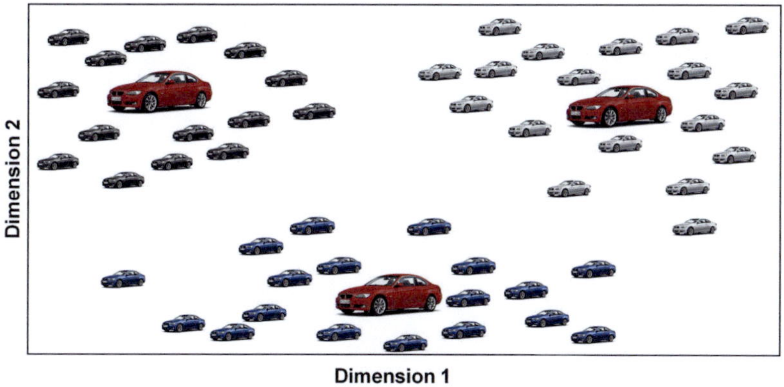

Abbildung 5.2: Auswahl kundenrelevanter Absicherungsträger per Clusteranalyse.

deren Feldabdeckung bewerten. Die Auswahl von Testplattformen mit einer Clusteranalyse ermöglicht somit nach Abschnitt 4.3 eine Reduzierung der Gewährleistungs- und Kulanzkosten. Bei unverändertem Kapitaleinsatz steigt statistisch die vom Kunden wahrgenommene Qualität, bei gleichem Qualitätsanspruch ergibt sich Einspar- und Renditepotential.

Zur Durchführung der Clusteranalyse ist in vorliegender Arbeit eine deterministische, partitionierende Methode eingesetzt, die jeden Datenpunkt exakt einem Cluster zuordnet und genau eine Partitionierung der Daten in Clustern bei iterativ vorgegebener Clusteranzahl bildet. In Abgrenzung zu statistisch motivierten Methoden wie dem Expectation-Maximization-Algorithmus [Dem77, Dud00] ist aufgrund der Datenmenge mit den komplexen, multivariaten Abhängigkeitsstrukturen eine explorative, heuristische Methode zu bevorzugen, welche die Maximierung der Ähnlichkeit zwischen Datenpunkten verfolgt.

5.1 Existierende Verfahren der Varianzuntersuchung bei Automobilen

Soll eine kundenorientierte Absicherungsstrategie entwickelt werden, so ist es prinzipiell naheliegend, die häufigsten verkauften Konfigurationen zu ermitteln und abzusichern. Diese intuitive Vorgehensweise entspricht quasi einer Enumeration auf einzelnen Fahrzeugkonfigurationen. Eine optimale Feldabdeckung im Sinne einer bestmöglichen Testbreite durch die Kombination verschiedener Fahrzeugkonfigurationen wird dabei nicht betrachtet. Beispielsweise zeigt Tabelle 5.1 plakativ anhand 13 verschiedenen Konfigurationen, von denen drei als hoch- und zehn als schwach ausgestattet interpretiert werden können, dass bei einer Absicherung von drei Konfigurationen in diesem Falle nur die hochausgestatteten Fahrzeuge gewählt werden – obwohl der überwiegende Anteil der Feldfahrzeuge schwach ausgestattet ist.

KONFIGURATION	HÄUFIGKEIT IM FELD
$Hoch_1$	4000
$Hoch_2$	3999
$Hoch_3$	3998
$Schwach_1$	3500
⋮	⋮
$Schwach_{10}$	3500

Tabelle 5.1: Beispiel zur intuitiven Häufigkeitszählung.

Betrachtet man etwas detaillierter Kombinationen von Sonderausstattungen, aus denen sich obige Fahrzeugkonfigurationen zusammen setzen, so lässt sich zur Feldanalyse die kommerzielle, graphenbasierte Komplexitätsmanagementsoftware LOOMEO der Teseon GmbH [Tes08] anwenden. Diese wurde mit dem Innovationspreis 2008 der "Initiative Mittelstand" ausgezeichnet und unter anderem bereits bei der Audi AG, der Robert Bosch GmbH, der Daimler AG, der MAN AG und auch der BMW Group eingesetzt.

Der in der Software verwendete Umgebungsgraph einer Sonderausstattung (vgl. Abbildung 5.3) dient der Identifizierung derjeniger Sonderausstattungen, die oft gemeinsam mit der untersuchten Sonderausstattung gekauft werden. Die fokussierte Sonderausstattung wird im Zentrum des Graphen dargestellt, der Abstand weiterer Sonderausstattungen ergibt sich anhand der bedingten Häufigkeiten, wie oft diese im Feld gemeinsam in einer Konfiguration existieren – nahe beim Mittelpunkt angeordnete Extras werden bei Wahl der betrachteten Sonderaustattung entsprechend häufig mit bestellt.

Das Kombinationshäufigkeitsportfolio (vgl. Abbildung 5.4) ermöglicht eine Bewertung der Sonderausstattungen in der Umgebung einer betrachteten Sonderausstat-

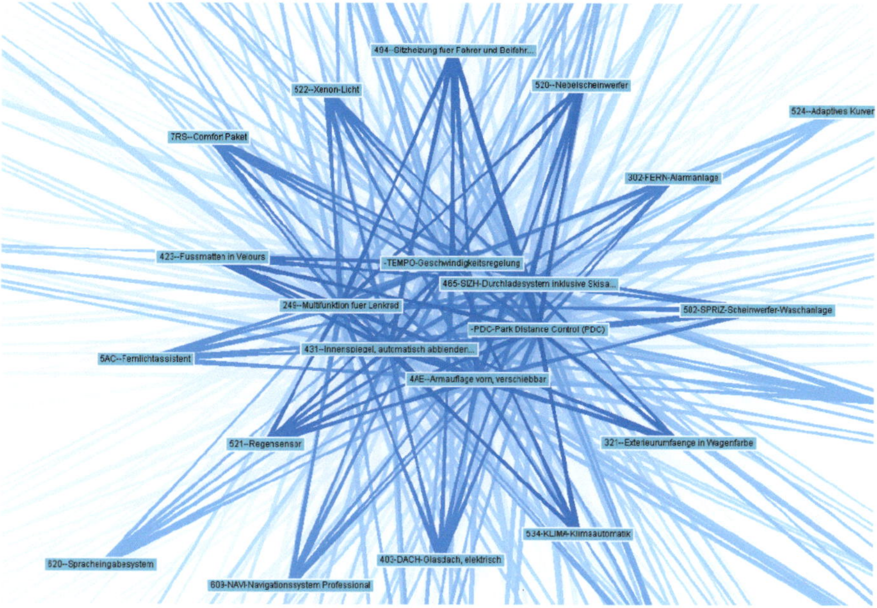

Abbildung 5.3: Beispielhafter Umgebungsgraph einer Sonderausstattung.

tung und so eine genauere Interpretation des Umgebungsgraphen. Die Abszisse des Kombinationshäufigkeitsportfolios stellt die Häufigkeit einer zweielementigen Sonderausstattungskombination normiert auf die Häufigkeit der fokussierten Sonderausstattung dar, die Ordinate die Häufigkeit der Kombination normiert auf die der jeweils zweiten Sonderausstattung. Es handelt sich somit erneut um bedingte Häufigkeiten, die sich durch ihren Nenner als Vorbedingung unterscheiden.
Teilt man das Kombinationshäufigkeitsportfolio in vier Quadranten, so können Kombinationen von Extras unten links als zwangsausgeschlossen, oben rechts als zwangsgekoppelt interpretiert werden. Dies kann explizit durch Einschränkungen seitens des Anbieters bedingt sein oder implizit aufgrund von Marktpräferenzen. Der Quadrant unten rechts zeigt an, dass falls die betrachtete Sonderausstattung gekauft wird, diese stets mit der zweiten Ausstattung gemeinsam auftritt. Oben links tritt analog die zweite Sonderaustattung stets mit der betrachteten auf. In Abbildung 5.4 besitzen beispielsweise 90% der Fahrzeuge mit Automatikgetriebe auch einen Regensensor, umgekehrt haben 65% der Fahrzeuge mit Regensensor auch eine Automatik. Die Färbung der Punkte als Kombinationen zweier Sonderausttattungen bewertet, ob die

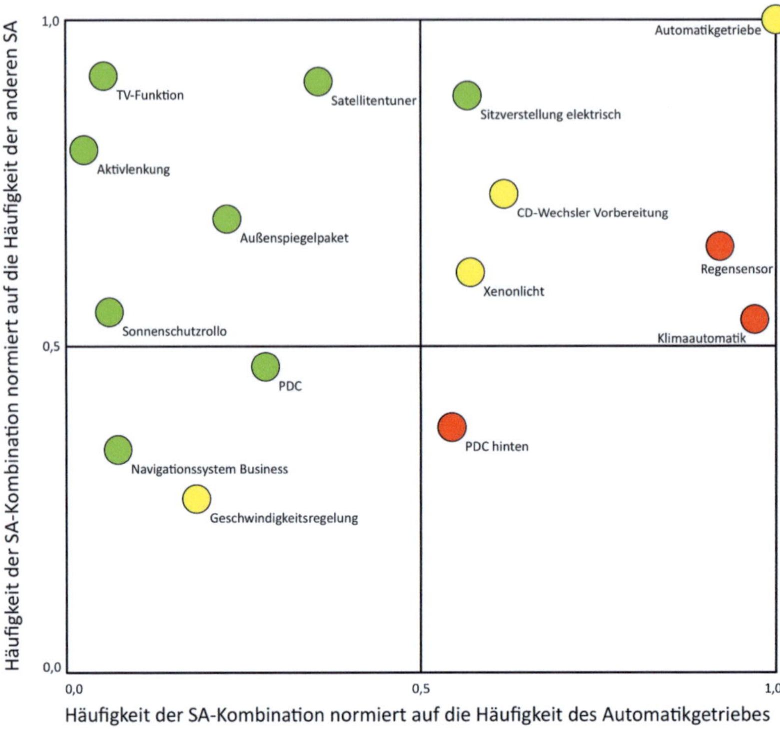

Abbildung 5.4: Beispielhaftes Kombinationshäufigkeitsportfolio. Betrachtung des Automatikgetriebes des BMW 3ers (E90/E91), Produktionsjahr 2007.

jeweilige zweite Sonderausstattung in Fahrzeugen mit der fokussierten Sonderausstattung relativ zum Gesamtfeld betrachtet häufiger oder seltener vorkommt.

Ein entsprechendes Projekt mit obigen Auswertungen wurde im April 2008 bei einem Hersteller der deutschen Automobilindustrie abgeschlossen. Aufgrund der spezifischen Struktur des Konfigurationsraumes durch Zwangskopplungen und -ausschlüsse, Paketausstattungen, in speziellen Märkten als Grundausstattung vorhandener Sonderausstattungen sowie von Großkunden georderter Fahrzeugflotten in je ähnlicher Konfiguration konnten jedoch auch bei mehrfachen Vorbedingungen und Filtern nur wenige Muster außerhalb dieser erwarteten gefunden werden. Die Gründe liegen dabei in der mangelnden Suchtiefe mit der Betrachtung nur direkter

Verbindungen zweier Sonderausstattungen sowie des ausschließlichen Einsatzes trivialer Häufigkeitszählungen, es erfolgt keine Ähnlichkeitsanalyse im eigentlichen Sinne.

Zur Klassifizierung von Informationsmustern mitsamt Aufdeckung von Strukturen auf einer hochdimensionalen Datenmenge eignen sich auch künstliche neuronale Netze wie etwa *selbstorganisierende Karten* [Lug04]. Gemäß Abbildung 5.5 bestehen diese aus künstlichen Neuronen, die sich zur Informationsverarbeitung der Nachahmung natürlicher neuronaler Netze bedienen.

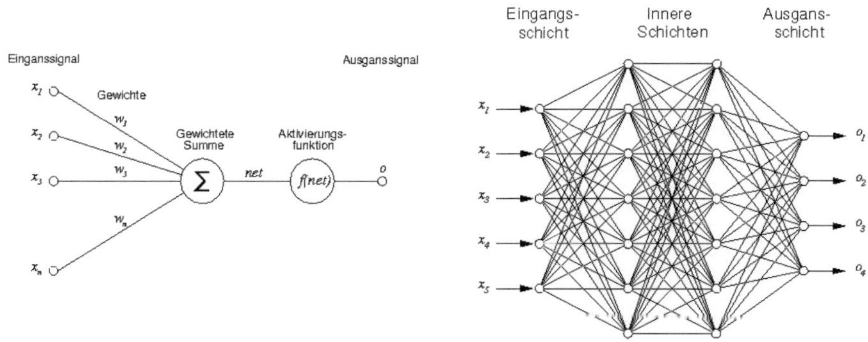

Abbildung 5.5: Künstliches Neuron und Netz aus Neuronen.

Nach der Konstruktion, die von der zu erfüllenden Aufgabe abhängig ist, folgt die Trainingsphase des Netzes. Dabei kann bei Vorgabe eines Lernalgorithmus das Netz nach [Lug04] im Wesentlichen durch

- das Hinzufügen oder das Löschen von Neuronen,
- die Entwicklung neuer oder das Löschen alter Verbindungen zwischen Neuronen,
- die Modifikation des Gewichts w_{ij} der Verbindung von Neuron i zu Neuron j und
- die Anpassung der Aktivierungsfunktion einzelner Neuronen

lernen. Da die Funktion des künstlichen neuronalen Netzes auf einer Vielzahl einfacher und gleichartiger Teile basiert, ist das resultierende Netzwerk eine Realisierung des konnektionistischen Paradigmas [Dor91]. Ergebnisse entstehen stets aus der

Interaktion aller lokalen Einheiten, das Verhalten des Systems ist damit nicht algorithmisiert, die interne Funktionsweise nicht nachvollziehbar und das Wissen wird nach [Smo88] subsymbolisch repräsentiert.

Künstliche Neuronale Netze besitzen in Erweiterung von [Kru97] und [Nau02] eine Reihe von Nachteilen.

- Die Vorgabe eines repräsentativen Trainingssets ist nichttrivial, da das Netz keine zufälligen Eigenschaften der Muster lernen darf. Korreliert auf den Trainingsdaten eine Inputgröße mit dem Ergebnis, so ist sicherzustellen, dass dieser Zusammenhang auch in anderen Situationen zur Bewertung herangezogen werden kann.
- Auch bei künstlichen Neuronalen Netzen existiert das Problem des *bias-variance trade-offs*, also der Überanpassung des Netzes an Trainingsdaten. Es ist somit ein statistisches Verfahren bei der Spezifikation der Netzarchitektur zu wählen, um eine Verallgemeinerung der Aussagen auf neue Daten nicht zu gefährden.
- Die Modellparameterschätzung führt somit im Regelfall zu nichtlinearen Optimierungsproblemen hoher Dimension, wobei eine Konvergenz des Lernvorgangs weder zum globalen Optimum noch zu einem lokalen Optimum notwendigerweise gesichert ist.
- Eine Anpassung an veränderte Rahmenbedingungen erfordert daher meist eine Wiederholung der Trainingsphase.
- Künstliche Neuronale Netze verhalten sich aufgrund fehlender Algorithmisierung mit der Speicherung des erlernten Wissens verteilt über das Netz als Black-Box.

Hinsichtlich des praktischen Einsatzes auf vorliegende Zielsetzung bestätigt [FT07] für selbstorganisierende Karten obige Kritikpunkte, insbesondere die nichttriviale Parametrisierung des Netzes. Danach kann ein künstliches neuronales Netz zur automatischen, unüberwachten Datenanalyse nicht zum Einsatz kommen.

Die im Folgenden entwickelte Methode der Clusteranalyse erfordert keine Kenntnisse oder Vermutungen über den Konfigurationsraum und liefert bessere Ergebnisse als alle der obigen Methoden. Ihre operative Anwendung wurde bei einem deutschen Automobilhersteller beschlossen und erfolgt in diversen Nachfolgeprojekten.

5.2 Eigenschaftsvektor von Konfigurationen

Zur Durchführung einer Clusteranalyse ist die Beschreibung jedes Objektes mit einem Eigenschaftsvektor erforderlich [Bau02], anhand dessen ähnliche Objekte identischen Clustern zugeordnet werden. Ein Cluster definiert sich so als Punktwolke über die Anhäufung ähnlicher Objekte, die zu einem berechneten Schwerpunkt eine minimale Abstandssumme besitzen. "Ähnlich" bezieht sich insofern auf die Distanz zweier durch ihre Eigenschaftsvektoren beschriebenen Datenpunkte $\vec{x}, \vec{y}$ im s-dimensionalen Vektorraum bezüglich eines Distanzmaßes δ, beispielsweise nach einer Minkowski-Metrik $\delta_c(\vec{x},\vec{y}) = ||\vec{x} - \vec{y}||_c = [\sum_{i=1}^{s} |x_i - y_i|^c]^{\frac{1}{c}}$. Es ist also die Modellierung der Variabilität einer Produktfamilie, beispielsweise einer Fahrzeugbaureihe, erforderlich. In vorliegender Arbeit wird als Modell die Parametrierung des Vektors der möglichen, relevanten Sonderausstattungen verwendet. Aus dem allgemeinen Vektor lassen sich so spezifische Konfigurationen ableiten. Die Information, welche Parameterkombinationen erlaubt sind, ist jedoch extra zu modellieren. Angewendet wird das Parametrierungsmodell im Test- und Absicherungsumfeld beispielsweise auch bei der *PLUTO*-Anwendungsfallbeschreibung [Ber03] und bei der *ScenTED*-Methode nach [Poh05] mit der Streichung überflüssiger Varianten aus Testfall-Designs. Auf andere Möglichkeiten zur Modellierung der Variabilität einer Produktfamilie wie etwa die aus der Objektorientierung bekannte *Vererbung*, *Funktionsmodelle* wie die *Feature-Oriented Domain Analysis* [Kan90] oder *Entscheidungsmodelle* wie der *KobrA*-Ansatz zur komponentenbasierten Anwendungsentwicklung [Atk00] sei hingewiesen.

Als für die Elektrik/Elektronik relevante Sonderausstattungen können prinzipiell die codierrelevanten Sonderausstattungen betrachtet werden (vgl. Anhang E), da beispielsweise auch die Existenz eines Dieselpartikelfilters für die korrekte Funktionsweise des Gesamtfahrzeugs im Motorsteuergerät zu codieren ist. Eine an sich mechanische Komponente kann damit Einfluss auf das Gesamtsystem der Elektrik/Elektronik haben und ist in betroffenen Steuergeräten zu codieren. Die Existenz von Codiervarianten ist damit bei diesem Vorgehen ebenso berücksichtigt wie E/E-relevante Ländervarianten und nicht-kundenbestellbare Sonderausstattungen.

Die Beschreibung von Konfigurationen Θ_j erfolgt durch eine Konfigurationsspezifikation KS

$$KS \mapsto \left\{\Theta_1^{(KS)}, \Theta_2^{(KS)}, \ldots, \Theta_f^{(KS)}\right\},$$

die eine endliche Menge an Konfigurationen $\Theta_j, j = 1, \ldots, f$ induziert. Es ist dabei a priori nicht sichergestellt, dass die aus der Konfigurationsspezifikation KS abgeleitete Menge an Konfigurationen $\left\{\Theta_1^{(KS)}, \Theta_2^{(KS)}, \ldots, \Theta_f^{(KS)}\right\}$ vollständig valide im Sinne freigegebener und im Vertrieb angebotener Konfigurationen ist (vgl. Abschnitt 1.3.1). Ist jedoch KS valide, so ist die Menge $\left\{\Theta_1^{(KS)}, \Theta_2^{(KS)}, \ldots, \Theta_f^{(KS)}\right\}$ nichtleer und es gilt bei Einhaltung der vorgegebenen Serviceprozesse für die Häufigkeiten H der Konfigurationen im Feld

$$H\left(\Theta_j^{(KS)}\right) > 0 \quad \Rightarrow \quad \Theta_j^{(KS)} \text{ ist valide} \quad \forall\, j = 1, \ldots, f.$$

Eine Konfigurationsspezifikation KS ist auf der Ebene von Sonderausstattungen eine Menge derart

$$KS_{vollständig} = \{+SA_1, *SA_2, -SA_3, +SA_4, \ldots, +SA_s\}.$$

Dabei beschreibt $+SA_1, +SA_4, \ldots$ die notwendige Existenz der indizierten Sonderausstattungen, $-SA_3, \ldots$ die notwendige Abwesenheit. Auf Basis von Sonderausstattungen definiert ist eine Konfiguration somit nur hinsichtlich Varianten eindeutig, es lassen sich keine Aussagen über die verbauten Steuergeräteversionen machen. Weitere im Fahrzeug vorhandene, doch belanglose Sonderausstattungen wie $*SA_2, \ldots$ lassen sich als irrelevante Variablen behandeln. Die Notation kann so vereinfacht werden zu

$$KS = \{+SA_1, -SA_3, +SA_4, \ldots, +SA_s\} \subseteq KS_{vollständig}.$$

Über die Konfigurationsspezifikation wird also die minimal erwünschte Menge an Bordnetzfunktionalitäten beschrieben, was echte Obermengen von Konfigurationen mit größerer Mächtigkeit nicht ausschließt und die Ausnutzung des Windschatteneffekts der Absicherung ermöglicht. Eine Konfigurationsspezifikation definiert also Gruppen von Teilsystemkonfigurationen oder Gesamtfahrzeugen, die identische Eigenschaften in ihren Bordnetzen aufweisen.

Bei Hinzunahme des Typschlüssels zu den codierrelevanten Sonderausstattungen lässt sich technisch die ganzheitliche Beschreibung eines Fahrzeugs realisieren, wobei die Typschlüsselzuordnung eines Fahrzeugs eindeutig ist, also je Fahrzeug nur ein Typschlüssel gültig sein kann. Erweitert man die Konfigurationsspezifikation KS

ergibt sich

$$\begin{aligned} KS_{TS} &= \{+SA_1, -SA_3, +SA_4, \dots, +SA_s, +TS_h\} \\ &\subseteq \{+SA_1, -SA_3, +SA_4, \dots, +SA_s, -TS_1, \dots, +TS_h, \dots, -TS_t\}. \end{aligned}$$

Die Konfigurationsspezifikation mit Typschlüsselbetrachtung kann damit als die Spezialisierung von KS auf Gesamtfahrzeugebene betrachtet werden.

Grundlegende Voraussetzung einer Clusteranalyse ist die Existenz eines Distanzmaßes δ, wobei die Vektoreinträge eines Feldfahrzeugs Θ_j in Analogie zu booleschen Variablen die Wertemenge $\{0;1\}$ besitzen sollen. $SA_i^{\Theta_j} = 1$ ist beispielhaft äquivalent zu "betrachtetes Fahrzeug Θ_j besitzt Sonderausstattung SA_i". Mathematischer formuliert beschreibt die Abbildung

$$\begin{aligned} f: \quad \{SA_i\} \times \Theta &\rightarrow \{0;1\} \\ (SA_i, \Theta_j)^T &\mapsto f(SA_i, \Theta_j) = \begin{cases} 1 & \text{wenn } \Theta_j \; SA_i \text{ besitzt} \\ 0 & \text{sonst} \end{cases} \end{aligned}$$

diesen Zusammenhang. Damit ergibt sich der Eigenschaftsvektor eines konkreten Fahrzeugs Θ_j zu

$$\vec{E}(\Theta_j) = \begin{pmatrix} f(SA_1, \Theta_j) \\ f(SA_2, \Theta_j) \\ \vdots \\ f(SA_s, \Theta_j) \end{pmatrix},$$

womit für die Eigenschaftsvektoren $\vec{E} \in [0;1]^s \subset \mathbb{R}^s$ gilt.

Zur Reduktion der nötigen Dimensionen des Eigenschaftsvektors erfolgt die Clusteranalyse für jede Produktlinie einzeln, da beispielsweise der Typschlüssel produktlinienspezifisch und somit zwischen Produktlinien disjunkt ist. Weiterhin unterscheiden sich auch die möglichen Sonderausstattungen je Produktlinie, so lässt sich beispielhaft ein BMW 3er im Gegensatz zu einem 7er nicht mit Night-Vision ordern. Da also gilt

$$\{TS^{PL_x}\} \cap \{TS^{PL_y}\} = \emptyset \quad \forall\, x, y,\ x \neq y$$

und ohne Einschränkung der Allgemeinheit im Normalfall

$$\{SA^{PL_x}\} \neq \{SA^{PL_y}\} \quad \forall\, x, y,\ x \neq y$$

ist mit $\{SA\} = \bigcup_{PL}\{SA^{PL}\}$ und $\{TS\} = \bigcup_{PL}\{TS^{PL}\}$ trivialerweise eine Reduktion der nötigen Dimension des Eigenschaftsvektors nach

$$\left|\{SA^{PL_x}\} \cup \{TS^{PL_x}\}\right| \leq |\{SA\} \cup \{TS\}| \quad \forall\, x$$

möglich.

5.3 k-means-Algorithmus

Der k-means-Algorithmus [For65, And73, Har75] als populäres Verfahren der Clusteranalyse lässt sich schnell implementieren und ist effizient in seiner Ausführungsgeschwindigkeit [Bau02]. Bei vordefinierter Anzahl zu bildender Cluster k bestimmt der Algorithmus eine Clusterung auf den gegebenen Daten über die Minimierung der Gesamtenergie. Es werden dazu Zentroiden als Repräsentanten der gebildeten Cluster verwendet. Das Ablaufdiagramm des Algorithmus findet sich in Anhang F, auf Modifikationen des Verfahrens wie die McQueen's k-means [McQ67], die Wishart's k-means [Wis87], ISODATA [Bal65, Bal67], der LBG-Algorithmus [Lin80] sowie LBG-U [Fri98] sei hingewiesen.

Im Folgenden wird die City-Block-Metrik als Minkowski-Metrik mit $c = 1$ verwendet, womit

$$\delta_1(\vec{x}, \vec{y}) = ||\vec{x} - \vec{y}||_1 = |x_1 - y_1| + |x_2 - y_2| + \ldots + |x_s - y_s|\,, \quad \vec{x}, \vec{y} \in \mathbb{R}^s$$

ist.

Sei Θ eine Menge von $|\Theta|$ Datenpunkten mit Eigenschaftsvektor $\vec{E}$ in $\mathbb{R}^s$ und jeweils s Eigenschaften. K bezeichne eine Menge von k Punkten in $\mathbb{R}^s, k \in \mathbb{N}$, die als Zentroiden den mittleren quadratischen Abstand zu ihren umgebenden Datenpunkten minimieren. Bezeichnet man das Fahrzeug Θ_j mit dem Eigenschaftsvektor $\vec{E}(\Theta_j)$ kürzer als Datenpunkt $\vec{\Theta}_j$, so lässt sich mit dem zu Cluster κ gehörigen Zentroiden $\vec{c}_\kappa = \frac{1}{|\Theta^{(\kappa)}|} \sum_{j=1}^{|\Theta^{(\kappa)}|} \vec{\Theta}_j^{(\kappa)}$ die Energie des Clusters als Teilmenge $\Theta^{(\kappa)} \subseteq \Theta$ berechnen zu

$$E_\kappa\left(\Theta^{(\kappa)}\right) = \sum_{j=1}^{|\Theta^{(\kappa)}|} \left|\left|\vec{\Theta}_j^{(\kappa)} - \vec{c}_\kappa\right|\right|_1^2 \quad \forall\, \kappa = 1, \ldots, k.$$

Es ergibt sich die, über die Menge K von k Zentroiden $\vec{c}_\kappa$ als Repräsentanten ihrer umgebenden Menge $\Theta^{(\kappa)}$, zu minimierende Gesamtenergie zur Lyapunov-Funktion

$$E_K(\Theta) = \min_K \sum_{\kappa=1}^{k} E_\kappa\left(\Theta^{(\kappa)}\right).$$

Eine Lyapunov-Funktion ist dabei nach [Ras06] eine Funktion des Zustands eines Algorithmus, deren Wert abnimmt wenn sich der Zustand ändert und gleichzeitig ein Infimum besitzt. Falls ein System eine Lyapunov-Funktion aufweist, konvergiert es. Damit konvergiert auch der k-means-Algorithmus stets, da ein Datenpunkt seine Clusterzuordnung nur ändert, wenn sich die Gesamtenergie reduziert, welche gleichzeitig durch 0 als Minimum beschränkt ist. Es existiert jedoch keine bekannte Grenze nötiger Iterationen, weiterhin ist offensichtlich die Konvergenz des Algorithmus in ein suboptimales, lokales Minimum möglich – die Bestimmung einer optimalen Clusterung bei vorgegebener Clusteranzahl ist NP-schwer.
Ausgehend von k randomisierten, initialen Zentroiden minimiert der Algorithmus die Gesamtenergie $E_K(\Theta)$. Während Iteration m wird jeder Datenpunkt $\vec{\Theta}_j$ dem Cluster seines gemäß δ nächstgelegenem Zentroiden ${}^{(m)}\vec{c}_\kappa$ zugewiesen und die Position der Zentroiden nach Determinierung der k Mengen ${}^{(m)}\Theta^{(\kappa)}$ gemäß

$${}^{(m+1)}\vec{c}_\kappa = \frac{1}{\left|{}^{(m)}\Theta^{(\kappa)}\right|} \sum_{j=1}^{\left|{}^{(m)}\Theta^{(\kappa)}\right|} {}^{(m)}\vec{\Theta}_j^{(\kappa)}, \quad \forall\, \kappa = 1, \ldots, k,$$

aktualisiert. Während den Iterationen ist die Menge ${}^{(m)}\Theta^{(\kappa)}$ der dem Cluster κ zugeordneten Datenpunkte verschieden von ${}^{(m-1)}\Theta^{(\kappa)}$, womit auch gilt ${}^{(m+1)}\vec{c}_\kappa \neq {}^{(m)}\vec{c}_\kappa$. Der Algorithmus terminiert daher, sobald sich die Menge K der Zentroiden nicht mehr ändert, also ${}^{(m)}K \equiv {}^{(m+1)}K$ ist. Die resultierende Clusterung K ist dabei abhängig von den randomisierten initialen Zentroiden ${}^{(1)}K$.

5.4 Iterativ-dynamische Clusterung

Für die Anwendung des k-means-Algorithmus ist die vorab zu definierende Clusteranzahl k als wesentlich nachteilig zu bewerten. Falls diese nicht beispielsweise über die Kosten, die mit einer gewissen Anzahl k an Erprobungsfahrzeugen verbunden sind, exogen bestimmt wird, so ist auch bei vorliegendem Clustering-Vorhaben die optimale Anzahl an Clustern a priori nicht bekannt. Vor diesem Hintergrund wurden in [Sch06d] iterative Verfahren entwickelt, welche die Anzahl zu bildender Cluster inkrementell bis zu einer vorgegebenen oder induzierten Maximalanzahl $N_{Cluster}$ variieren, $k = 2, \ldots, N_{Cluster}$, und im Anschluss k entsprechend des "besten" Resultats wählen. Für diesen iterativen Prozess ist die Definition eines zu verwendenden Abbruchkriteriums nötig.

5.4.1 Abbruch- und Gütekriterien

Von den in [Sch06d] vorgestellten Abbruchkriterien sind aufgrund der fehlenden Klassenstruktur nur die *Mean Distance Ratio* und die *Variance Ratio* zur Clusterung des Konfigurationsraumes anwendbar.

5.4.1.1 Mean Distance Ratio

Bei der Mean Distance Ratio MDR wird der mittlere Abstand der Datenpunkte des Clusters κ zu ihrem Zentroiden $\vec{c}_\kappa$ gemessen, dies über alle Cluster gemittelt und in Relation zum durchschnittlichen Abstand des gesamten Datensatzes zum globalen Zentroiden $\vec{c}_{global} = \frac{1}{|\Theta|} \sum_{j=1}^{|\Theta|} \vec{\Theta}_j$ gesetzt, also

$$MDR(\Theta, k, K) = \frac{\frac{1}{k} \sum\limits_{\kappa=1}^{k} \frac{1}{|\Theta^{(\kappa)}|} \sum\limits_{j=1}^{|\Theta^{(\kappa)}|} \left|\left| \vec{\Theta}_j^{(\kappa)} - \vec{c}_\kappa \right|\right|_1}{\frac{1}{|\Theta|} \sum\limits_{j=1}^{|\Theta|} \left|\left| \vec{\Theta}_j - \vec{c}_{global} \right|\right|_1}.$$

Über die Quotientenbildung lässt sich also mit der Mean Distance Ratio die exakter werdende Clusterung durch zusätzliche Cluster nachverfolgen, der Nenner entspricht dem Ausgangszustand mit einem "Gesamtcluster", der alle Datenpunkte enthält. Es gilt $MDR \in [0; 1]$.

5.4.1.2 Variance Ratio

Analog der Mean Distance Ratio misst die Variance Ratio VR die Varianz des Clusters κ, mittelt diese über alle Cluster und bildet den Quotienten mit der Varianz des

Gesamtdatensatzes,

$$VR(\Theta,k,K) = \frac{\frac{1}{k}\sum_{\kappa=1}^{k}\frac{1}{|\Theta^{(\kappa)}|}\sum_{j=1}^{|\Theta^{(\kappa)}|}\left|\left|\vec{\Theta}_j^{(\kappa)} - \vec{c}_\kappa\right|\right|_1^2}{\frac{1}{|\Theta|}\sum_{j=1}^{|\Theta|}\left|\left|\vec{\Theta}_j - \vec{c}_{global}\right|\right|_1^2}.$$

Auch mit der Variance Ratio lässt sich das Fortschreiten eines iterativen Cluster-Verfahrens über den Quotienten bewerten, es gilt ebenso $VR \in [0;1]$.

5.4.1.3 Davies-Bouldin-Index

Der Index nach [Dav79] misst maximierend paarweise die Streuung $S_{\kappa 1}, S_{\kappa 2}$ innerhalb zweier Cluster $\kappa 1, \kappa 2$ und setzt diese in Relation zu ihrem Abstand, repräsentiert durch den Abstand ihrer Zentroiden $\vec{c}_{\kappa 1}, \vec{c}_{\kappa 2}$.

Damit berechnet sich mit

$$S_\kappa = \frac{1}{\left|\Theta^{(\kappa)}\right|}\sum_{j=1}^{|\Theta^{(\kappa)}|}\left|\left|\vec{\Theta}_j^{(\kappa)} - \vec{c}_\kappa\right|\right|_1 \quad \forall\, \kappa = 1,\ldots,k$$

der Davies-Bouldin-Index DBI zu

$$DBI(\Theta,k,K) = \frac{1}{k}\sum_{\kappa 1=1}^{k}\max_{\kappa 2,\kappa 2\neq\kappa 1}\left(\frac{S_{\kappa 1}+S_{\kappa 2}}{||\vec{c}_{\kappa 1}-\vec{c}_{\kappa 2}||_1}\right).$$

Es gilt für den Davies-Bouldin-Index $DBI \in [0;\infty)$, womit dieser nicht notwendigerweise existieren muss. Die Nichtexistenz ist in vorliegender Anwendung aufgrund der umfassenden, heterogenen Datenmenge jedoch ausschließbar.

Elemente eines Clusters sollten generell so ähnlich wie möglich sein, Elemente verschiedener Cluster möglichst unterschiedlich. Es sollte also eine hohe Homogenität mit geringer Streuung innerhalb der Cluster sowie eine hohe Heterogenität mit großem Abstand zwischen ihnen existieren. Der Davies-Bouldin-Index als populäres Kriterium der Überprüfung entsprechender Clustergüte misst mit den Streuungen $S_{\kappa 1}, S_{\kappa 2}$ der Cluster $\kappa 1, \kappa 2$ und des Abstands $\delta(\vec{c}_{\kappa 1}, \vec{c}_{\kappa 2})$ ihrer Zentroiden direkt diese Forderung. Sowohl die Mean Distance Ratio als auch die Variance Ratio eignen sich nach [Sch06d] aufgrund ihrer empirischen Korrelation zum Davies-Bouldin-Index ebenfalls als Qualitätsmaße.

5.4.1.4 Kombinatorisch-modifizierter Davies-Bouldin-Index

Zum Vergleich verschiedener Clusterungen lässt sich etwa der Davies-Bouldin-Index zur Bewertung der Clustergüte einsetzen. Für die in Abbildung 5.6 dargestellten

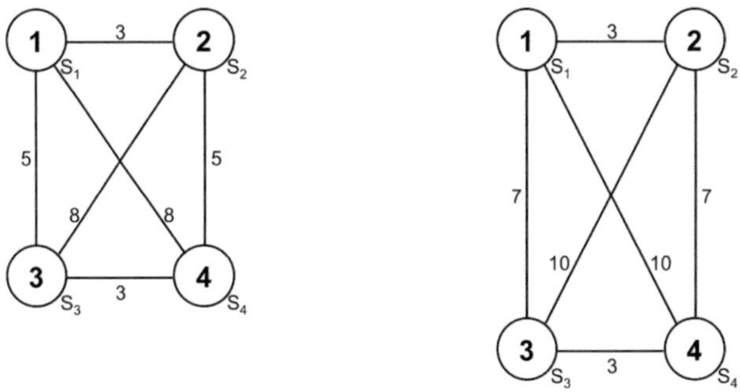

Abbildung 5.6: Bewertung der Clustergüte mittels DBI und KDBI.

Clusterungen ergibt sich allerdings mit $S_\kappa = S \; \forall \; \kappa$ jeweils $DBI = \frac{2S}{3}$, es findet dabei ausschließlich der Vergleich der Clusterpaare $(1,2)$, $(2,1)$, $(3,4)$ sowie $(4,3)$ statt. Um diesem Schwachpunkt zu begegnen, soll der Index aufgrund der umfassenden Kombinatorik und des hochdimensionalen Eigenschaftsvektors der Fahrzeugkonfigurationen in vorliegender Arbeit auf einen kombinierenden Vergleich hinsichtlich eines vollständig vernetzten, ungerichteten Graphen mit $\frac{k \cdot (k-1)}{2}$ Kanten zwischen Clustern zum kombinatorisch-modifizierten Davies-Bouldin-Index $KDBI$ erweitert werden, es ist damit

$$KDBI(\Theta, k, K) = \frac{2}{k \cdot (k-1)} \sum_{\kappa 1=1}^{k} \sum_{\kappa 2=\kappa 1+1}^{k} \left(\frac{S_{\kappa 1} + S_{\kappa 2}}{||\vec{c}_{\kappa 1} - \vec{c}_{\kappa 2}||_1} \right).$$

In Abbildung 5.6 gilt damit für die linke Clusterung $KDBI_l = \frac{79S}{180}$ beziehungsweise für die rechte $KDBI_r = \frac{121S}{315}$ und konsistenterweise $KDBI_l > KDBI_r$.

Die Wahl aus obigen Abbruchkriterien hat aufgrund ihrer empirischen Korrelationen untereinander bei ausreichend groß induziertem $N_{Cluster}$ keinen Einfluss auf die Qualität der resultierenden Clusterung. Angesichts der umfangreichen Datensätze wird aufgrund der effizienteren Berechnung in vorliegender Arbeit die Mean Distance Ratio als Abbruchkriterium verwendet, welche im Anschluss die intuitive Auswahl der Clusteranzahl k und damit der Partitionierung K erlaubt – sobald eine bezüglich k lokal optimale Partition gefunden ist, sinkt die Mean Distance Ratio nur noch langsam oder kann gar wieder steigen (vgl. Abbildung 5.7). Begründet durch das ökonomi-

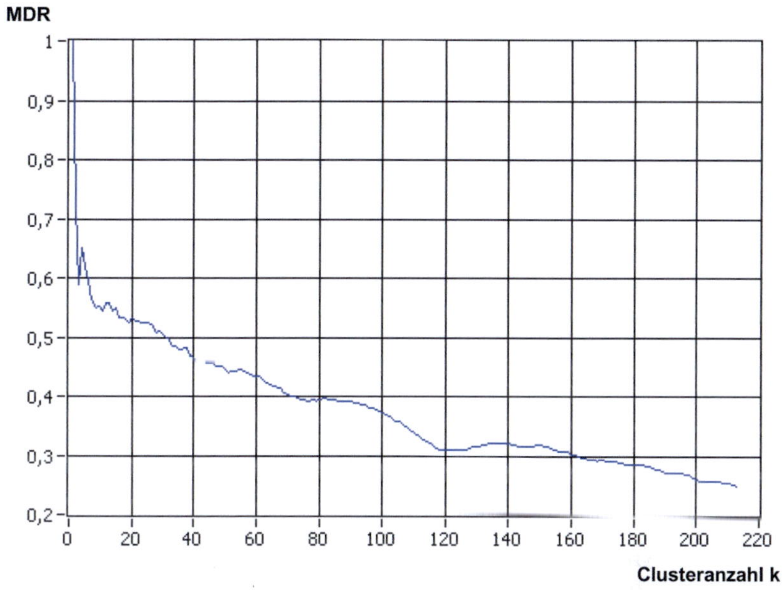

Abbildung 5.7: Beispiel zur Auswahl der optimalen Clusteranzahl k.

sche Minimumprinzip wird k inkrementell von $k = 2$ ausgehend daher so gewählt, dass erstmals gilt $MDR(\Theta, k, K) \leq MDR(\Theta, k+1, K')$. Das Testendekriterium nach Abschnitt 2.3.6 ist somit der Überdeckungsgrad der erreichten Fahrzeuge im Feld. Die verkauften, äußerst heterogenen Fahrzeugkonfigurationen lassen sich dabei im Sinne des Arrow-Theorems [Arr63] deuten, nach dem es unmöglich ist, aus den Präferenzen einzelner Individuen immer auf eine eindeutige Präferenz der Gruppe zu schließen. Daher ist praktisch auch nie eine ideale Clusterung derart umfangreicher Daten realisierbar, es existieren stets mehrere mögliche Lösungen für k und K, deren Wahl ist somit stets heuristisch.

5.4.2 SplitVR

Das SplitVR-Verfahren dient der iterativen Erhöhung der Clusteranzahl k durch die Auswahl initialer Zentroiden $\vec{c}_\kappa$ für insgesamt $N_{Cluster}$ k-means-Durchführungen. Anhang F zeigt das Ablaufdiagramm der deterministischen Methode, Anhang G ein zweidimensionales Beispiel des Vorgehens.

Als iterative, dynamische Clustering-Methode nach [Sch06d] startet SplitVR mit der deterministischen Bestimmung zweier Datenpunkte als initiale Zentroiden der 2-means-Durchführung, fokussiert anschließend in jeder Iteration jeweils den Cluster κ mit der größten Varianz und unterteilt diesen in zwei neue Cluster. Die neuen Zentroiden $\vec{c}_\kappa^{\,neu}, \vec{c}_{k+1}^{\,neu}$ leiten sich dabei aus dem bisherigen $\vec{c}_\kappa^{\,alt}$ durch Vektoraddition in Richtung der höchsten Standardabweichung $\vec{\sigma}_\kappa$ des Clusters ab, also

$$\vec{c}_\kappa^{\,neu} = \vec{c}_\kappa^{\,alt} + \vec{\sigma}_\kappa \qquad \text{und} \qquad \vec{c}_{k+1}^{\,neu} = \vec{c}_\kappa^{\,alt} - \vec{\sigma}_\kappa .$$

Der Teilungsprozess erhöht somit k iterativ. Mit der erweiterten Menge der Zentroiden folgt eine k-means-Durchführung zur Clusterung, wie unter Abschnitt 5.3 beschrieben, nach der das Abbruchkriterium auf dessen Erfüllung geprüft wird. Durch die Wahl der beiden initialen Zentroiden für die 2-means-Durchführung mit Aufspaltung der Datenmenge "von außen" verringert sich empirisch die Wahrscheinlichkeit einer suboptimalen Lösung der Iteration über k.

Im Vergleich zu weiteren, in [Sch06d] entwickelten, iterativ-dynamischen Clustering-Verfahren zeigt die SplitVR-Strategie qualitativ die beste Clusterung, wofür sie zusätzlich den geringsten Zeitbedarf benötigt. SplitVR bildet somit bei Vorgabe einer festen Qualität durch MDR, VR, DBI oder $KDBI$ die geringste Clusteranzahl $N_{Cluster}$ sowie bei Vorgabe von $N_{Cluster}$ die höchste Qualität. Nach [Sch06d] finden sich die Gründe in der Clusterbildung, da SplitVR in jedem Schritt den Cluster κ mit der höchsten Heterogenität fokussiert und diesen entlang $\vec{\sigma}_\kappa$ bewusst teilt. Damit wird unmittelbar die Minimierung des Abbruchkriteriums verfolgt.
Da bereits die Bestimmung einer optimalen Clusterung bei vorgegebener Clusteranzahl NP-schwer ist, ist auch das über die Clusteranzahl iterierende Gesamtproblem mit der SplitVR-Methode NP-schwer. Die maximale Zeitkomplexität des Algorithmus ist linear in der Anzahl an Datenpunkten $|\Theta|$, der Dimension des Eigenschaftsvektors s, der Anzahl jeweils nötiger k-means-Iterationen $(m+1)$ sowie der zu

verwendenden respektive nötigen maximalen Clusteranzahl $N_{Cluster}$, also

$$O\left(|\Theta| \times s \times (m+1) \times N_{Cluster}\right).$$

Die nötige maximale Anzahl an Clustern $N_{Cluster}$ zur Erreichung eines Qualitätskriteriums ist bei Verwendung der SplitVR-Strategie substantiell niedriger als bei anderen Strategien, zusätzlich sind die nötigen k-means-Iterationen aufgrund der fast ausschließlich lokalen Anpassung eines Clusters geringer. Dieser Effekt verstärkt sich mit abnehmender Anzahl an Datenpunkten $\left|\Theta^{(\kappa)}\right|$ im zu splittenden Cluster κ, somit ohne Einschränkung der Allgemeinheit, mit wachsendem k und erklärt den zusätzlichen Zeitbedarfsvorteil.
Eine grundsätzliche Verbesserungsmöglichkeit der SplitVR-Methodik wäre, Cluster nicht nur in Richtung der Basisvektoren des s-dimensionalen Vektorraumes mit der höchsten Varianz zu teilen, sondern auch mit Linearkombinationen "schräg" in Richtung der Kovarianzen.

5.5 Repräsentative Konfigurationsauswahl

Aus einer Analyse der Zentroiden als Clusterrepräsentanten lassen sich repräsentative Feldkonfigurationen ableiten. Da die Einträge des Eigenschaftsvektors $\vec{E} \in [0;1]^s$ für Feldfahrzeuge stets aus $\{0;1\}$ sind, bilden mit $\vec{c}_\kappa = \frac{1}{|\Theta^{(j)}|} \sum_{j=1}^{|\Theta^{(\kappa)}|} \vec{\Theta}_j^{(\kappa)}$ die Vektoreinträge der Zentroiden den Anteil der Fahrzeuge des jeweiligen Clusters ab, die entsprechende Sonderausstattungen besitzen.

Anhand der Zentroiden sind nun valide Konfigurationen zu erstellen, welche den zugehörigen Cluster repräsentieren. Überschreitet intuitiv formuliert der Fahrzeuganteil im Cluster mit Sonderausstattung SA_i einen gewissen Schwellwert, so ist diese Sonderausstattung als repräsentativ für die Absicherung des Clusters zu erachten. Mathematisch ist also eine Abbildung

$$\begin{aligned} f : [0;1]^s &\rightarrow \{0;1\}^s \\ c_\kappa^{(i)} &\mapsto \begin{cases} 1 & \text{für } c_\kappa^{(i)} > a_i \\ 0 & \text{sonst} \end{cases} \end{aligned}$$

$$\forall\, i = 1, \ldots, s, \;\; \kappa = 1, \ldots, k$$

zur Ausleitung der repräsentativen Konfiguration des Clusters κ basierend auf dem Zentroiden $\vec{c}_\kappa$ zu bestimmen, die bei einem gegebenen Anteil $c_\kappa^{(i)}$ der Sonderausstattung SA_i im Cluster die Aufnahme oder Vernachlässigung hinsichtlich der repräsentativen Konfiguration vorgibt. Die Clusterbildung selbst mit der Maximierung der Ähnlichkeit wird anhand der Common-Distance (vgl. Abschnitt 4.1.2.1) durchgeführt, da die Up-Distance die Eigenschaft der Symmetrie $\delta(\vec{x}, \vec{y}) = \delta(\vec{y}, \vec{x})$ nicht erfüllt und daher keine Metrik ist. Dementsprechend ist anhand der Up-Distance eine sinnvolle Clusteranalyse nicht möglich, womit auf den gebildeten Clustern mit einem kleinen Schwellwert a_i eine implizite Beachtung der Up-Distance mit dem Windschatteneffekt der Absicherung durch möglichst hochausgestattete Absicherungsträger zu erfolgen hat. Die konkrete Wahl von a_i ist dabei stets willkürlich und stellt eine Heuristik dar. In vorliegender Arbeit sei gemäß des aus der betriebswirtschaftlichen Bilanztheorie nach [IAS99] bekannten Prinzips MORE LIKELY THAN NOT für alle Dimensionen an Sonderausstattungen ein Schwellwert von 0,5 verwendet, also $a_i = 0,5 \; \forall \; i$. Eine Sonderausstattung wird somit als repräsentativ erachtet, wenn im Cluster über 50% der Fahrzeuge das Ausstattungsmerkmal aufweisen.

Bei Verwendung obiger Methode zur Ableitung einer repräsentativen Konfiguration aus dem Clusterzentroiden ist die Erfüllung von Zwangsausschlüssen für die entstehenden Konfiguration implizit beachtet, falls die Serviceprozesse im Feld eingehalten werden. Bei einem beispielhaft zweielementigen Zwangsausschluss zwischen den Sonderausstattungen SA_x und SA_y mit $x \neq y$, $(x, y) \in \{1, \ldots, s\}^2$ gilt

$$c_\kappa^{(x)} \leq 1 - c_\kappa^{(y)} \quad \wedge \quad c_\kappa^{(y)} \leq 1 - c_\kappa^{(x)} \quad \Rightarrow \quad c_\kappa^{(x)} + c_\kappa^{(y)} \leq 1.$$

Da zur Aufnahme von Sonderausstattung SA_x $c_\kappa^{(x)} > a_x = 0,5$ gelten muss, kann die zwangsausgeschlossene Sonderausstattung SA_y nicht gleichzeitig repräsentativ sein und vice versa. Die inhärente Beachtung von Zwangsausschlüssen gilt damit bei Wahl von $a_i \geq 0,5 \; \forall \; i$, für $a_i < 0,5$ ist dies nicht mehr gegeben.

Zwangskopplungen werden bei einem Schwellwert von $a_i = 0,5$ genau dann implizit von den berechneten Zentroiden erfüllt, wenn sie zweielementig sind. Existiert eine Auswahlmöglichkeit zwischen den zu einer Sonderausstattung zwangsgekoppelten Extras im Sinne eines aussagenlogischen ODER, beispielsweise wenn SA_x die Sonderausstattungen SA_y oder SA_z bedingt, so ist dies mit

$$\max\left\{c_\kappa^{(y)}, c_\kappa^{(z)}\right\} \;\leq\; c_\kappa^{(x)} \;\leq\; \min\left\{c_\kappa^{(y)} + c_\kappa^{(z)}; 1\right\} \qquad (x, y, z) \in \{1, \ldots, s\}^3$$

offensichtlich nicht mehr notwendigerweise gegeben. Bei einem heutigen Automobil trifft dies unter anderem bei den verschiedenen Sitzausstattungen zu, weswegen ein nötigenfalls korrigierender Kontrolllauf stattfindet (vgl. Abbildung 5.8). Dieser fügt

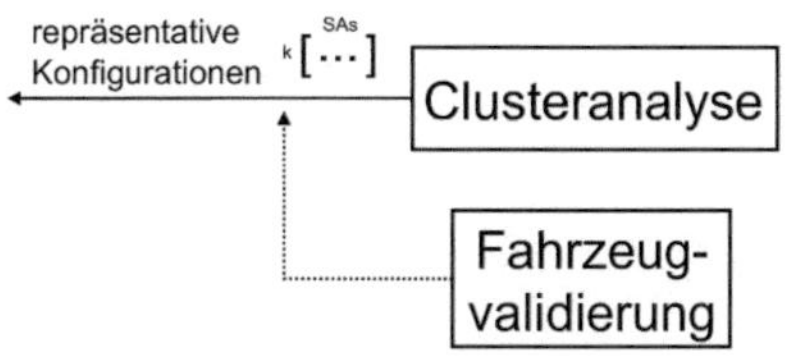

Abbildung 5.8: Korrigierender Kontrolllauf der Clusteranalyse.

bei etwa $0,5\%$ aller für reale Daten gebildeten Zentroiden die Basisausstattung einer mehrelementigen Auswahlmöglichkeit hinzu.

5.6 Fazit

Die entwickelte Methode zur Bestimmung repräsentativer Kundenkonfigurationen kann vor dem Hintergrund einer Produktfamilienabsicherung als Test spezieller Werte nach Abschnitt 2.6.2.2 gesehen werden und eignet sich insbesondere für seriennahe Absicherungen. Sie ist direkt in der Praxis einsetzbar und wird bei einem deutschen Automobilhersteller mit dem Prognoseverfahren aus Kapitel 6 und technischen Vorbedingungen, damit bestimmte Funktionen oder Steuergerätevarianten in Testaufbauten explizit vorkommen sowie spezifische Verwenderanforderungen erfüllt werden, während des Produktentstehungsprozesses zur Konfiguration seriennaher Entwicklungsprototypen verwendet. Die technischen Bedingungen als Vorannahmen lassen sich dabei als Erweiterung der Data-Mining-Methode in Richtung des Online Analytical Processing (OLAP) oder der traditionellen Datenanalyse interpretieren, welche für Analysen Hypothesen benötigen [Bod06]. Diese Einschränkung der zu untersuchenden Datenmenge über technische Bedingungen kann entsprechend auch über einen OLAP-Datenwürfel logisch dargestellt werden. Das ideale Einsatzfeld der Methode im Rahmen der Absicherung findet sich offensichtlich nach Produktionsstart in der Serienbetreuung und Weiterentwicklung, beispielsweise mit der Auswahl repräsentativer Konfigurationen zum Test von Komponenten, die aufgrund von Kosteneinsparungen oder Funktionshüben in bestehende Baureihen rückwirkend integriert werden sollen.

Wird eine Anzahl an Absicherungsplattformen vorgegeben, so lässt sich die Frage nach den aufzubauenden, repräsentativen Konfigurationen und der damit maximal erreichbaren Feldabdeckung beantworten. Anhand einer simulativen Lösungsbewertung konnte gezeigt werden, dass bei identischer Anzahl an Absicherungsplattformen ohne explizite Beachtung technischer Vorbedingungen im Vergleich zum aktuellen Vorgehen die durchschnittliche Up-Distance im Mittel um 46% reduziert werden kann. Umgekehrt lässt sich bei Vorgabe einer gewünschten Feldabdeckung die hierzu minimal nötige Anzahl an Plattformen bestimmen. Die Bewertung der Absicherungsplattformen bezüglich ihres gewährleistungsrelevanten Einflusses lässt sich dabei beispielsweise über die Anzahl oder das Risiko der Fahrzeuge im entsprechenden Cluster vornehmen und erfolgt somit automatisch.

Zusätzlich zum Einsatz im direkten Umfeld der Integration und Absicherung sind umfassend weitere Einsatzmöglichkeiten denkbar, beispielsweise im Marketing zur bewussten Paketbildung beliebter Sonderausstattungen, was wiederum die Variantenvielfalt für die Absicherung reduziert, oder auch zur Fehlerklassifizierung mit der Erstellung repräsentativer Fehlerbilder je Baureihe. Die Varianten-Clusteranalyse zur repräsentativen Konfigurationsauswahl erfordert dabei keinerlei automotive-spezifischen Vorannahmen und ist daher auch außerhalb der Automobilbranche einsetzbar – die einzige Voraussetzung ihrer Anwendung ist, dass eine Produktfamilie betrachtet wird, bei der die vom Kunden direkt und indirekt wählbaren Eigenschaften explizit bekannt sind.

Kapitel 6

Der Virtual Vehicle Generator zur Prognose zukünftig verkaufter Fahrzeugkonfigurationen

Mit vorgehend entwickelter Clusteranalyse kann eine Partitionierung kundenrelevanter Fahrzeugkonfigurationen in Cluster mit ähnlichen Eigenschaften vorgenommen und so die Absicherung anhand verkaufter Fahrzeuge ausgerichtet werden. Hinsichtlich einer kundenfokussierten Auswahl abzusichernder Konfigurationen nicht nur während der Serienbetreuung und Weiterentwicklung, sondern auch a priori vor Produktionsstart in der Entwicklung, ist eine Prognose der zukünftig verkauften Fahrzeugkonfigurationen zu treffen.

6.1 Betrachtung des vollständigen Varianten-Konfigurationsraumes

Um die Notwendigkeit der Betrachtung des vollständigen Konfigurationsraumes zu bewerten, sei die Wahrscheinlichkeit des x-maligen Auftritts einer Konfiguration betrachtet, welche sich als f-stufiger Bernoulli-Versuch zur Binomialverteilung ergibt,

$$P(X = x) = \binom{f}{x} \cdot p^x \cdot (1-p)^{f-x}.$$

Soll mit einer Wahrscheinlichkeit α von beispielsweise mindestens 90% eine bestimmte Konfiguration im stochastisch modellierten Feld vertreten sein, so muss gelten

$$\begin{aligned} P(X \geq 1) &= 1 - P(X = 0) \\ &= 1 - (1-p)^f \quad \geq \quad \alpha = 0,9. \end{aligned}$$

Nimmt man ohne Kenntnis des Kaufverhaltens potentieller Kunden die Wahrscheinlichkeit für den Auftritt einer Konfiguration als gleichverteilt an, also dass alle möglichen Konfigurationen identische Kaufwahrscheinlichkeiten haben, so ergibt sich mit der Konfigurationsvielfalt der Varianten KV_{VA} des BMW 3ers aus Abschnitt 1.2 die Wahrscheinlichkeit des Auftritts einer (beliebigen) Konfiguration zu $p = \frac{1}{KV_{VA}}$ und die benötigte Anzahl f zu modellierender Fahrzeuge als

$$\begin{aligned} f &\geq \frac{\lg(1-\alpha)}{\lg\left(1 - \frac{1}{KV_{VA}}\right)} \\ &\stackrel{\alpha=0,9}{=} -\frac{1}{\lg\left(1 - \frac{1}{KV_{VA}}\right)} \\ &\stackrel{KV_{VA}=274.560\cdot 2^{70}}{\approx} 746.367.381.790.455.554.434.449.611. \end{aligned}$$

Obige Berechnung bestimmt unter der Annahme der Gleichverteilung die minimale Anzahl f zu modellierender Fahrzeuge, um mit vorgegebener Wahrscheinlichkeit α bei beispielhafter Einschränkung auf die BMW 3er-Reihe jegliche mögliche Konfiguration mindestens einmal zu erhalten. Damit sind jedoch auch die schlussendlich produzierten und verkauften Kundenkonfigurationen stets eine nicht-repräsentative Stichprobe des möglichen Konfigurationsraums, womit eine Prognose des Fahrzeugabsatzes als echte Teilmenge des gesamten Konfigurationsraumes anzustreben ist.

6.2 Nötiger Prognoseumfang und dessen stochastische Genauigkeit

Betrachtet wird ein binomialverteiltes Modell, also die wiederholte Ausführung eines Zufallsexperiments unter gleichen Bedingungen, mit der Wahrscheinlichkeit p für den Auftritt einer bestimmten E/E-Sonderausstattung. Findet nun eine Simulation mit virtuellen Feldfahrzeugen statt, so lässt sich diese als Stichprobenerhebung von γ Objekten aus der Menge verkaufter Kundenkonfigurationen interpretieren, wovon x eine betrachtete E/E-Sonderausstattung besitzen. Mit dieser Stichprobe vom Umfang γ lässt sich ein $(1-\alpha)$-Konfidenzintervall für p angeben [Bol03]. Wird von diesem Konfidenzintervall zusätzlich eine gewisse Genauigkeit gefordert, beispielsweise p auf $\pm 1\%$ genau, so lässt sich der minimal nötige Umfang n einer Stichprobe berechnen, bei welcher der relative Anteil $\widehat{p} = \frac{x}{\gamma}$ der Elemente mit der Sonderausstattung mit einer Sicherheit von $(1-\alpha)\%$ innerhalb der Toleranzgrenzen für p liegt. Es sind somit im Gegensatz zu einer klassischen Intervallschätzung zwei Genauigkeitsangaben für die Berechnung erforderlich, die Konfidenzintervalllänge d als Toleranzangabe des Anteils p sowie die Irrtumswahrscheinlichkeit α als Restunsicherheit, dass das realisierte Ergebnis $\widehat{p}$ außerhalb des Intervalls liegen darf.

In der induktiven Statistik erfüllt bei Kenntnis von γ und x das zweiseitige $(1-\alpha)$-Konfidenzintervall der Binomialverteilung symmetrisch die Gleichungen

$$\begin{aligned} P_{p=\widehat{p}_1(x)}(X \geq x) &= \sum_{k=x}^{\gamma} \binom{\gamma}{k} p^k (1-p)^{\gamma-k} \stackrel{!}{=} \frac{\alpha}{2} \\ P_{p=\widehat{p}_2(x)}(X \leq x) &= \sum_{k=0}^{x} \binom{\gamma}{k} p^k (1-p)^{\gamma-k} \stackrel{!}{=} \frac{\alpha}{2}. \end{aligned}$$

Numerische Lösung nach p ergibt das $(1-\alpha)$-Konfidenzintervall $[\widehat{p}_1(x); \widehat{p}_2(x)]$, das mit der Sicherheit $(1-\alpha)$ den Parameter der Gesamtpopulation enthält [Bol03]. Da sich das Gleichungssystem weder für $x = 0$ noch für $x = \gamma$ lösen lässt, wird aufgrund der strengen Monotonie von $P_p(X \leq x)$ in p nach [Kre05] für $x = 0$ $\widehat{p}_1(0) = 0$ gesetzt, für $x = \gamma$ in Analogie $\widehat{p}_2(\gamma) = 1$.
Gilt die Laplace-Bedingung $\sigma^2 = \gamma p(1-p) \gtrapprox 9$, also ist die Varianz σ^2 der Binomialverteilung ausreichend groß, so lässt sich durch die Normalverteilung mit Stetigkeitskorrektur approximieren [Bol01, Eic01, Zie02], es gilt

$$P_p(X \leq x) \approx \Phi\left(\frac{x + 0{,}5 - \gamma p}{\sqrt{\gamma p(1-p)}}\right).$$

Obiges Gleichungssystem umgeformt und aufgelöst ergibt dann für den unbekannten Anteil p einer gewissen Eigenschaft der Grundgesamtheit mit dem Normalverteilungsquantil $z_{1-\alpha/2}$ zur Irrtumswahrscheinlichkeit α und $\widehat{p} = \frac{x}{\gamma}$ als relativem Anteil der Elemente mit der betrachteten Eigenschaft in der Stichprobe das approximative

$(1-\alpha)$-Konfidenzintervall,

$$[\widehat{p}_1(x), \widehat{p}_2(x)] \approx \left[\widehat{p} - z_{1-\alpha/2}\sqrt{\frac{\widehat{p}(1-\widehat{p})}{\gamma}}\ ;\ \widehat{p} + z_{1-\alpha/2}\sqrt{\frac{\widehat{p}(1-\widehat{p})}{\gamma}}\right].$$

Soll nun das Konfidenzintervall zur Berechnung eines minimal nötigen Stichprobenumfangs γ verwendet werden, so ist die Länge d des Konfidenzintervalls vorab zu definieren, welche durch

$$d = \widehat{p}_2(x) - \widehat{p}_1(x) = 2 \cdot z_{1-\alpha/2}\sqrt{\frac{\widehat{p}(1-\widehat{p})}{\gamma}}$$

gegeben ist. Damit lässt sich γ bestimmen zu

$$\gamma_{\alpha,d}(\widehat{p}) = 4 \cdot z_{1-\alpha/2}\frac{\widehat{p}(1-\widehat{p})}{d^2}.$$

Bei einer Toleranz für p von $\pm 1\%$ ist $d = 0,02$ die Konfidenzintervallbreite für p. Die Irrtumswahrscheinlichkeit α sei 1%, damit ist $z_{0,995} \approx 2,58$. A priori ist $\widehat{p}$ der Stichprobe nicht bekannt, womit $\widehat{p} = 0,5$ als Argument des Maximums im ungünstigsten Fall verwendet wird. Somit ergibt sich zur Erfüllung der Toleranzgrenzen von p beim Konfidenzniveau $(1-\alpha)$ der minimale Umfang einer Stichprobe zu

$$\gamma_{0,01;0,02}(0,5) = 4 \cdot (2,58)^2 \cdot \frac{0,25}{(0,02)^2} = 16.641.$$

Da gilt $16.641 \cdot p(1-p) \gtrapprox 9\ \forall\ p \in [0,01; 0,99]$ ist die Approximation des Konfidenzintervalls mit der Normalverteilung gültig.

Ist der Parameter p als prognostizierter Feldanteil betrachteter Sonderausstattung nahe bei 0 beziehungsweise 1, so ist die Überdeckungswahrscheinlichkeit der Approximation mit der Normalverteilung oftmals zu gering. Bei $p \approx 0,\ p > 0$ und großem Stichprobenumfang γ wird die Poisson-Verteilung zur Grenzverteilung der Binomialverteilung und die Poissonsche Approximation lässt sich anwenden [Heu03], es ist

$$\lim_{\gamma\to\infty} \binom{\gamma}{x} p^x (1-p)^{\gamma-x} = e^{-\lambda}\frac{\lambda^x}{x!} \qquad \text{mit } p := \frac{\lambda}{\gamma},\ \lambda > 0.$$

Mit dem Normalverteilungsquantil $z_{1-\alpha/2}$ und $\widehat{p} = \frac{x}{\gamma}$ ergibt sich das approximierte $(1-\alpha)$-Konfidenzintervall für den Parameter λ einer Poisson-Verteilung nach [Sac03, Sac06] zu

$$[\widehat{p}_1(x), \widehat{p}_2(x)] = \left[\widehat{p} + \frac{z_{1-\alpha/2}^2}{2\gamma} - \sqrt{\left(\widehat{p} + \frac{z_{1-\alpha/2}^2}{2\gamma}\right)^2 - \widehat{p}^2}\ ;\ \widehat{p} + \frac{z_{1-\alpha/2}^2}{2\gamma} + \sqrt{\left(\widehat{p} + \frac{z_{1-\alpha/2}^2}{2\gamma}\right)^2 - \widehat{p}^2}\right]$$

Nach obiger, analoger Vorgehensweise ergeben sich die Länge d des Konfidenzintervalls zu

$$d = \widehat{p}_2(x) - \widehat{p}_1(x) = 2 \cdot \sqrt{\left(\widehat{p} + \frac{z_{1-\alpha/2}^2}{2\gamma}\right)^2 - \widehat{p}^2}$$

sowie γ als

$$\gamma_{\alpha,d}(\widehat{p}) = \underset{(-)}{+} \frac{z_{1-\alpha/2}^2}{2 \cdot \left[\sqrt{\left(\frac{d}{2}\right)^2 + \widehat{p}^2} - \widehat{p}\right]}.$$

Auf $(0;1]$ ist $\gamma_{\alpha,d}(\widehat{p})$ streng monoton wachsend, doch die Gültigkeit der Approximation auf $p \approx 0$ beschränkt. Sei erneut $\alpha = 1\%$ und damit $z_{0,995} \approx 2,58$, mit einer Toleranz für $\lambda \pm 1\%$ ist $d = 0,02$ und sei $\widehat{p} = 0,05$, so ergibt sich n beispielsweise zu

$$\gamma_{0,01;0,02}(0,05) = \frac{(2,58)^2}{2 \cdot \left[\sqrt{\left(\frac{0,02}{2}\right)^2 + (0,05)^2} - 0,05\right]} \approx 3.361.$$

Da $p = \frac{\lambda}{\gamma}$ gilt, ist in diesem Fall die Toleranz für p sogar weitaus kleiner als $\pm 1\%$.

Insgesamt kann also unter Beachtung der notwendigen Abhängigkeiten in Form von Zwangskopplungen und -ausschlüssen eine (randomisierte) Auswahl der Sonderausstattungen für ein Fahrzeug anhand ihrer Feldanteile stattfinden. Bei der Modellierung einer mit $\gamma_{\alpha,d}(\widehat{p})$ ausreichend großen Menge an Feldfahrzeugen ergeben sich im statistischen Mittel mit der Sicherheit $(1-\alpha)$ die Anteile der prognostizierten Sonderausstattungen innerhalb des vorgegebenen Intervalls $[p - \frac{d}{2}; p + \frac{d}{2}]$ durch valide, virtuelle Fahrzeuge.

6.3 Existierende Verfahren der Variantenprognose bei Automobilen

Zur Planung und Bewertung von Produktvarianten existiert die kommerziell verfügbare Software TRAVIS der PURVENTIS GmbH [PUR09], welche bei einem deutschen Automobilhersteller im Variantenmanagement eingesetzt wird. Mit der Betrachtung bedingter Häufigkeiten ist die Mächtigkeit des Werkzeugs prinzipiell identisch mit der Komplexitätsmanagementsoftware LOOMEO der Teseon GmbH (vgl. Abschnitt 5.1). Die verwendeten Variantenbäume ermöglichen jedoch auch eine Prognose der zukünftigen Feldanteile von Sonderausstattungen.

Abbildung 6.1 zeigt beispielhaft die zulässigen Kombinationsmöglichkeiten von vier Varianten der so genannten Head-Unit mit dem CD-Wechsler als Variantenbaum. Erkennbar ist dabei ein hinterlegtes Regelwerk, da bei Wahl des einfachen Radios kein CD-Wechsler bestellt werden kann. Jede Variante kann mit ihrer relativen Häufigkeit

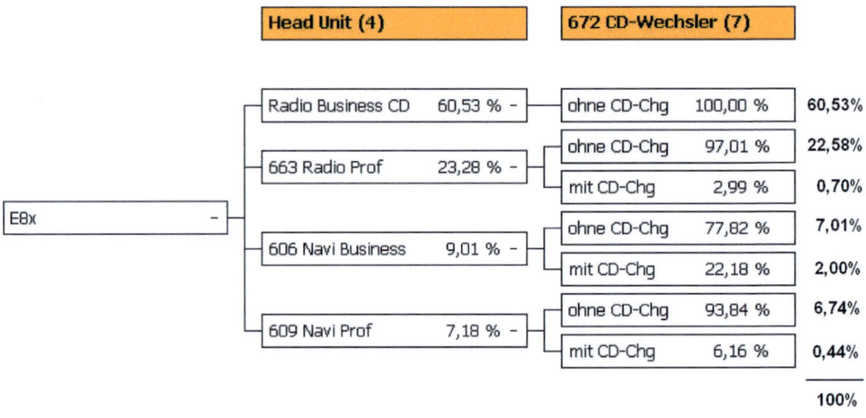

Abbildung 6.1: Beispiel eines Variantenbaumes.

im Vergleich zu den anderen Wahlmöglichkeiten bewertet werden, wobei ab der zweiten Ebene bedingte, relative Häufigkeiten verwendet werden. Über die Hierarchien des Baumes multipliziert ergeben die Verteilungen derart die relative Häufigkeit der Variantenkombinationen und ermöglichen eine ABC-Analyse der angebotenen Kombinationen nach Stückzahlen.

Abbildung 6.2 zeigt die Entwicklung eines Prognose-Variantenbaumes, welcher aus zwei Teilen besteht. Den ersten Teil stellt der anhand einer Stützbaureihe aufgebaute

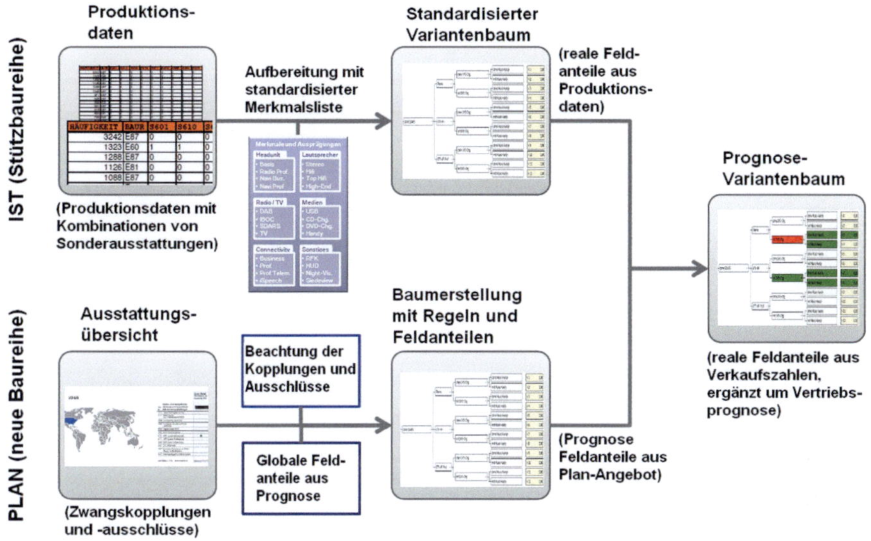

Abbildung 6.2: Mittels Variantenbäumen entwickeltes Prognosemodell.

Variantenbaum mit den bekannten Verteilungen der relativen Häufigkeiten der tatsächlich verkauften Konfigurationen dar. Für jedes Blatt als Variantenkombination des Baumes schließt sich dann ein anhand geplanter Zwangskopplungen und -ausschlüsse zwischen Sonderausstattungen erstellter, jeweils identischer Variantenbaum für die zusätzlich eingeführten Varianten der neuen Baureihe an. Dieses zweistufige Gesamtkonstrukt wird nötigenfalls korrigiert, wenn beispielsweise Varianten der alten Baureihe nicht mehr angeboten werden oder neu angebotene Varianten bestimmte Vorbedingungen durch Zwangskopplungen oder -ausschlüsse erfordern. Die relativen Häufigkeiten des neuen Variantenbaumes werden dabei ohne spezifischere Vorbedingungen gemäß der globalen Prognose der insgesamt erwarteten Feldanteile festgelegt. Abbildung 6.3 verdeutlicht dieses Vorgehen und zeigt im Vergleich mit Abbildung 6.1, dass bereits bei einem Baum der Tiefe 2 substantielle Berechnungsfehler auf den tieferen Baumebenen entstehen können.

Das im Folgenden entwickelte Prognosemodell modelliert zur Verteilung von Sonderausstattungen explizite Vorbedingungen anhand beliebter Kombinationen von

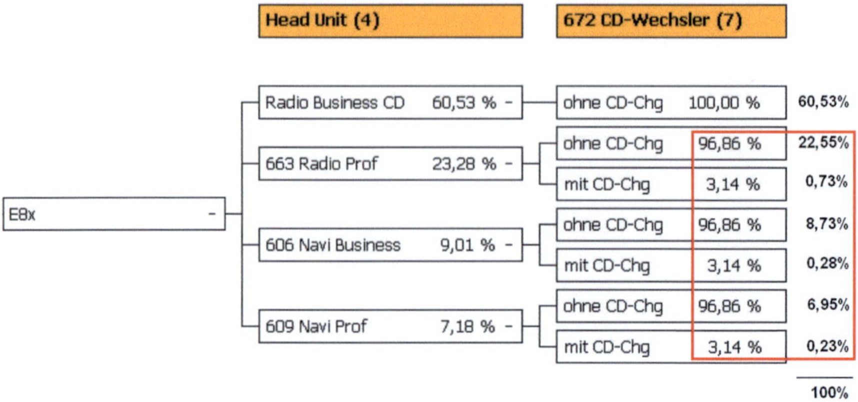

Abbildung 6.3: Variantenbaum mit global prognostizierten Feldanteilen.

Extras. Mit der Betrachtung verschieden umfangreicher Vorbedingungen und der entsprechend einhergehenden Abstraktionsfähigkeit bietet es dabei weiterhin eine höhere Flexibilität und Genauigkeit bezüglich der erzeugten Prognosedaten. Schlussendlich ermöglicht es mit einem flexiblen Lernprozess, auf beliebige Änderungen und Korrekturen an der als Trainingsset vorgegebenen Menge von Kundenfahrzeugen einzugehen und derart die vollständige Anpassung des Modells an gegebene Daten.

6.4 Prognose durch statistische Hochrechnung

Wird die Konfiguration eines kompletten Fahrzeugs betrachtet und beispielsweise ein Automatikgetriebe als Sonderausstattung gewählt, so ließe sich etwa annehmen, dass bei diesem Kunden ein Komfortsitz eine höhere Kaufwahrscheinlichkeit besitzt als ein Sportsitz. Für eine optimale Prognose auf Konfigurationsebene sind also neben den erwarteten Feldanteilen von Sonderausstattungen auch kundenspezifische Wechselwirkungen zwischen Sonderausstattungen zu kennen. Diese Voraussetzung ist angesichts Abschnitt 6.1 gar so wichtig, dass falls Sonderausstattungen stochastisch unabhängig mit dem prognostizierten Feldanteil als Durchschnittswahrscheinlichkeit gewählt werden, sich äußerst unterschiedliche Fahrzeugfelder bilden, die ausschließlich im prognostizierten Feldanteil übereinstimmen. Abbildung 6.4 zeigt anhand von fünf Fahrzeugen und drei wählbaren Sonderausstattungen $\{1;2;3\}$ mit einem

Feldanteil von je 60% die mehrdeutige Verteilungsmöglichkeit durch einmal drei hoch und zwei schwach ausgestattete Fahrzeuge beziehungsweise einer gleichmäßigen Verteilung der Sonderausstattungen.

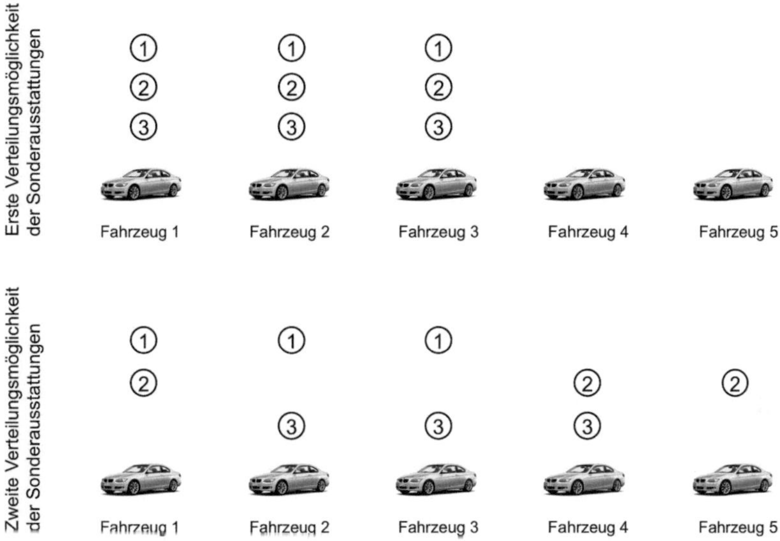

Abbildung 6.4: Mehrdeutige Verteilungsmöglichkeiten bei stochastischer Unabhängigkeit.

Die kombinatorisch umfangreichen Abhängigkeiten zwischen Sonderausstattungen sind somit maschinell zu lernen. Die vorzugebenden Lerndaten können dabei wie in diesem Kapitel innerhalb der Serienproduktion aus den bis dahin verkauften Fahrzeugen bestehen, bei einer Prognose noch während des Produktentstehungsprozesses (vgl. Abschnitt 6.5) können aus einer vergleichbaren, existierenden Baureihe die nötigen Gesetzmäßigkeiten der Kaufentscheidungen gelernt werden.

6.4.1 Maschinelles Lernen des Kundenverhaltens

Beim maschinellen Lernen erkennt ein künstliches System Gesetzmäßigkeiten in den vorgegebenen Lerndaten und kann diese nach dem Ende der Lernphase verallgemeinern. Vorliegende Anwendung des Lernens aus Produktionsdaten hat die Erstellung eines Modells zum Ziel, das Kaufentscheidungen einer Kundengruppe – beispielsweise für den BMW 7er – vorhersagt.

Nach Abschnitt 5.2 lässt sich eine Konfiguration auf der Ebene von Varianten durch eine Menge von Sonderausstattungen beschreiben. Bringt man die möglichen Sonderausstattungen in eine (beliebige) Reihenfolge und nimmt an, dass die Entscheidungen für oder gegen die Existenz von Extras sequentiell in Abhängigkeit von vorhergehenden Entscheidungen getroffen werden (vgl. Abbildung 6.5), so lassen sich Algorithmen der Mustererkennung bei sequentiellen Daten anwenden. Die

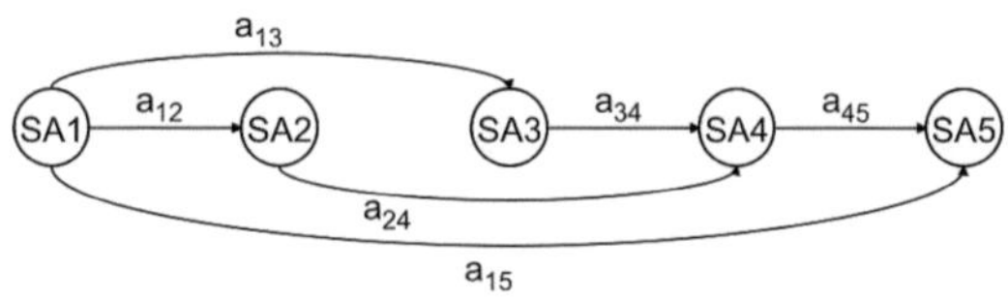

Abbildung 6.5: Beispielhaft sequentielle Entscheidungen für Sonderausstattungen.

Annahme der Sequentialisierung stellt dabei keine Modelleinschränkung dar, da sich eine Gesamtkonfiguration als Kombination und nicht als Permutation von Sonderausstattungen ergibt. Das allgemeine Links-Rechts-Modell aus Abbildung 6.5 besitzt zur Modellierung der bedingten Kaufwahrscheinlichkeiten beispielsweise die mit Wahrscheinlichkeiten bewerteten Übergänge a_{13}, a_{34} und a_{45}, womit es mit einer gewissen Gesamtwahrscheinlichkeit eine Konfiguration bestehend aus den Sonderausstattungen "SA1", "SA3", "SA4" sowie "SA5" erlaubt. Werden die Sonderausstattungen in eine andere Reihenfolge gebracht, so ändern sich zwar die einzelnen Übergangswahrscheinlichkeiten zwischen den Sonderausstattungen, doch nicht die Wahrscheinlichkeit für das Auftreten der Gesamtkonfiguration bestehend aus diesen vier Extras.

6.4.1.1 Visible- und Hidden-Markov-Modelle

Bei der Mustererkennung auf sequentiellen Daten werden nach [Bis08] insbesondere Visible- und Hidden-Markov-Modelle eingesetzt.

Ein (Visible-) Markov-Modell ist durch einen diskreten, stochastischen Prozess beschrieben und berechnet mit Übergangswahrscheinlichkeiten sequentielle Abhängigkeiten von linear verketteten Zuständen als semantische Einheiten. Formal ist ein Markov-Modell als Tupel $\lambda_{VMM} = (S, A, \pi)$ definiert:

- $S = \{s_1, \ldots, s_s\}$
  Der Zustandsraum als Menge aller Zustände.
- $A = \{a_{ii'}\}$
  Die Zustandsübergangsmatrix mit den Wahrscheinlichkeiten, von Zustand s_i nach $s_{i'}$ überzugehen. $a_{ii'} \geq 0 \;\; \forall\, 1 \leq i, i' \leq s, \;\; \sum_{i'=1}^{s} a_{ii'} = 1 \;\; \forall\, i.$
- $\pi = \{\pi(1), \ldots, \pi(s)\}$
  Die Anfangswahrscheinlichkeitsverteilung des Startzustands s_i.

Bei einem Markov-Modell erster Ordnung hängt dabei der Zustand in $t+1$ nur vom Zustand in t ab, also

$$P(s_{t+1}|s_1, s_2, \ldots, s_t) = P(s_{t+1}|s_t).$$

Die beispielsweise bei der Verarbeitung von Spracheingaben [Rab89] eingesetzten Hidden-Markov-Modelle nach [Bau66] werden durch zwei Zufallsprozesse beschrieben, wovon der erste ein herkömmliches Markov-Modell mit Zuständen und deren Übergangswahrscheinlichkeiten ist. Diese Zustände sind jedoch modellinhärent und von außen nicht sichtbar, sie erzeugen vielmehr gemäß eines zweiten Zufallsprozesses beobachtbare Ausgaben, die vom entsprechenden Zustand abhängig sind. Das Tupel λ_{VMM} wird entsprechend erweitert zu $\lambda_{HMM} = (S, A, B, \pi, V)$:

- $B = \{b_1, \ldots, b_s\}$
  Die Menge der Emissionswahrscheinlichkeitsverteilungen. $b_i(x)$ bezeichnet dabei die Wahrscheinlichkeit, dass in Zustand i die Ausgabe $x \in V$ beobachtet werden kann.
- V
  Das diskrete oder stetige Ausgabealphabet als Definitionsbereich der Emissionswahrscheinlichkeitsverteilungen.

Auch bei Hidden-Markov-Modellen erster Ordnung gilt die als "Gedächtnislosigkeit" bezeichnete Markov-Eigenschaft

$$P(s_{t+1} = x_{t+1}|s_1 = x_1, s_2 = x_2, \ldots, s_t = x_t) = P(s_{t+1} = x_{t+1}|s_t = x_t).$$

Markov-Ketten sind aufgrund ihrer Topologie prinzipiell gut geeignet für die Klassifikation und Modellierung von (Zeit-) Reihen, nach [Bis08] beispielsweise bei der

Handschriftmodellierung, der Simulation ökonomischer Zeitreihen oder der Analyse biologischer Sequenzen wie Proteine oder DNA. Gegenüber künstlichen neuronalen Netzen ist insbesondere die Möglichkeit der graphischen Visualisierung von Markov-Modellen zur Veranschaulichung der erzielten Ergebnisse von Vorteil, weswegen sie im folgend entwickelten Prognosemodell verwendet werden.
Nachteilig ist bei einfachen Markov-Modellen erster Ordnung die Markov-Eigenschaft selbst. Zusätzlich ist bei komplexeren Problemstellungen die Konstruktion der Topologie mit den einzuhaltenden Nebenbedingungen oftmals aufwändig und nicht ohne Expertenwissen über die modellierte Quelle möglich. Entsprechend zeitaufwändig gestaltet sich dann auch das Training der Modelle mit umfangreichen Datensätzen.

6.4.1.2 Der Virtual Vehicle Generator als Hidden-Markov-Modell

Da eine Fahrzeugkonfiguration zwar aus einer Menge von einzelnen Sonderausstattungen besteht, jedoch für vorliegende Anwendung insbesondere der Auftritt bestimmter Fahrzeugkonfigurationen interessant ist, eignen sich prinzipiell Hidden-Markov-Modelle in Links-Rechts-Richtung, deren verborgene Zustände den Sonderausstattungen als semantischen Einheiten entsprechen. Diese Zustände sollen ihr Erreichen über ihre Emission identifizieren, die stattfindet, falls die erreichte Sonderausstattung im entsprechenden Anwendungsfall zu berücksichtigen ist. Das diskrete Ausgabealphabet ist somit die Menge der verfügbaren Sonderausstattungen, es gilt $V = S = \{SA_i\}$. Soll beispielsweise die Fahrwerksdomäne näher auf das Kaufverhalten der Menge dort angebotener Sonderausstattungen $\{SA_i^F\} \subseteq \{SA_i\}$ untersucht werden, so sind die Emissionen von Zuständen anderer Sonderausstattungen außerhalb der Fahrwerksdomäne zu unterdrücken, also

$$b_i(s_i) = 1 \quad \forall\, s_i \in \{SA_i^F\}, \qquad b_i(s_i) = 0 \quad \forall\, s_i \notin \{SA_i^F\}.$$

In einem Links-Rechts-Modell gilt $a_{ii'} = 0$ falls $i' < i$, womit keine Übergänge zu vorhergehenden Zuständen möglich sind. Daher gilt im Regelfall $\pi(1) = 1$, da die Zustandssequenz im ersten Zustand beginnen muss. Abweichend von herkömmlichen Markov-Modellen soll für vorliegende Anwendung jedoch ein zusätzlicher Initialzustand s_0 mit $\pi(0) = 1$ sowie ein Endzustand s_E eingeführt werden, die keine Emission besitzen und stets als Ausgangs- beziehungsweise Endpunkt verwendet werden (vgl. Abbildung 6.6). Der Initialzustand sorgt auch bei verschiedenen Fahrzeugkonfigurationen für einen deterministischen Start des Modelldurchlaufs, der

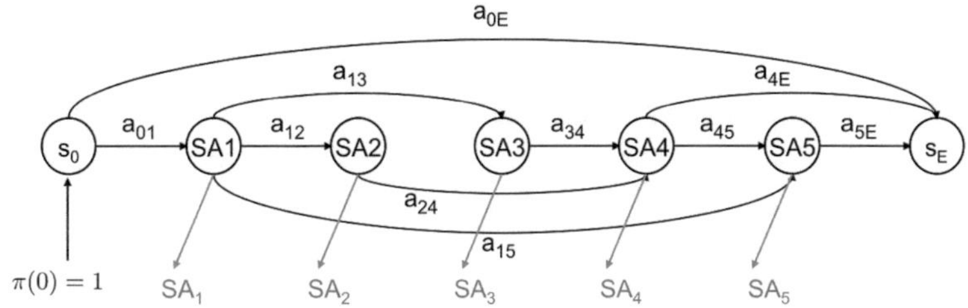

Abbildung 6.6: Hidden-Markov-Modell zur Modellierung des Kundenverhaltens. Beispiel eines gedächtnislosen Modells erster Ordnung.

Endzustand trägt den unterschiedlich langen Ketten von Fahrzeugen mit verschieden umfangreicher Ausstattung Rechnung.

Die Ordnung kann in vorliegendem Virtual Vehicle Generator als Hidden-Markov-Modell explizit bis auf $s-1$ erhöht werden, um nicht nur eine Sonderausstattung als Vorgängerzustand beim Zustandsübergang zu berücksichtigen, sondern potentiell alle. Ein gedächtnisloses Markov-Modell betrachtet nur die direkten Zusammenhänge von Sonderausstattungen ohne weitere Vorbedingungen und bildet so die Funktionalität des Tools LOOMEO aus Abschnitt 5.1 ab. Mit dem Verzicht auf die Markov-Eigenschaft ist eine genauere Vorhersage zu erwarten, jedoch steigt der Rechenaufwand exponentiell, da die Potenzmenge der verfügbaren Sonderausstattungen als Vorbedingung der Übergänge verwendet wird. Eine volle Historienbetrachtung der Ordnung $s-1$ betrachtet bei der Berechnung der Kaufwahrscheinlichkeit einer Sonderausstattung alle bis dahin gewählten Sonderausstattungen und führt so bei Vorgabe einer gewünschten Fahrzeuganzahl nach einem gelernten Feld im Falle von Gesamtfahrzeugen zur stochastischen Stichprobenauswahl dortiger Konfigurationen. Es entstehen also keine Fahrzeuge, welche der Kunde zwar kaufen kann, dies bisher aber (zufällig) nie getan hat.

6.4.1.3 Lernalgorithmus des Virtual Vehicle Generators

Über das *Gesetz der großen Zahlen* der Statistik [Ber13, Bol01] lässt sich der prozentuale Feldanteil einer Sonderausstattung mit der Wahrscheinlichkeit gleichsetzen, dass ein typischer Kunde sich für entsprechendes Extra entscheidet beziehungsweise es in einem Ausstattungspaket automatisch erhält. Mit einem ausreichend großen Feld verkaufter Fahrzeugkonfigurationen als Trainingsdaten können so über die dort auftretenden Feldanteile mit den zugehörigen Übergangshäufigkeiten zwischen Sonderausstattungen die Übergangswahrscheinlichkeiten gelernt werden. Hat ein Fahrzeugfeld vom Umfang γ bezüglich einer Sonderausstattung den Feldanteil $\overline{x}_\gamma \in [0;1]$ und sei der theoretische, stochastische Erwartungwert mit $\mu \in [0;1]$ bezeichnet, so gilt

$$P\left(\lim_{\gamma\to\infty} \overline{x}_\gamma = \mu\right) = 1.$$

Je größer das zum Training vorgegebene Fahrzeugfeld ist, umso höhere Konfidenz lässt sich also von der damit festgelegten Modellparametrierung erwarten.

Um mit dem Virtual Vehicle Generator eine aussagekräftige Prognose zukünftiger Fahrzeugkonfigurationen zu erhalten, sind folglich mit vorzugebenden Lerndaten die Übergangs- und Emissionswahrscheinlichkeiten zu lernen, die am wahrscheinlichsten die Feldkonfigurationen als Ausgabesequenzen erzeugt haben. Dies erfolgt im Regelfall mit dem Baum-Welch-Algorithmus [Bau70] als Variation des Expectation-Maximization-Algorithmus [Dem77, Dud00], alternativ mit dem Viterbi Path Counting Algorithmus [Dav03] oder dem Adjusted Viterbi Training [Lem08]. Das in Abschnitt 6.4.1.2 entwickelte Modell soll eine intuitive Verwendung unterschiedlich umfangreicher Teilkonfigurationen sowie die einfache Variation der prognostizierten Feldgröße ermöglichen. Es wird daher, insbesondere aufgrund der bekannten internen Modellzustände und -übergänge, ein trivialerer Algorithmus mit Vorwärtswahrscheinlichkeiten verwendet, der schrittweise die einzelnen Observationen einer Observationssequenz Θ_j betrachtet. Für die derart entstehende Konfiguration mit ihren verbauten Sonderausstattungen als Observationssequenz ergibt die Multiplikation der gewählten, bedingten Übergangswahrscheinlichkeiten die Auftrittswahrscheinlichkeit dieser Fahrzeugkonfiguration. In vorliegendem Modell existiert je Konfiguration Θ_j nur eine mögliche Hintergrundsequenz S^{Θ_j}, womit für eine gegebene Konfiguration $\Theta_j = \{x_1^{\Theta_j}, \ldots, x_\omega^{\Theta_j}\} \subseteq \{x_1, \ldots, x_s\}$ mit $S^{\Theta_j} = \{s_1^{\Theta_j}, \ldots, s_\omega^{\Theta_j}\} \subseteq \{s_1, \ldots, s_s\}$ gilt

$$P(\Theta_j | S^{\Theta_j}) = \pi_{s_0} \cdot \prod_{i=1}^{\omega} a_{i-1,i}^{\Theta_j}\, b_i^{\Theta_j}(x_i^{\Theta_j}) \cdot a_{\omega E}^{\Theta_j} = 1.$$

Die Summation über eine nach Abschnitt 6.2 ausreichend großen Anzahl dieser Konfigurationen bildet die jeweils erwarteten Feldanteile der Sonderausstattungen ab. Derart ist eine hohe Anwendungsflexibilität gewährleistet und ein Einsatz auch von Nicht-Spezialisten durchführbar.

Vor dem eigentlichen Training des Virtual Vehicle Generators ist die gewünschte Ordnung festzulegen, also in welchem Umfang vorhergehende Zustände berücksichtigt werden sollen. Beispielhaft sei für ein Modell erster Ordnung angenommen, dass 100.000 Fahrzeugkonfigurationen als Lerndaten vorgegeben werden. Ausgehend vom Initialzustand werden die in den Trainingsdaten möglichen Übergänge zu Sonderausstattungen bestimmt. In Abbildung 6.6 wäre dies der Übergang a_{01} zur Sonderausstattung "SA1". Weiterhin erlaubt das dargestellte Modell auch, dass kein einziges Extra gewählt wird, daher der Übergang a_{0E}. Angenommen, dass 50.000 Fahrzeuge die Sonderausstattung "SA1" und die restlichen 50.000 Fahrzeuge kein Extra besitzen, so ergeben sich die Gewichte der Übergänge als Wahrscheinlichkeiten zu $a_{01} = 0,5$ sowie $a_{0E} = 0,5$. Die 50.000 Fahrzeuge mit Sonderausstattung "SA1" können nun weiterhin die Sonderausstattungen "SA2", "SA3" sowie "SA5" besitzen. Sei angenommen, dass sich 25.000 Kunden mit der "SA1" auch für die "SA2" entscheiden und jeweils 12.500 gegen die "SA2" und stattdessen für die "SA3" oder "SA5", so ergeben sich die Übergänge zu $a_{12} = 0,5$ und $a_{13} = a_{15} = 0,25$.
Bei der Berechnung der Übergänge handelt es sich also um bedingte Wahrscheinlichkeiten mit Vorbedingungen bezüglich vorhandener Sonderausstattungen. Ein gedächtnisloses Modell betrachtet in Abbildung 6.6 beispielsweise zur Berechnung der Übergänge a_{45} sowie a_{4E} die Menge der Fahrzeuge, die Sonderausstattung "SA4" besitzen. Das Modell vierter Ordnung für diese Trainingsdaten berücksichtigt zur Übergangsberechnung weiterhin, auf welchem Pfad Sonderausstattung "SA4" erreicht wurde – in vorliegendem Fall also, ob die bisherige Konfiguration "SA1", "SA2" und "SA4", oder "SA1", "SA3" und "SA4" beinhaltet. Die Gewichte der Übergänge bestimmen sich somit durch Fallunterscheidungen in Abhängigkeit des bisherigen Pfades.

6.4.2 Erstellung eines virtuellen Felds als Prognose

Der Virtual Vehicle Generator aus Abschnitt 6.4.1.2 ist als endlicher, nichtdeterministischer Automat mit Ausgaben noch während der Verarbeitung der Eingabe prinzipiell ein *Transduktor* – mit einer geeigneten Parametrierung für S, A, B, π und V kann er zur Felderstellung auch als *Generator* eingesetzt werden. Basierend auf den verkauften Konfigurationen einer existierenden Baureihe als Trainingsdaten ist das Modell in der Lage, je nach gewählter Ordnung diese in unterschiedlichem Umfang zu abstrahieren und ein virtuelles Feld beliebiger Größe zu erstellen, welches mit den statistischen Annahmen aus Abschnitt 6.2 das reale Feld repräsentiert. Dies erfolgt, indem ausgehend vom Initialzustand s_0 anhand der Übergangswahrscheinlichkeiten die Existenz von Sonderausstattungen stochastisch entschieden wird. Für jede zu generierende Konfiguration findet ein nichtdeterministischer Durchlauf des Modells mit der Erzeugung einer Observationssequenz von Sonderausstattungen statt. Der dabei gewählte Pfad mit den zugehörigen Emissionen definiert so die entstehende Fahrzeugkonfiguration. Abbildung 6.7 zeigt illustrierend die Generation einer Fahrzeugkonfiguration mit den Sonderausstattungen "SA1", "SA3" sowie "SA4".

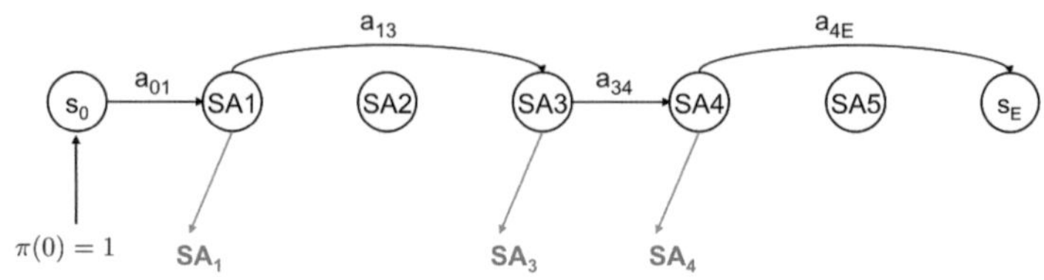

Abbildung 6.7: Generatorendurchlauf mit zugehörigem Pfad einer Konfiguration. Beispiel anhand des gedächtnislosen Modells.

Bei Einhaltung der vorgegebenen Serviceprozesse im Feld sind die entsprechend generierten Fahrzeuge stets valide, da ausgehend von den validen Fahrzeugen im Trainingsset Übergänge, welche zu invaliden Konfigurationen führen, nicht möglich sind.

Sei beispielsweise die 2008 abgelöste BMW 7er-Reihe (E65/E66) betrachtet, wovon insgesamt ungefähr 282.000 Fahrzeuge produziert wurden, davon 162.000 in der Variante E66 mit verlängertem Radstand. Werden die 120.000 Fahrzeuge des E65 als Trainingsset mit der Ordnung $s-1$ vorgegeben, so lernt der Virtual Vehicle Generator die Abhängigkeiten zwischen den Sonderausstattungen. Mit einer vorgegebenen Anzahl können also die verkauften Konfigurationen nachgebildet und eine entsprechend umfangreiche Produktionsmenge prognostiziert werden.
Derart wurden 20.000 virtuelle Fahrzeuge des E65 generiert, wobei in vorliegendem Beispiel eine maximale Abweichung zwischen dem realen und dem prognostizierten Feldanteil einer Sonderausstattung von absolut betrachtet $0,55\%$ bei der Sonderausstattung $SA_{78}^{E65/66}$ auftritt (vgl. Tabelle H.1 in Anhang H). Insgesamt bilden sich die Konfigurationen für den E65 anhand von 983 Übergängen zwischen 146 Sonderausstattungen. Da unwahrscheinliche Pfade in der um über 83% verkleinerten Fahrzeugemenge stochastisch nicht unbedingt vertreten sein müssen, können einzelne Übergangswahrscheinlichkeiten des virtuellen Felds im Vergleich zum realen deutlicher abweichen.

Hinsichtlich der Eignung des Virtual Vehicle Generators als Prognosemodell für die Konfiguration der Absicherungsträger mit der Clusteranalyse aus Abschnitt 5 sei als weiteres Beispiel die BMW 1er-Reihe mit den Derivaten E87 (Fünftürer), E81 (Dreitürer), E82 (Coupé) sowie E88 (Cabrio) im Markt Japan betrachtet. Zum Stichtag der Datenerhebung am 01.07.2008 wurden dort etwa 27.000 Fahrzeuge verkauft, welche sich aus 196 Übergängen bilden.
Generiert man erneut mit der Ordnung $s-1$ ein ebenso großes virtuelles Feld und berechnet für dieses Zentroiden, so ergibt sich beim Aufbau einer Absicherungsplattform für den Markt Japan die exakt identische Konfiguration zur Absicherung wie für das reale Fahrzeugfeld (vgl. Tabelle H.2). Im Falle von drei Absicherungsträgern weicht die zweite Plattform um die Sonderausstattung SA_{166}^{1er} ab, die der Zentroid des virtuellen Felds zusätzlich besitzt. Der dritten Plattform in der Prognose fehlen im Vergleich zum realen Feld die zwei Sonderausstattungen SA_{50}^{1er} und SA_{75}^{1er}, welche auf dem realen Feld mit geringfügig über 50% im dritten Cluster als repräsentativ erachtet werden (vgl. Tabelle H.3).

6.5 Prognose bei exogenen Änderungen

Eine Prognose bei exogenen Änderungen wird erforderlich, wenn sich bezüglich der alten, vorhandenen Baureihendaten die zu prognostizierende Feldstruktur ökonomisch oder technisch ändert – beispielsweise bei Veränderungen des Konsumverhaltens, neuen Sonderausstattungen oder bei der Modellablösung einer alten Fahrzeugbaureihe durch eine neu entwickelte. Dieser Fall tritt bei einer Prognose noch während des Produktentstehungsprozesses auf, etwa bei der Ablösung des BMW E65 durch dessen Nachfolger, den BMW F01. Prinzipiell hat in diesem Fall der Virtual Vehicle Generator anhand einer möglichst vergleichbaren Stützbaureihe die kundenspezifischen Abhängigkeiten zwischen Sonderausstattungen maschinell wie unter 6.4.1.3 zu lernen und analog 6.4.2 ein virtuelles Feld zu generieren, für welches zusätzliche exogene Randbedingungen einzuhalten sind. Diese Randbedingungen betreffen den Wegfall bisher existierender Sonderausstattungen, die Einführung neuer Sonderausstattungen mit einem prognostizierten Feldanteil sowie die Änderung der erwarteten Feldanteile existierender Sonderausstattungen im Vergleich zu den Feldanteilen der alten Baureihe.

Insbesondere aufgrund der Preiskalkulation im Marketing sowie im Controlling werden bei Automobilherstellern die erwarteten Take-rates für kundenbestellbare

Sonderausstattungen baureihenspezifisch prognostiziert (vgl. Tabelle 6.1). Die aus den

Code	Sonderausstattung	Erwartete Take-rate
S455A	Aktivsitz für Fahrer / Beifahrer	3%
S456A	Komfortsitz elektrisch verstellbar	19%
S459A	Sitzverstellung elektrisch mit Memory	32%
S481A	Sportsitz für Fahrer / Beifahrer	18%
S488A	Lordosenstütze Fahrer / Beifahrer	22%
...	...	...

Tabelle 6.1: Erwartete Take-rates ausgewählter Sonderausstattungen. Fiktiv gewähltes Beispiel.

Wirtschaftswissenschaften stammende Take-rate beschreibt die Menge der Kunden, die ein gewisses Angebot wahrnehmen und kaufen. Wird diese prozentual betrachtet, so erhält sie beispielsweise bei Änderung des Preises einer Sonderausstattung, verschieden hohen Marketingaufwänden oder Einkommensänderungen des Kundenstamms als unabhängige Variablen den Charakter einer ökonomischen Elastizität. Sie enthält dabei keine Dimension und ermöglicht somit den Vergleich einer geänderten Kundenakzeptanz zwischen Sonderausstattungen bei veränderten exogenen Einflussfaktoren. Hinsichtlich der Modellierung des Lebenszyklus einer Baureihe kann also durch die Bestimmung sowie Analyse der unabhängigen Variablen die Änderung des Kundenverhaltens und damit der Take-rate prognostiziert werden.
Im Regelfall bildet sich die Take-rate für die G8-Märkte durch Statistiken von Kundenbefragungen, der Marktlage und aktuellen Preisen angebotener Sonderausstattungen. Mit einer gewissen Gewichtung fließt dabei die aktuelle Ist-Take-rate in die Prognose ein. Die Prognose der Take-rate neuer Sonderausstattungen muss ohne derartige Stützdaten auskommen, sie basiert rein auf Kundenbefragungen und Marketingeinschätzungen. Trivialerweise ist ein entsprechend höherer Prognosefehler zu erwarten.

Nicht durchgängig explizit prognostiziert wird jedoch aufgrund der umfassenden Kombinatorik sowie der mangelnden Notwendigkeit seitens Marketing und Controlling das Kundenverhalten auf Gesamtfahrzeugebene – das heißt, wie wahrscheinlich der Auftritt einer gewissen Fahrzeugkonfiguration im Feld ist. Um die derartige Erweiterung der Marketingprognose von der Sonderausstattungs- auf die Konfigurationsebene mit dem Virtual Vehicle Generator zu bewerkstelligen, ist die prognostizierte Take-rate einer Sonderausstattung abhängig von dem zur Prognose verwendeten Erhebungsverfahren gegebenenfalls in deren Feldanteil umzurechnen.

6.5.1 Feldanteil einer Sonderausstattung

Aufgrund der Abhängigkeiten zwischen Sonderausstattungen muss die erhobene Take-rate für kundenbestellbare Sonderausstattungen nicht notwendigerweise identisch mit dem Anteil der Fahrzeuge im Feld sein, welche die betrachtete Sonderausstattung besitzen. Beispielsweise muss sich der Kunde beim Kauf eines Aktivsitzes "$S455A$" nicht mehr explizit für die Lordosenstütze "$S488A$" entscheiden, da er diese automatisch erhält. Die Erhebung mittels eines Umfragebogens zur Kaufabsicht

CODE	ZWANGSKOPPLUNGEN UND -AUSSCHLÜSSE
S455A	+S456A ∨ +S459A, +S488A
S456A	-S459A, -S481A, +S488A
S459A	-S456A
S481A	-S455A
S488A	

Tabelle 6.2: Zwangskopplungen und -ausschlüsse ausgewählter Sitzausstattungen. Beispiel anhand der Produktstruktur des BMW 5ers (F10/F11).

liefert derart beispielsweise nicht direkt die zu erwartenden Feldanteile. Daher ist zur Berechnung einer Prognose für die Anteile von Sonderausstattungen im Feld eine iterative Summation über die zwangskoppelnden Sonderausstattungen erforderlich. Zur Berechnung des Feldanteils der Lordosenstütze muss also bekannt sein, dass diese vom Aktivsitz "$S455A$" und dem elektrisch verstellbaren Komfortsitz "$S456A$" zwangsgekoppelt wird (vgl. Tabelle 6.2 mit der Funktion `Zwangskoppelnde_SAs(i)`).

Funktion: Bestimmung zwangskoppelnder Sonderausstattungen der E/E-SA i
Input : *Zwangskopplungen, E/E-SA i*
Output : *E/E-SAs j, die E/E-SA i zwangskoppeln*
Bestimme E/E-SAs j, für die E/E-SA i eine Zwangskopplung darstellt ;

Funktion `Zwangskoppelnde_SAs(`i`)`.

Generell ist der Feldanteil einer zwangsgekoppelten Sonderausstattung nicht notwendigerweise eindeutig, da der "Überschnitt" der diese Sonderausstattung zwangskoppelnden Sonderausstattungen a priori nicht bekannt ist. Beispielsweise induzieren nach Tabelle 6.2 die zwei Sonderausstattungen "$S455A$" und "$S456A$" unabhängig

voneinander Sonderausstattung "$S488A$". Beim Upgrade des Aktivsitzes "$S455A$" zum elektrisch verstellbaren Komfortsitz "$S456A$" treten beide Sonderausstattungen stets gemeinsam auf, bei Wahl der elektrischen Sitzverstellung "$S459A$" im Aktivsitz immer ausschließlich. Der Feldanteil der Lordosenstütze "$S488A$" würde im ersten Fall das mögliche Minimum annehmen, im zweiten Fall wäre er maximal. Es lässt sich somit also für den Anteil einer Sonderausstattung i im Feld ein prognostiziertes Intervall $\left[\text{Anteil}_{min}^{(i)}; \text{Anteil}_{max}^{(i)}\right]$ bestimmen, doch ohne Einschränkung der Allgemeinheit kein scharfer Wert.
Der Algorithmus zur Erstellung des für die Intervallbestimmung zu lösenden Gleichungssystems findet sich auf Seite 167. Schließt man die drei Sonderausstattungen des BMW EfficientDynamics-Pakets, welche sich gegenseitig bedingen und daher je die gleichen Feldanteile besitzen, aus, so ist das entstehende Gleichungssystem beispielhaft sowohl für den BMW 7er (F01/F02) als auch für den BMW 5er (F10/F11) eindeutig lösbar. Die Take-rates derjenigen Sonderausstattungen, die nicht kundenbestellbar sind und insbesondere der technischen Fahrzeugkonfiguration dienen, werden dabei von Marketing und Controlling nicht prognostiziert. Bei der durchzuführenden Berechnung sollten deren Feldanteile daher in erster Linie auf ihren Feldanteilen in der alten Baureihe basieren, welche anhand der Prognose der kundenbestellbaren Sonderausstattungen nötigenfalls indirekt über Zwangskopplungen und -ausschlüsse in einem Pre-Processing-Schritt angepasst werden.

6.5.2 Feldmodifikationen nach Prognosevorgaben

Sind die zu erwartenden Feldanteile der Sonderausstattungen bekannt, so sind die jeweiligen Feldanteile der Stützbaureihe an diese anzugleichen. Der Virtual Vehicle Generator lernt also aus den (alten) Daten einer Stützbaureihe die Abhängigkeiten zwischen Sonderausstattungen, generiert ein Feld vorgegebener Größe mit Fahrzeugen der Stützbaureihe und modifiziert dieses mit den folgend dargelegten Methoden gemäß der prognostizierten Feldstruktur der neuen Baureihe. Das modifizierte Feld wird im Anschluss nach dessen Validierung als neues Trainingsfeld wieder vorgegeben. Es werden derart die erwarteten neuen Übergangswahrscheinlichkeiten gelernt, womit wie in Abschnitt 6.4.2 die Prognose einer beliebig großen Fahrzeugmenge möglich ist.

Nach Abschnitt 6.5 können bisher angebotene Sonderausstattungen wegfallen, neue eingeführt werden sowie sich Feldanteile existierender Extras ändern. Betrachtet

Algorithmus: Bestimmung des Feldanteils der Sonderausstattungen

Input : *Zwangskopplungen, valide prognostizierte Take-rate*
Output : *Gleichungssystem der Feldanteile der Sonderausstattungen*

Nummeriere Sonderausstattungen mit $i = 1, \ldots, s$;
$\text{Anteil}^{(i)} \leftarrow 0 \quad \forall i$;
$J, K, L \leftarrow \emptyset$;
$i \leftarrow 1$;

for $i \leq s$ **do**
  Zwangskoppelnde_SAs(i) ;
  if *Zwangskoppelnde_SAs(i)* $= \emptyset$ **then**
    $K \leftarrow K \cup i$;
  else
    $L \leftarrow L \cup i$;
  $i \leftarrow i + 1$;

while $k \in K \neq \emptyset$ **do**
  $\text{Anteil}^{(k)} \leftarrow \text{Take-rate}^{(k)}$;
  $K \leftarrow K \setminus k$;

while $l \in L \neq \emptyset$ **do**
  $J \leftarrow$ Zwangskoppelnde_SAs(l) ;
  $u_j \leftarrow 1 \quad \forall j \subset J$;
  for $j \in J$ **do**
    if *l ist Teil einer Auswahlmöglichkeit* $(l \vee M)$ *bei j* **then**
      $a_j \leftarrow \frac{\text{Take-rate}^{(l)}}{\text{Take-rate}^{(l)} + \sum_{m \in M} \text{Take-rate}^{(m)}}$ mit $M = m_1 \vee \ldots \vee m_x$;
    if *l ist Teil einer Auswahlmöglichkeit* $(M \vee [l \wedge N])$ *bei j* **then**
      $a_j \leftarrow \frac{\max_{o \in \{l \cup N\}} \left\{\text{Take-rate}^{(o)}\right\}}{\max_{o \in \{l \cup N\}} \left\{\text{Take-rate}^{(o)}\right\} + \sum_{m \in M} \text{Take-rate}^{(m)}}$ mit
      $M = m_1 \vee \ldots \vee m_x,\ N = n_1 \wedge \ldots \wedge n_y$;
  $\text{Anteil}_{max}^{(l)} \leftarrow \min \left\{ \sum_{j \in J} a_j \cdot \text{Anteil}_{max}^{(j)} + \text{Take-rate}^{(l)};\ 100\% \right\}$;
  $\text{Anteil}_{min}^{(l)} \leftarrow \max \left\{ \text{Take-rate}^{(l)};\ \max_{j \in J} \left\{ a_j \cdot \text{Anteil}_{min}^{(j)} \right\} \right\}$;
  $L \leftarrow L \setminus l$;

Algorithmus: Bestimmung des Feldanteils der Sonderausstattungen.

man die Vereinigung der Sonderausstattungen der Stützbaureihe und der zu prognostizierenden Baureihe, so lassen sich die nötigen Feldmodifikationen vollständig über Änderungen der Feldanteile beschreiben. Wird eine Sonderausstattung der Stützbaureihe zukünftig nicht mehr angeboten, so ist deren Vorkommen in jeder prognostizierten Fahrzeugkonfiguration zu löschen – der Feldanteil weggefallener Sonderausstattungen nach Modifikation verringert sich entsprechend auf 0%. Analog ist die Einführung neuer Sonderausstattungen durch eine Erhöhung deren Feldanteile ausgehend von 0% auf die prognostizierten Werte modellierbar. Die allgemeine Änderung des Feldanteils einer existierenden Sonderausstattung kann schlussendlich in beide Richtungen erfolgen und somit als Anpassung fallweise eine Erhöhung oder eine Verringerung des Feldanteils erfordern. Vergleicht man formaler die Feldanteile des anhand des Hidden-Markov-Modells erstellten Fahrzeugfeldes der Stützbaureihe mit der zu erwartenden Prognose für die neue Baureihe, so kann die Anteilsdifferenz einer Sonderaustattung SA_i

$$\text{Anteilsdifferenz}^{(i)} = \text{Anteil}^{(i)}_{Prognose} - \text{Anteil}^{(i)}_{Stützbaureihe}$$

größer, kleiner oder gleich 0 sein. Ist sie beispielsweise positiv, so ist trivialerweise eine Erhöhung des Feldanteils der betrachteten Sonderausstattung im Modell vorzunehmen.

Um nach einer Erhöhung oder Verringerung von Feldanteilen weiterhin die Validität der prognostizierten Fahrzeugkonfigurationen sicherzustellen, müssen jeweils vorgenommene Änderungen die Zwangskopplungen und -ausschlüsse zwischen Sonderausstattungen der neuen Baureihe explizit beachten. In Tabelle 6.2 ist beispielsweise dargestellt, dass sich bei Wahl eines elektrisch verstellbaren Komfortsitzes "$S456A$" weder die elektrische Sitzverstellung "$S459A$" noch ein Sportsitz "$S481A$" wählen lässt, gleichzeitig muss eine Lordosenstütze "$S488A$" verbaut sein. Sollen nun Feldkonfigurationen modifiziert werden, so ist beispielsweise das Hinzufügen der Sonderausstattung "$S456A$" nur bei Fahrzeugen ohne "$S459A$" oder "$S481A$" möglich, zusätzlich muss auch "$S488A$" verbaut werden.
Analog wie die auf Seite 165 vorgestellte Funktion `Zwangskoppelnde_SAs(i)` lässt sich `Zwangsausschließende_SAs(i)` definieren, welche für die Erhöhung der Feldanteile benötigt wird. Im Folgenden finden sich die an diese Randbedingungen der Zwangskopplungen und -ausschlüsse angepassten Algorithmen zur Erhöhung sowie Verringerung der Feldanteile ausgewählter Sonderausstattungen. Dabei ist im Regelfall eine iterative Anwendung der Algorithmen mit Neubewertungen der Anteilsdifferenzen der Sonderaustattung nötig, da sich aufgrund von Zwangskopplungen und -ausschlüssen der Feldanteil mehrerer Sonderausstattungen gleichzeitig ändert. Unter

Funktion: Bestimmung zwangsausschließender Sonderausstattungen der E/E-SA i
Input : *Zwangsausschlüsse, E/E-SA i* **Output :** *E/E-SAs j, die E/E-SA i zwangsausschließen*
Bestimme E/E-SAs j, für die E/E-SA i einen Zwangsausschluss darstellt ;

Funktion `Zwangsausschließende_SAs(i)`.

Umständen kann daher auch ein Teil der prognostizierten Feldanteile nur innerhalb eines Toleranzintervalls erreicht werden.

Die Zwangskopplungen und -ausschlüsse der alten Baureihe werden implizit aufgrund der validen Stützbaureihe als initiale Lernbasis beachtet. Da das damit als Grundlage erzeugte Feld modifiziert wird, können nicht-valide Fahrzeuge prognostiziert werden, falls in der neuen Baureihe zusätzliche Zwangskopplungen und -ausschlüsse zwischen Extras eingeführt werden, die in der Stützbaureihe schon existierten, jedoch ohne derartige Abhängigkeiten. Bevor das prognostizierte Feld wieder als Lernbasis vorgegeben wird, empfiehlt sich somit wie in Abschnitt 5.5 eine Verifikation, ob die prognostizierten Fahrzeuge korrekt und im Werk produzierbar sind.

Mit dem derart prognostizierten, validen Fahrzeugfeld als erneute Lernbasis für den Virtual Vehicle Generator, zeigt Abbildung 6.8 gestrichelt die Modelländerungen anhand des beispielhaften Wegfalls einer Sonderausstattung "SA2" sowie der Einführung von zwei neuen Sonderausstattungen "SA6" und "SA7". Wird das Extra "SA2"

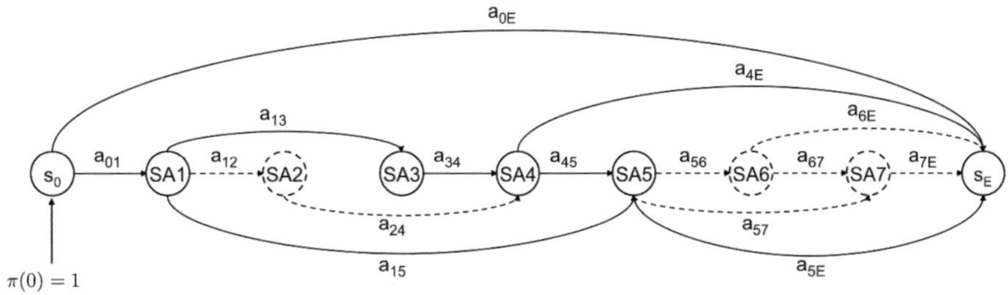

Abbildung 6.8: Exogene Änderungen und durchgeführte Modellanpassungen. Wegfall von "SA2", Einführung von "SA6" und "SA7".

nicht mehr angeboten, so ergeben sich die Übergänge sowohl zu diesem Zustand

```
Algorithmus: Erhöhung der Feldanteile ausgewählter Sonderausstattungen
Input : Zwangskopplungen, Zwangsausschlüsse, prognostizierte Feldanteile, Feld
Output : Feldanteilserhöhung ausgewählter Sonderausstattungen

I ← Menge der E/E-SAs mit Anteilsdifferenz^(i) > 0 ;
while i ∈ I ≠ ∅ do
    J ← Von E/E-SA i zwangsgekoppelte E/E-SAs j ;
    a_j ← 1 ∀ j ∈ J ;
    K ← Zwangsausschließende_SAs(i) ;
    Feld ← Feld \ Fahrzeuge mit E/E-SA i ;
    if K ≠ ∅ then
        Bestimme Fahrzeuge m im Feld mit E/E-SAs k ∈ K ;
        L ← Feld \ Fahrzeuge m ;
    else
        L ← Feld ;
    L ← randomisiert gemäß Anteilsdifferenz^(i) aus L gewählte Fahrzeuge ;
    Füge E/E-SA i jedem Fahrzeug aus L hinzu ;
    Anteil^(i) ← Anteil^(i) + Anteilsdifferenz^(i) ;
    if J ≠ ∅ then
        if Auswahlmöglichkeit zwischen zwangsgekoppelten E/E-SAs j_w ∈ J then
            Bestimme a_{j*_w} ← Anteil^(j*_w) / Σ_{j_w} Anteil^(j_w) ∀ j*_w ∈ ⋃ j_w ;
            Verteile E/E-SAs j_w randomisiert gemäß a_{j_w} auf L mit je Fahrzeug
            ∃ E/E-SA_{j_w} für die gilt "ist verbaut" ;
            Füge E/E-SAs j ∈ J \ ⋃ j_w jedem Fahrzeug aus L hinzu ;
        else
            Füge E/E-SAs j ∈ J jedem Fahrzeug aus L hinzu ;
        for E/E-SAs j ∈ J do
            Anteil^(j) ← Anteil^(j) + a_j · Anteilsdifferenz^(i) ;
    I ← I \ i ;
```

Algorithmus: Feldanteilserhöhung ausgewählter Sonderausstattungen.

als auch aus diesem Zustand mit der Wahrscheinlichkeit 0, in vorliegendem Beispiel also $a_{12} = a_{24} = 0$. Für die neu eingeführten Sonderausstattungen "SA6" und "SA7" gilt in Abbildung 6.8 die Annahme, dass diese nur von Kunden gekauft werden, die sich auch für "SA5" entscheiden. Dann besteht jedoch die volle Auswahlmöglichkeit, ob keine der beiden neuen Extras, eine der beiden oder beide gleichzeitig gewählt werden. Prinzipiell bestehen für die Verteilung der neuen Sonderausstat-

```
Algorithmus: Verringerung der Feldanteile ausgewählter Sonderausstattungen
Input : Zwangskopplungen, Zwangsausschlüsse, prognostizierte Feldanteile, Feld
Output : Feldanteilsverringerung ausgewählter Sonderausstattungen

I ← Menge der E/E-SAs i mit Anteilsdifferenz^(i) < 0 ;
while i ∈ I ≠ ∅ do
    L ← Fahrzeuge mit E/E-SA i im Feld ;
    L ← randomisiert gemäß Anteilsdifferenz^(i) aus L gewählte Fahrzeuge ;
    J ← Zwangskoppelnde_SAs(i) ;
    K ← J ;
    while j ∈ J ≠ ∅ do
        O ← Zwangskoppelnde_SAs(j) ;
        for o ∈ O do
            if o ∉ K then
                K ← K ∪ o ;
                J ← J ∪ o ;
        J ← J \ j ;
    for k ∈ K do
        if i ist Teil einer Auswahlmöglichkeit (i ∨ M) bei k then
            for l ∈ L do
                if i in Fahrzeug l verbaut then
                    Lösche E/E-SA k bei Fahrzeug l ;
                    Anteil^(k) ← Anteil^(k) − 1/|Feld| ;
        else
            for l ∈ L do
                Lösche E/E-SA k bei Fahrzeug l ;
            Anteil^(k) ← Anteil^(k) + Anteilsdifferenz^(i) ;
    for l ∈ L do
        Lösche E/E-SA i bei Fahrzeug l ;
    Anteil^(i) ← Anteil^(i) + Anteilsdifferenz^(i) ;
    I ← I \ i ;
```

Algorithmus: Feldanteilsverringerung ausgewählter Sonderausstattungen.

tungen Freiheiten in der Annahme von Vorbedingungen für ihre Zuordnung zu bisherigen Fahrzeugkonfigurationen. Der Algorithmus auf Seite 170 wählt aus dem für die Feldanteilserhöhung möglichen Teilfahrzeugfeld randomisiert Fahrzeuge gemäß der benötigten Anteilsdifferenz aus, die betrachtete Sonderausstattung SA_i erhalten. Dieser Auswahlprozess kann dabei nach einer beliebigen stochastischen

Verteilung erfolgen, beispielsweise anhand einer simplen Gleichverteilung oder auch bedingt in Abhängigkeit von der Ausstattungsquote oder der Existenz bestimmter Sonderausstattungen wie in obiger Illustration. Derart kann etwa der Wahl von hochpreisigen Innovationen wie Nachtsichtgeräten bei bereits hochausgestatteten Fahrzeugen mit teuren Extras eine höhere Wahrscheinlichkeit zugeordnet werden. Die identischen Überlegungen gelten auch für den Algorithmus auf Seite 171 und die allgemeine Verringerung des Feldanteils einer Sonderausstattung.
Zusammenfassend ergibt sich also eine prinzipiell zweigegliederte Hidden-Markov-Kette mit den Sonderausstattungen der Stützbaureihe sowie den in der prognostizierten Baureihe neu eingeführten Sonderausstattungen. Die einzelnen Übergangswahrscheinlichkeiten des Gesamtmodells ändern sich dabei gegenüber der Lernbasis der Stützbaureihe genau dann, wenn sich die Feldanteile der betrachteten Extras ändern. Auch dieses Prognosemodell generiert aufgrund der durchgeführten Validierung der initial prognostizierten und anschließend erneut vorgegebenen Lernbasis nur valide Fahrzeuge.

Modelliert man noch vor Produktionsstart mit obigem, bereits validierten Modell die BMW 7er Reihe F01/F02, die 2008 den Vorgänger E65/E66 ablöste und generiert wie unter 6.4.2 insgesamt 50.000 virtuelle Fahrzeuge des F01 anhand der Prognose des Marketings und dem E65 als Stützbaureihe, so ergeben sich aufgrund des deutlich komplexeren Modells mit hochkomplexen Zwangskopplungen sowie -ausschlüssen höhere Abweichungen. Absolut betrachtet weichen in vorliegendem Beispiel zwei Sonderausstattungen um mehr als 10% von den Grenzen des Prognoseintervalls ab, nämlich die Extras $SA_{47}^{F01/02}$ um 15,46% sowie $SA_{51}^{F01/02}$ um 24,87% (vgl. Tabelle H.4). Die Konfigurationen des F01 bilden sich dabei anhand von 845 Übergängen zwischen 194 Sonderausstattungen und erfüllen bei einer Toleranz von $\pm 5\%$ für die Grenzen der Prognoseintervalle mit insgesamt sechs abweichenden Feldanteilen zu 97% die vorgegebene Prognose.

6.6 Fazit

Mit der Erweiterung der für das Marketing ausreichenden Prognose von Take-rates für einzelne, kundenbestellbare Extras auf die Ebene von Gesamtfahrzeugen im Virtual Vehicle Generator, wird erstmalig eine belastbare Prognose von vollständigen Fahrzeugkonfigurationen noch vor Produktionsstart möglich. Es werden dazu aktuelle Prognoseverfahren für einzelne Sonderausstattungen als Black-Box integriert und nahtlos weiterverwendet. Die etwa in der Ersatzteilversorgung der Automobilindustrie eingesetzten Strategien lieferten dabei keinen Ansatz zur Verbesserung, da diese rein mit Vergangenheits- oder Analogiedaten beziehungsweise mit bereits produzierten Fahrzeugen über Ausfallraten für Verschleiß- und Ausfallteile während des Produktlebenszyklus die Anzahl nötiger Ersatzteile berechnen [Bot03, Dom08]. Sie ermöglichen daher keinen Ansatzpunkt für die Entwicklung einer Prognose von Gesamtfahrzeugkonfigurationen noch vor Produktionsstart.

Der in vorgehendem Kapitel entwickelte Virtual Vehicle Generator als Prognosemodell zukünftiger Fahrzeugkonfigurationen ermöglicht mit der Clusteranalyse aus Kapitel 5 eine a priori Absicherung kundenrepräsentativer Konfigurationen. Weiterhin können mit dem entwickelten Modell auch einzelne, gültige Gesamtfahrzeuge generiert werden, womit beispielsweise die Codierung oder Programmierung von Teilsystemtestplätzen nicht mehr auf die händische Erstellung von virtuellen Gesamtfahrzeugen angewiesen ist – es lässt sich wahrscheinlichkeitstheoretisch gemäß den Absatzerwartungen ein Fahrzeugfeld in beliebigem Umfang erstellen. Die Prognosemodelle durch statistisches Hochrechnen als auch bei exogenen Änderungen lassen sich dabei über die Anzahl an Sonderausstattungen als eine s-dimensionale Bernoulli-Verteilung interpretieren, wobei je Dimension die Wahrscheinlichkeitsverteilungen verschieden sind. Beide Modelle sind bei statischen Feldanteilsprognosen trivialerweise in jeder Dimension ergodisch, das heißt, das Zeitmittel jeder Dimension ist identisch mit dem Scharmittel. Die zehnfache, sequentielle Generierung von je einem Fahrzeug erzeugt im Erwartungswert also die identischen Feldanteile von Sonderausstattungen wie die einzelne Generierung von zehn Fahrzeugen.

Kritisch für ein belastbares Ergebnis des Virtual Vehicle Generators sind trivialerweise möglichst korrekte Eingangsdaten, was insbesondere bei exogenen, unvorhersehbaren Einflüssen oftmals kaum möglich ist. Der limitierende Faktor vorliegender Prognose ist damit weniger das Modell selbst mit einer Toleranz für Feldanteile im Falle der statistischen Hochrechnung von $\pm 1\%$, sondern die korrekte Vorhersage der zukünftig zu erwartenden Feldanteile.

Wie die Varianten-Clusteranalyse erfordert auch das vorstehend als Virtual Vehicle Generator entwickelte Hidden-Markov-Modell bis auf den nötigen Produktfamiliencharakter mit der durch den Kunden bestimmten externen und internen Variabilität keinerlei Vorannahmen. Damit ist auch dieses Modell außerhalb der Automobilbranche anwendbar.

Kapitel 7

Das Risk Management Module zur Bestimmung abzusichernder Fahrzeugkonfigurationen im Lebenszyklus

Sowohl die Varianten-Clusteranalyse aus Kapitel 5 als auch das Prognosemodell aus Abschnitt 6 betrachten die codierrelevanten Sonderausstattungen als Unterscheidungsmerkmal für Varianten von Fahrzeugbordnetzen. Abbildung 7.1 illustriert, dass die Sonderausstattungen der Elektrik/Elektronik einer Fahrzeugkonfiguration durch Steuergeräte realisiert werden, welche wiederum gemeinsam mit Sensoren und Aktoren Funktionen technisch realisieren. Eine Fahrzeugkonfiguration als Menge von

Abbildung 7.1: Schritte zur Testfalldurchführung für eine Fahrzeugkonfiguration.
Quelle: In Erweiterung von [Bur09].

Funktionen wird daher abgesichert, indem für die Funktionen passende Testfälle auf einer geeigneten Testebene durchgeführt werden. Stimmt das Verhalten einer Funktion als Testergebnis mit den spezifizierten Anforderungen überein, so kann die Funktion als korrekt bezüglich der ihr zugeordneten und durchgeführten Testfälle bezeichnet werden.

Da wie unter Abschnitt 1.3.1 dargestellt Funktionen im Zusammenspiel verschiedener Steuergeräteversionen auch ein unterschiedliches Verhalten aufweisen können, hat die in vorliegender Arbeit entwickelte Absicherungsstrategie neben Varianten von Fahrzeugbordnetzen auch den konkreten Verbau versionierter Steuergeräte in einem physischen Bordnetz zu betrachten.

7.1 Physisches Bordnetz von Fahrzeugkonfigurationen

Zur Betrachtung des physischen Bordnetzes von Konfigurationen ist eine Abbildung der Sonderausstattungen SA_i, $i = 1, \ldots, s$, auf Steuergeräte SG_ι mit $\iota = 1, \ldots, n_{max}$ erforderlich. Die zur Realisierung konkreter Funktionen benötigte Peripherie von Steuergeräten wird in vorliegender Arbeit nicht explizit beachtet, was für weitere Betrachtungen keinerlei Einschränkung darstellt.
Jede Sonderausstattung wird durch den Einbau eines oder mehrerer Steuergeräte realisiert, womit zwar bei der Angabe eines Fahrzeugtypschlüssels eine eindeutige Abbildung der Sonderausstattungen auf Steuergeräte vorliegt, diese jedoch eine n:m-Relation darstellt (vgl. Abbildung 7.2). Eine Sonderausstattung kann also mög-

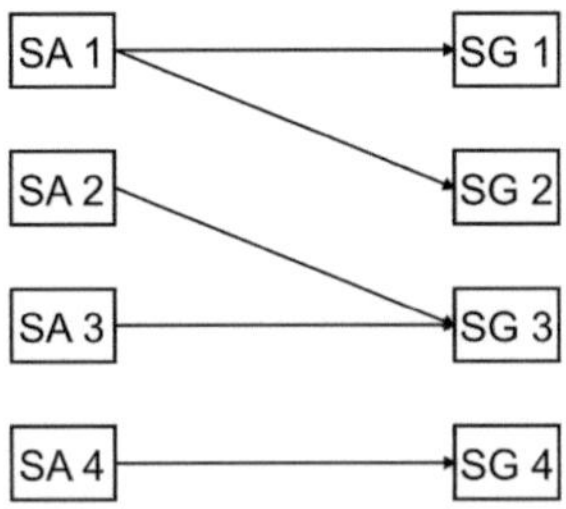

Abbildung 7.2: Technische Realisierung von Sonderausstattungen durch Steuergeräte.

licherweise durch mehrere Steuergeräte realisiert werden, umgekehrt können in einem Steuergerät die Funktionalitäten mehrerer Sonderausstattungen implementiert sein. Diese Abbildung wird bei der BMW Group beispielsweise in den Produktionswerken durch ein System vorgenommen, welches hier als Black-Box agiert (vgl. Abbildung 7.3). Das Produktionssystem ist dabei aufgrund der Produktion jeweiliger

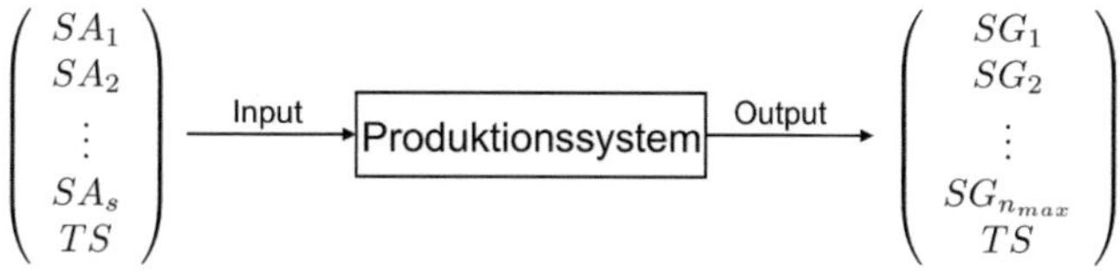

Abbildung 7.3: Produktionssystem der BMW Group als Black-Box.

Bau-Integrationsstufen integrationsstufenabhängig.

Bezeichnet man für jedes Steuergerät SG_ι die Menge der freigegebenen Versionen mit

$$\mathcal{V}_\iota = \{V_{\iota,1}, V_{\iota,2}, \ldots, V_{\iota,v_\iota}\},$$

so bestimmt das Produktionssystem für jedes Steuergerät SG_ι über die Abbildung

$$\begin{array}{llll} g^{SG_\iota}: & \mathcal{V}_\iota \times \Theta & \rightarrow & \{0;1\} \\ & (V_{\iota,w}, \Theta_j)^T & \mapsto & g^{SG_\iota}(V_{\iota,w}, \Theta_j) = \begin{cases} 1 & \text{wenn } SG_\iota \text{ in Version } V_{\iota,w} \\ & \text{in Fahrzeug } \Theta_j \text{ verbaut} \\ 0 & \text{sonst} \end{cases}, \end{array}$$

ob das Steuergerät SG_ι in Version $V_{\iota,w}$ im Fahrzeug Θ_j verbaut wird. Insgesamt bestimmt das Produktionssystem für ein Fahrzeug also integrationsstufenabhängig den Vektor

$$\vec{E}^{SG}(\Theta_j) = \begin{pmatrix} g^{SG_1}(V_{1,1}, \Theta_j) \\ \vdots \\ g^{SG_1}(V_{1,v_1}, \Theta_j) \\ g^{SG_2}(V_{2,1}, \Theta_j) \\ \vdots \\ g^{SG_2}(V_{2,v_2}, \Theta_j) \\ \vdots \\ g^{SG_{n_{max}}}(V_{n_{max},1}, \Theta_j) \\ \vdots \\ g^{SG_{n_{max}}}(V_{n_{max},v_{n_{max}}}, \Theta_j) \end{pmatrix},$$

womit die Konfiguration eines Fahrzeugs mit dem Eigenschaftsvektor $\vec{E}$ aus Abschnitt 5.2 und $\vec{E}^{SG}$ vollständig bestimmt ist. Gilt dabei $\sum_{w=1}^{v_\iota} g^{SG_\iota}(V_{\iota,w}, \Theta_j) = 1$, so ist das Steuergerät SG_ι im Fahrzeug Θ_j verbaut.

7.2 Risikobasierte Konfiguration von Absicherungsträgern

Sind durch $\sum_{w=1}^{v_\iota} g^{SG_\iota}(V_{\iota,w}, \Theta_j) = 1$ alle im Absicherungsträger zu verbauenden Steuergeräte SG_ι bestimmt, also das physische Bordnetz der abzusichernden Konfiguration bekannt, so ist beim Aufbau des Absicherungsträgers als Plattform, auf welcher die Funktionstests durchgeführt werden, über die zu verbauenden Versionen der Steuergeräte zu entscheiden. Dabei sind nach den Abschnitten 1.3.1 und 4.3.2 bei einer lebenszyklusorientierten Absicherung insbesondere Konfigurationen mit Mischverbau zu betrachten. Aufgrund der Kombinatorik der Steuergeräteversionen besitzt dieses Auswahlproblem eine hohe Komplexität. Existieren etwa gegen Ende des Produktlebenszyklus für die 65 Steuergeräte des aktuellen BMW 7ers (F01/F02) aus Abbildung 2.3 je zehn Versionen, so ergeben sich bei freier Kombinierbarkeit von Versionen verschiedener Steuergeräte 10^{65} Konfigurationsmöglichkeiten für ein vollausgestattetes Testfahrzeug, das bereits auf Ebene von Sonderausstattungen bestimmt ist.

Nach Abschnitt 4.3 sind die Gewährleistungs- und Kulanzkosten der Feldfahrzeuge gering, die einer abgesicherten Konfiguration ähnlich sind. Wird also eine zusätzliche, kundenrelevante Absicherungsmaßnahme durchgeführt, so lässt sich annehmen, dass sich gemäß den berechneten Korrelationen statistisch die Wahrscheinlichkeit des Auftritts von Servicekosten für die Fahrzeuge reduziert, die von dieser Maßnahme betroffen sind – deren Absicherungsnähe oder Mischverbau sich also verringert. Das Risiko $R(\mathcal{AK}, \Theta)$ einer Fahrzeugmenge Θ wird also statistisch durch eine Absicherung reduziert, wobei jedoch Absicherungskosten $C(\mathcal{AK})$ entstehen. Entsprechend ergibt sich im Risk Management Module das Optimierungsproblem zur Minimierung des Baureihenrisikos sowie der erzeugten Absicherungskosten über die Bestimmung der abgesicherten Konfigurationen $\mathcal{AK}$ zu

$$\min_{\mathcal{AK}} \left(R(\mathcal{AK}, \Theta) + C(\mathcal{AK}) \right).$$

7.2.1 Entwickelter Risikobegriff

Eine *Gefährdung* in den Ingenieurwissenschaften beschreibt ein Ereignis, das einen *Schaden* anrichten kann, also eine potentielle Schadensquelle [IEC01]. Das *Risiko* einer Gefährdung $R(G)$ wird als deren erwarteter Schaden $E[S(G)]$ bezeichnet, also als das Produkt der Eintrittswahrscheinlichkeit $P(G)$ der Gefährdung und dem erwarteten Schadensausmaß $E[S(G)|G]$ bei Eintritt des entsprechenden Ereignisses [Eck03],

$$R(G) = E[S(G)] = P(G) \cdot E[S(G)|G].$$

Die Einheit des Schadensausmaßes hängt vom jeweiligen Untersuchungsgebiet ab. Bezüglich der vorliegenden Thematik sind dies aufgrund der betrachteten Gewährleistungs- und Kulanzkosten finanzielle Werte, es können generell aber auch weiche Faktoren wie ein mit einer Rückrufaktion verbundener Imageverlust sein. Zur Vereinfachung der Notation wird der bedingte Erwartungswert des Schadensausmaßes bei Eintritt der Gefährung $E[S(G)|G]$ als Schaden der Gefährdung $S(G)$ bezeichnet.

Das Risiko $R(\mathcal{AK}, \Theta)$ einer Fahrzeugmenge Θ beschreibt also vorliegend den erwarteten Schaden in einem hinreichend großen Zeitintervall $(t_1, t_2) \nsubseteq \emptyset$ dadurch, dass kundenrelevante Funktionen von bestimmten Konfigurationen nicht erfüllt werden.

Das Risiko $R(F_o)$, das mit einer zu erfüllenden Funktion F_o verbunden ist, ergibt sich mit der Eintrittswahrscheinlichkeit $P(F_o)$ und dem potentiellen Schaden $S(F_o)$ durch die Nichterfüllung der Funktion zu

$$R(F_o) = P(F_o) \cdot S(F_o).$$

Nimmt man voneinander unabhängige Funktionsausfälle an, so lässt sich das Bordnetz als Menge verschiedener, unabhängiger Bernoulli-Versuche interpretieren, die jeweils den Ausfall einer Funktion stochastisch beschreiben. Die einzelnen Risiken als Erwartungswerte des Schadens bei entsprechenden Funktionsausfällen sind damit zum Gesamtrisiko auf Fahrzeugebene zu addieren. Mit einer Konfiguration Θ_j kann also die Summe der Risiken $R(F_o)$ durch die Nichterfüllung ihrer Funktionen verbunden werden,

$$R^F(\Theta_j) = \sum_o R(F_o) = \sum_o P(F_o) \cdot S(F_o).$$

Durch die Summation der einzelnen Funktionsrisiken $R(F_o)$ zum Risiko auf Konfigurationsebene $R^F(\Theta_j)$ weisen höher ausgestattete Fahrzeuge modellinhärent ein höheres Risiko auf.

Aufgrund der aufwändigen und nur fragwürdig belastbaren Datenbasis auf Funktionsebene wird eine eindeutige Partitionierung der Funktionen auf Steuergeräte als gegeben vorausgesetzt und der Risikobegriff auf die physischen Bordnetzkomponenten bezogen. Fällt ein in Konfiguration Θ_j verbautes Steuergerät SG_ι aus, so wird auch die dort partitionierte Funktion F_o nicht mehr erbracht. Umgekehrt muss jedoch beispielsweise bei zwischen Steuergeräten vernetzten Funktionen ein Funktions- keinen Steuergeräteausfall implizieren, weswegen die Betrachungsweisen auf feingranularer Ebene nicht äquivalent sind.
Das mit einem Steuergerät SG_ι verbundene Risiko $R(SG_\iota)$ ist damit in obiger Notation

$$R(SG_\iota) = P(SG_\iota) \cdot S(SG_\iota).$$

Auf Konfigurationsebene wird die Gesamtheit der vorhandenen Funktionen durch die Summe der verbauten Steuergeräte realisiert, womit $R^{SG}(\Theta_j) = R^F(\Theta_j)$ gilt und

$$\sum_\iota R(SG_\iota) = \sum_\iota P(SG_\iota) \cdot S(SG_\iota) = \sum_o R(F_o) = \sum_o P(F_o) \cdot S(F_o).$$

Fällt ein Steuergerät SG_ι innerhalb der Gewährleistungszeit aus und führt dies zu einem, für den Kunden erkenn- und nicht akzeptierbaren Funktionsfehler, so entstehen Gewährleistungs- und Kulanzkosten $S(SG_\iota)$. Nimmt man diese Kosten als für alle Steuergeräte durchschnittlich identisch mit $\bar{S}$ für einen Werkstattfall an, so gilt für das Risiko eines Fahrzeugs Θ_j

$$R^{SG}(\Theta_j) = \sum_\iota R(SG_\iota) = \sum_\iota P(SG_\iota) \cdot \bar{S} = \bar{S} \cdot \sum_\iota P(SG_\iota).$$

Da der Fehler trivialerweise vom Kunden gemeldet werden muss – andernfalls entstehen keine Gewährleistungs- und Kulanzkosten – kann die Eintrittswahrscheinlichkeit des Steuergeräteausfalls $P(SG_\iota)$ mit der Meldewahrscheinlichkeit $MW(SG_\iota)$ des Steuergeräts SG_ι ausgedrückt werden. Diese entspricht der aus Abschnitt 2.3.2.2 bekannten und über alle potentiellen (Funktions-) Fehler des Steuergeräts aggregierten Meldewahrscheinlichkeit. Es ergibt sich die zur Simulation des Aufkommens von

Gewährleistungs- und Kulanzkosten durch Kundenverhalten entsprechende Formel des Fahrzeugrisikos $R^{MW}(\Theta_j)$ zu

$$R^{MW}(\Theta_j) = \sum_{\iota} R(SG_\iota) = \sum_{\iota} MW(SG_\iota) \cdot \bar{S} = \bar{S} \cdot \sum_{\iota} MW(SG_\iota).$$

Abschnitt 4.3 zeigt die positive Korrelation von Gewährleistungs- und Kulanzkosten mit der Absicherungsnähe $AN_{[up]}(\mathcal{AK}, \Theta_j)$ und dem Mischverbau $MVB(\mathcal{AK}, \Theta_j)$. Eine steigende Up-Distance korreliert demzufolge ebenso wie steigender Mischverbau mit statistisch signifikant erhöhten Gewährleistungs- und Kulanzkosten. Beachtet man die Varianten- und Versionsabsicherung in der bisher entwickelten Risikofunktion heuristisch über Koeffizienten $\rho^{AN}, \rho^{MVB} \in \mathbb{R}^+$ sowie $\rho^R \in \mathbb{R}_0^+$ zur Berücksichtigung eines verbleibenden Restrisikos bei $AN_{[up]}(\mathcal{AK}, \Theta_j) = MVB(\mathcal{AK}, \Theta_j) = 0$, so ergibt sich die im Folgenden zur Berechnung des Risikos eines Fahrzeugs Θ_j weiter verwendete Formel

$$R(\mathcal{AK}, \Theta_j) = \left(\rho^{AN} \cdot AN_{[up]}(\mathcal{AK}, \Theta_j) + \rho^{MVB} \cdot MVB(\mathcal{AK}, \Theta_j) + \rho^R\right) \cdot \bar{S} \cdot \sum_{\iota} MW(SG_\iota).$$

Dabei kann

$$p_{WSt}(\mathcal{AK}, \Theta_j) = \left(\rho^{AN} \cdot AN_{[up]}(\mathcal{AK}, \Theta_j) + \rho^{MVB} \cdot MVB(\mathcal{AK}, \Theta_j) + \rho^R\right) \cdot \sum_{\iota} MW(SG_\iota).$$

als Wahrscheinlichkeit interpretiert werden, dass das Fahrzeug Θ_j mit einem Werkstattfall in den Service kommt und die Kosten $\bar{S}$ erzeugt.
Der Einfachheit wird ohne Beschränkung der Allgemeinheit in vorliegender Dissertation $\rho^R = 0$ angenommen.

Das mit einer Fahrzeugmenge Θ verbundene Risiko $R(\mathcal{AK}, \Theta)$ ergibt sich schließlich als die Summe über die Risiken der einzelnen Konfigurationen $R(\mathcal{AK}, \Theta_j)$,

$$R(\mathcal{AK}, \Theta) = \sum_{j} R(\mathcal{AK}, \Theta_j).$$

7.2.2 Entstehende Absicherungskosten

Als *Absicherungskosten* werden in vorliegender Arbeit die Summe von Test- C_{RT} und Korrekturkosten der Entwicklung C_{RE} gemäß Abschnitt 1.4 verstanden.

Nach [Zet09] können die Absicherungskosten im laufenden Betrieb untergliedert werden in Rüst- und Betreuungskosten. Soweit nicht bereits bei den Anschaffungskosten berücksichtigt, bezeichnen Rüstkosten $C^{\text{Rüstung}}(AT)$ Kosten, die zur Erzeugung der Betriebsbereitschaft eines Absicherungsträgers $AT \in \mathcal{AT}$ mit einer bestimmten, abzusichernden Konfiguration $AK \in \mathcal{AK}$ aufgewendet werden müssen – beispielsweise für die Anschaffung der zur Absicherung benötigten E/E-Komponenten. Zur Absicherung einer Fahrzeugkonfiguration auf einem Absicherungsträger werden eine Menge von Funktionstests durchgeführt, etwa um die korrekte Funktion eines Richtungsblinkers durch die (manuelle) Betätigung des entsprechenden Lenkstockschalters zu überprüfen. Die aufgrund der Durchführung von Tests durch einen Testbetreuer direkt erzeugten Kosten werden als $C^{\text{Testbetreuer}}(AT)$ bezeichnet, alle weiteren Kosten durch beispielsweise organisatorische Tätigkeiten wie die Testplanung als $C^{\text{interner Aufwand}}(AT)$, wozu auch die Kosten der Fehlerkorrektur C_{RE} gerechnet werden. Insgesamt ergeben sich die Betreuungskosten des Absicherungsträgers AT somit zu

$$C^{\text{Betreuung}}(AT) = C^{\text{Testbetreuer}}(AT) + C^{\text{interner Aufwand}}(AT).$$

Nimmt man für alle Absicherungsträger $AT \in \mathcal{AT}$ konstante, durchschnittliche Rüst- und Betreuungskosten $\bar{C}^{\text{Rüstung}}$, $\bar{C}^{\text{Testbetreuer}}$ sowie $\bar{C}^{\text{interner Aufwand}}$ an, welche nur entstehen, wenn eine (beliebige) Fahrzeugkonfiguration AK abgesichert wird, so sind die erzeugten Absicherungskosten variabel in der Anzahl abgesicherter Konfigurationen $|\Delta\mathcal{AK}|$,

$$\bar{C}^{\text{Absicherung}}(|\Delta\mathcal{AK}|) = |\Delta\mathcal{AK}| \cdot \left[\bar{C}^{\text{Rüstung}} + \bar{C}^{\text{Testbetreuer}} + \bar{C}^{\text{interner Aufwand}}\right].$$

Die Höhe der aufgewendeten Absicherungskosten $\bar{C}^{\text{Absicherung}}(|\Delta\mathcal{AK}|)$ ist also abhängig von der Anzahl der abgesicherten Konfigurationen, $|\Delta\mathcal{AK}|$, jedoch nicht von deren konkreten Ausprägung mit Ausstattungsquoten oder Ähnlichem.

7.2.3 Optimierungsproblem und dessen Lösung

Ausgehend vom Risiko- und Kostenbegriff der Abschnitte 7.2.1 und 7.2.2 wurde in [Zet09] ein entsprechendes Optimierungsproblem zur Auswahl abzusichernder Konfigurationen entwickelt. Dazu wird in Analogie zum aus der Physik bekannten

Potential als Energiedifferenz zweier Zustände das Risikopotential $\Delta R(\mathcal{AK}, \Delta\mathcal{AK}, \Theta)$ definiert, um welches das Risiko einer Fahrzeugmenge durch zusätzlich abgesicherte Konfigurationen $\Delta\mathcal{AK}$ reduziert wird,

$$\Delta R(\mathcal{AK}, \Delta\mathcal{AK}, \Theta) = R(\mathcal{AK}, \Theta) - R(\mathcal{AK} \cup \Delta\mathcal{AK}, \Theta).$$

Das Risikopotential ist offensichtlich unabhängig von den bisher abgesicherten Konfigurationen $\mathcal{AK}$, sondern einzig abhängig von $\Delta\mathcal{AK}$.

Mit dieser Überlegung ist die Absicherung einer Konfiguration AK statistisch genau dann vorteilhaft, wenn die erwartete Einsparung an Gewährleistungs- und Kulanzkosten höher ist als die Absicherungskosten, die durch die Absicherung erzeugt werden. Das Risikopotential $\Delta R(\mathcal{AK}, AK, \Theta)$ muss also größer sein als die aufzuwendenden Absicherungskosten $\bar{C}^{\text{Absicherung}}$ beziehungsweise der Deckungsbeitrag $DB(AK)$ dieser beiden Größen positiv,

$$DB(AK) = \Delta R(\mathcal{AK}, AK, \Theta) - \bar{C}^{\text{Absicherung}} \geq 0.$$

Bei der Absicherung von nicht nur einer, sondern mehreren Konfigurationen $\Delta\mathcal{AK}$ verhält sich dies analog und es ergibt sich der über die Wahl der abgesicherten Konfigurationen $\Delta\mathcal{AK}$ zu optimierende Deckungsbeitrag

$$DB(\Delta\mathcal{AK}) = \Delta R(\mathcal{AK}, \Delta\mathcal{AK}, \Theta) - |\Delta\mathcal{AK}| \cdot \bar{C}^{\text{Absicherung}}.$$

Das Modell zur Lösung dieses Optimierungsproblems wurde in [Zet09] mit der zusätzlichen Nebenbedingung entwickelt, dass die abzusichernden Konfigurationen eine Teilmenge der mit der Clusteranalyse bestimmten Zentroiden sind, $\Delta\mathcal{AK} \subseteq \{\vec{c}_\kappa\}$. Weiterhin erfolgt eine explizite Unterteilung von $\Delta\mathcal{AK}$ auf System- $\Delta\mathcal{AK}^{ST}$ und Teilsystemebene $\Delta\mathcal{AK}^{TST_\xi}$ verschiedener Domänen ξ mit je einer begrenzten Menge von zu Verfügung stehenden Absicherungsträgern $\mathcal{AT}^{ST}$ und $\mathcal{AT}^{TST_\xi}$, auf denen die Konfigurationen getestet werden. Betrachtet wurde also das um die Nebenbedingungen erweiterte Optimierungsproblem

$$\begin{aligned}
\max_{\Delta\mathcal{AK}} \quad & DB(\Delta\mathcal{AK}) \\
s.t. \quad & \Delta\mathcal{AK} \subseteq \{\vec{c}_\kappa\} \\
& |\Delta\mathcal{AK}^{ST}| \leq |\mathcal{AT}^{ST}| \\
& |\Delta\mathcal{AK}^{TST_\xi}| \leq |\mathcal{AT}^{TST_\xi}| \qquad \forall\, \xi.
\end{aligned}$$

Der zulässige Bereich dieses Optimierungsproblems ist aufgrund der begrenzten Anzahl an Steuergeräteversionen endlich und die Zielfunktion ist nichtlinear, womit es sich nach [Neu02] um ein kombinatorisches Optimierungsproblem handelt, welches in der Regel nur mit exponentiellem Rechenaufwand exakt gelöst werden kann. Zur heuristischen Lösung wurde daher der Simulated Annealing Algorithmus [Kir83] verwendet, prinzipiell ebenfalls geeignet wären der Toleranzschwellen- [Due90], der Sintflut- oder der Record-to-travel-Algorithmus [Due93] sowie evolutionäre Algorithmen [Nis97].

Ausgehend von einer Initiallösung wird beim Simulated Annealing je Iteration eine Nachbarlösung aus einer definierten Umgebung der aktuellen Lösung generiert. Ist der Zielfunktionswert der Nachbarlösung besser als der der aktuellen Lösung, wird die Nachbarlösung als neue Ausgangslösung für den Generierungsmechanismus akzeptiert. Ist der Zielfunktionswert der Nachbarlösung schlechter als der der Ausgangslösung, so wird die Nachbarlösung nur mit einer gewissen Wahrscheinlichkeit akzeptiert. Damit kann ein lokales Minimum wie in Abbildung 7.4 wieder verlassen werden. Diese so genannte Akzeptanzwahrscheinlichkeit wird mit fortschreitender

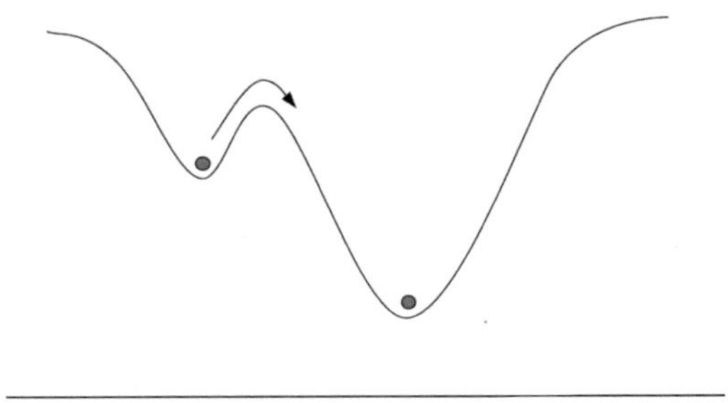

Abbildung 7.4: Plakative Idee des Simulated Annealing Algorithmus.

Optimierungsdauer verringert, bis der Algorithmus schließlich in einem Optimum terminiert. Abbildung 7.5 zeigt plakativ einen derart vom Algorithmus gewählten stochastischen Pfad durch einen zweidimensionalen Konfigurationsraum.
Aufgrund des unterschiedlichen Testfokus der System- und Teilsystemtestebene mit unterschiedlichen Testumfängen sowie auch der Unterschiede verschiedener Teilsysteme selbst, ist bei der Testebenenentscheidung zusätzlich technisches Erfahrungswissen und nicht nur eine reine Risikoreduktion zu betrachten. Die Integration dieses Wissens in das entwickelte Optimierungsmodell erfolgt mittels Fuzzy-Logik als Verallgemeinerung der Booleschen Logik. Damit können Prioritätswerte berechnet werden, welche

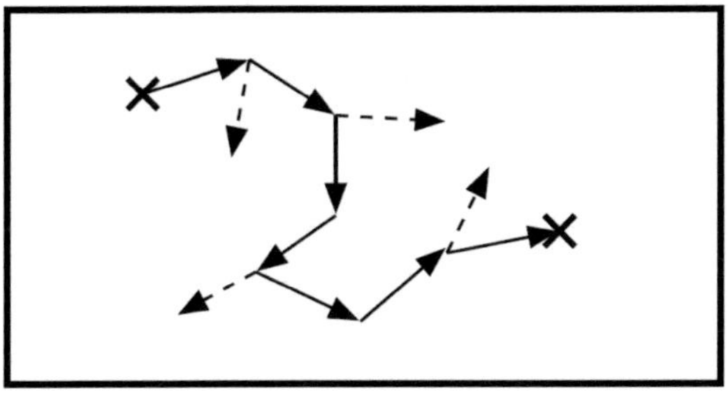

Abbildung 7.5: Stochastischer Pfad durch einen zweidimensionalen Konfigurationsraum.

die Vorteilhaftigkeit der Absicherung einer bestimmten Konfiguration AK auf einer gegebenen Testebene bewerten. Die unplausible Zuordnung dieser Konfiguration zu einer Testebene oder zu einem Teilsystemtestplatz wird auf diese Weise im Simulated Annealing durch Strafkosten geahndet und ermöglicht eine "Führung" der erzeugten und akzeptierten Lösungen des Simulated Annealing in Richtung plausibler Lösungen. Es handelt sich damit um eine Fuzzy-Regelung [Kru95, Hof95].

7.2.4 Fazit

Das oben entworfene und entsprechend gelöste Optimierungsproblem ist derart generisch und flexibel, dass es jegliche Art von Risiko einer Fahrzeugmenge Θ beachten kann – unabhängig von dessen Kausalität. Damit kann etwa nicht nur der durch Programmierungen von Steuergeräten nach verschiedenen Programmierstrategien (vgl. Abschnitt 1.3) im Feld erzeugte Mischverbau beachtet werden, sondern auch der durch jegliche Art von physischem Ersatzteilverbau entstandene. Es muss einzig das Risiko eines Systemausfalls für die betrachteten Fahrzeuge nach Abschnitt 7.2.1 bekannt sein, womit auch einzelne, riskante Steuergeräte in der Absicherung eine erhöhte Beachtung finden können.

In [Zet09] wurde gezeigt, dass der Simulated Annealing Algorihtmus zur Lösung des risikobasierten Konfigurationsproblems grundsätzlich geeignet ist. Der Zielfunktionswert konvergiert mit fortschreitenden Iterationen bei jeder der angewendeten Parametrierungen stets asymptotisch gegen ein stabiles Niveau.
Jedoch konnte bei keiner Berechnung eine valide Lösung im Sinne eines technisch korrekten Fahrzeugs berechnet werden – im Regelfall passen die vorgeschlagenen, zu

verbauenden Steuergeräte nicht zur Ausstattung des Fahrzeugs mit Sonderausstattungen. Dies ließe sich gegebenenfalls durch eine Erhöhung entsprechender Strafkosten vermeiden, was jedoch zu einer Einschränkung des Suchraums und damit zu einer schlechteren Lösung führen kann, da zu Beginn der Berechnung inkonsistente Lösungen nicht ausreichend akzeptiert werden. Weiterhin war die Performance des stochastischen Algorithmus aufgrund der komplexen Problemstruktur mit den notwendigen, ebenfalls komplexen Strafkosten nicht ausreichend – die im Modell definierte Abbruchbedingung des Algorithmus wurde ebenfalls bei keinem der Parametersätze erreicht, sondern die Berechnungen vorzeitig abgebrochen. Zusammen mit der nichttrivialen Parametrierung des Algorithmus, deren Optimalität auch von der abzusichernden, im Lebenszyklus einer Baureihe dynamischen Fahrzeugmenge Θ abhängt, ist das entworfene Modell zu komplex und in der Praxis nicht einsetzbar. Es ist durch ein weniger umfassendes Modell zu ersetzen, welches zur Problemlösung in stärkerem Ausmaß Wissen über den Serviceprozess verwendet und deterministisch- anstatt stochastisch-suchend vorgeht.

7.3 Simplifiziert-risikobasierte Konfiguration von Absicherungsträgern

Angesichts der Asymmetrie zwischen den theoretisch möglichen, versionierten Konfigurationen und den sich über die Programmierstrategie tatsächlich realisierenden, kann sich die Auswahl abzusichernder Konfigurationen an den durch Programmierung entstehenden Fahrzeugkonfigurationen orientieren. Abbildung 7.6 verdeutlicht die entsprechende Vereinfachung des Auswahlproblems, da bei einer Aktualisierung des gesamten Fahrzeugbordnetzes auf beispielsweise je die neuestmögliche Steuergeräteversion der Großteil der Konfigurationen nicht erreicht werden kann.

Eine Absicherungsstrategie, die sich an den im Lebenszyklus entstehenden Fahrzeugkonfigurationen orientiert, ist entsprechend von der Programmierstrategie als Nebenbedingung abhängig, die diese erzeugt. Die im Folgenden für das Risk Management Module entwickelte Heuristik geht jeweils von einem Vollflash der Fahrzeugbordnetze aus, wie er etwa in der deutschen Automobilindustrie als Programmierstrategie eingesetzt wird (vgl. Abschnitt 1.3).

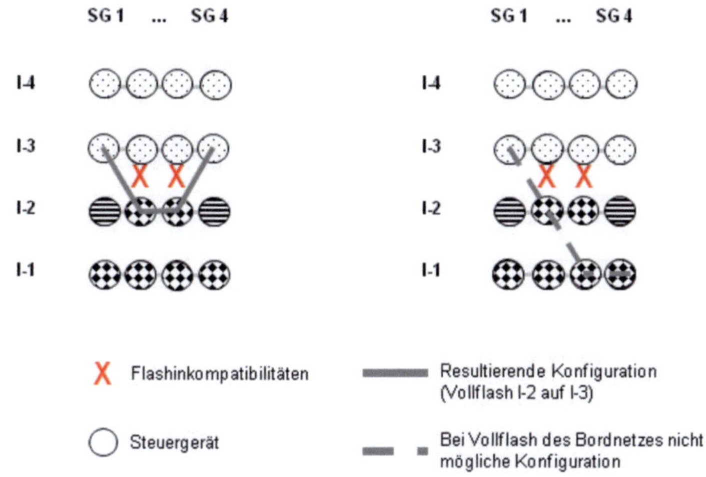

Abbildung 7.6: Konfigurationsentwicklung bei Vollflash des Fahrzeugbordnetzes.

7.3.1 Auswahl abzusichernder Steuergeräteversionen

Vorliegende Lebenszyklusabsicherung betrachtet die durch Programmierung im Service während der Produktlebensdauer potentiell entstehenden Mischkonfigurationen der Fahrzeuge. Relevant sind deswegen neben den jeweils neuesten Versionen auch insbesondere diejenigen vor Flashinkompatibilitäten, da diese für das entsprechende Steuergerät bei einem Flash von Fahrzeugen Θ_j angenommen werden, welche vor der betrachteten Flashinkompatibilität FI_2 produziert wurden, jedoch nach einer etwaig vorhergehenden Flashinkompatibilität FI_1, also $t_{FI_1} < t_P(\Theta_j) < t_{FI_2}$. Je Absicherung wird dabei nur ein gewährleistungsrelevantes Teilfahrzeugfeld im Sinne eines gleitenden Durchschnittes über die Produktionsperioden beachtet, dementsprechend auch nur die Teilmenge relevanter Flashinkompatibilitäten dieser gewährleistungsrelevanten Produktionsperioden.

Fahrzeuge aus unterschiedlichen Produktionsperioden, die entsprechend mit verschiedenen Bau-Integrationsstufen aufgebaut wurden, erreichen bei der Programmierung mit einem einheitlichen, neueren Softwarestand trivialerweise meist nicht die gleiche Konfiguration (vgl. Abbildungen 1.4 und 7.7). Bei einem jährlichen Integrationsstufenviertakt und einer zweijährigen Gewährleistungsdauer, wie in Europa, sind beispielsweise bis zu acht Integrationsstufenabsicherungen je Periodenabsicherung

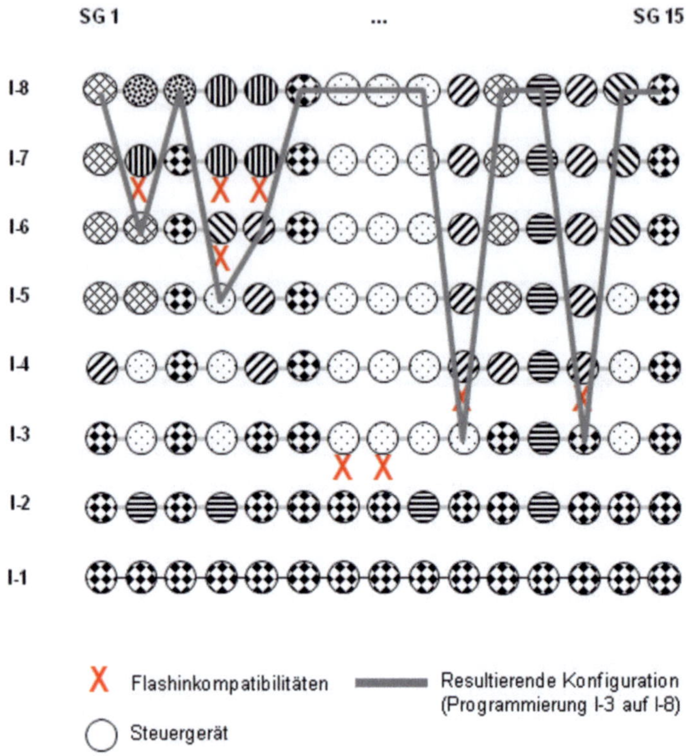

Abbildung 7.7: Konfiguration nach Bordnetzprogrammierung. Steuergeräte der Integrationsstufe I-3 im Vollflash.

durchzuführen – eine für jede gewährleistungsrelevante Produktionsperiode abhängig vom Änderungsumfang zwischen den betrachteten Integrationsstufen. In Abbildung 7.7 würden etwa Fahrzeuge mit den Bau-Integrationsstufen I-1 und I-2 die identisch versionierte Steuergerätekonfiguration erreichen – die Risikoreduktion von zwei abgesicherten Fahrzeugkonfigurationen bestünde für die zweite somit nur noch in Varianten, da mit einer auf einem Absicherungsträger abgesicherten einzelnen Konfiguration keine vollständige Absicherung der Integrationsstufe als Baseline stattfindet.

Existieren nun zu einem Zeitpunkt abzusichernde Bau-Integrationsstufen, was durch eine Menge von Zentroiden vorgenommen werden soll, so sind die Zentroiden den zeitlich ordinal geordneten Integrationsstufen zuzuordnen. Heuristisch können die Zentroiden, die nur eine geringe Anzahl an Fahrzeugen repräsentieren, älteren Perioden zugeordnet werden, da diese eine geringere Relevanz hinsichtlich einer nachhaltigen Reduktion des Risikos einer gewährleistungsrelevanten Fahrzeugmenge durch Absicherung besitzen. Die durch den Zentroiden repräsentierten und dann abgesicherten Fahrzeuge fallen aufgrund des begrenzten Gewährleistungszeitraums durch den gleitenden Durchschnitt früher aus dem Fokus. Eine derartige Zuordnungsvorschrift mit ordinal anhand ihrer repräsentierten Fahrzeugmenge geordneten Zentroiden ermöglicht dabei sowohl eine dynamische Anzahl von Integrationsstufen als auch von Zentroiden, plakativ dargestellt wird dies durch Abbildung 7.8.

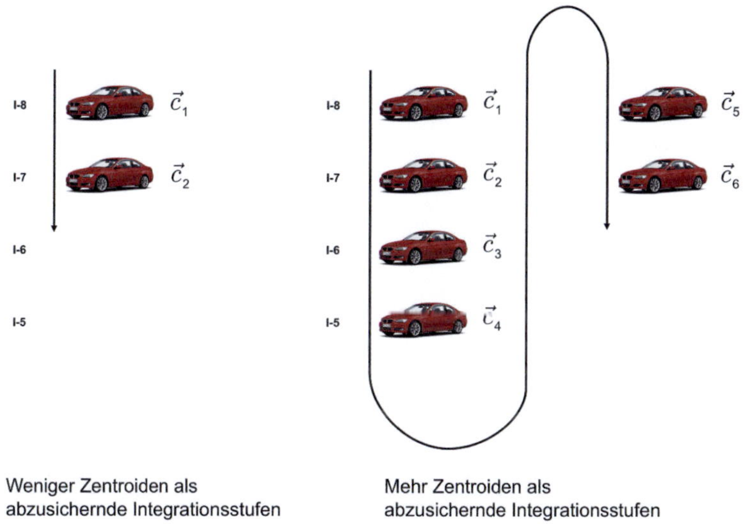

Abbildung 7.8: Zuordnung von Zentroiden zu abzusichernden Integrationsstufen.

7.3.2 Einsparung von Absicherungsträgern

Die Menge der vorgeschlagenen, abzusichernden Konfigurationen $\Delta\mathcal{AK}^*$ soll nun hinsichtlich ihrer Eignung für die Risikoreduktion einer betrachteten Fahrzeugmenge Θ bewertet werden, um gegebenenfalls nur eine "günstige" Teilmenge $\Delta\mathcal{AK} \subseteq \Delta\mathcal{AK}^*$ zur Absicherung aufzubauen.

Nachdem die Zentroiden mit versionierten Steuergeräten gemäß obiger Heuristik ausgestattet wurden, lässt sich für ein gegebenes Fahrzeugfeld Θ das Risikopotential $\Delta R(\mathcal{AK}, AK, \Theta)$ jeder einzelnen Konfiguration $AK \in \Delta\mathcal{AK}^*$ berechnen, für dessen Realisierung Absicherungskosten $\bar{C}^{\text{Absicherung}}$ aufzuwenden sind. Derart können die potentiell abzusichernden Konfigurationen $\Delta\mathcal{AK}^*$ hinsichtlich ihres Beitrags zur Risikoreduktion der Fahrzeugmenge Θ beurteilt werden. Bei der Problemstruktur handelt es sich prinzipiell um ein 0-1-Rucksack-Problem [Mar90], wobei jedoch die Nutzwerte der einzelnen, abzusichernden Konfigurationen als Elemente kombinatorisch voneinander abhängen – sobald eine Absicherung stattfindet, ändert sich das mit den verbleibenden Konfigurationen erreichbare Risikopotential. Insgesamt gelten für vorliegendes Problem folgende Randbedingungen:

- Eine durchgeführte Absicherung hat Auswirkungen auf das weiterhin erzielbare Risikopotential. Der Nutzen der verbleibenden, noch nicht gewählten Elemente ist somit abhängig vom Rucksackinhalt.
- Es kann die gesamte Menge der vorgeschlagenen Konfigurationen $\Delta\mathcal{AK}^*$ abgesichert werden, womit keine Gewichtsbeschränkung existiert. Das Rucksackproblem ist also unbeschränkt.
- Die Absicherung erzeugt nach Abschnitt 7.2.2 unabhängig von der konkret aufgebauten Fahrzeugkonfiguration AK identische Kosten $\bar{C}^{\text{Absicherung}}$, alle Elemente besitzen also das gleiche Gewicht.
- Eine zur Absicherung vorgeschlagene Konfiguration AK wird nur abgesichert, wenn ihr Risikopotential $\Delta R(\mathcal{AK}, AK, \Theta)$ größer ist als die durch sie erzeugten Absicherungskosten $\bar{C}^{\text{Absicherung}}$. Elemente können also nur in den Rucksack gelegt werden, wenn deren Nutzen höher ist als das Gewicht.

Werden die abzusichernden Konfigurationen $\Delta\mathcal{AK}^*$ jeweils ordinal absteigend gemäß ihres Risikopotentials geordnet, so kann zur Auswahl der abzusichernden Plattformen ein Greedy-Algorithmus [Cor01] angewendet werden, der das Risikopotential lokal optimiert (vgl. Seite 191). Dabei wird schrittweise diejenige Konfiguration AK gewählt, welche zum Entscheidungszeitpunkt das größte Risikopotential $\Delta R(\mathcal{AK}, AK, \Theta)$ für die betrachtete Fahrzeugmenge Θ ermöglicht. Ist die Risikoreduktion durch Absicherung dabei größer als die dafür nötigen Absicherungskosten $\bar{C}^{\text{Absicherung}}$, wird die betrachtete Konfiguration abgesichert und das entsprechend reduzierte Feldrisiko $R(\mathcal{AK} \cup AK, \Theta) = R(\mathcal{AK}, \Theta) - \Delta R(\mathcal{AK}, AK, \Theta)$ als Ausgangsbasis für den nächsten Greedy-Schritt berechnet.

Die Nutzwerte sind in den Greedy-Schritten als Lösungsiterationen monoton fallend,

```
Algorithmus: Greedy-Algorithmus zur Auswahl abzusichernder Konfigurationen
Input : Zur Absicherung vorgeschlagene Konfigurationen ΔAK*, Fahrzeugfeld Θ
Output : Abzusichernde Konfigurationen ΔAK

ΔAK* ← Menge der zur Absicherung vorgeschlagenen Konfigurationen ;
ΔAK ← ∅ ;
while ΔAK* ≠ ∅ do
    for AK ∈ ΔAK* do
        Berechne Risikopotential ΔR(AK, AK, Θ) für AK ;
    Reihe ΔAK* ordinal gemäß absteigendem Risikopotential ;
    Wähle AK ∈ ΔAK* mit dem höchsten Risikopotential ΔR(AK, AK, Θ) ;
    if ΔR(AK, AK, Θ) ≥ C̄^Absicherung then
        Berechne das Feldrisiko R(AK ∪ AK, Θ) = R(AK, Θ) − ΔR(AK, AK, Θ)
        nach Absicherung mit AK neu ;
        ΔAK* ← ΔAK* \ AK ;
        ΔAK ← ΔAK ∪ AK ;
        AK ← AK ∪ AK ;
    else
        end
return ΔAK ;
```

Algorithmus: Greedy-Auswahl abzusichernder Konfigurationen.

da nach einer Absicherung das Risikopotential einer vorgeschlagenen Konfiguration nicht steigen kann, es kann sich nur die ordinale Reihenfolge der verbleibenden Konfigurationen ändern. Der Algorithmus findet aufgrund der je lokal optimalen Absicherungsentscheidungen mindestens ein lokales Optimum, was jedoch nicht unbedingt das globale Optimum sein muss. Das Ergebnis ist somit in der Laufzeit $O(|\Delta\mathcal{AK}^*|^2)$ die Empfehlung einer Teilmenge abzusichernder Konfigurationen aus der Menge der insgesamt vorgeschlagenen.

7.3.3 Fazit

Das im vorhergehenden Kapitel entworfene simplifiziert-risikobasierte Verfahren zur Absicherung von im Lebenszyklus durch Programmierung versionierten Fahrzeugkonfigurationen orientiert sich an den potentiell entstehenden Kundenkonfigurationen. Da diese im Service durch Werkstattfälle erzeugt werden, ist die entwickelte Absicherungsstrategie direkt abhängig von der eingesetzten Programmierstrategie.

Die Reduktion des in Abschnitt 7.2.1 dargestellten Risikos findet neben einer optimierten Abdeckung von Varianten über die Verringerung des Mischverbaus $MVB(\mathcal{AK}, \Theta_j)$ der einzelnen Fahrzeuge Θ_j statt. Mit dem im folgenden Kapitel entwickelten Virtual Vehicle Simulator konnte simulativ gezeigt werden, dass im Vergleich zum aktuellen Vorgehen der mittlere Mischverbau der Fahrzeuge durchschnittlich um 48% sinkt. Dazu sind im Lebenszyklus zusätzliche Absicherungsmaßnahmen vorzunehmen und repräsentative Kundenkonfigurationen mit Mischverbau explizit auf ihre vollständige Kompatibilität zu testen.

Kapitel 8

Der Virtual Vehicle Simulator als Monte-Carlo-Simulation zur Feldanalyse und Bewertung entwickelter Methoden

Ziel der im Folgenden entwickelten Feldsimulation ist neben der Bewertung der in Kapitel 5 und 7 dargestellten Methoden eine stochastische Evaluierung der Zielfunktion aus Abschnitt 1.4 durch häufig durchgeführte Zufallsexperimente. Damit wird ein simulationsbasierter Vergleich verschiedener Absicherungsstrategien möglich. Die durch die Wahrscheinlichkeit von Werkstattbesuchen eines Fahrzeugs während seines Lebenszyklus entstehenden Gewährleistungskosten werden den Absicherungskosten, die bei vorheriger Absicherung der Fahrzeugkonfiguration entstehen würden, für eine Vielzahl von Fahrzeugen gegenübergestellt.
Aufgrund der wiederholten Durchführung von Zufallsexperimenten zur numerischen Lösung der Zielfunktion der Lebenszykluskosten handelt es sich bei dem im Folgenden entwickelten Virtual Vehicle Simulator prinzipiell um eine Monte-Carlo-Simulation, welche besonders geeignet ist, um statistische Mittelwerte einer Größe über deren stochastische Gewichte zu berechnen. Die Anwendung von Monte-Carlo-Simulationen hat sich im technischen Bereich insbesondere bei der probabilistischen Sicherheitsanalyse von Kernreaktoren [Wol01], im Maschinenbau [Fri01] und seit neuerem auch in der Automobilbranche [Wol04, Hau07] als zielführend erwiesen. Beim aktuellen Stand der Technik gilt sie "als einzig realisierbare Methode zur Be-

rechnung und Bewertung komplexer mehrdimensionaler Problemstellungen" [Hau07, Seite 5].

Durch die Modellierung des Lebenszyklusverhaltens von Fahrzeugkonfigurationen im Service und dadurch der Simulation des Feldes als komplexes System soll in vorliegender Arbeit ein Systemverständnis erlangt werden, wobei die Simulation zusätzlich die Systemoptimierung mit Entscheidungshilfen bei der Ausgestaltung der Absicherungsstrategie ermöglicht. Ein Simulationsmodell wird verwendet, da die internen Abhängigkeiten zwischen Konfigurationen der Feldfahrzeuge und der Einflüsse durch Programmier- und Absicherungsstrategie komplex und nicht explizit bekannt sind, somit auch Unkenntnis über die Verbesserungsmöglichkeiten des Systems besteht. Die Modellierung per Simulation emuliert das reale System über der beliebig transformierbaren Simulationszeit und ermöglicht daher die Generierung mitsamt Analyse eines künstlichen Baureihenlebenszyklus. Aus dem Verhalten des Simulationsmodells sind damit Erkenntnisse über die Wechselwirkungen von System- und Entscheidungsvariablen bezüglich des prognostizierten, dynamischen Verhaltens des Felds ableitbar [Hil96, Law00, Ban04], welches aus Image-, Kosten- und Qualitätsgründen nicht für Experimente zur Verfügung steht. Gemäß [Sim69] "simulation can tell us things we do not already know" sind empirische Simulationsexperimente zur Ermittlung der Feldcharakteristika durchzuführen und Erfahrungen zu sammeln, bevor eine entsprechend justierte, neue Absicherungsstrategie angewendet wird. Es können somit bei überschaubarem Kapitaleinsatz und Risiko neue Strategien und Entscheidungsregeln mit einer realitätsnahen Vielzahl an Parametern untersucht werden, ohne den laufenden Servicebetrieb zu stören. Nachteilig bei Einsatz einer Simulation ist der hohe Aufwand der Entwicklung und Pflege von Simulationsmodellen, die nötige Rechnerleistung sowie die oftmals nichttriviale Interpretation der Ergebnisse, vor allem bei Nichtdeterminismus [Szc07].

8.1 Modellierung einer diskreten Simulation

Der Entwurf des Virtual Vehicle Simulators als Simulationsmodell zur Feldanalyse impliziert eine Abbildung des realen Systems in ein Modell mit gewissen Annahmen und Vereinfachungen (vgl. Abbildung 8.1). Das mathematische Modell ermöglicht aufgrund der Abbildung der Systemobjekte und Systemobjektbeziehungen eine experimentelle Manipulation der abgebildeten Strukturen des Realsystems. Die Subjektivität der Modellbildung mit individuell verschiedenen Abstraktionsprozessen

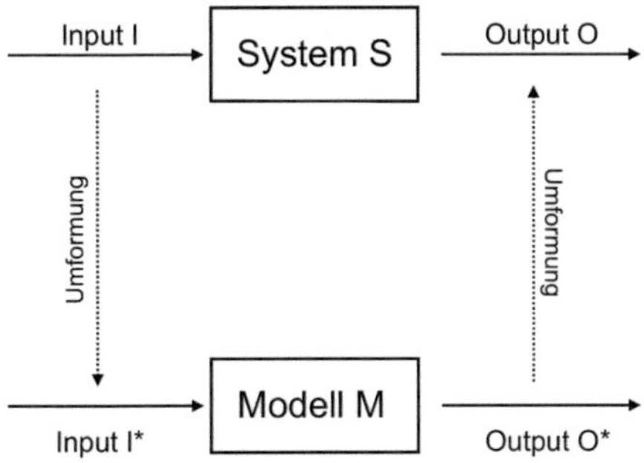

Abbildung 8.1: Abstraktion eines Systems durch ein Modell.
Quelle: [Obe99].

erklärt die vorherrschende Meinung, dass es nicht das *richtige*, sondern nur ein *adäquates* Modell gibt und die Erstellung eines Simulationsmodells "more an art than a science" ist [Szc07].

Vor diesem Hintergrund sollen für den Virtual Vehicle Simulator folgende Vereinfachungen gelten:

- Die Produktionszahlen verhalten sich gemäß des erwarteten Produktlebenszyklus, jedoch werden die Feldanteile von Sonderausstattungen während der Serienproduktion als unveränderlich über der Zeit angenommen. In der Realität sind davon abweichend insbesondere die direkt nach Produktionsstart verkauften Fahrzeuge meist relativ hochwertig ausgestattet, da die im Marketing als "Innovatoren" bezeichneten Konsumenten frühzeitig bereit sind, neue Produkte auch zu einem hohen Preis zu kaufen. Mit der im Lebenszyklus folgenden Konsumentengruppe der "Imitatoren" sinkt die Anzahl gekaufter Sonderausstattungen.
- Nach- und Umrüstungen bereits produzierter Kundenkonfigurationen werden auf der Ebene von Sonderausstattungen vernachlässigt. Dies ermöglicht einen modularen Aufbau der Bestandsentwicklung (vgl. Kapitel 6 und Abschnitte 8.2.2.1 sowie 8.2.2.2) und der Entwicklung von Feldkonfigurationen mit versionierten Steuergeräten (vgl. Abschnitte 8.2.2.3 bis 8.2.2.6).
- Es findet eine Berücksichtigung von Zwangskopplungen und -ausschlüssen auf Ebene von Varianten statt (vgl. Kapitel 6), doch nicht auf der Ebene versionierter Steuergeräte.

- Im Modell auftretende Ereignisse wie die Programmierung eines Fahrzeugs oder durchgeführte Absicherungsumfänge sind zeitlos und verlaufen unendlich schnell (vgl. Abschnitt 8.2.2).
- Es findet kein Ersatzteiltausch verschiedener Versionen statt. Es wird also kein Mischverbau betrachtet, der durch den Austausch von Hardware auf Grund von Hardwaredefekten entsteht.
- Die Ersatzteilversorgung mit Kosten für die Lagerhaltung wird analog dazu vernachlässigt.
- Als Testebene wird nur der Systemtest betrachtet, für den je Simulationsperiode stets eine ausreichende Menge an Absicherungsplattformen zur Verfügung steht, um gegebenenfalls jeglichen Zentroiden aufzubauen und abzusichern. Diese Annahme ist für die Realisierung einer Lebenszyklusabsicherung nicht restriktiv, da entsprechendes Testequipment bereits bei der Serienentwicklung angeschafft wurde.
- Im Laufe des Simulationsfortschritts abgesicherte Konfigurationen werden als vollständig risikoreduzierend gemäß Abschnitt 7.2.1 angenommen und sind mit ihren Resultaten bis zum Simulationsende verfügbar. Die von der Risikoreduktion betroffenen Feldfahrzeuge, bei denen sich die Absicherungsnähe oder der Mischverbau durch die Absicherung verringern, gelangen durch eine Rückrufaktion unmittelbar in die Werkstatt zur Aktualisierung mit korrigierter Software. Damit tragen Absicherungsträger auch für früher produzierte Feldfahrzeuge zur Risikoreduktion bei, die zurückgerufenen Fahrzeuge erzeugen Werkstattfälle und Kosten.
- Der Typschlüssel wird vernachlässigt.

Das entworfene nichtdeterministische Simulationsmodell besitzt Zufallsvariablen als Inputgrößen, womit auch der Output ein Zufallsvektor mit a priori unbekannter Verteilung ist, da stets nur eine endliche Anzahl an Pfaden einer deutlich größeren Menge an Pfadmöglichkeiten durchlaufen wird. Die Systemdynamik des Felds wird dabei über Zustandsvariablen und deren Veränderung in ausschließlich diskreten Zeitpunkten t_ζ beschrieben, $\zeta = 0, 1, 2, \ldots$ Die diskrete ereignisgesteuerte Simulation ist hinsichtlich der Analyse und Simulation eines Systems eine populäre Technik. Mit ihr sind alle Systeme modellierbar, deren Entwicklung durch Ereignisse zu diskreten Zeitpunkten beschrieben werden können. Ein Ereignis ist dabei nach [Szc07] die Veränderung von Objektzuständen oder des Systemzustandes zu einem bestimmten

Zeitpunkt. Die Beschreibung der Zustandsänderung(en) erfolgt dabei mit Ereignisprozeduren. Haben mindestens zwei Ereignisse einen identischen Zeitstempel, so werden diese als simultane Ereignisse bezeichnet.
Auf die Möglichkeit der prozess- sowie der aktivitätsorientierten Simulationsmodellierung sei hingewiesen, Abbildung 8.2 verdeutlicht den Zusammenhang zwischen Ereignis, Aktivität sowie Prozess. Aktivitäten und Prozesse als zeitlich ausgedehnte

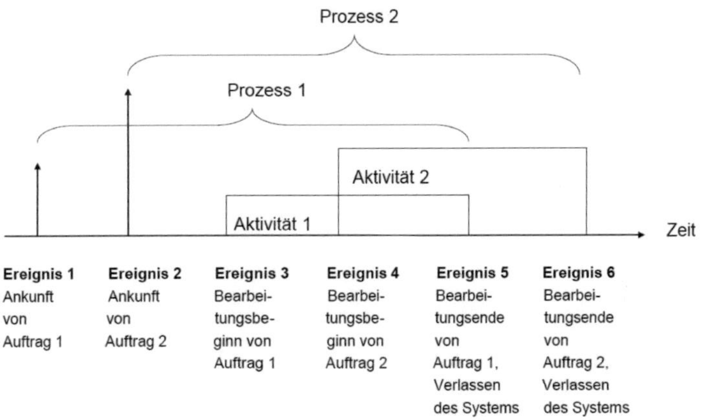

Abbildung 8.2: Simulationsereignis, -aktivität und -prozess. Quelle: [Szc07].

Vorgänge werden als Folge von zeitlosen Ereignissen modelliert.

Die im Folgenden verwendete ereignisorientierte Modellierung bietet sich bei Systemen an, die insbesondere das Belegen und Freigeben von Bedienstationen, beispielsweise Werkstätten, simulieren. Die Interaktion zwischen den Modellobjekten beschränkt sich dabei auf ein grundlegendes Maß. Meist ist die Implementierung performanter als bei prozess- oder aktivitätsorientierten Modellen und die Realisierung der Ablaufsteuerung ist mit weniger Aufwand realisierbar [Syr05].

Da im Feld als zu modellierendem System mit Millionen an Kundenfahrzeugen Ereignisse wie Programmierungen oder Werkstattfälle regelmäßig auftreten, entsprechend viele signifikante Ereignisse in kurzer Zeit stattfinden und eine Beschreibung sowie genaue Unterscheidung der Ereignisse ohne Einzelfallanalyse nicht möglich ist, findet die Realisierung der diskreten, abzählbaren Zeitbasis im Time-Slicing-Verfahren statt. Damit wird das Verhalten des Systems durch eine Menge von Funktionen beschrieben, welche am Ende jedes uniformen Zeitintervalls der Länge Δt evaluiert werden. Die Länge des Zeitintervalls ist dabei von zentraler Bedeutung, da bei verschiedenen $\Delta t_a, \Delta t_b$ unterschiedliche Simulationszustände und -ergebnisse auftreten können (vgl. Abbildung 8.3). Das Time-Slicing-Verfahren ist im Vergleich zum

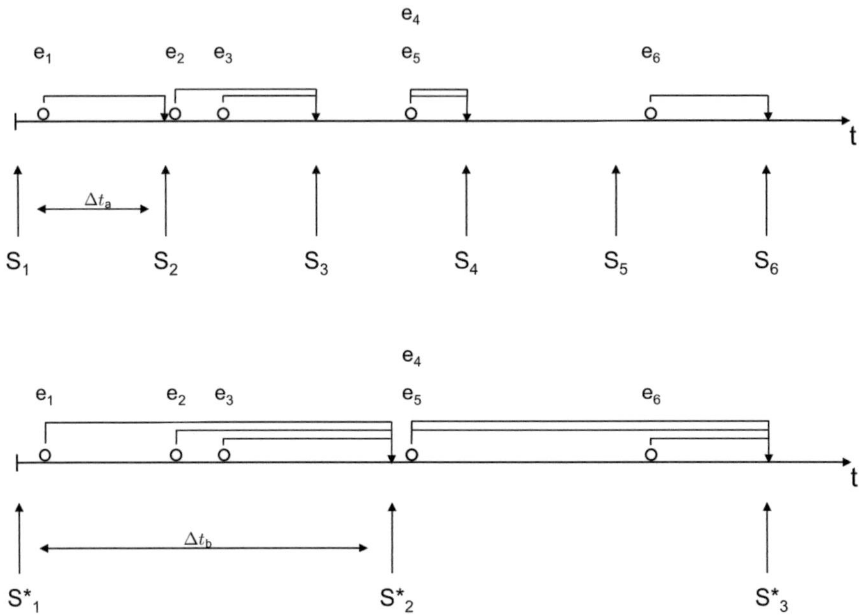

Abbildung 8.3: Simulationszustände bei verschiedenen Δt.
Quelle: In Anlehnung an [Szc07].

Event-Scheduling, bei welchem die Zeit mit dem Auftreten eines Ereignisses durch nicht-uniforme Zeitsprünge fortschreitet, also nur für hinreichend kleines Δt exakt, jedoch für Modelle mit (quasi-) kontinuierlich variierenden Variablen hinsichtlich Laufzeit- und Speicheranforderungen performanter.

Graphisch lässt sich die Simulation somit als Entscheidungsbaum mit randomisierten Ereignissen als Entscheidungen zu diskreten Zeitpunkten $t_\zeta = \zeta \cdot \Delta t$ darstellen. Abbildung 8.4 zeigt dies anhand der Werkstattfälle für ein Feldfahrzeug Θ_j, über die in Zeitpunkt t_ζ mit der Wahrscheinlichkeit $p_{WSF}(\mathcal{AK}(t_\zeta), \Theta_j)$ stochastisch entschieden wird.

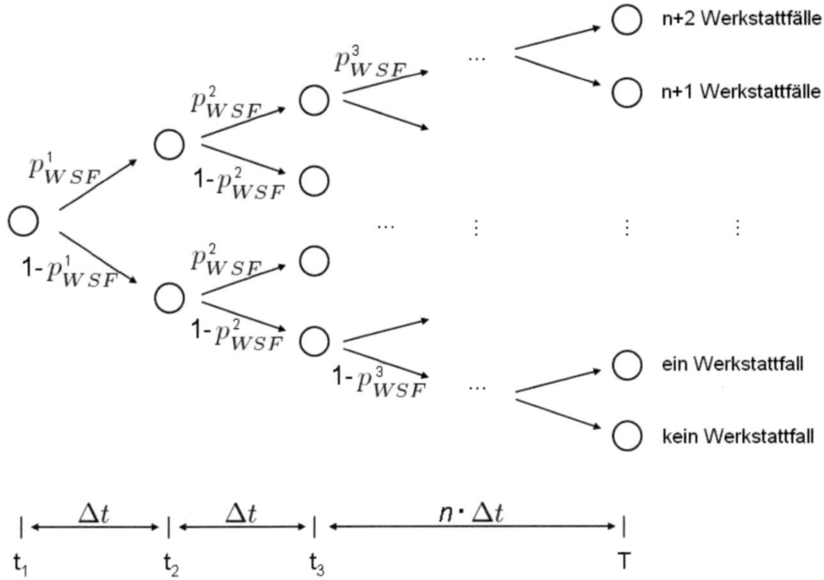

Abbildung 8.4: Entscheidungsbaum des Simulationsmodells.
Beispiel anhand der Werkstattfälle eines Feldfahrzeugs.

8.2 Erfassung der Feldstruktur

Das im Lebenszyklus einer Baureihe zu simulierende Fahrzeugfeld als reales System wird durch Modellentitäten und Ereignistypen im Simulationsmodell abgebildet.

8.2.1 Modellentitäten

Die Modellentitäten als individuelle Objekte mit ihren Attributen und Objektzuständen bilden die Struktur des Simulationsmodells. Es werden mit diesen bereits die prinzipiell möglichen Zustandsänderungen durch Ereignisroutinen festgelegt.

Das Feld und daher auch das abgeleitete Beschreibungsmodell besteht aus der Menge $\Theta = \{\Theta_1, \Theta_2, \ldots, \Theta_f\}$ an Fahrzeugen als Objekte. Jedes Objekt $\Theta_j \in \Theta$ ist charakterisiert durch eine Menge von indikativen Attributen $\{A_1, A_2, \ldots, A_\eta\}$. Die indikativen Attribute bilden als Attributsvektor $\vec{A}$ die modellhafte Abstraktion der Objekteigenschaften. Damit ergibt sich zum Beobachtungszeitpunkt t der Objektzustand des Objekts Θ_j als η-Tupel von dessen Attributwerten

$$\vec{Z}\left(\Theta_j, t\right) = \left(A_1(\Theta_j, t), A_2(\Theta_j, t), \ldots, A_\eta(\Theta_j, t)\right)^T = \vec{A}(\Theta_j, t).$$

Der Modellzustand $\vec{Z}_M$ wird insgesamt durch die Menge der Zustände aller Objekte und eines eigenen Attributsvektors $\vec{A}^M$ definiert, also

$$\vec{Z}_M(\Theta, t) = \left(\vec{Z}(\Theta_1, t), \vec{Z}(\Theta_2, t), \ldots, \vec{Z}(\Theta_f, t), \vec{A}^M(t)\right)^T.$$

Aufgrund der diskreten Zeitbasis des Simulationsmodells gilt dabei

$$\vec{Z}_M(\Theta, t) = \vec{Z}_M(\Theta, t_\zeta) \qquad \forall\, t_\zeta \leq t < t_{\zeta+1}.$$

Die betrachteten E/E-relevanten Sonderausstattungen bilden als Eigenschaftsvektor von Konfigurationen $\vec{E}$ die Attribute $A_1, \ldots, A_s$. Mit der in Abschnitt 7.1 vorgenommenen Abbildung von Sonderausstattungen auf Steuergeräte modellieren die Attribute $A_{s+1}, \ldots, A_{s+n_{max}}$ die Steuergeräte der Fahrzeugbaureihe. Deren Attributwerte $A_{s+1}(\Theta_j, t), \ldots, A_{s+n_{max}}(\Theta_j, t)$ des Fahrzeugs Θ_j bezeichnen also in Analogie zum Vektor $\vec{E}^{SG}$ die zum Zeitpunkt t verbauten Steuergeräte mit ihrer Integrationsstufe. Die kumulierten Servicekosten der in Abschnitt 1.4 entwickelten Zielfunktion der Produktlebenszykluskosten, die Anzahl an Werkstattfällen, die Absicherungsnähe, der Mischverbau, das Risiko der Konfiguration gemäß Abschnitt 7.2.1 sowie der Produktionszeitpunkt werden durch die Attribute $A_{s+n_{max}+1}, \ldots, A_\eta$ modelliert. Mit

$$WSF(\Theta_j, t) = \begin{cases} 0 & \text{falls } \Theta_j \text{ keinen Werkstattfall in } t \text{ hatte} \\ 1 & \text{sonst} \end{cases}$$

ergibt sich insgesamt der Attributsvektor $\vec{A}(\Theta_j, t)$ des Fahrzeugs Θ_j also zu

$$\vec{A}(\Theta_j, t) = \begin{pmatrix} f(SA_1, \Theta_j) \\ f(SA_2, \Theta_j) \\ \vdots \\ f(SA_s, \Theta_j) \\ g^{SG_1}(V_{1,1}, \Theta_j, t) \\ \vdots \\ g^{SG_1}(V_{1,v_1}, \Theta_j, t) \\ g^{SG_2}(V_{2,1}, \Theta_j, t) \\ \vdots \\ g^{SG_{n_{max}}}(V_{n_{max}, v_{n_{max}}}, \Theta_j, t) \\ \sum_{\tau=1}^{t} C_{OLC}(\Theta_j, \tau) \\ \sum_{\tau=1}^{t} WSF(\Theta_j, \tau) \\ AN_{[up]}(\mathcal{AK}(t), \Theta_j) \\ MVB(\mathcal{AK}(t), \Theta_j) \\ R(\mathcal{AK}(t), \Theta_j) \\ t_P(\Theta_j) \end{pmatrix}.$$

Zusätzlich zu den Modellentitäten existieren objektunabhängige Variablen, nämlich die kumulierten Nachentwicklungs- und Absicherungskosten der gesamten Produktfamilie über deren Lebenszeit. Der modellspezifische Attributsvektor ist damit

$$\vec{A}^M(t) = \begin{pmatrix} \sum_{\tau=1}^{t} C_{RE}(\tau) \\ \sum_{\tau=1}^{t} C_{RT}(\tau) \end{pmatrix}.$$

8.2.2 Ereignistypen

Die zeitliche Entwicklung des Virtual Vehicle Simulators wird durch Ereignisse bestimmt, welche durch Ereignisroutinen implementiert werden und zeitlos schnell erfolgen. Diese Routinen determinieren in ihrem Zusammenspiel das Modellverhalten, indem sie Objekte generieren oder löschen, die Attributwerte der vorhandenen Objekte ändern oder zukünftige Ereignisse erstellen respektive entfernen. Es werden dabei elementare Zustandsänderungen der Entitäten zu Modellereignissen zusammengefasst, beispielsweise bei der Programmierung eines oder mehrerer Steuergeräte mit entsprechenden Servicekosten bei einem Werkstattaufenthalt eines Fahrzeugs.

Als Modellereignisse werden die Ankunft eines Fahrzeugs im System, die Ankunft eines Fahrzeugs in der Werkstatt, der Abgang eines Fahrzeugs aus dem System, während des Lebenszyklus der Baureihe durchgeführte Absicherungsumfänge sowie die Einführung neuer Softwareversionen und neuer Flashinkompatibilitäten betrachtet.

8.2.2.1 Ankunft eines neuen Fahrzeugs im System

Die Ankunft eines neuen Fahrzeugs Θ_j im System ist gleichbedeutend mit dessen Produktion zum Produktionszeitpunkt $t_P(\Theta_j) < T$, wobei die Fahrzeugkonfiguration gemäß der erwarteten Feldanteile der Sonderausstattungen über das Wahrscheinlichkeitsmodell des Virtual Vehicle Generators aus Abschnitt 6 gebildet wird. Damit passt sich der modellierte Konfigurationsraum des Virtual Vehicle Simulators statistisch an die Absatzerwartungen an. Für eine realitätsnähere Prognose des Produktlebenszyklus ist die Ergodizität des Prognosemodells auf den ersten Blick hinderlich, womit mit einem einheitlichen Prognosemodell keine über die Zeit dynamischen Feldanteile modelliert werden können. Zur Abbildung verschiedener Konsumentengruppen im Lebenszyklus, wie Innovatoren oder Imitatoren, ist für jeden Simulationszeitpunkt eine definierte Neuparametrierung des Virtual Vehicle Generators anhand der jeweils erwarteten Feldanteile erforderlich, worauf aus Komplexitätsgründen in vorliegender Arbeit verzichtet wurde.

8.2.2.2 Abgang eines Fahrzeugs aus dem System

Der Abgang eines Fahrzeugs Θ_j aus dem System zum Zeitpunkt $t_{Ab}(\Theta_j)$ wird bedingt durch die Verschrottung des Fahrzeugs, beispielsweise nach einem Unfall, und schwächt daher die Relevanz älterer Konfigurationen für die Absicherung. Die betroffenen Fahrzeuge als Modellentitäten werden gelöscht, anfallende Entsorgungskosten werden vernachlässigt (vgl. Anhang B).

Tabelle 8.1 zeigt die Entwicklung des Fahrzeugbestandes eines einzelnen Produktionsjahres nach den statistischen Erfahrungen eines deutschen Automobilherstellers. Aufgrund der mehrjährigen Produktion existieren dabei im Simulationsmodell auch stets verschieden alte Populationen. Deterministisch betrachtet gilt mit den diskreten

Jahre nach Produktion	Bestand B	Jahre nach Produktion	Bestand B
1	99,45 %	12	65,95 %
2	98,13 %	13	55,87 %
3	96,88 %	14	43,51 %
4	93,66 %	15	33,59 %
5	89,92 %	16	24,85 %
6	86,09 %	17	19,55 %
7	83,21 %	18	14,18 %
8	81,48 %	19	10,98 %
9	80,58 %	20	7,19 %
10	77,95 %	21	4,59 %
11	73,69 %	22	3,83 %

Tabelle 8.1: Bestandsentwicklung eines Produktionsjahres.
Statistische Erfahrungen eines deutschen Automobilherstellers.

Zeitpunkten der Tabelle und $q_{t,t+1}$ als Anteil der Fahrzeuge, die das System nicht verlassen, für die Entwicklung des Bestands B eines Produktionsjahres

$$B(t+1) = B(t) \cdot q_{t,t+1} \qquad \text{mit } B(0) = 100\%.$$

Der Anteil der aus dem System abgegangenen Fahrzeuge lässt sich derart je Jahr zu $1 - q_{t,t+1}$ bestimmen.

Beschreiben die uniformen Intervalle Δt zwischen den diskreten Simulationszeitpunkten $t_\zeta = \zeta \cdot \Delta t$ beispielsweise Quartale, so ist eine unterjährige Bestandsentwicklung zu realisieren. Mit vierteljährigen Simulationsschritten gilt für die Entwicklung des Bestands B^v im ersten Jahr

$$\begin{aligned} B^v(1) &= B(0) \cdot q^v_{0,1} \\ B^v(2) &= B^v(1) \cdot q^v_{1,2} \\ B^v(3) &= B^v(2) \cdot q^v_{2,3} \\ B(1) = B^v(4) &= B^v(3) \cdot q^v_{3,4}. \end{aligned}$$

Aus Tabelle 8.1 lässt sich der Fahrzeugbestand nur jährlich bestimmen, womit $B(0)$ und $B(1) = B^v(4)$ bekannt sind, jedoch nicht die unterjährigen Bestände. Sei angenommen, dass der Anteil $q^v_{t,t+1}$ der Fahrzeuge, die das System nicht verlassen, innerhalb eines Jahres konstant sei, hier also beispielhaft $q^v_{0,1} = \ldots = q^v_{3,4}$, so gilt für die Bestandsentwicklung innerhalb des ersten Jahres

$$B^v(t) = B(0) \cdot \left(q^v_{0,1,2,3,4}\right)^t, \qquad t = 1, \ldots, 4,$$

womit der unterjährige Anteil $q^v_{0,1,2,3,4,}$ der aus dem System ausgeschiedenen Fahrzeuge für diesen Fall berechnet werden kann zu

$$q^v_{0,1,2,3,4} = \sqrt[4]{\frac{B^v(4)}{B(0)}} = \sqrt[4]{\frac{B(1)}{B(0)}} \overset{\text{Tabelle 8.1}}{\approx} 0,998622.$$

Allgemein gilt bei der n-fachen Unterteilung eines Jahres $(t, t+1)$ für $q^n_{nt,\ldots,n(t+1)}$

$$q^n_{nt,\ldots,n(t+1)} = \sqrt[n]{\frac{B(t+1)}{B(t)}}.$$

q^n wird in vorliegendem Simulationsmodell über das Gesetz der großen Zahlen als Überlebenswahrscheinlichkeit der Fahrzeugkonfigurationen für ein Simulationsjahr interpretiert und das Modell so stochastisch.

8.2.2.3 Ankunft eines Fahrzeugs in der Werkstatt

Kommt ein Fahrzeug Θ_j in die warteschlangenlose Werkstatt, so wird dieses zeitlos neu programmiert und erzeugt während dessen Gewährleistungszeit Servicekosten C_{OLC}. Diese Kosten entstehen auch, wenn sich die Konfiguration des Fahrzeugs beim Werkstattbesuch nicht ändert, es also die zu diesem Zeitpunkt neuestmöglichen Steuergeräteversionen besitzt. Im Virtual Vehicle Simulator finden dabei nur die gewährleistungsrelevanten Servicekosten $C_{OLC}(\Theta_j, t)$ Beachtung, bei denen zwischen Produktionszeitpunkt $t_P(\Theta_j)$ und Zeitpunkt des Werkstattfalls $t_{WSF}(\Theta_j) \leq T$ weniger als eine vorgegebene Anzahl x an Simulationsschritten vergangen ist, also $t_{WSF}(\Theta_j) - t_P(\Theta_j) \leq x$. Im Falle der für alle in Deutschland gekauften Fahrzeuge geltenden, zweijährigen Gewährleistungsdauer ist also $x = 8$. Es können derart alle vorhandenen Fahrzeuge in die Werkstatt kommen, jedoch erzeugen nur die gewährleistungsrelevanten Fahrzeuge auch Kosten. Die Wahrscheinlichkeit eines Werkstattfalls berechnet sich dabei nach Abschnitt 7.2.1 aus der Fahrzeugkonfiguration und ist damit aufgrund der hohen Heterogenität des Fahrzeugfeldes für nahezu jedes Fahrzeug verschieden.

Für Fahrzeuge Θ_j sind durch den Produktionszeitpunkt $t_P(\Theta_j)$ die Bau-Integrationsstufe und damit die vorhandene Steuergerätehardware festgelegt. Findet eine Programmierung des Fahrzeugs in $t_{WSF}(\Theta_j)$ statt, so ist durch einen Abgleich mit den bis dahin im Simulationsmodell eingeführten, neuen Softwareversionen die entstehende, versionierte Fahrzeugkonfiguration bestimmbar – die verbaute Steuergerätehardware ändert sich dabei nicht. In der angewendeten Simulation findet ein Vollflash des Fahrzeugbordnetzes statt, also eine Aktualisierung aller verbauten Steuergeräte auf die neustmögliche Softwareversion. Aufgrund des modularen Aufbaus der Ereignisroutinen stellt dies keine Modelleinschränkung dar (vgl. Abschnitt 8.4.3.1).

8.2.2.4 Risikoreduktion durch Absicherung

Ausgehend von einer Menge $\mathcal{AK}(t)$ existierender abgesicherter Konfigurationen wird die Absicherungsnähe $AN_{[up]}(\mathcal{AK}(t), \Theta_j)$ und der Mischverbau $MVB(\mathcal{AK}(t), \Theta_j)$ für alle Fahrzeuge $\Theta_j \in \Theta$ berechnet. Mit fortschreitender Zeit und Felddynamik werden in t_{TA} bewusst $|\Delta\mathcal{AK}(t_{TA})|$ Konfigurationen im Simulationsmodell zeitlos abgesichert, womit die Absicherungsnähe sowie der Mischverbau zu aktualisieren sind. Diese berechnen sich anstatt zu $|\mathcal{AK}(t)|$ Plattformen nun zu $|\mathcal{AK}(t)| + |\Delta\mathcal{AK}(t_{TA})|$ mit $|\Delta\mathcal{AK}(t_{TA})|$ zusätzlich abgesicherten Konfigurationen. Sind diese von den bisher abgesicherten verschieden und weisen sie eine Mischkonfiguration auf, so existiert mindestens ein Feldfahrzeug, dessen Absicherungsnähe oder dessen Mischverbau aufgrund der erhöhten Feldabdeckung der Absicherung sinkt. Damit sinkt auch die Wahrscheinlichkeit eines Fehlers für diese Konfigurationen, jedoch wurden Absicherungskosten verursacht. Die betroffenen Feldfahrzeuge werden also mit korrigierter Software aktualisiert und erreichen im Rahmen einer simulierten Rückrufaktion die Werkstatt, wo sie zusätzlich Werkstattfälle mit gewährleistungsrelevanten Servicekosten erzeugen.

8.2.2.5 Einführung neuer Softwareversionen

Die Serienproduktion startet mit genau einer Integrationsstufe und damit je einer Softwareversion je Steuergerät. Nach Produktionsstart werden jedoch nach [Bur07] aufgrund fehlerinduzierter Nachentwicklungen, nötigen Redesigns durch Bauteilabkündigungen sowie geplanten Weiter- und Neuentwicklungen weitere Versionen im Rahmen neuer Integrationsstufen eingeführt. Mit der Einführung einer neuen Softwareversion für ein Steuergerät SG_ι während der Produktion in $t_{SW}(SG_\iota) \leq t_{EOP}$

wächst der mögliche Konfigurationsraum durch Versionierung. Die Ereignisroutine gilt also für je ein Steuergerät als elementares Zustandsattribut eines Fahrzeugs. Fahrzeuge Θ_j, die ab $t_{SW}(SG_\iota)$ gebaut werden, also für die gilt $t_P(\Theta_j) \geq t_{SW}(SG_\iota)$, besitzen bis zur Einführung einer weiteren, neuen Version diese Konfiguration ab Werk. Werden Fahrzeuge in $t_{WSF}(\Theta_j) \geq t_{SW}(SG_\iota) > t_P(\Theta_j)$ programmiert, so wird bei Flashkompatibilität die eingeführte Software für dieses Steuergerät geflasht.
Mit Produktionsende in t_{EOP} sind nach [Bur07] im Regelfall keine neuen Versionen mehr zu erwarten.

8.2.2.6 Einführung neuer Flashinkompatibilitäten

Existieren Flashinkompatibilitäten zwischen zwei Steuergeräteversionen, so kann ein Fahrzeug in der älteren Hardwarekonfiguration durch Programmierung nicht auf den erneuerten Stand geflasht werden – es entsteht wie in Abbildung 1.4 dargestellt Mischverbau, da die alte Hardware die neue Software nicht ausführen kann. Eine Flashinkompatibilität ist damit an die Einführung neuer Hardware gekoppelt, die im Gegensatz zur alten die neue Software ausführen kann. Wird also nach Einführung zweier neuen Softwareversionen in $t_{SW_1}(SG_\iota)$ und $t_{SW_2}(SG_\iota)$ für ein Steuergerät SG_ι sowie einer Flashinkompatibilität in $t_{FI}(SG_\iota)$ ein Fahrzeug Θ_j in $t_{WSF}(\Theta_j) \geq t_{SW_2}(SG_\iota) \geq t_{FI}(SG_\iota) > t_{SW_1}(SG_\iota) > t_P(\Theta_j)$ programmiert, so erreicht dieses mit dem betroffenen Steuergerät nur den in $t_{SW_1}(SG_\iota)$ eingeführten Versionsstand. Die Ereignisroutine betrifft also analog wie die Einführung neuer Softwareversionen je ein Steuergerät.
Da die Einführung einer Flashinkompatibilität für den aktuellen Hardwarestand stets eine inkompatible neue Hard- und Softwareversion erfordert, sind nach Produktionsende ebenfalls keine weiteren Flashinkompatibilitäten zu erwarten. Es gilt also $t_{FI}(SG_\iota) \leq t_{EOP} \; \forall \; SG_\iota$.

Unter Vernachlässigung von Systemabgängen stellt Abbildung 8.5 die Entwicklung des Konfigurationsraumes über der Einführung neuer Integrationsstufen bei vollständiger Flashinkompatibilität mit identischen Produktionszahlen dar. Es wird speziell für alte Hardware entwickelte, neue Software eingesetzt. Dies resultiert in einer in der Anzahl an Integrationsstufen wachsenden Heterogenität von Fahrzeugkonfigurationen während der Serienproduktion durch die Kombination von Hard- und Software verschiedener Versionen.

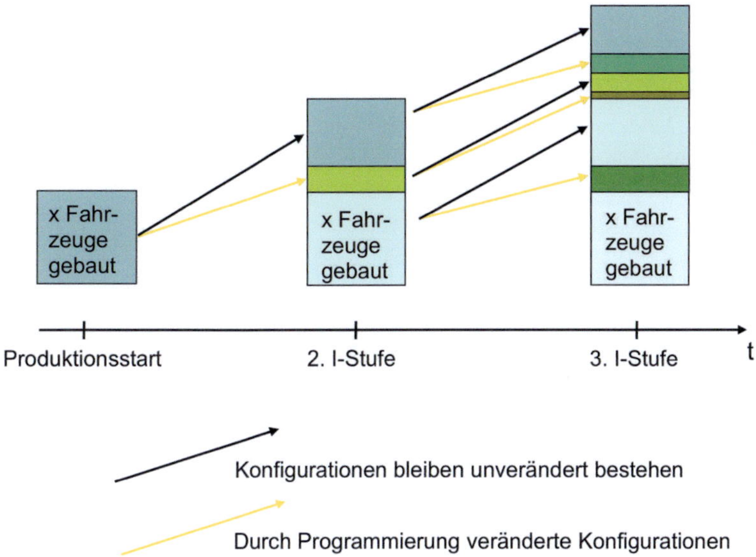

Abbildung 8.5: Entwicklung des möglichen Konfigurationsraumes.

8.3 Simulationsarchitektur und -prozess

Die Architektur des entwickelten Virtual Vehicle Simulators als Monte-Carlo-Simulation wird in Abbildung 8.6 dargestellt. Die Simulation macht als Vorhersage- und Optimierungsmodell insbesondere die in den Korrelationsstudien aus Kapitel 4 entdeckten Zusammenhänge zwischen Bordnetz- und Qualitätsmetriken für Entscheidungen nutzbar. Als Bausteine werden dazu die Clusteranalyse aus Kapitel 5, der Virtual Vehicle Generator aus Kapitel 6 als Prognosemodell, die Fahrzeugproduktion aus Abschnitt 7.1 sowie das Risk Management Module, welches unter anderem die Risikoberechnung gemäß Abschnitt 7.2.1 und die Methodik zum Aufbau von Absicherungsträgern aus 7.3 beinhaltet, verwendet. Alternativ kann mit einer zukünftig höheren Rechnerleistung der simplifizierte Aufbau von Absicherungsträgern auch durch das Modell aus Abschnitt 7.2 mit dem Fuzzy-Logik-Regler ersetzt werden, womit beispielsweise auch Wechselwirkungen zwischen einer endlichen Menge von System- und Teilsystemtests modellierbar sind.

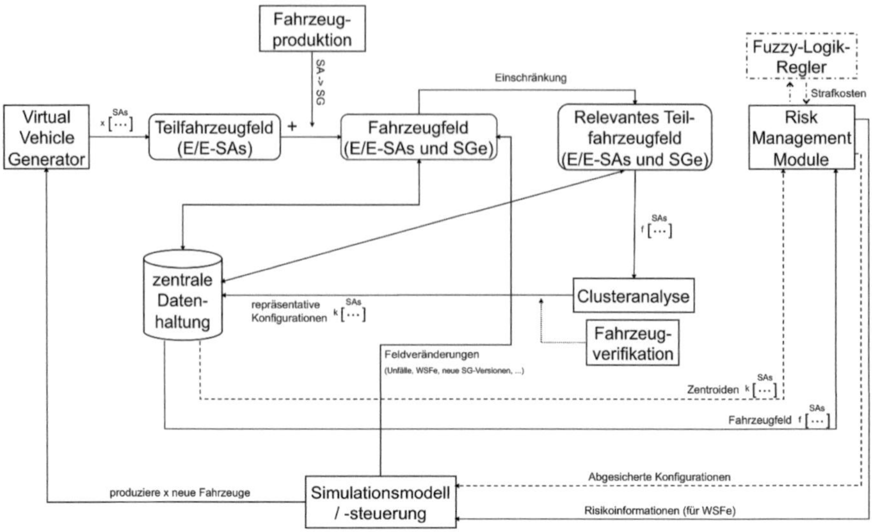

Abbildung 8.6: Architektur des Virtual Vehicle Simulators.

Zur Bewertung der Vorteilhaftigkeit der in vorliegender Arbeit entwickelten Strategie der Lebenszyklusabsicherung im Vergleich zum aktuellen Vorgehen ohne explizite Absicherungsmaßnahmen während der Serienproduktion kann im Risk Management Module die jeweilige Methodik zum Aufbau von Absicherungsträgern abgeschaltet werden. Es erfolgt dann nur eine Risikobewertungen des Fahrzeugfeldes.

Prinzipiell können verschiedene Ausführungsreihenfolgen von (simultanen) Ereignissen zu unterschiedlichen Zuständen und damit zu verschiedenen Simulationsergebnissen führen. In vorliegendem Modell besitzen Feldfahrzeuge untereinander keine Abhängigkeiten, jedoch werden potentiell unterschiedliche Ergebnisse erzielt, wenn die Reihenfolge der Ereignisroutinen der Fahrzeugabgänge aus dem System (vgl. Abschnitt 8.2.2.2) und die der Werkstattfälle (vgl. Abschnitt 8.2.2.3) vertauscht werden. Heuristisch werden im entwickelten Modell zuerst die Fahrzeugabgänge durch beispielsweise Unfälle bestimmt, die im System überlebenden Fahrzeuge kommen anschließend stochastisch gemäß ihrer Werkstattfallwahrscheinlichkeit in die Werkstatt. Das prinzipielle Ablaufdiagramm des Virtual Vehicle Simulators findet sich in Abbildung 8.7. Nach der Initialisierung der Simulation werden über die Zeitführung die jeweiligen stochastischen Ereignistypen zum Simulationszeitpunkt t_ζ bestimmt. Nach-

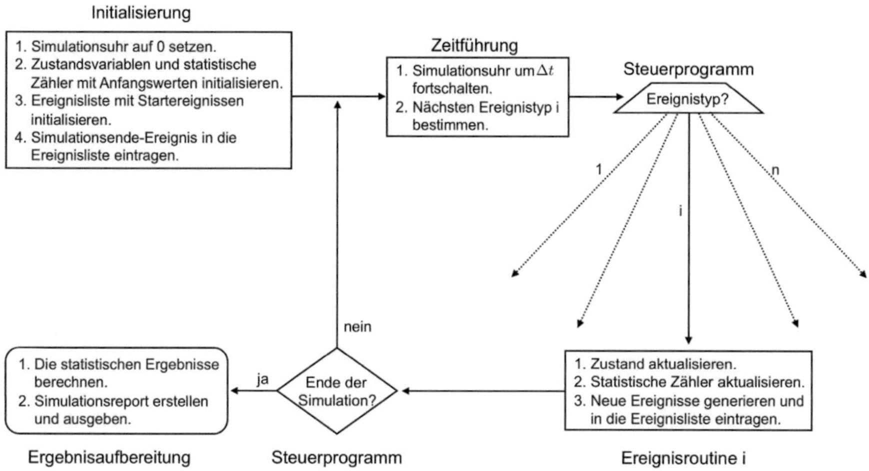

Abbildung 8.7: Ablaufdiagramm des Virtual Vehicle Simulators.
Quelle: In Anlehnung an [Syr05].

dem diese anschließend mit ihrer deterministischen Ausführungsreihenfolge (vgl. Abbildung 8.8) je Simulationsperiode durchgeführt wurden, wird im Steuerprogramm anhand einer vorgegebenen Abbruchbedingung geprüft, ob die Simulation beendet werden soll. Abschnitt 1.3.1 und Abbildung 1.6 zeigen, dass eine Produktionsdauer von sieben bis acht Jahren für eine Baureihe angenommen werden kann, woran sich bis zu vier Jahre Gewährleistung, ein in Deutschland zehnjähriger Produkthaftungsanspruch und eine 15-jährige Verpflichtung zur Ersatzteilversorgung anschließen. Mit einem hinsichtlich der Produkthaftung zusätzlichen Sicherheitszeitraum von zwei Jahren leiten [Bur07] und [Ver05] einen Zeithorizont von 19 bis 20 Jahren ab Produktionsbeginn für den Vorhalt archivierungsrelevanter Produktdaten her. Dieser Zeitraum wird in vorliegendem Modell als zu untersuchende Simulationsdauer und damit als Ereigniszeitpunkt des Simulationsendes mit $T = 80$ verwendet. Aufgrund von zumeist vierteljähriger Entwicklungszyklen wird ein Jahr in vier Simulationsperioden mit diskreter Zeitbasis eingeteilt. Ist dementsprechend bei $T = 80$ das Simulationsende erreicht und damit die Abbruchbedingung erfüllt, so werden die statistischen Ergebnisse des Simulationslaufes berechnet und der Simulationsreport erstellt. Für Simulationsperioden $t < T$ wird über die Zeitführung die nächste Simulationsperiode bearbeitet.

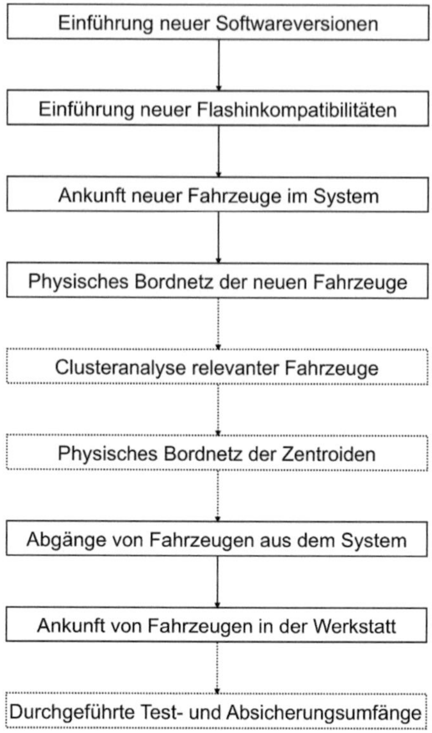

Abbildung 8.8: Reihenfolge der durchzuführenden Simulationsschritte.

8.4 Eingangsparameter des Virtual Vehicle Simulators

Zur realitätsnahen Simulation des Produktlebenszyklus einer Baureihe ist eine bewusste Parametrierung der Initialwerte, der Zeitreihen für Modellparameter sowie der Modellkonstanten erforderlich. Es besteht nach einer Analyse historischer Felddaten dabei prinzipiell die Wahl, die empirischen Daten direkt zu verwenden oder nach geeigneten Kriterien angepasste theoretische Verteilungen zu benutzen. Bei Unsicherheiten über das (bedingte) Systemverhalten können die Eingangsparameter auch mittels einer Sensitivitätsanalyse aus einem Vergleich von Simulationsergebnissen zu den vorliegenden Beobachtungsdaten geschätzt werden. In jedem Fall ist eine bewusste Datenerfassung zur Bestimmung nachfolgender Parameter entscheidend für den Erfolg der Simulationsstudie.

8.4.1 Baureihenspezifische Parameter

In vorliegender Dissertation wird der BMW 7er des Modelljahres 2008 (F01/F02) simuliert, weshalb die nachfolgenden Parameter anhand dessen (technischen) Charakteristika beispielhaft parametriert werden.

8.4.1.1 Existierende E/E-Sonderausstattungen

Als für vorliegende Simulation relevante Sonderausstattungen der Elektrik/Elektronik werden erneut die codierrelevanten Sonderausstattungen des BMW F01/F02 betrachtet, die den Eigenschaftsvektor von Konfigurationen $\vec{E}$ sowie die Attribute $A_1, \ldots, A_s$ des Attributsvektors $\vec{A}(\Theta_j, t)$ des Fahrzeugs Θ_j als Modellentität bilden.

8.4.1.2 Existierende Steuergeräte und Meldewahrscheinlichkeiten

Abbildung 2.3 zeigt das Bordnetz des BMW F01/F02 mit den für die vorliegende Simulation verwendeten 65 Steuergeräten des Vektors $\vec{E}^{SG}$, welche die in Abhängigkeit von den gewählten Sonderausstattungen im Fahrzeug vorhandenen Funktionen realisieren. Gemäß des verwendeten Risikobegriffs aus Abschnitt 7.2.1 wird jedem Steuergerät eine Meldewahrscheinlichkeit $MW(SG_\iota)$ anhand statistischer Erfahrungen der Beanstandungshäufigkeit zugeordnet. Die in vorliegendem Fall konkret vorgenommene Parametrierung der 65 Meldewahrscheinlichkeiten basiert dabei sowohl auf Rückmeldungen der weltweiten BMW-Werkstätten als auch auf Einschätzungen der Entwicklungsabteilungen bei erstmalig eingeführten Komponenten. Als untere Grenze für die Meldewahrscheinlichkeit eines Steuergeräts lässt sich beispielsweise die Ausfall- oder Tauschrate des Steuergeräts im Service identifizieren.

8.4.1.3 Eingeführte Softwareversionen und Flashinkompatibilitäten

Je Steuergerät werden während der Serienproduktion nach [Bur07] im Rahmen von weiteren Integrationsstufen neue Soft- und Hardwareversionen entwickelt. Konzentriert man sich auf die Einführung aktualisierter Softwareversionen mit Flashinkompatibilitäten zwischen diesen, so bedeutet dies eine Reduzierung des Datenerhebungsaufwands, jedoch lässt sich rückblickend hardwareseitig nur die Aussage treffen, dass mindestens bei Einführung einer Flashinkompatibilität die Hardware geändert wurde, da die neue Software nicht auf die alte Software mit einer (notwendigerweise) alten Hardware geflasht werden kann.

Tabelle 8.2 zeigt beispielhaft die Prognose der Einführung von Softwareversionen und Flashinkompatibilitäten dreier Steuergeräte während der ersten zwei Jahre der Serienproduktion. Ein "x" markiert die Einführung einer Softwareversion, "x, FI" eine

	Simulationsperiode / Integrationsstufe								
	1	2	3	4	5	6	7	8	...
SG_1	x								...
⋮					⋮				
SG_{19}	x						x, FI	x	...
⋮					⋮				
SG_{43}	x			x		x, FI	x	x	...
⋮					⋮				

Tabelle 8.2: Softwareversionen und Flashinkompatibilitäten dreier Steuergeräte.

zur Vorgängerversion flashinkompatible neue Software. Der Produktionsstart in $t = 1$ bedingt bei einem erfolgreichen Serienanlauf für jedes Steuergerät eine Softwareversion, weswegen diese Spalte im Normalfall für alle Steuergeräte befüllt ist. Während der frühen Serienphase werden regelmäßig gemäß des Integrationsstufenviertaktes neue Integrationsstufen erstellt, womit in der Tabelle keine Unterscheidung der Nummerierung der vierteljährigen Simulationsperioden und der Integrationsstufen erforderlich ist. Erst mit fortschreitendem Produktlebenszyklus wird nicht jedes Quartal eine neue Integrationsstufe ausgerollt. Die Kombination aus eingeführten Softwareversionen und Flashinkompatibilitäten führt derart nach Werkstattfällen im Virtual Vehicle Simulator wie in der Realität für ältere Feldfahrzeuge zu Mischverbau.

8.4.1.4 Produktionszahlen

Die für die Simulation des Produktlebenszyklus je Simulationsperiode verwendeten Produktionszahlen der Fahrzeuge basieren auf statistischen Erfahrungen der

BMW Group mit der Vorgängerbaureihe, dem BMW E65/E66. Graphisch werden sie in Abbildung 8.9 dargestellt, wobei die etwa achtjährige Produktionszeit erkennbar ist. Hinsichtlich einer performanten Simulationsdurchführung wurden die kumulier-

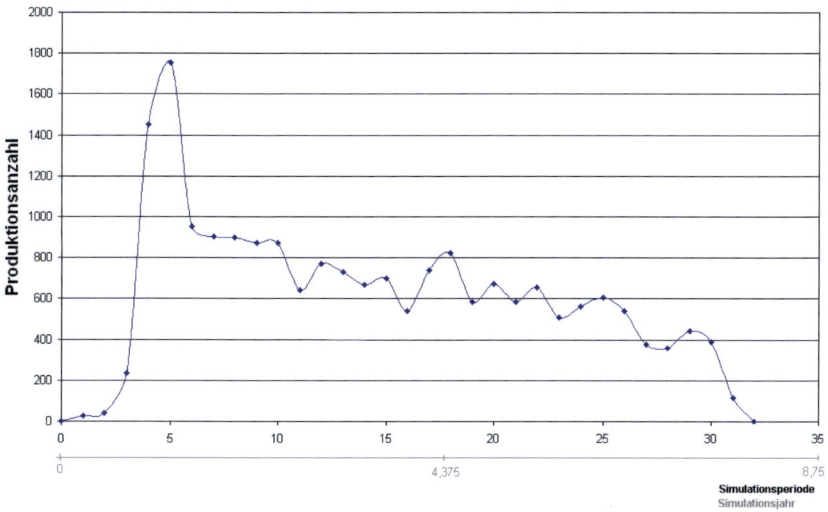

Abbildung 8.9: Produktionszahlen im Simulationsmodell.

ten Produktionszahlen auf die nach Abschnitt 6.2 statistisch weiterhin signifikante Fahrzeuganzahl von 20.000 je Simulationslauf skaliert. Die Wahrscheinlichkeiten der einzelnen Fahrzeugkonfigurationen mit bestellten Sonderausstattungen als konkrete Ausprägung eines produzierten Fahrzeugs werden anhand des in Kapitel 6 entwickelten Virtual Vehicle Generators errechnet, wobei in vorliegender Arbeit für eine a priori Absicherungsplanung die Modifikationen aus Abschnitt 6.5 verwendet werden. Implizit stellen damit die maschinell berechneten 845 Übergangswahrscheinlichkeiten zwischen den zur Modellierung des BMW F01/F02 benötigten 194 Sonderausstattungen weitere Parameter des Virtual Vehicle Simulators dar.

8.4.2 Simulationsspezifische Parameter

Die Parameter des Virtual Vehicle Simulators, die unabhängig von der Technik der untersuchten Fahrzeugbaureihe auf die Simulation einwirken, werden als simulationsspezifische Parameter bezeichnet. Sie dienen insbesondere der Anpassung des Modells an wirtschaftliche Randbedingungen.

8.4.2.1 Kalkulationszinssatz zur Kapitalwertberechnung

Der Kalkulationszinssatz i wird zur Berechnung des Kapitalwerts der Zielfunktion $ZF(p,t)$ aus Abschnitt 1.4 benötigt, um die relative Vorteilhaftigkeit verschiedener Absicherungsstrategien zu beurteilen. Mit ihm werden zu verschiedenen Zeitpunkten anfallende Zahlungsströme einer Zeitreihe auf einen Bezugszeitpunkt abgezinst und erhalten derart unterschiedlich hohen Einfluss. Generell ist der Kalkulationszinssatz dabei stets subjektiv, er gibt bei einer Investitionsentscheidung die Anforderung der Mindestverzinsung des betracheten Anlegers an. Die "korrekte", objektive Bestimmung eines Kalkulationszinses ist entsprechend kaum möglich.
Wie meist in Konzernen üblich, existiert auch bei der BMW Group für interne Projektbewertungen ein offizieller Kalkulationszinssatz i, der für Investitionsentscheidungen zu verwenden ist und mit dem daher auch vorliegendes Simulationsmodell parametriert wird.

8.4.2.2 Länge der Gewährleistungsdauer

Die Länge der Gewährleistungsdauer bestimmt nach Abschnitt 1.3.1 die Menge gewährleistungsrelevanter Fahrzeuge, die mit Werkstattfällen Servicekosten C_{OLC} für den Hersteller erzeugen. Mit dem Virtual Vehicle Simulator können dabei verschiedene Gewährleistungsdauern explizit untersucht werden, um dem Einfluss älterer Feldfahrzeuge im Sinne des gleitenden Durchschnittes ein unterschiedlich hohes Gewicht einzuräumen. Entsprechend kann von der gesetzlich vorgegebenen Gewährleistungsdauer im Modell abgewichen werden, um ältere Fahrzeuge aktiv weiter in der Absicherung zu betrachten und etwa ihre Qualität für den Gebrauchtwagenmarkt zu sichern.

8.4.2.3 Durchschnittliche Gewährleistungskosten je Werkstattfall

Das gemäß Abschnitt 7.2.1 definierte Risiko wird unter anderem beeinflusst durch die für jeden Werkstattfall als identisch angenommenen durchschnittlichen Gewährleistungskosten $\bar{S}$. Aus der Gegenüberstellung von Lebenszyklus- und Absicherungskosten in der Zielfunktion aus Abschnitt 1.4 ist ersichtlich, dass höhere Gewährleistungskosten umfangreichere Absicherungsmaßnahmen zulassen. Eine fundierte Schätzung des Parameters $\bar{S}$ ist entsprechend für realitätsnahe Empfehlungen des optimalen Absicherungsumfanges unabhängig von den konkret abzusichernden Fahrzeugkonfigurationen nötig.

8.4.2.4 Risikogewichtungsfaktoren für Absicherungsnähe und Mischverbau

Die Gewichtungsfaktoren ρ^{AN}, ρ^{MVB} für Absicherungsnähe und Mischverbau des entwickelten Risikobegriffs aus Abschnitt 7.2.1 besitzen direkten Einfluss auf die Werkstattfallwahrscheinlichkeiten der Feldkonfigurationen und damit auf das Ergebnis der Simulation.

Betrachtet man im Risikobegriff

$$R(\mathcal{AK}(t), \Theta_j) = \left(\rho^{AN} \cdot AN_{[up]}(\mathcal{AK}(t), \Theta_j) + \rho^{MVB} \cdot MVB(\mathcal{AK}(t), \Theta_j)\right) \cdot \bar{S} \cdot \sum_{\iota} MW(SG_\iota).$$

bei gegebenen, abgesicherten Konfigurationen $\mathcal{AK}(t)$ die durchschnittlichen Gewährleistungskosten je Werkstattfall $\bar{S}$ sowie die Meldewahrscheinlichkeiten $MW(SG_\iota)$ der Steuergeräte als bekannt, so bestimmen einzig ρ^{AN} und ρ^{MVB} das Risiko des Fahrzeugs Θ_j. Diese werden durch die modellierte Baureihe sowie weitere exogene Faktoren beeinflusst und lassen sich für Baureihen mit ausreichend hohen Produktionszahlen a posteriori mit einer Regressionsanalyse aus den entstandenen Gewährleistungs- und Kulanzkosten bestimmen. Die multiple Regression ermittelt als Erweiterung der bivariaten linearen Regression auf mehrere Prädiktoren anhand des Gleichungssystems einer Stichprobe der Länge γ,

$$y_k = \beta_0 + \beta_1 \cdot x_{k1} + \beta_2 \cdot x_{k2} + \ldots + \beta_l \cdot x_{kl} + \epsilon_k \qquad k = 1, \ldots, \gamma,$$

mit ϵ_k als stochastischer Störgröße, mittels der Methode der *kleinsten Quadrate* einen Schätzer $\widehat{y}$ des tatsächlichen Kriteriums y. Es werden also die Beta-Gewichte geeignet parametriert.

$$\widehat{y} = \beta_0 + \beta_1 \cdot x_1 + \beta_2 \cdot x_2 + \ldots + \beta_l \cdot x_l$$

ist nach dem Satz von Gauß-Markov der erwartungstreue, linear unverzerrte Schätzer mit kleinster Varianz der Kriteriumsvariable y, dessen praktische Eignung durch den multiplen Korrelationskoeffizienten bewertet wird. In vorliegendem Fall sind ρ^{AN} und ρ^{MVB} die Prädiktoren, das Fahrzeugrisiko R die Kriteriumsvariable. Obige Gleichung wird so zu

$$\widehat{R}(\mathcal{AK}(t),\Theta_j) = \left(\rho^{AN} \cdot AN_{[up]}(\mathcal{AK}(t),\Theta_j) + \rho^{MVB} \cdot MVB(\mathcal{AK}(t),\Theta_j)\right) \cdot \bar{S} \cdot \sum_{\iota} MW(SG_\iota)$$

und entsprechend die Risikogewichtungsfaktoren ρ^{AN}, ρ^{MVB} für die Stichprobe einer zur Untersuchung vorliegenden Baureihe statistisch bestimmbar.

8.4.2.5 Absicherungskosten

Aufgrund der direkten Gegenüberstellung von Service- und Absicherungskosten in der Zielfunktion aus Abschnitt 1.4 sowie in den Methoden aus 7.2 und 7.3 ist die Diskussion der von Absicherungsmaßnahmen erzeugten Kosten $\bar{C}^{\text{Absicherung}}$ stets in Relation zu den bei Werkstattfällen entstehenden Gewährleistungskosten $\bar{S}$ zu sehen. Vorliegende Dissertation belässt daher $\bar{C}^{\text{Absicherung}}$ konstant und variiert die durchschnittlichen Gewährleistungskosten $\bar{S}$.

8.4.2.6 Mean Distance Ratio

Die Mean Distance Ratio beschreibt nach Abschnitt 5.4.1 die mit den Zentroiden der Clusteranalyse erreichte Feldabdeckung auf der Variantenebene. Zugunsten einer direkten Vergleichbarkeit verschiedener Parametrierungen der Simulationsexperimente mit stochastisch verschiedenen Fahrzeugfeldern wird statt der dynamischen Parametrierung in Abhängigkeit der differentiellen Entwicklung der Mean Distance Ratio jeweils ein statischer Wert verwendet, anhand dem die zur Absicherung vorgeschlagenen repräsentativen Fahrzeugkonfigurationen bestimmt werden.

8.4.3 Zusätzliche Parameter

Um die Adaptierbarkeit der vorgestellten Absicherungsstrategie hinsichtlich verschiedener Programmierstrategien zu gewährleisten oder eine Erweiterung des Virtual Vehicle Simulators auf Teilsysteme zu ermöglichen, sind zwei weitere Parameter erforderlich, welche die Anwendung der unterschiedlichen Methoden bedingen.

8.4.3.1 Programmierumfang des Bordnetzes

Wie in Abschnitt 1.3 dargestellt, kann bei einer Fahrzeugprogrammierung im Service zwischen dem Einzelflash eines Steuergeräts und dem Vollflash des Fahrzeugbordnetzes unterschieden werden. Beide Programmierstrategien werden bei Herstellern der deutschen Automobilindustrie angewendet und beeinflussen entsprechend die nach einem Werkstattaufenthalt durch Programmierung entstehende Fahrzeugkonfiguration. Aufgrund der entwickelten Bordnetzmaße und des Risikobegriffs hat eine geänderte Programmierstrategie jedoch bei Verwendung der risikobasierten Methode zur Auswahl abzusichernder Konfigurationen aus Abschnitt 7.2 keinen Einfluss auf das Vorgehen der anhand des Virtual Vehicle Simulators abgeleiteten Absicherungsstrategie, lediglich die Modellparametrierung ändert sich. Verschiedene Programmierstrategien können derart modular in den Virtual Vehicle Simulator integriert werden. Weiterhin kann zusätzlich ihr Einfluss ohne Lebenszyklusabsicherung auf die Feldentwicklung modelliert und bewertet werden, beispielsweise hinsichtlich des Ausmaßes erzeugter Mischkonfigurationen in Kundenhand.

8.4.3.2 Teilsystem- und Systemtests

Wird der Aufbau der Absicherungsträger nicht mit der Heuristik aus Abschnitt 7.3 vorgenommen, sondern mit der Vorgehensweise aus Kapitel 7.2, so können auch wechselseitige Abhängigkeiten einer beliebigen Menge von Teilsystem- und Systemtests betrachtet werden. Die Absicherungskosten sind dabei zusätzlich nach den modellierten Teilsystemen zu detaillieren, da ein Teilsystemtestplatz je nach Domäne unterschiedlich hohe Kosten erzeugen kann. Bei beispielsweise vier Teilsystemen TST^{ξ}, $\xi = 1, \ldots, 4$, und einer Systemebene ST ergeben sie sich nach [Zet09] zu

$$\begin{aligned} \bar{C}^{\text{Absicherung}}(\Delta\mathcal{AK}(t)) &= \sum_{AT \in \mathcal{AT}(t)} \bar{C}^{\text{Absicherung}}(AT) \\ &= \sum_{\xi=1}^{4} \left|\Delta\mathcal{AK}(t)^{TST_{\xi}}\right| \cdot \bar{C}^{\text{Absicherung}}(AT^{TST_{\xi}}) \\ &\quad + \left|\Delta\mathcal{AK}(t)^{ST}\right| \cdot \bar{C}^{\text{Absicherung}}(AT^{ST}). \end{aligned}$$

Der modulare Aufbau des Virtual Vehicle Simulators ermöglicht insofern auch hier den Einsatz einer veränderten oder weiterentwickelten Lebenszyklusabsicherung.

8.5 Durchführung und Auswertung der Simulation

Mittels der Durchführung von Simulationsexperimenten ist eine numerische Berechnung charakteristischer Größen des Produktlebenszyklus einer Fahrzeugbaureihe möglich. Ein Simulationsexperiment besteht dabei aus mehreren (stochastischen) Simulationsläufen mit identischer Parametrierung, wobei ein Simulationslauf selbst die Generierung des dynamischen Verhaltens der Simulation repräsentiert – in vorliegendem Kontext mit einem untersuchten Zeithorizont von 20 Jahren ab Produktionsstart also die Lebenszyklussimulation einer Baureihe von $t = 0$ bis $T = 80$. Als Minimum für unabhängige, eigenständige Stichproben gilt aufgrund von verteilungstheoretischen Annahmen ein Mindestumfang von 20 Elementen [Jac99], weswegen in vorliegender Dissertation ein Simulationsexperiment aus insgesamt je 20 Simulationsläufen besteht.
Als Parameter werden im Folgenden die simulationsspezifischen Parameter aus Abschnitt 8.4.2 diskutiert, die baureihenspezifischen und die zusätzlichen Parameter der Abschnitte 8.4.1 und 8.4.3 bleiben je identisch. Um Kausalschlüsse aus den durchgeführten Simulationsexperimenten ziehen zu können, wird ceteris paribus jeweils nur ein simulationsspezifischer Parameter diskutiert. Alle weiteren Parameter bleiben konstant, um andere Einflüsse auf die beobachtete Outputvariable auszuschließen. Derart können die Auswirkungen der Veränderung einzelner Eingangsvariablen genau bestimmt werden. Die Parametrierungen sind aufgrund der Vertraulichkeit der untersuchten Daten modellhaft abstrahiert, womit eine Übertragbarkeit der berechneten Ergebnisse in ihrer Höhe auf die Realität nicht unmittelbar gegeben ist.

8.5.1 Analyse des aktuellen Produktlebenszyklus

Als Vergleichsbasis der Bewertung einer zusätzlich zur Absicherung während der Entwicklung eingeführten Lebenszyklusabsicherung wird im Folgenden der aktuelle Produktlebenszyklus untersucht. Die in den Abschnitten 8.5.1.1 und 8.5.1.2 mit der Modifikation der Länge der Gewährleistungsdauer respektive der Höhe der durchschnittlich je Werkstattfall anfallenden Gewährleistungskosten zusätzlich durchgeführten Modellvariationen ergänzen die Vergleichsbasis um weitere Szenarien. Aus der Gegenüberstellung der derart errechneten Kennzahlen mit den Kennzahlen bei Einführung einer Lebenszyklusabsicherung kann damit in Abschnitt 8.5.2 eine Bewertung der Vorteilhaftigkeit der Absicherungsstrategie erfolgen.

Die durch die Produktionszahlen aus Abbildung 8.9 und der stochastischen Bestandsentwicklung aus Tabelle 8.1 bestimmte zeitliche Entwicklung des Fahrzeugbestands im Lebenszyklus der Simulation zeigt Abbildung 8.10. Erkennbar ist insbesondere

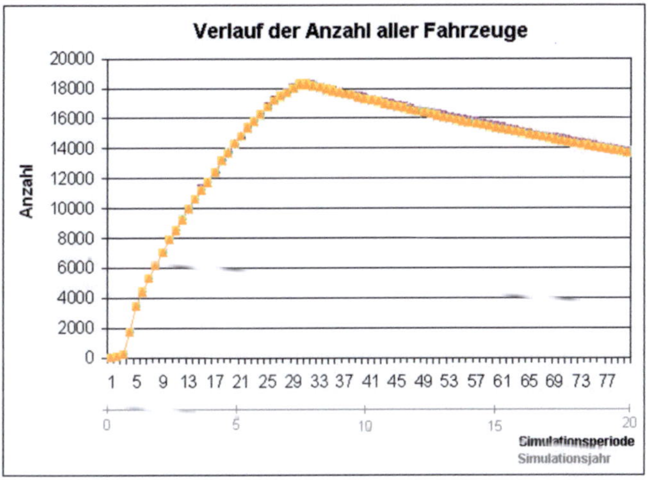

Abbildung 8.10: Analyse des Lebenszyklus. Anzahl aller Fahrzeuge.

das Ende der Serienproduktion in $t = 31$. Aufgrund der zwar stochastischen, doch mit konstanten Wahrscheinlichkeiten parametrierten Systemzu- und -abgänge durch Produktion und Unfälle entsteht stets ein charakteristisches Bild der Anzahl je Simulationsperiode im Feld existierender Fahrzeuge. Abhängig von der Länge der Gewährleistungsdauer entsteht daher ebenfalls ein charakteristisches Bild der gewährleistungsrelevanten Fahrzeuge. Für eine zweijährige Gewährleistungsdauer wie in Europa zeigt Abbildung 8.11 den charakteristischen Verlauf der Anzahl gewährleistungsrelevanter Fahrzeuge über der Simulationszeit. Begründet durch die Produktionszahlen aus Abbildung 8.9 zeigt sich, dass insbesondere zu den Perioden $t = 12$ und $t = 13$ eine substantielle Menge an Fahrzeugen aus dem Gewährleistungszeit-

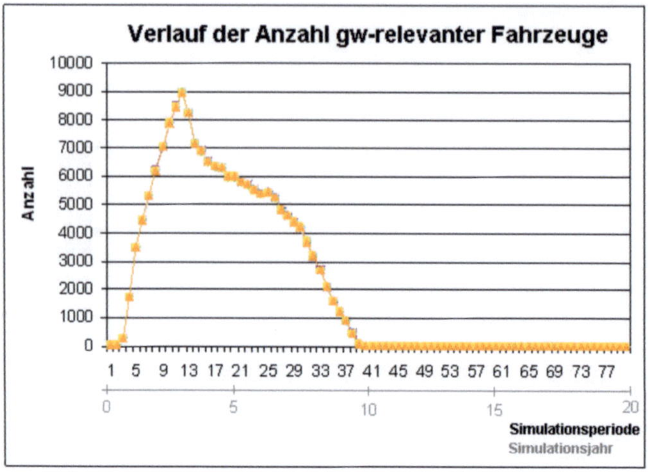

Abbildung 8.11: Analyse des Lebenszyklus. Anzahl gewährleistungsrelevanter Fahrzeuge. Bestandszahlen bei einer zweijährigen Gewährleistungsdauer.

raum fällt, was den deutlichen Knick der Kurve zu diesen Zeitpunkten erklärt. Bei einer zweijährigen Gewährleistungsdauer befinden sich die in Periode $t = 31$ zuletzt produzierten Fahrzeuge bis $t = 39$ im Gewährleistungszeitraum, danach existieren keine gewährleistungsrelevanten Fahrzeuge mehr.

Der zeitliche Verlauf der durchschnittlichen Absicherungsnähe $\frac{1}{|\Theta|} \sum_j AN_{[up]}(\emptyset, \Theta_j)$ in der Simulation ist in Abbildung 8.12 dargestellt. Da außer den während der Entwicklung im Rahmen der Systemintegration durchgeführten Tests keine weiteren Absicherungsmaßnahmen im Lebenszyklus vorgenommen werden, berechnet sich die Up-Distance ohne ein abgesichertes Testfahrzeug im Vergleich zur leeren Menge $\emptyset$. Damit ist der im Beispiel realisierte Durchschnitt von $0,2141$ die mittlere Ausstattungsquote der simulierten Fahrzeuge. Sie beschreibt den Anteil verbauter Sonderausstattungen zu den insgesamt bei der betrachteten Baureihe möglichen.

Abbildung 8.13 zeigt die zeitliche Entwicklung des durchschnittlichen Mischverbaus $\frac{1}{|\Theta|} \sum_j MVB(\emptyset, \Theta_j)$ der Feldfahrzeuge in der Simulation, der als normierter Kanten-Mischverbau über die Ordinalzahldifferenz zwischen Integrationsstufen berechnet wurde. Es ist erkennbar, dass zu Beginn der Serienproduktion die Fahrzeuge keinen Mischverbau aufweisen. Bis etwa Simulationsperiode $t = 11$ steigt dieser stark an, um danach schwächer wachsend zu $t \approx 21$ sein Maximum anzunehmen. Das

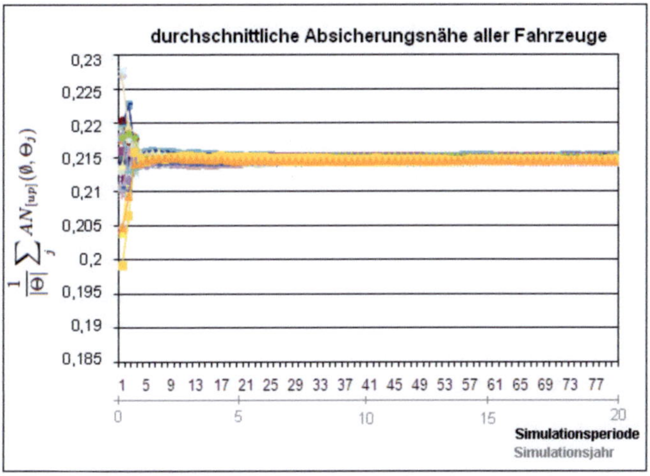

Abbildung 8.12: Analyse des Lebenszyklus. Verlauf der durchschnittlichen Absicherungsnähe.

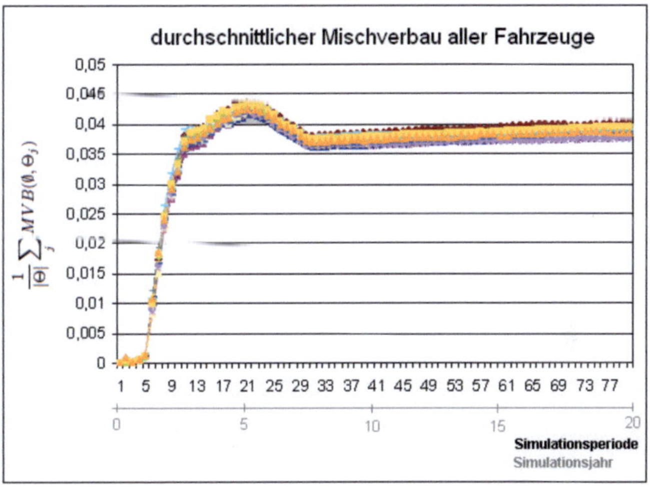

Abbildung 8.13: Analyse des Lebenszyklus. Verlauf des durchschnittlichen Mischverbaus.

Extremum an dieser Stelle und der monotone Rückgang des Mischverbaus bis $t = 31$ erklärt sich dadurch, dass ab $t = 23$ keine weiteren Steuergeräteversionen eingeführt werden und somit die von Periode $t = 22$ bis $t = 31$ produzierten Fahrzeuge Θ_j einen Mischverbau von $MVB(\emptyset, \Theta_j) = 0$ aufweisen. Sie senken entsprechend den

Durchschnitt. Im Anschluss steigt der Mischverbau wieder durch die zunehmende Versionierung von älteren Fahrzeugen, die bei Werkstattfällen mit neuer Software programmiert werden und dadurch Mischverbau erhalten.

Betrachtet man nur die gewährleistungsrelevanten Fahrzeuge und berechnet für diese den durchschnittlichen Mischverbau, so zeigt sich der in Abbildung 8.14 dargestellte Verlauf. Auch hier weisen die Fahrzeuge zu Beginn der Produktion keinen

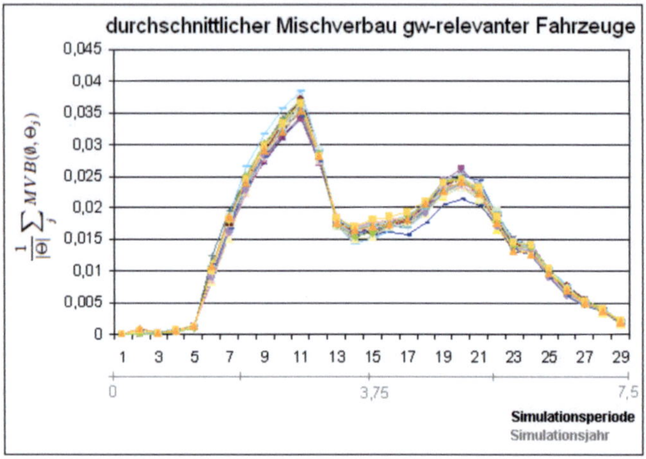

Abbildung 8.14: Analyse des Lebenszyklus. Verlauf des durchschnittlichen Mischverbaus gewährleistungsrelevanter Fahrzeuge.

Mischverbau auf, welcher erneut bis Periode $t = 11$ deutlich anwächst und dort sein Maximum erreicht. Die anschließende Halbierung bis $t = 13$ des durchschnittlichen Mischverbaus eines relevanten Fahrzeugs ergibt sich aufgrund der durch den gleitenden Durchschnitt nun betrachteten neueren Fahrzeugmenge. Wie in Abbildung 8.11 erkennbar, wird zu diesem Zeitpunkt eine kleinere Menge an insbesondere neueren Fahrzeugen betrachtet, womit der Mischverbau dieser gewährleistungsrelevanten Fahrzeugteilmenge niedriger ist. Deren zunehmende Versionierung durch Werkstattfälle bis $t = 20$ schließt sich ein monoton fallender Verlauf des durchschnittlichen Mischverbaus mit der schlussendlichen Annäherung an den Wert 0 in $t = 30$ an. Dieser lässt sich erneut durch den gleitenden Durchschnitt erklären, da Fahrzeuge, die ab $t = 22$ gebaut wurden, ein einheitlich versioniertes Bordnetz mit $MVB(\emptyset, \Theta_j) = 0$ besitzen.

Wird die durchschnittliche Werkstattfallwahrscheinlichkeit $\frac{1}{|\Theta|}\sum_j p_{WSF}(\emptyset,\Theta_j)$ aller Fahrzeuge untersucht, so zeigt sich in Abbildung 8.15 das Zusammenspiel von Absicherungsnähe und Mischverbau nach Abschnitt 7.2.1. Der dargestellte Verlauf

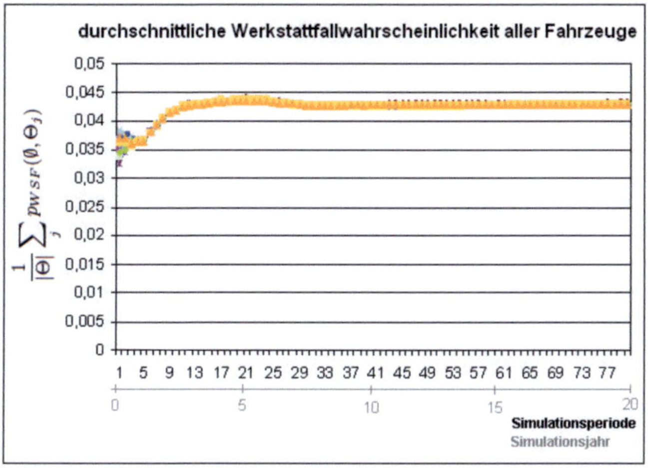

Abbildung 8.15: Analyse des Lebenszyklus. Verlauf der durchschnittlichen Werkstattfallwahrscheinlichkeit.

der mittleren Wahrscheinlichkeit eines Werkstattfalls ähnelt dem der Absicherungsnähe aus Abbildung 8.12, welchem der schwächer ausgeprägte Mischverbauanteil überlagert ist. Aufgrund der zusätzlichen Summation der Meldewahrscheinlichkeiten $MW(SG_\iota)$ der je Fahrzeug Θ_j verbauten Steuergeräte SG_ι handelt es sich bei der Kurve in Abbildung 8.15 jedoch nicht um eine Ordinatenaddition der Kurven aus den Abbildungen 8.12 und 8.13.

Analysiert man die durchschnittliche Werkstattfallwahrscheinlichkeit der gewährleistungsrelevanten Fahrzeuge, so zeigt sich das Bild in Abbildung 8.16. Wie beim gewährleistungsrelevanten Mischverbau in Abbildung 8.14 ist der Knick in Periode $t = 11$ aufgrund der weniger mächtigen und insbesondere neueren, gewährleistungsrelevanten Teilfahrzeugmenge erkennbar. Auch der fallende Verlauf der Kurve zwischen $t \approx 20$ und etwa $t = 33$ findet sich in ähnlicher Form wieder. Danach stagniert der Kurvenverlauf, da nun nur noch die Absicherungsnähe die Wahrscheinlichkeit eines gewährleistungsrelevanten Werkstattfalls definiert (vgl. Abbildung 8.12).

Betrachtet man die zum Service der Fahrzeuge im Simulationsexperiment durchschnittlich angefallenen Werkstattfälle, so zeigt sich mit einer zweijährigen Gewähr-

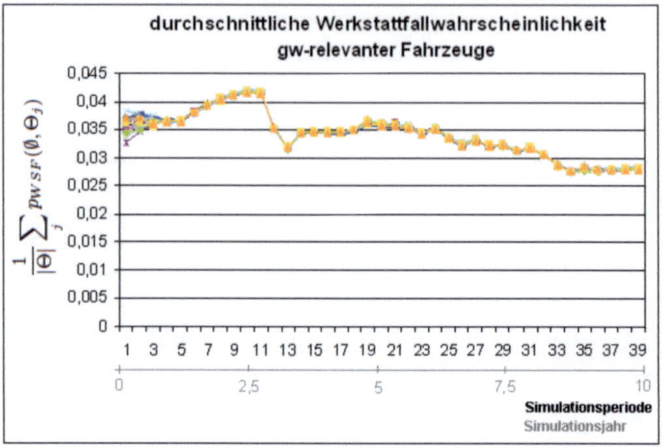

Abbildung 8.16: Analyse des Lebenszyklus. Verlauf der durchschnittlichen Werkstattfallwahrscheinlichkeit gewährleistungsrelevanter Fahrzeuge.

leistungsdauer der Zusammenhang von gewährleistungsrelevanten zu allen Werkstattfällen in Abbildung 8.17. Es ist ein Anstieg der Anzahl an Werkstattfällen bis etwa

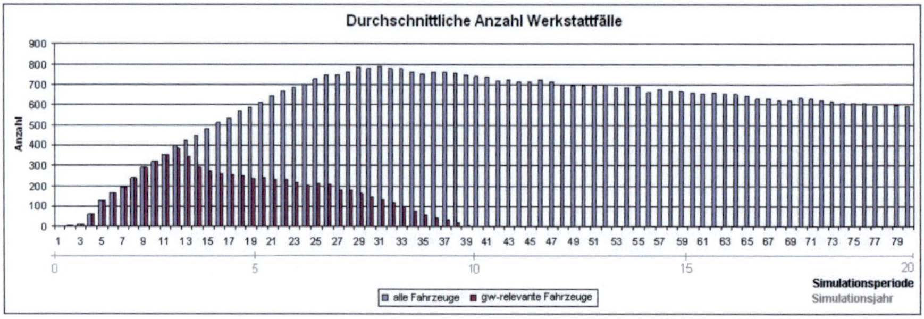

Abbildung 8.17: Analyse des Lebenszyklus. Durchschnittliche Anzahl an Werkstattfällen.

Periode $t = 30$ erkennbar, was insbesondere mit dem Bestandsverlauf der Fahrzeuge aus Abbildung 8.10 erklärt werden kann. Das Abflachen der gewährleistungsrelevanten Werkstattfälle bis auf den Wert 0 liegt am Ablauf der Gewährleistungszeit. Insgesamt sind im Mittel je Simulationslauf 47.448 Werkstattfälle bei einer Varianz von 3.355.279 angefallen. Davon sind mit einer Varianz von 230.245 durchschnittlich 6.844 Fälle gewährleistungsrelevant. In der Simulation erzeugt ein Fahrzeug also durchschnittlich zwei Werkstattfälle im Lebenszyklus.

Da sich das Risiko eines Fahrzeugs nach Abschnitt 7.2.1 als positiv lineare Transformation $a \cdot p_{WSF} + b$ mit $b = 0$ und $a = \bar{S}$ aus der Wahrscheinlichkeit für einen Werkstattfall p_{WSF} ergibt, ist die zeitliche Entwicklung des durchschnittlichen Risikos $\frac{1}{|\Theta|} \sum_j R(\emptyset, \Theta_j)$ in Abbildung 8.18 trivialerweise bis auf die Höhe identisch mit der durchschnittlichen Werkstattfallwahrscheinlichkeit (vgl. Abbildungen 8.15 und 8.16).

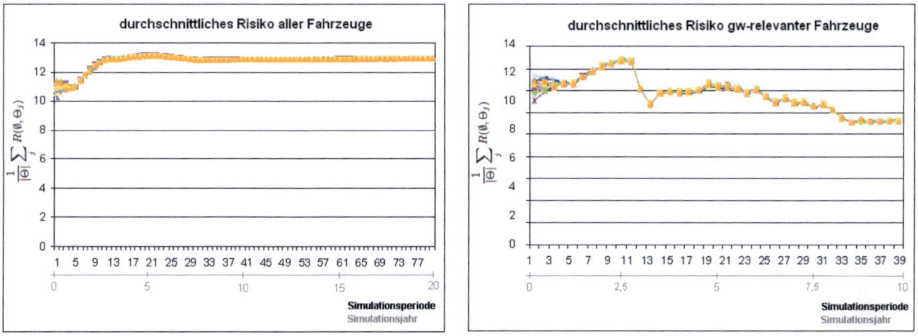

Abbildung 8.18: Analyse des Lebenszyklus. Verlauf des durchschnittlichen Fahrzeugrisikos.

8.5.1.1 Einfluss der Länge der Gewährleistungsdauer

Die im vorangegangenen Abschnitt erarbeitete Vergleichsbasis zur Bewertung der Einführung einer Lebenszyklusabsicherung wird nun auf ihre Empfindlichkeit bei einer Änderung der Länge der Gewährleistungsdauer untersucht. Da zur eindeutigen Analyse des Einflusses unterschiedlich langer Gewährleistungsdauern alle Parameter bis auf eben die Länge der Gewährleistungsdauer identisch sind, ändern sich bei der folgenden Analyse insbesondere die Kurven für die gewährleistungsrelevanten Fahrzeuge.

Mit einer längeren Gewährleistungsdauer wird die Menge der zu einem Zeitpunkt gewährleistungsrelevanten Fahrzeuge aufgrund der Charakteristik des Gewährleistungszeitraumes als gleitendem Durchschnitt prinzipiell größer. Abbildung 8.19 zeigt den im Vergleich zu Abbildung 8.11 veränderten Verlauf der Anzahl der je Simulationsperiode gewährleistungsrelevanten Fahrzeuge. Es wird die erheblich größere Menge gewährleistungsrelevanter Fahrzeuge deutlich, womit auch der Knick der Kurve durch die nun in Periode $t = 20$ und $t = 21$ nicht mehr gewährleistungsrele-

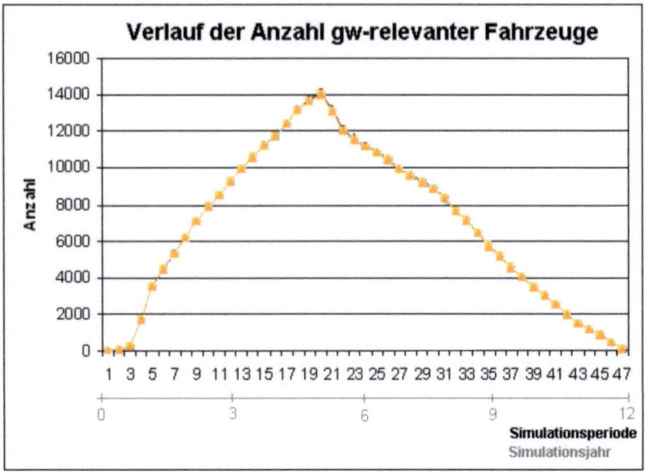

Abbildung 8.19: Einfluss einer vierjährigen Gewährleistungsdauer. Anzahl gewährleistungsrelevanter Fahrzeuge.

vanten Fahrzeuge der ersten Produktionsperioden nicht so stark ausgeprägt ist. Mit der quartalsweisen Unterteilung eines Jahres in Simulationsschritten, existieren bis Simulationsperiode $t = 47$ gewährleistungsrelevante Fahrzeuge.

Im Simulationsmodell sind die Feldanteile von Sonderausstattungen während der Serienproduktion als unveränderlich über der Zeit angenommen. Damit ändert sich aufgrund nicht vorgenommener Absicherungsmaßnahmen auch die durchschnittliche Absicherungsnähe im Zeitverlauf nicht.

Abbildung 8.20 zeigt die zeitliche Entwicklung des durchschnittlichen Mischverbaus der Fahrzeuge, die sich im vierjährigen Gewährleistungszeitraum befinden. Der Verlauf der Grafik ist ähnlich wie in Abbildung 8.14, wegen der mächtigeren Menge gewährleistungsrelevanter Fahrzeuge ist er jedoch stärker geglättet. Bis $t = 37$ gilt durch die verlängerte Gewährleistungsdauer $MVB(\varnothing, \Theta_j) > 0$. Erst dann sind mit dem gleitenden Durchschnitt nur noch Fahrzeuge im Fokus, die ab $t = 22$ produziert wurden und dementsprechend keinen Mischverbau besitzen.

Auch die in Abbildung 8.21 im Vergleich zu Abbildung 8.16 erkennbaren Änderungen am Verlauf der durchschnittlichen Werkstattfallwahrscheinlichkeit der gewährleistungsrelevanten Fahrzeuge lassen sich als Glättungseffekt beschreiben.

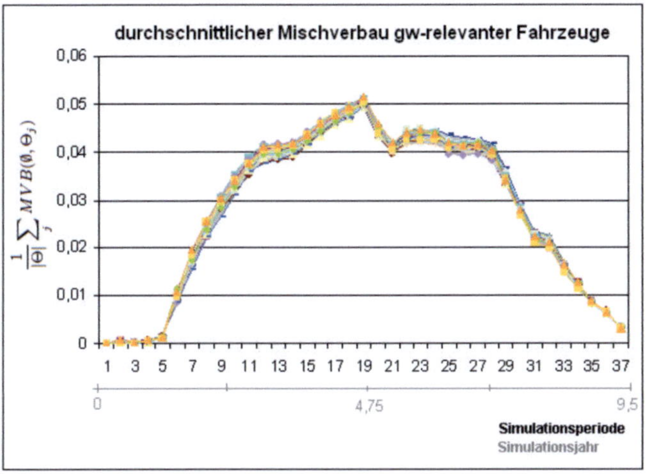

Abbildung 8.20: Einfluss einer vierjährigen Gewährleistungsdauer. Verlauf des durchschnittlichen Mischverbaus gewährleistungsrelevanter Fahrzeuge.

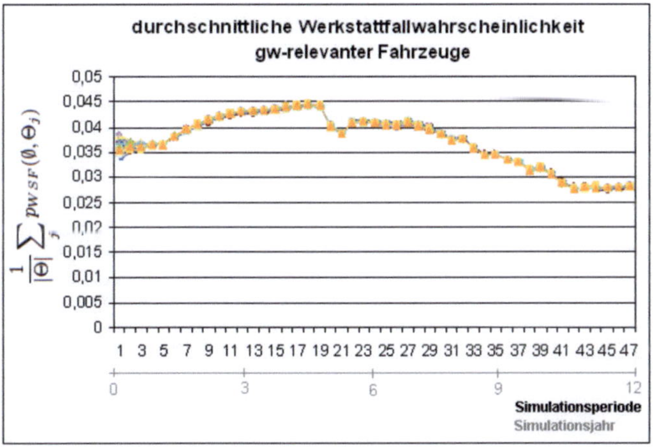

Abbildung 8.21: Einfluss einer vierjährigen Gewährleistungsdauer. Verlauf der durchschnittlichen Werkstattfallwahrscheinlichkeit gewährleistungsrelevanter Fahrzeuge.

Wie in Abbildung 8.22 ersichtlich, ist die vom Verlauf der Werkstattfallwahrscheinlichkeit induzierte durchschnittliche Gesamtanzahl an Werkstattfällen in gewissen Toleranzgrenzen mit der in Abbildung 8.17 dargestellten identisch. Trivialerweise erstreckt sich jedoch der Anteil der gewährleistungsrelevanten Fälle über einen län-

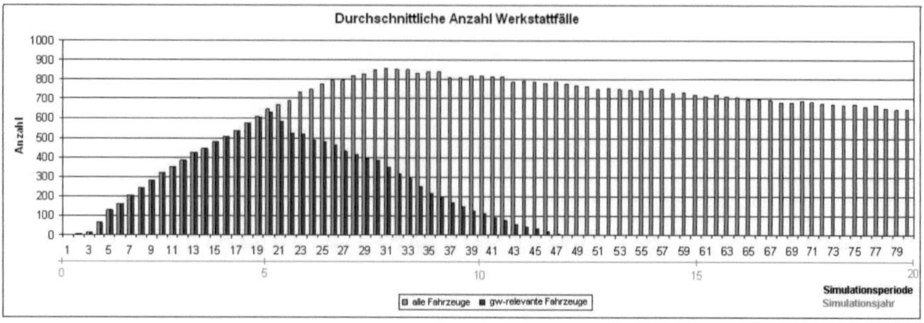

Abbildung 8.22: Einfluss einer vierjährigen Gewährleistungsdauer. Durchschnittliche Anzahl an Werkstattfällen.

geren Zeitraum, womit insgesamt durchschnittlich 13.495 gewährleistungsrelevante Werkstattfälle bei einer Varianz von 218.804 anfallen. Bei einer Verdopplung der Gewährleistungsdauer verdoppelt sich damit bei einer identischer Gesamtanzahl von Werkstattfällen auch der Anteil gewährleistungsrelevanter Werkstattfälle.

Abbildung 8.23 bestätigt beispielhaft mit durchschnittlichen Gewährleistungskosten der Höhe $3\bar{S}$ je Werkstattfall im Vergleich der Kurvenverläufe der beiden unterschiedlichen Gewährleistungsdauern die Erwartung, dass die durchschnittlichen Gewährleistungskosten je Fahrzeug nicht steigen – diese vielmehr nur über einen längeren Zeitraum anfallen.
Dies hat entsprechend auch Einfluss auf den entstehenden Kapitalwert, der zum Produktionsstart die mit dem Kalkulationszinssatz abgezinsten, während des Lebenszyklus zu verschiedenen Zeitpunkten durch Werkstattfälle entstehenden Gewährleistungskosten in einer Kennzahl zusammenfasst. Abbildung 8.24 zeigt die Boxplots der durchgeführten Simulationsläufe der beiden Simulationsexperimente mit verschieden langen Gewährleistungsdauern im Vergleich. Der Boxplot stellt graphisch für eine statistische Verteilung den Median der Stichprobe in einer Box dar. Die vertikale Lage der Box wird durch das untere und obere Quartil mit dem Interquartilsabstand als Streuungsmaß definiert, womit die Box die mittleren 50% der Daten enthält. Die Lage des Medians als horizontaler Strich in der Box verdeutlicht die Verteilung der Daten – 25% liegen unterhalb des Medians in der Box, 25% oberhalb in der Box. Der Boxplot wird mit den so genannten Whiskern als Linien abgeschlossen, welche über ihr Ende das Minimum und Maximum der untersuchten Daten darstellen. Jeweils weitere 25% der Daten liegen auf diesen Linien unter- beziehungsweise oberhalb der Box. Der für das Simulationsexperiment mit

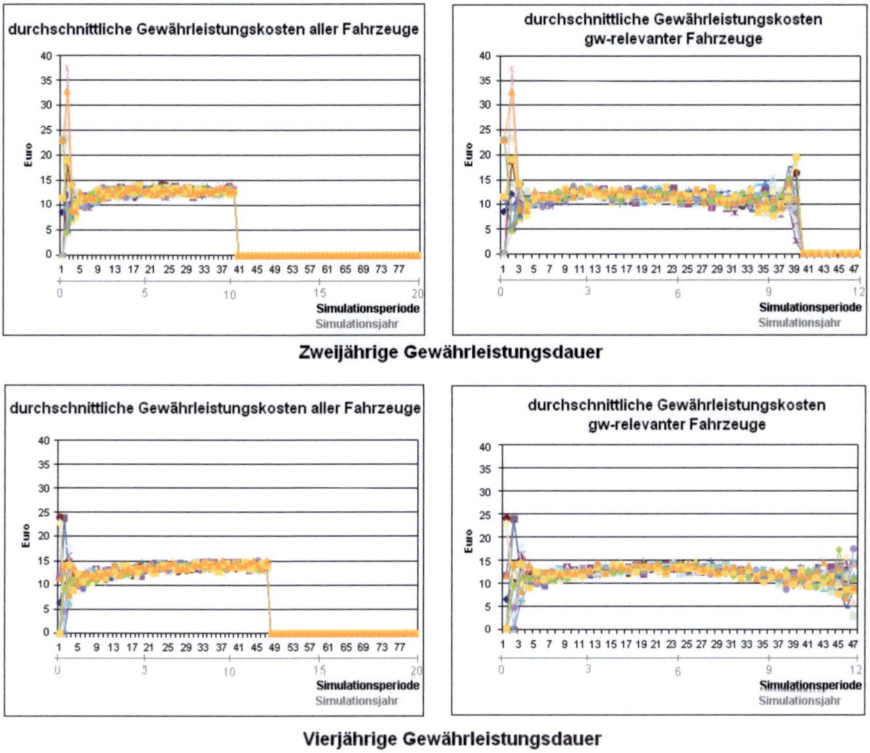

Abbildung 8.23: Einfluss einer vierjährigen Gewährleistungsdauer. Verlauf der durchschnittlichen Gewährleistungskosten.
Durchschnittliche Gewährleistungskosten je Werkstattfall der Höhe $3S$.

vierjähriger Gewährleistungsdauer berechnete Mittelwerte des Kapitalwerts liegt dabei mit 127.873 bei einer Varianz von 8.583.913 um 14% höher als der des Simulationsexperiments bei zweijähriger Gewährleistungsdauer mit 111.852 und einer Varianz in Höhe von 5.971.560. Mit der aus der Stichprobe geschätzten Standardabweichung $S = \sqrt{5.971.560} \approx 2.443,68$ enthält bei zweijähriger Gewährleistungsdauer das Intervall $[111.852 - 1,96 \cdot S; 111.852 + 1,96 \cdot S] \approx [107.062; 116.642]$ mit einer Wahrscheinlichkeit von 95% den (tatsächlichen) Mittelwert des Kapitalwerts der Grundgesamtheit, die durch das Simulationsexperiment untersucht wurde. Da $S >> 3$ ist, ist die Laplace-Bedingung erfüllt und obige Abschätzung gültig [Bol03], was auch im Fall einer vierjährigen Gewährleistungsdauer gilt. Für den Automobil-

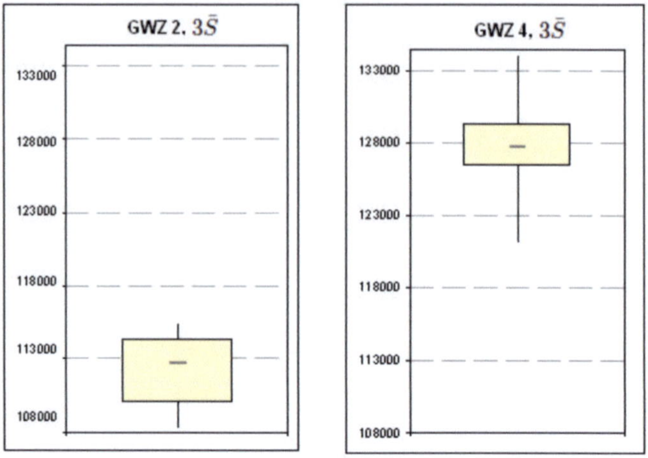

Abbildung 8.24: Einfluss einer vierjährigen Gewährleistungsdauer. Boxplots der Kapitalwerte. Zwei- und vierjährige Gewährleistungsdauer, durchschnittliche Gewährleistungskosten je Werkstattfall der Höhe $3\bar{S}$.

hersteller bedeutet dies, dass für die untersuchte Baureihe bei ihrem Produktionsstart Lebenszykluskosten in Höhe des jeweils berechneten Kapitalwerts anfallen.

Zusammenfassend lässt sich der Einfluss einer steigenden Gewährleistungsdauer auf die zeitliche Entwicklung der diskutierten Kennzahlen insbesondere als Glättungseffekt beschreiben. Zusätzlich fallen Gewährleistungskosten trivialerweise über einen längeren Zeitraum an, was Auswirkungen auf den entstehenden Kapitalwert des Simulationsexperiments hat. Da die Länge des Gewährleistungszeitraum als juristische Randbedingung eine exogene Einflussgröße für das Modell darstellt, wird diese im Folgenden nicht explizit weiter diskutiert.

8.5.1.2 Einfluss der durchschnittlichen Gewährleistungskosten je Werkstattfall

Erweitert man die Vergleichsbasis zur Bewertung einer Lebenszyklusabsicherung um weitere Szenarien, indem man von für einen Werkstattfall durchschnittlichen Gewährleistungskosten verschiedener Höhen ausgeht, beispielsweise $\bar{S}$, $3\bar{S}$ oder $5\bar{S}$, so ändern sich die ökonomischen Kennzahlen der Simulationen – namentlich die von Fahrzeugen erzeugten Gewährleistungskosten und der dadurch geänderte Kapitalwert der Simulationsläufe. Die fahrzeugbezogenen Daten wie die Absicherungsnähe, der Mischverbau und die daraus abgeleitete Werkstattfallwahrscheinlichkeit ändern sich mit Ausnahme des Risikos nicht, womit auch der Erwartungswert der Anzahl an Werkstattfällen unverändert ist.

Abbildung 8.25 zeigt die zeitliche Entwicklung der durchschnittlich angefallenen Gewährleistungskosten der gewährleistungsrelevanten Fahrzeuge zweier Simulationsexperimente, wobei für eines die durchschnittlichen Gewährleistungskosten eines Werkstattfalls mit $\bar{S}$ und für das andere mit $3\bar{S}$ angenommen wurden. Es zeigt sich

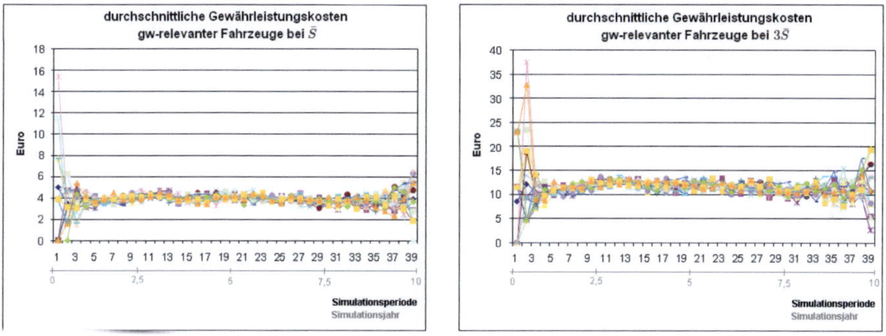

Abbildung 8.25: Einfluss verschieden hoher Gewährleistungskosten je Werkstattfall. Verlauf der durchschnittlichen Gewährleistungskosten gewährleistungsrelevanter Fahrzeuge.
Durchschnittliche Gewährleistungskosten der Höhe $\bar{S}$ und $3\bar{S}$.

erwartungsgemäß, dass sich bei einer stochastisch identischen Anzahl an Werkstattfällen nur die Höhe der je gewährleistungsrelevantem Fahrzeug durchschnittlich erzeugten Gewährleistungskosten ändert – nicht aber ihre zeitliche Entstehung.
Aus Abbildung 8.26 ist für durchschnittliche Gewährleistungskosten eines Werkstattfalls der Höhe $3\bar{S}$ und $5\bar{S}$ erkennbar, dass sich auch die je Periode insgesamt erzeugten Gewährleistungskosten nur in der Höhe, jedoch nicht in der Charakteristik ihrer zeitlichen Entwicklung unterscheiden.

Aufgrund der je Werkstattfall in unterschiedlicher Höhe durchschnittlich erzeugten Kosten ändern sich offensichtlich die jeweiligen Kapitalwerte der Simulationsexperimente. Abbildung 8.27 zeigt beispielhaft die Boxplots der ansonsten identisch parametrierten Simulationsexperimente mit $\bar{S}$ und $5\bar{S}$, den Boxplot des Experiments mit $3\bar{S}$ zeigt Abbildung 8.24 links.

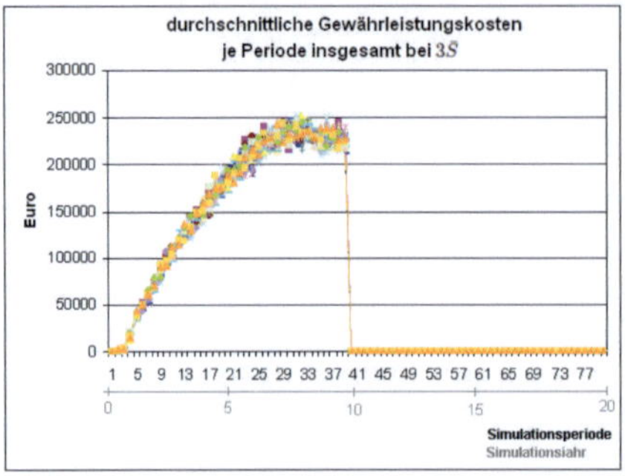

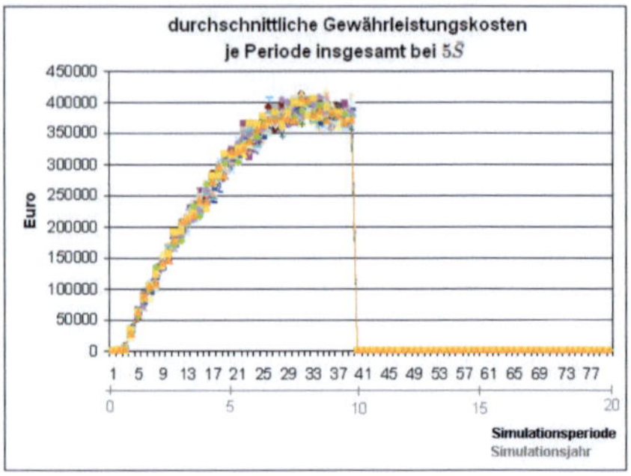

Abbildung 8.26: Einfluss verschieden hoher Gewährleistungskosten je Werkstattfall. Verlauf der insgesamt je Periode erzeugten Gewährleistungskosten.
Durchschnittliche Gewährleistungskosten je Werkstattfall der Höhe $3\bar{S}$ und $5\bar{S}$.

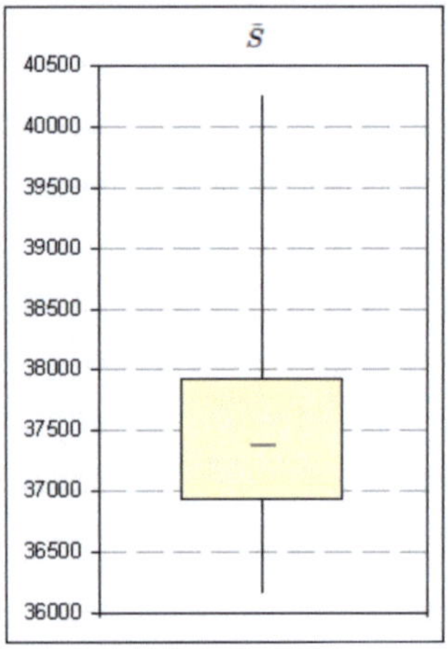

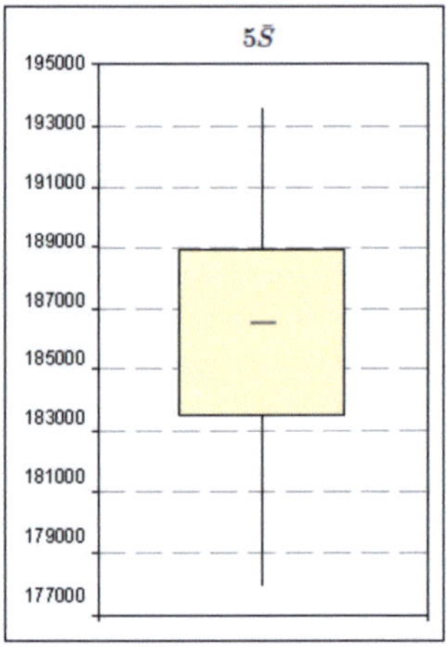

Abbildung 8.27: Einfluss verschieden hoher Gewährleistungskosten je Werkstattfall. Boxplots der Kapitalwerte.
Durchschnittliche Gewährleistungskosten je Werkstattfall der Höhe $\bar{S}$ und $5\bar{S}$.

Die Mittelwerte der mit den verschiedenen durchschnittlichen Gewährleistungskosten je Werkstattfall in den Simulationsexperimenten berechneten Kapitalwerte $\bar{C}_0$ finden sich mit ihren Varianzen in Tabelle 8.3. Sie verhalten sich ähnlich wie das Fahrzeugrisiko linear im Koeffizienten a von $\bar{S}$. Es gilt der Zusammenhang $\bar{C}_0 \approx k \cdot a$ mit $k = 37.300$. Dies lässt auf ein je Parametrierung ähnliches Verhalten des simulierten stochastischen Systems schließen, welches durch das Gesetz der großen Zahl

Durchschnittliche Gewährleistungskosten	$\bar{S}$	$3\bar{S}$	$5\bar{S}$
Mittelwert des Kapitalwerts $\bar{C}_0$	37.467	111.852	186.360
Schätzer der Varianz S^2	859.752	5.971.560	17.688.599
Schätzer der Standardabweichung S	927,23	2.443,68	4.205,78

Tabelle 8.3: Einfluss verschieden hoher Gewährleistungskosten je Werkstattfall. Mittelwerte berechneter Kapitalwerte mit Varianzen.
Durchschnittliche Gewährleistungskosten je Werkstattfall der Höhe $\bar{S}$, $3\bar{S}$ und $5\bar{S}$.

statistisch definiert wird. Die Höhe der durchschnittlichen Gewährleistungskosten eines Werkstattfalls hat also über die durchschnittlichen Gewährleistungskosten eines Fahrzeugs und damit den insgesamt erzeugten Gewährleistungskosten direkten Einfluss auf den entstehenden Kapitalwert des Simulationsexperiments.

8.5.2 Einführung der risikoorientierten Lebenszyklusabsicherung

Mit obig dargestellten Erkenntnissen aus der Simulation des betrachteten Fahrzeugfeldes des BMW 7ers (F01/F02) kann die Bewertung einer zusätzlich zur Absicherung der Integrationsstufen während der Fahrzeugentwicklung eingeführten Lebenszyklusabsicherung erfolgen. Weiterhin ist auch die Optimierung der konkreten Parametrierung der in Kapitel 5 vorgestellten kundenorientierten Absicherungsstrategie über das Abbruchkriterium der Mean Distance Ratio zur optimalen Feldabdeckung möglich.

8.5.2.1 Einfluss der Mean Distance Ratio

Die Mean Distance Ratio nach Abschnitt 5.4.1 beschreibt die erreichte Feldabdeckung durch den über alle Cluster gemittelten Durchschnitt des mittleren Abstands der Clusterdatenpunkte zu ihrem zugeordneten Zentroiden im Vergleich zum durchschnittlichen Abstand des Gesamtdatensatzes zum globalen Zentroiden, der alle Fahrzeuge des Datensatzes repräsentiert. Damit hat sie als zentrale Größe der kundenorientieren Absicherung einen essentiellen Einfluss sowohl auf die fahrzeugbezogenen Größen als auch auf die resultierenden ökonomischen Kennzahlen der Simulationsexperimente.

Abbildung 8.28 zeigt beispielhaft den zeitlichen Verlauf der durchschnittlichen Absicherungsnähe $\frac{1}{|\Theta|}\sum_j AN_{[up]}(\mathcal{AK}(t), \Theta_j)$ in der Simulation bei einer Mean Distance Ratio von $0,85$ im Vergleich zu $0,90$. Erkennbar ist der deutliche Sprung der beiden

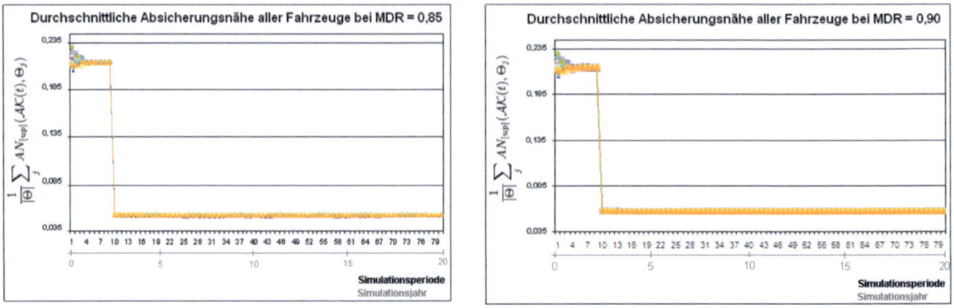

Abbildung 8.28: Analyse der Lebenszyklusabsicherung. Verlauf der durchschnittlichen Absicherungsnähe.
$MDR = 0,85$ und $0,90$.

Kurven in Periode $t \approx 9$ aufgrund der Absicherung von je einem einzelnen Zentroiden als Lebenszyklusmaßnahme. Es werden dabei Absicherungskosten in Höhe von je $\bar{C}^{\text{Absicherung}} = 20.000$ erzeugt. Die über alle Perioden durchschnittliche Absicherungsnähe eines Fahrzeugs beträgt im linken Fall $0,0626$, rechts $0,0714$. Im Vergleich zu Abbildung 8.12 mit einer durchschnittlichen Absicherungsnähe von $0,2141$ zeigt sich die erhebliche Verbesserung der Abdeckung im Feld existierender Fahrzeugvarianten durch Absicherung. Der durch die Clusteranalyse ähnlichkeitsmaximierend zu den vorhandenen Kundenfahrzeugen gewählte Zentroid repräsentiert einen Großteil des Feldes nahezu ideal.

Die Entwicklung des durchschnittlichen Mischverbaus der gewährleistungsrelevanten Fahrzeuge über der Simulationszeit zeigt Abbildung 8.29 illustrierend für eine Mean Distance Ratio von $0,85$. Auch hier ist insbesondere der Rückgang des Mischverbaus ab Periode $t \approx 9$ aufgrund der Absicherung eines Zentroiden auf das im Vergleich zu Abbildung 8.14 niedrigere Niveau von etwa $0,005$ in Periode $t \approx 15$ erkennbar. Für verschiedene Mean Distance Ratios ist der Verlauf der Kurve mitsamt der Höhe des Mischverbaus prinzipiell identisch. Da diese die Feldabdeckung anhand von Varianten betrachten, ist der entstehende Mischverbau tendenziell invariant bis auf eine leichte Reduktion bei einer besseren Feldabdeckung von Varianten, wodurch eine größere Anzahl an Fahrzeugen erreicht wird.

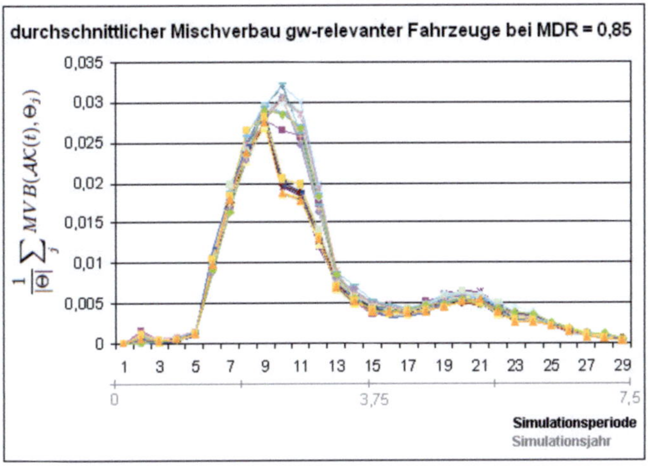

Abbildung 8.29: Analyse der Lebenszyklusabsicherung. Verlauf des durchschnittlichen Mischverbaus gewährleistungsrelevanter Fahrzeuge.
$MDR = 0,85$.

Abbildung 8.30 stellt die zeitliche Entwicklung der durchschnittlichen Werkstattfallwahrscheinlichkeit gewährleistungsrelevanter Fahrzeuge für eine beispielhafte Mean Distance Ratio von erneut $0,85$ dar. Auch hier ist eine deutliche Reduktion der Wahrscheinlichkeit für Werkstattfälle nach der Absicherungsmaßnahme in $t \approx 9$ erkennbar.

Das zugehörige Histogramm über die je Simulationsperiode entstandene durchschnittliche Anzahl an Werkstattfällen zeigt Abbildung 8.31. Bis Periode $t = 9$ ist wie in den Abbildungen 8.17 und 8.22 ein deutlicher Anstieg der durchschnittlichen Anzahl an Werkstattfällen zu erkennen. Die zu diesem Zeitpunkt dann durchgeführte Lebenszyklusabsicherung reduziert die Werkstattfallwahrscheinlichkeit zeitlos, womit ab der folgenden Simulationsperiode eine im Durchschnitt substantiell verringerte Anzahl an Werkstattfällen zu beobachten ist. Die Anzahl an Werkstattfällen steigt zwar auch nach der Absicherungsmaßnahme abermals bis etwa Periode $t = 30$ weiter, das Niveau ist jedoch deutlich niedriger. Um die intuitive Interpretation des Diagramms nicht zu beeinflussen, werden durch die Rückrufaktion der Absicherung erzeugte Werkstattfälle nicht dargestellt. Insgesamt fallen durchschnittlich 19.640 Werkstattfälle bei einer Varianz von 1.846.407 an, von denen 3.975 Fälle durch die Absicherungsmaßnahme mit Rückrufaktion bedingt sind. Diese sind ebenfalls gewährleistungsrelevant, womit

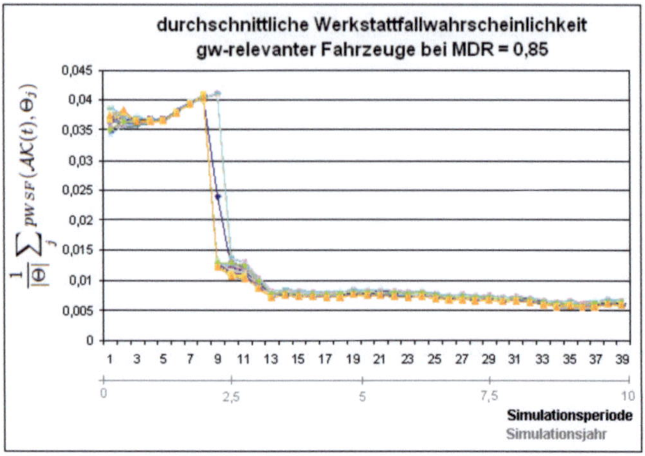

Abbildung 8.30: Analyse der Lebenszyklusabsicherung. Verlauf der durchschnittlichen Werkstattfallwahrscheinlichkeit gewährleistungsrelevanter Fahrzeuge. $MDR = 0,85$.

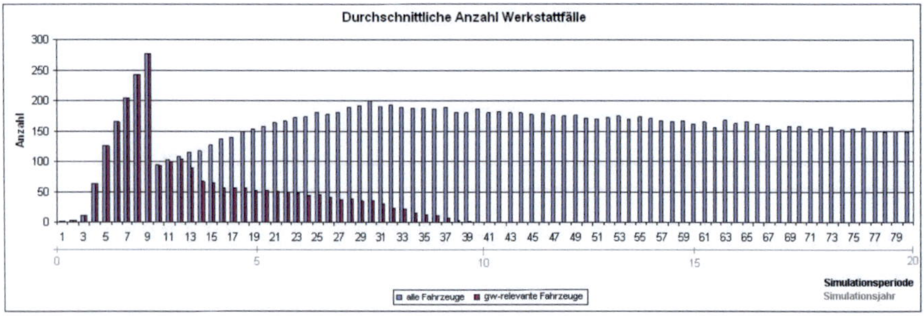

Abbildung 8.31: Analyse der Lebenszyklusabsicherung. Durchschnittliche Anzahl an Werkstattfällen. $MDR = 0,85$.

im Mittel je Simulationslauf 6.493 gewährleistungsrelevante Werkstattfälle bei einer Varianz von 146.741 entstehen. Im Vergleich zu Abschnitt 8.5.1 fällt insbesondere die deutlich geringere Gesamtanzahl an Werkstattfällen auf – ein Fahrzeug erzeugt damit in dessen Lebenszyklus durchschnittlich nur noch einen Werkstattfall. Die Anzahl gewährleistungsrelevanter Fälle sinkt aufgrund der zusätzlich durchzuführenden Rückrufaktion nur geringfügig.

Die ökonomische Vergleichsbewertung der Strategien mit verschiedenen Mean Distance Ratios untereinander und gegenüber einer Strategie ohne Lebenszyklusabsicherung erfolgt gemäß Abschnitt 1.4 mit dem Kapitalwert, der die durch die geringere Anzahl an Werkstattfällen eingesparten Gewährleistungs- und Kulanzkosten den dazu nötigen Absicherungskosten gegenüber stellt. Tabelle 8.4 zeigt derart die je Simulationsexperiment mit durchschnittlichen Gewährleistungskosten eines Werkstattfalls von $\bar{S}$ errechneten Mittelwerte der Kapitalwerte und deren Varianzen. Die Boxplots

MEAN DISTANCE RATIO	0,80	0,85	0,90
Mittelwert des Kapitalwerts $\bar{C}_0$	37.751	36.848	38.784
Schätzer der Varianz S^2	1.907.308	1.358.755	698.300
Schätzer der Standardabweichung S	1.381,05	1.165,66	835,64

Tabelle 8.4: Analyse der Lebenszyklusabsicherung. Mittelwerte berechneter Kapitalwerte mit Varianzen.
Durchschnittliche Gewährleistungskosten je Werkstattfall der Höhe $\bar{S}$, $MDR = 0,80$, $0,85$ und $0,90$.

der durchgeführten Simulationsläufe der drei Simulationsexperimente im Vergleich zeigt Abbildung 8.32.

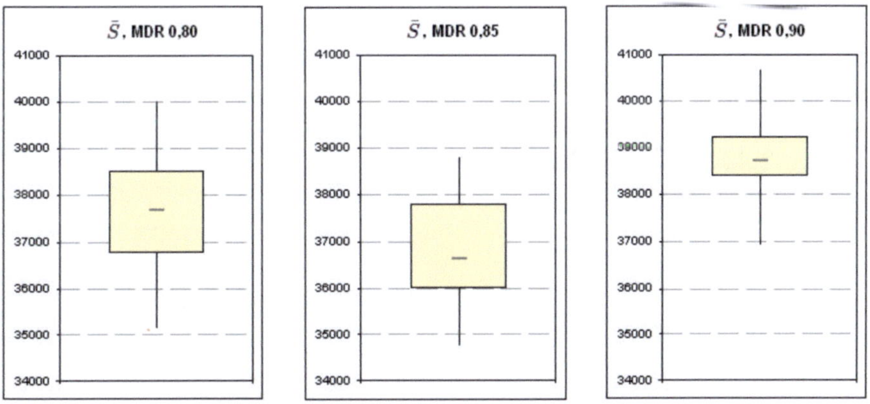

Abbildung 8.32: Analyse der Lebenszyklusabsicherung. Boxplots der Kapitalwerte. $MDR = 0,80$, $0,85$ und $0,90$.

Ein risikoneutraler Entscheider orientiert sich am Erwartungsnutzen nach Bernoulli [Lau05], womit der Wert 0,85 der Mean Distance Ratio das enumerative Optimum der bewerteten Alternativen darstellt. Der Mittelwert und der Median des zugehörigen Kapitalwerts ist der niedrigste aller Alternativen. Der leicht höhere mittlere Kapitalwert bei einer MDR von $0,80$ besitzt eine größere Varianz, womit die errechneten Kapitalwerte dieser Strategie stärker streuen. Ein stark risikofreudiger Entscheider könnte sich daher je nach Verlauf seiner (konvexen) Nutzenfunktion zur Bewertung der Kapitalwerte auch für diese Strategie entscheiden.

Im Vergleich zu Abschnitt 8.5.1 und Tabelle 8.3 zeigt sich beim Simulationsexperiment mit durchschnittlichen Gewährleistungskosten eines Werkstattfalls der Höhe $\bar{S}$, dass der Kapitalwert mit einer durchgeführten Lebenszyklusabsicherung bei einer MDR von $0,85$ mit 36.848 etwas niedriger als 37.467 ist. Es sind daher beide Mittelwerte der Stichproben statistisch zu vergleichen, ob die Erwartungswerte der beiden Grundgesamtheiten μ_o, μ_m, aus denen je die zwanzig Simulationsläufe als Stichprobe gezogen wurden, identisch oder ungleich sind. Mit μ_o als Mittelwert des Kapitalwerts des Simulationsexperiments bei $\bar{S}$ ohne Lebenszyklusabsicherung aus Tabelle 8.3 und μ_m mit Lebenszyklusabsicherung ist die statistische Nullhypothese also

$$H_0 : \mu_o = \mu_m.$$

Prinzipiell handelt es sich damit bei der Annahme normalverteiler Grundgesamtheiten um einen Zweistichproben-t-Test, wobei jedoch die beiden zu vergleichenden Grundgesamtheiten unabhängig voneinander und ihre Varianzen σ_o^2 und σ_m^2 unbekannt sind. Diese können zudem aufgrund der aus den Stichproben geschätzten, offensichtlich verschiedenen Varianzen S_o^2, S_m^2 nicht als identisch angenommen werden. Damit handelt es sich bei vorliegendem statistischen Test um das Behrens-Fisher-Problem [Beh29, Fis35], für welches eine exakte Lösung nicht existiert. Es wird daher ein Welch-Test nach [Wel47] zur Approximation verwendet. Zur Anwendung des Tests ist die Varianz der Differenz der Mittelwerte $\bar{d} = \bar{C}_{0_o} - \bar{C}_{0_m}$ mit γ_o und γ_m als Umfang der jeweiligen Stichprobe zu berechnen. Für sie gilt

$$S_{\bar{d}}^2 = \frac{S_o^2}{\gamma_o} + \frac{S_m^2}{\gamma_m}.$$

Die Verteilung von $S_{\bar{d}}^2$ kann durch eine skalierte χ^2-Verteilung angenähert werden. Wird für die t-Verteilung die Anzahl an Freiheitsgraden ν gemäß

$$\nu = \frac{(\vartheta_o + \vartheta_m)^2}{\frac{\vartheta_o^2}{\gamma_o - 1} + \frac{\vartheta_m^2}{\gamma_m - 1}} \qquad \text{mit } \vartheta_o = \frac{\sigma_o^2}{\gamma_o},\ \vartheta_m = \frac{\sigma_m^2}{\gamma_m}$$

parametriert, so sind der Erwartungswert und die Varianz der Approximation identisch mit denen von $S^2_{\bar{d}}$. Die Varianzen σ_o^2, σ_m^2 der beiden Grundgesamtheiten sind jedoch unbekannt, welche daher durch die Varianzen der Stichproben ersetzt werden. Damit ist

$$\widehat{\nu} = \frac{(g_o + g_m)^2}{\frac{g_o^2}{\gamma_o - 1} + \frac{g_m^2}{\gamma_m - 1}} \qquad \text{mit } g_o = \frac{S_o^2}{\gamma_o},\ g_m = \frac{S_m^2}{\gamma_m}.$$

$\widehat{\nu}$ ist dementsprechend eine Zufallsvariable, allerdings existiert keine t-Verteilung mit einer stochastischen Anzahl an Freiheitsgraden. Mit obiger Formel entsprechend geschätzte Freiheitsgrade werden dennoch beim Welch-Test als Parametrierung verwendet. Das Entscheidungskriterium des Tests, die Behrens-Fisher-Testgröße

$$T = \frac{\bar{C}_{0_o} - \bar{C}_{0_m}}{\sqrt{\frac{S_o^2}{\gamma_o} + \frac{S_m^2}{\gamma_m}}},$$

bestimmt damit im Vergleich zu den Quantilswerten der t-Verteilung mit $\widehat{\nu}$ Freiheitsgraden und der Irrtumswahrscheinlichkeit α den Annahme- und Ablehnbereich der Hypothese des Tests. Die Nullhypothese H_0 wird abgelehnt, wenn $|T| > t_{\widehat{\nu};1-\alpha/2}$.

Mit den Werten aus Tabelle 8.3 und 8.4 ist $\widehat{\nu}$ abgerundet $\lfloor \widehat{\nu} \rfloor = 36$ und $|T| = 1{,}857$. Bei einer Irrtumswahrscheinlichkeit von $\alpha = 10\%$ ist $t_{36;0{,}95} = 1{,}688$. Damit ist die Nullhypothese zu verwerfen, die Mittelwerte der beiden Grundgesamtheiten unterscheiden sich statistisch signifikant zum Niveau $\alpha = 10\%$. Die Durchführung einer Absicherung im Lebenszyklus verspricht also bei einer Mean Distance Ratio von $0{,}85$ unter den Simulationsannahmen wirtschaftliche Vorteile. Zusätzlich ergeben sich in vorliegender Dissertation nicht bewertete Benefits durch eine steigende Kundenzufriedenheit aufgrund der deutlich geringeren Anzahl insgesamt angefallener Werkstattfälle.

8.5.2.2 Einfluss der durchschnittlichen Gewährleistungskosten je Werkstattfall

Variiert man bei einer Mean Distance Ratio von $0{,}85$ wie in Abschnitt 8.5.1.2 die Höhe der durchschnittlichen Gewährleistungskosten eines Werkstattfalls in Höhe von $\bar{S}$, $3\bar{S}$ und $5\bar{S}$, so ändert sich das Risiko eines Fahrzeugs Θ_j nach

$$R(\mathcal{AK}(t), \Theta_j) = \left(\rho^{AN} \cdot AN_{[up]}(\mathcal{AK}(t), \Theta_j) + \rho^{MVB} \cdot MVB(\mathcal{AK}(t), \Theta_j)\right) \cdot \bar{S} \cdot \sum_{\iota} MW(SG_{\iota}).$$

Bei veränderten durchschnittlichen Gewährleistungskosten eines Werkstattfalls ändert sich damit auch das Risiko der gesamten Fahrzeugmenge Θ,

$$R(\mathcal{AK}(t), \Theta) = \sum_j R(\mathcal{AK}(t), \Theta_j).$$

In den Methoden der Abschnitte 7.2 und 7.3 wird zur Entscheidung, ob eine Fahrzeugkonfiguration AK abgesichert werden soll, das mit ihr erzielbare Risikopotential ihren Absicherungskosten gegenüber gestellt. Die Konfiguration wird nur abgesichert, wenn gilt

$$\Delta R(\mathcal{AK}(t), AK, \Theta) \geq \bar{C}^{\text{Absicherung}}.$$

Damit haben geänderte durchschnittliche Gewährleistungskosten eines Werkstattfalls über das Risiko des Fahrzeugfeldes Einfluss auf die durchgeführten Absicherungsmaßnahmen mit ihrem Simulationszeitpunkt und den schlussendlich resultierenden Kapitalwert des Simulationsexperiments.

Den Verlauf der durchschnittlich angefallenen Servicekosten gewährleistungsrelevanter Fahrzeuge im Lebenszyklus zeigt Abbildung 8.33 bei durchschnittlichen Gewährleistungskosten eines Werkstattfalls der Höhe $\bar{S}$ und $3\bar{S}$. Trivialerweise nimmt

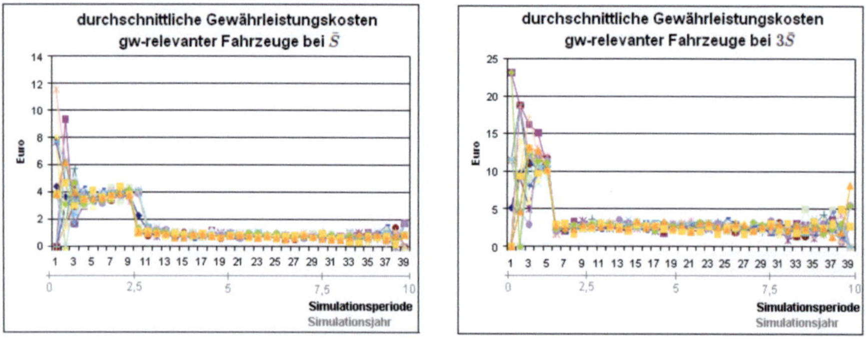

Abbildung 8.33: Einfluss verschieden hoher Gewährleistungskosten je Werkstattfall auf die Lebenszyklusabsicherung. Verlauf der durchschnittlichen Gewährleistungskosten gewährleistungsrelevanter Fahrzeuge.
Durchschnittliche Gewährleistungskosten je Werkstattfall der Höhe $\bar{S}$ und $3\bar{S}$, $MDR = 0,85$.

die Kurve bei $3\bar{S}$ größere Funktionswerte an. Weiterhin ist erkennbar, dass im Falle der höheren durchschnittlichen Gewährleistungskosten eines Werkstattfalls bereits in Periode $t = 5$ eine Absicherungsmaßnahme einsetzt. In beiden Fällen sind die im

Anschluss an die Absicherungsmaßnahme je gewährleistungsrelevantem Fahrzeug durchschnittlich anfallenden Gewährleistungskosten aufgrund der verringerten Wahrscheinlichkeit für Werkstattfälle substantiell niedriger.
Die Entwicklung der insgesamt je Periode erzeugten Gewährleistungskosten mit Parametrierung von $3\bar{S}$ und $5\bar{S}$ zeigt Abbildung 8.34. Im linken Teil der Grafik ist

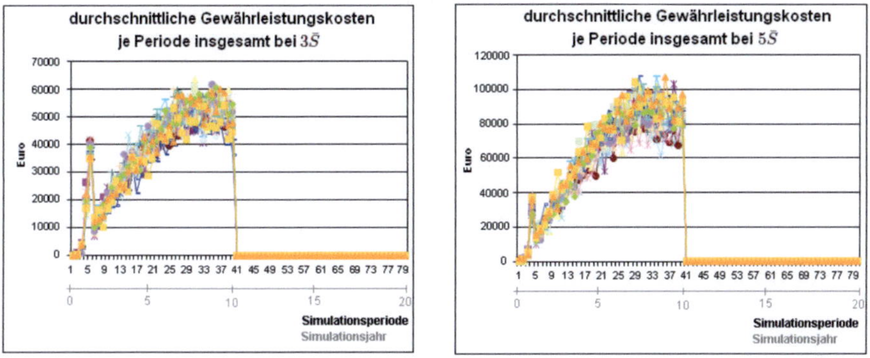

Abbildung 8.34: Einfluss verschieden hoher Gewährleistungskosten je Werkstattfall auf die Lebenszyklusabsicherung. Verlauf der insgesamt je Periode erzeugten Gewährleistungskosten.
Durchschnittliche Gewährleistungskosten je Werkstattfall der Höhe $3\bar{S}$ und $5\bar{S}$, $MDR = 0,85$.

erneut die Absicherung zum Zeitpunkt $t = 5$ zu erkennen, im rechten Teil mit $5\bar{S}$ erfolgt sie aufgrund des höheren Fahrzeugrisikos bereits in Periode $t = 3$. Der den Absicherungsmaßnahmen folgende Verlauf der Kurven ähnelt prinzipiell denen aus Abbildung 8.26, doch auf deutlich niedrigerem Niveau und mit größerer Varianz.

Die zeitliche Entwicklung des durchschnittlichen Risikos der Feldfahrzeuge verhält sich prinzipiell mit Ausnahme der zu verschiedenen Zeitpunkten einsetzenden Absicherungsmaßnahmen und der Höhe der Kurve für die verschiedenen durchschnittlichen Gewährleistungskosten eines Werkstattfalls identisch. Abbildung 8.35 zeigt links das durchschnittliche Risiko eines Fahrzeugs bei Gewährleistungskosten der Höhe $3\bar{S}$, rechts wird das durchschnittliche Risiko eines gewährleistungsrelevanten Fahrzeugs bei Kosten von $5\bar{S}$ dargestellt. Wie bereits theoretisch diskutiert zeigt sich, dass ein höheres Risiko im Feld eine frühere Absicherungsmaßnahme induziert – diese ist jeweils in $t = 5$ beziehungsweise $t = 3$ erkennbar. In der Grafik für $5\bar{S}$ ist in den späteren Perioden ein leichter Rückgang des durchschnittlichen

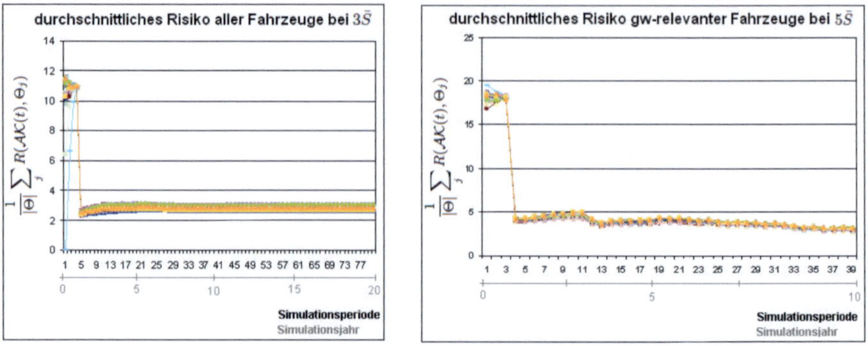

Abbildung 8.35: Einfluss verschieden hoher Gewährleistungskosten je Werkstattfall auf die Lebenszyklusabsicherung. Verlauf des durchschnittlichen Risikos aller und des durchschnittlichen Risikos gewährleistungsrelevanter Fahrzeuge. Durchschnittliche Gewährleistungskosten je Werkstattfall der Höhe $3\bar{S}$ respektive $5\bar{S}$, $MDR = 0,85$.

Risikos der gewährleistungsrelevanten Fahrzeuge erkennbar, was nach Abschnitt 8.5.1 am Rückgang des Mischverbaus dieser Fahrzeuge bis auf den Wert 0 liegt.

Tabelle 8.5 zeigt die verschiedenen Kapitalwerte mit ihren Varianzen bei einer Variation der durchschnittlichen Gewährleistungskosten je Werkstattfall. Im Vergleich zu

Durchschnittliche Gewährleistungskosten	$\bar{S}$	$3\bar{S}$	$5\bar{S}$
Mittelwert des Kapitalwerts $\bar{C}_0$	36.848	81.632	96.891
Schätzer der Varianz S^2	1.358.755	4.849.228	12.849.329
Schätzer der Standardabweichung S	$1.165,66$	$2.202,10$	$3.584,60$

Tabelle 8.5: Einfluss verschieden hoher Gewährleistungskosten je Werkstattfall auf die Lebenszyklusabsicherung. Mittelwerte berechneter Kapitalwerte mit Varianzen. Durchschnittliche Gewährleistungskosten je Werkstattfall der Höhe $\bar{S}$, $3\bar{S}$ und $5\bar{S}$, $MDR = 0,85$.

Tabelle 8.3 zeigt sich mit steigenden durchschnittlichen Gewährleistungskosten eines Werkstattfalls das substantiell wachsende ökonomische Potential einer Lebenszyklusabsicherung. Je riskanter das Simulationsszenario durch steigende Gewährleistungskosten ist, umso höher ist der positive Effekt einer Absicherung im Lebenszyklus. Ergänzend zeigt Abbildung 8.36 die Boxplots der Kapitalwerte für durchschnittliche Gewährleistungskosten der Höhe $3\bar{S}$ und $5\bar{S}$, der Boxplot für die Parametrierung mit $\bar{S}$ findet sich in Abbildung 8.32.

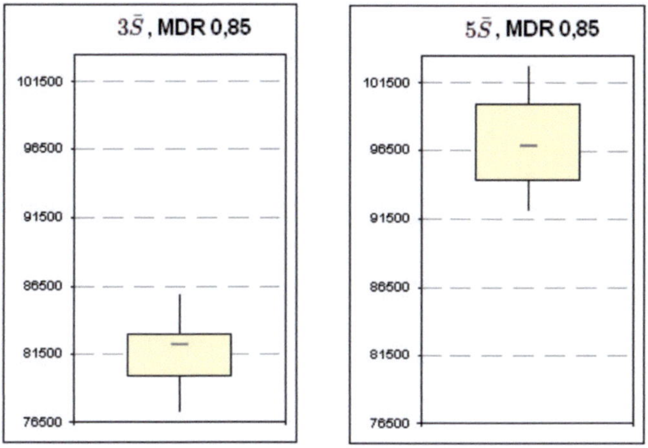

Abbildung 8.36: Einfluss verschieden hoher Gewährleistungskosten je Werkstattfall auf die Lebenszyklusabsicherung. Boxplots der Kapitalwerte.
Durchschnittliche Gewährleistungskosten je Werkstattfall der Höhe $3\bar{S}$ und $5\bar{S}$, $MDR = 0,85$.

Natürlich erzeugen höhere durchschnittliche Gewährleistungskosten je Werkstattfall erneut höhere Kapitalwerte, jedoch ist der Zusammenhang aufgrund der durchgeführten Absicherungsmaßnahmen nicht mehr linear wie noch in Abschnitt 8.5.1.2, sondern degressiv. Als Handlungsempfehlung lässt sich ableiten, dass je höher die durchschnittlichen Gewährleistungskosten a priori erwartet werden, umso eher eine Absicherungsmaßnahme im Lebenszyklus erfolgen sollte. Unter den Annahmen der Simulation sind die idealen Zeitpunkte dazu etwa bei sehr hohem Risiko gegen Ende des ersten, bei gemäßigtem Risiko bis zur Mitte des dritten Produktionsjahres.

8.5.2.3 Sensitivitätsanalyse der Risikokoeffizienten

Eine Diskussion des Einflusses der Risikokoeffizienten der Absicherungsnähe ρ^{AN} und des Mischverbaus ρ^{MVB} des in Abschnitt 7.2.1 entwickelten Risikobegriffs auf die Absicherungsstrategie wird über eine iterative Sensitivitätsanalyse vorgenommen. Diese untersucht bei komplexen Systemen über eine Grenzbetrachtung den Einfluss der Veränderung von Inputparametern auf Outputvariablen. Wie bereits in den vorhergehenden Kapiteln wird also jeweils ceteris paribus ein Eingangsparameter verändert und dessen Einfluss auf die resultierenden Zielgrößen untersucht.

Tabelle 8.6 gibt einen Überblick der zusätzlich zur bisher angewendeten Parametrierung $\rho^{AN} = \rho^{MVB} = 1,0$ untersuchten Parameterkombinationen der Risikokoeffizienten.

ρ^{AN}	ρ^{MVB}
1,0	3,0
1,0	5,0
3,0	1,0
3,0	3,0
3,0	5,0
5,0	1,0
5,0	3,0
5,0	5,0

Tabelle 8.6: Parameterkombinationen der Sensitivitätsanalyse.

Hinsichtlich fahrzeugbezogener Kennzahlen hat die Variation der Risikokoeffizienten keine Auswirkung auf die Höhe der Absicherungsnähe oder des Mischverbaus – sie beeinflussen vielmehr die Wahrscheinlichkeit eines Werkstattfalls und damit das Fahrzeugrisiko. Abhängig vom Verhältnis der Koeffizienten zueinander bestimmt damit eher die Absicherungsnähe oder der Mischverbau die zeitliche Entwicklung der Werkstattfallwahrscheinlichkeit. Abbildung 8.37 verdeutlicht dies graphisch.
Unter der Annahme eines starken Einflusses von Mischverbau mit $\rho^{MVB} = 5,0$ bei $\rho^{AN} = 1,0$ zeigt die Grafik oben den Verlauf der durchschnittlichen Werkstattfallwahrscheinlichkeit gewährleistungsrelevanter Fahrzeuge. Erkennbar sind beispielsweise in beiden Kurven die lokalen Maxima der Perioden $t = 11$ und $t = 20$. Absicherungsmaßnahmen finden stets in $t = 4$ statt, wobei je eine Fahrzeugkonfiguration abgesichert wird, die Kosten in Höhe von $\bar{C}^{\text{Absicherung}} = 20.000$ erzeugt. In den Kurven zeigt sich dies über den Rückgang des Mischverbaus und der Werkstattfallwahrscheinlichkeit.
Im unteren Teil der Abbildung wird die umgekehrte Annahme des signifikanten Einflusses der Absicherungsnähe auf die Werkstattfallwahrscheinlichkeit beispielhaft mit $\rho^{AN} = 5,0$ bei $\rho^{MVB} = 1,0$ dargestellt. Der Verlauf der durchschnittlichen Wahrscheinlichkeit eines Werkstattfalls weißt damit nicht mehr die beiden Maxima des Mischverbaus auf. Die Zeitpunkte der durchgeführten Absicherungen von je einer Fahrzeugkonfiguration stellen sich für diese Parametrierung des Simulationsexperimentes uneinheitlich dar. Es wird zumeist in Simulationsperiode $t = 3$ abgesichert, stellenweise jedoch auch erst in Periode $t = 4$. Diesen ersten Absicherungsmaßnah-

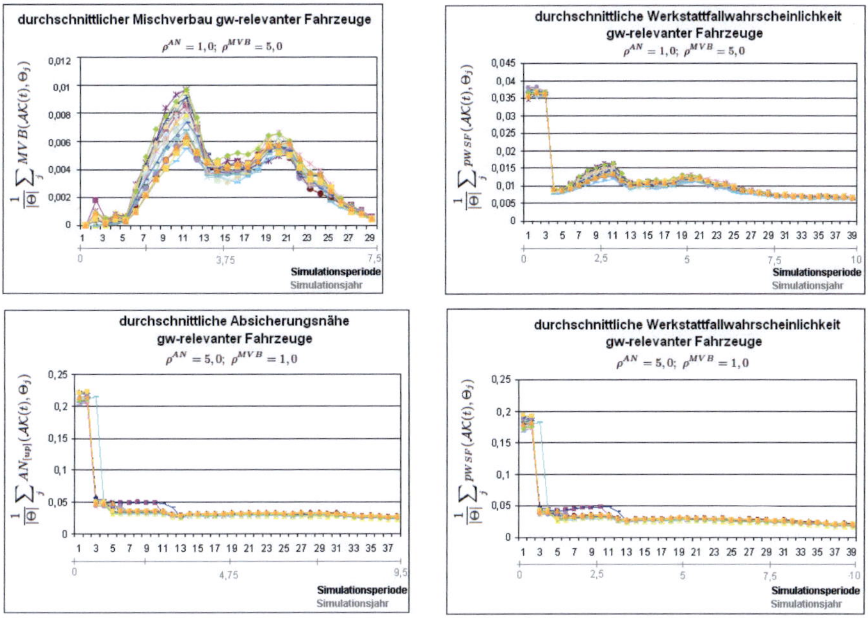

Abbildung 8.37: Einfluss verschiedener Risikokoeffizienten auf die Lebenszyklusabsicherung. Verlauf der durchschnittlichen Werkstattfallwahrscheinlichkeit gewährleistungsrelevanter Fahrzeuge im Vergleich zur Absicherungsnähe und zum Mischverbau.
Beispiele bei $\rho^{AN} = 1,0$ und $\rho^{MVB} = 5,0$ beziehungsweise $\rho^{AN} = 5,0$ und $\rho^{MVB} = 1,0$.

men schließen sich weitere in den Perioden $t = 5, 6$ oder 7 an, bei zwei der zwanzig durchgeführten Simulationsläufen auch erst in $t = 11$ beziehungsweise $t = 13$.

Abbildung 8.38 zeigt als Histogramm unter Vernachlässigung der Werkstattfälle der Rückrufaktionen die je Periode durchschnittliche Anzahl an Werkstattfällen im Simulationsexperiment beispielhaft mit den Risikokoeffizienten $\rho^{AN} = \rho^{MVB} = 3,0$. Bis auf dessen Höhe ändert sich der Verlauf des Histogramms mit verschiedenen Risikoparametrierungen kaum und ist prinzipiell ähnlich wie in Abbildung 8.31. Bei genauerem Vergleich der beiden Abbildungen fällt auf, dass bei ansonsten identischer Parametrierung in Abbildung 8.31 in Periode $t = 4$ etwa 65 Werkstattfälle vorgefallen sind, in Abbildung 8.38 jedoch 190. Dementsprechend findet im Simulationsexperi-

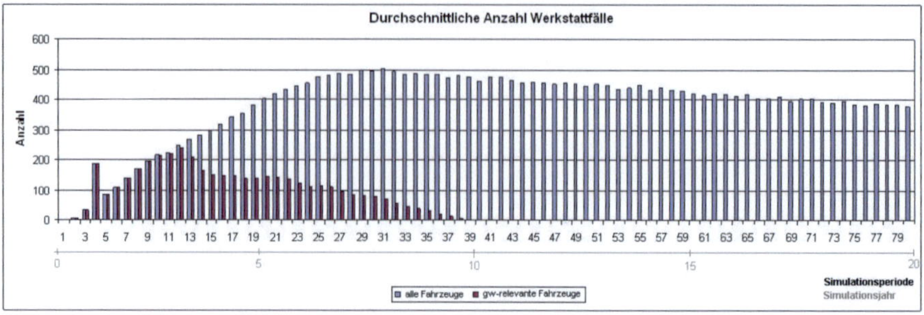

Abbildung 8.38: Einfluss verschiedener Risikokoeffizienten auf die Lebenszyklusabsicherung. Durchschnittliche Anzahl an Werkstattfällen.
Beispiel bei $\rho^{AN} = \rho^{MVB} = 3,0$.

ment mit den höheren Risikokoeffizienten die Absicherungsmaßnahme aufgrund der höheren Werkstattfallwahrscheinlichkeit bereits in $t = 4$ statt.

Die Entwicklung der durch Werkstattfälle durchschnittlich je Fahrzeug erzeugten Gewährleistungskosten über der Zeit weißt ebenfalls einen je Parametrierung ähnlichen Verlauf auf, welcher Charakteristika der durchschnittlichen Werkstattfallwahrscheinlichkeit und damit jeweils der Absicherungsnähe oder des Mischverbaus zeigt. Abbildung 8.39 illustriert dies beispielhaft für die Parametierung $\rho^{AN} = 3,0$ und $\rho^{MVB} = 5,0$. Erneut sind etwa die durch den Mischbverbau erzeugten lokalen Maxima

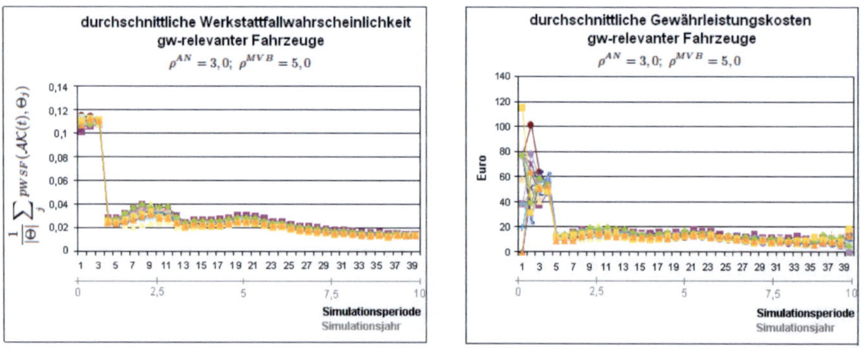

Abbildung 8.39: Einfluss verschiedener Risikokoeffizienten auf die Lebenszyklusabsicherung. Verlauf der erzeugten Gewährleistungskosten gewährleistungsrelevanter Fahrzeuge im Vergleich zur durchschnittlichen Werkstattfallwahrscheinlichkeit dieser Fahrzeuge.
Beispiel bei $\rho^{AN} = 3,0$ und $\rho^{MVB} = 5,0$.

zu den Simulationsperioden $t = 11$ und $t = 20$ erkennbar.

Die Mittelwerte der Kapitalwerte mit ihren Varianzen der Simulationsexperimente bei verschieden parametrierten Risikokoeffizienten stellt Tabelle 8.7 dar. Ersichtlich

ρ^{AN}	ρ^{MVB}	Mittelwert des Kapitalwerts $\bar{C}_0$	Schätzer der Varianz S^2	Schätzer der Standardabweichung S
1,0	3,0	100.306	19.488.286	4.414, 55
1,0	5,0	108.855	24.125.955	4.911, 82
3,0	1,0	212.571	38.065.161	6.169, 70
3,0	3,0	218.118	61.688.484	7.854, 20
3,0	5,0	244.169	108.794.296	10.430, 45
5,0	1,0	243.188	276.993.387	16.643, 12
5,0	3,0	290.277	193.715.961	13.918, 19
5,0	5,0	296.728	502.204.207	22.409, 91

Tabelle 8.7: Einfluss verschiedener Risikokoeffizienten auf die Lebenszyklusabsicherung. Mittelwerte berechneter Kapitalwerte mit Varianzen.
Variation bei verschiedenen Risikokoeffizienten, $MDR = 0,85$.

ist die intuitive Erwartung, dass höhere Risikokoeffizienten auch höhere Kapitalwerte nach sich ziehen.

Als Handlungsempfehlung kann analog wie in Abschnitt 8.5.2.2 vorgegangen werden, da höhere Risikokoeffizienten genauso wie höhere durchschnittliche Gewährleistungskosten eines Werkstattfalls das im Feld existierende Risiko steigern. Je höher das Risiko im Feld zu erwarten ist – etwa aufgrund technisch bekannter Unsicherheiten oder einer instabilen Architektur – umso eher und gegebenenfalls auch umfangreicher sollte eine Absicherungsmaßnahme im Lebenszyklus erfolgen.

8.6 Fazit

Der vorliegend entwickelte Virtual Vehicle Simulator als Simulationsmodell ermöglicht eine vollständige Prognose der Konfigurationsentwicklung im Feld über die Absatzerwartungen gepaart mit einer Prognose der im Lebenszyklus aktualisierten Steuergeräte. Stochastisch wird so die Felddurchdringung mit neuer Software simuliert und über die in Abschnitt 4.3 erkannten Korrelationen ein Zusammenhang zu Werkstattfällen hergestellt.
Die Validierung des konzeptuellen Modells, also die Gültigkeit der Abbildung des

Realsystems auf das Modell, wurde mitsamt der Modellverifikation als korrekte Implementierung der Abbildung des konzeptuellen Modells auf das Computermodell durch den Vergleich der simulierten mit den realen Kennzahlen einer existierenden BMW-Baureihe vorgenommen. Derart wurde die Anwendbarkeit des Modells mit dessen Abstraktion von der Realität bestätigt.

Eines der zentralen Ergebnisse des Virtual Vehicle Simulators ist die Berechnung der stochastischen Zielfunktion der Lebenszykluskosten aus Abschnitt 1.4 als Kapitalwert. Dieser ermöglicht ökonomisch einen relativen Vorteilhaftigkeitsvergleich zwischen verschiedenen Programmier- und Absicherungsstrategien. Mit dem Modell können Strategien weiterhin genauer verglichen werden beispielsweise hinsichtlich ihres Einflusses auf die Entwicklung des Risikos der Fahrzeuge im Feld mit Absicherungsnähe und Mischverbau sowie den anfallenden Gewährleistungs- und Absicherungskosten. Die beispielsweise über die Minimierung des entstehenden Kapitalwerts iterativ parametrierten Methoden der Abschnitte 5 und 7.2 oder 7.3 bestimmen dann die unter den Prognoseannahmen erwarteten abzusichernden Konfigurationen im Lebenszyklus. Diese sind gegenüber den diskutierten simulationsspezifischen Parametern mit Ausnahme der Mean Distance Ratio prinzipiell invariant. Da die Risikokoeffizienten der Absicherungsnähe ρ^{AN} und des Mischverbaus ρ^{MVB} größer als 0 angenommen wurden, reduzieren die anhand der Methoden optimierten, repräsentativen Fahrzeuge, die das Feld der Kundenfahrzeuge möglichst vorteilhaft abdecken sowie den existierenden Mischverbau beachten, das zu erwartende Risiko ideal. Die in vorliegender Dissertation entwickelte Absicherungsstrategie bietet damit im Lebenszyklus erhebliche Qualitätsverbesserungen, insbesondere durch die verbesserte Absicherung von Fahrzeugvarianten. Modellhaft zeigt sich ein deutliches Reduktionspotential der Gesamtanzahl an Werkstattfällen über die Minimierung der in Kapitel 4 eingeführten Bordnetzkennzahlen. Auch wirtschaftlich mit dem Kapitalwert bewertet kompensiert die gestiegene Qualität der Fahrzeuge im Feld mit eingesparten Gewährleistungs- und Kulanzkosten die für die Absicherungsmaßnahmen und Rückrufaktionen nötigen Kosten bereits bei gemäßigtem Risiko signifikant. Liegt ein riskanteres Szenario vor, vergrößert sich das Verbesserungspotential der Methode. Bei Gültigkeit der in vorliegender Dissertation erarbeiteten Korrelationen ist daher eine optimale Absicherungsstrategie im Lebenszyklus einer Fahrzeugbaureihe gefunden.
Dennoch ist zu erwähnen, dass die von der Clusteranalyse gebildeten Zentroiden aufgrund von in der Realität benötigten technischen Vorbedingungen – etwa dass bestimmte Funktionen oder Steuergerätevarianten in Absicherungsträgern explizit vorkommen – nicht so frei und damit optimal im Konfigurationsraum wie im Vir-

tual Vehicle Simulator platziert werden können. Bei gemäßigtem Risiko sind die wirtschaftlichen Vorteile wegen der zusätzlich durchzuführenden Rückrufaktion im Lebenszyklus gering, weswegen in diesem Szenario die insgesamt entstehenden Lebenszykluskosten bei Anwendung der Strategie steigen können. Diese können dann als Investition in eine steigende Qualität der Fahrzeuge und damit eine höhere Kundenzufriedenheit interpretiert werden.

Kapitel 9

Résumé

Die in vorliegender Dissertation entwickelten Verfahren realisieren erstmals eine automotive-geeignete Absicherungsstrategie, die den vollständigen Variantenumfang eines massengefertigten, eingebetteten Systems inklusive der Versionierung dessen Einzelkomponenten im Lebenszyklus systematisch betrachten und empirisch bewerten kann. Ausgelegt sind die Methoden auf eine Anwendung in der Automobilindustrie, welche im Vergleich zu anderen Branchen hinsichtlich durchzuführender Absicherungsprozesse großteils erschwerte Randbedingungen besitzt – beispielsweise durch zu erfüllende Safety- und Qualitätsanforderungen, zu integrierende heterogene Systeme verschiedener Lieferanten sowie der Massenfertigung der Produkte. Aufgrund ihrer Leistungsfähigkeit können die entworfenen Methodiken nach Anpassung an andere, domänenspezifische Randbedingungen damit auch in weiteren Branchen eingesetzt werden. Zusätzlich hat sich gezeigt, dass sie sich mit ihrer Generik nicht nur für das engere Umfeld der Systemabsicherung im Kontext von Varianten und Versionen eignen, sondern auch für Fragestellungen des Varianten- und Versionsmanagements selbst.

In der Literatur finden sich nur wenige Ansätze, welche zur Systemabsicherung die kombinatorische Vielfalt an möglichen Konfigurationen einer varianten- und versionsreichen, komplexen Produktfamilie explizit betrachten. Im Regelfall erfolgt dies über eine Modellierung und Abstraktion des Systems, welches anschließend über die Dekomposition in Elemente getestet wird. Demgegenüber grenzt sich die in vorliegender Dissertation entworfene Absicherungsmethodik von anderen Testverfahren durch ihren empirischen Charakter ab. Da heutige eingebettete Systeme eine Hardware-Software-Abhängigkeit aufweisen, kann sich das Verhalten einer Komponente oder eines Teilsystems in einem veränderten Gesamtsystemkontext ändern, etwa hinsichtlich des Timing-Verhaltens. Es existieren entsprechend Grenzen der Abstraktionsfähigkeit eines Systems durch ein Modell und damit die Notwendigkeit von beispielsweise einer empirischen, kundenorientierten Absicherung, welche die modellhafte Modularität eines Systems weder voraussetzt, noch zur Ableitung von Testfällen einsetzt. Diese Grenze der Abstraktionsfähigkeit wird auch bei einer verbesserten Fahrzeugarchitektur mit einer gestiegenen Virtualisierung von Hardware durch Software stets existieren.

Die entworfene Absicherungsstrategie einer komplexen, variantenreichen Produktfamilie mit dem Fokus auf elektrisch/elektronischen Fahrzeugbordnetzen in ihrem Lebenszyklus orientiert sich während des Produktentstehungsprozesses anhand eines entwickelten Modells an der Prognose verkaufter Konfigurationen und während der Serienproduktion an den von Kunden tatsächlich gekauften. Über eine ähnlichkeitsmaximierende Clusteranalyse ermittelt die Strategie Gemeinsamkeiten in deren Bordnetzen. Die derart gebildeten repräsentativen Fahrzeugkonfigurationen decken jeweils bestimmte Aspekte des kundenrelevanten Fahrzeugfeldes ab – beispielsweise länderspezifische Unterschiede der Fahrzeugkonfigurationen, die durch spezielle Konsumpräferenzen oder gesetzliche Anforderungen hervorgerufen werden. Zum physischen Aufbau eines konkreten Absicherungsträgers wird dieser Ansatz mit einem kundenrelevanten Risikobegriff erweitert. Über die im Feld durch die Absicherung einer Konfiguration statistisch erreichbare Risikoreduktion können damit verschiedene Konfigurationen bewertet sowie iterativ optimiert werden. Die repräsentative, risikobasierte Absicherungsstrategie ist dabei sowohl aus Sicht der Systemintegration während der Entwicklung als auch der Absicherung in der Produktion und im Service verwendbar. Eventuell benötigte, spezifische Charakteristika des zu verwendenden Absicherungsträgers werden durch eine Fokussierung des betrachteten Fahrzeugfeldes beachtet, womit etwa speziell verbaute Komponenten, Sonderausstattungen oder Komplexitätsklassen der Fahrzeuge explizites Gewicht in der Absicherung erhalten können. Die entworfene Absicherungstrategie ist unmittelbar in der Praxis einsetzbar und wurde für einen großen deutschen Automobilhersteller in die operative Anwendung überführt. Eine Umsetzung der Strategie bietet statistisch bei existierenden Testprozessen insbesondere Vorteile durch die Steigerung der vom Kunden wahrgenommenen Qualität mit einer sinkenden Anzahl nötiger Werkstattfälle aufgrund einer optimierten Absicherung von Fahrzeugvarianten.

Als kritisch für die Realisierung des Optimierungspotentials der entworfenen Absicherungsstrategie lassen sich die erarbeiteten Korrelationen identifizieren. Ausgehend von einer Korrelation kann ohne weitere Experimente nicht auf eine Kausalität geschlossen werden, womit die Ursache-Wirkungs-Beziehungen schlussendlich unsicher sind. Für vorliegende Themenstellung bedeutet dies, dass eine Orientierung der abzusichernden Testfahrzeuge an verkaufte Kundenfahrzeuge zwar statistisch Vorteile verspricht und auch intuitiv logisch erscheint, eine signifikante Qualitätsverbesserung der Kundenfahrzeuge jedoch in der Realität nicht unbedingt eintreten muss. Auch obwohl die durchgeführte Simulation mit der unterstellten Kausalität den realen Lebenszyklus einer Baureihe sehr gut beschreibt, ist die Wirksamkeit einer Änderung der Absicherungsstrategie durch langjährige Einzelfallanalysen von Gewährleistungs- und Kulanzfällen verschiedenster Fahrzeuge zu validieren.
Eine methodische Optimierung der in der Arbeit entwickelten Cluster- und Mustererkennungsverfahren wäre prinzipiell möglich, die zu erwartenden Verbesserungen sind jedoch überschaubar. Die Qualität der entwickelten Absicherungsmethodik hängt insbesondere von der Güte der zur Analyse vorhandenen Daten beziehungsweise der Prognose verkaufter Kundenkonfigurationen mit zu erwartenden, neuen Komponentenversionen während des Lebenszyklus ab. Hinsichtlich der Optimalität der bestimmten Absicherungsstrategie hat damit die Parametrierung der Modelle deutlich größeren Einfluss als die Verbesserung der eingesetzten Analysemethoden.

Als zukünftig zu adressierender Aspekt lässt sich insbesondere die Erfassung technischer Vorbedingungen identifizieren, damit bestimmte Funktionen oder Fahrzeugkomponenten explizit abgesichert werden. Beispielsweise ist etwa ein innovatives Fahrerassistenzsystem explizit zu testen, auch wenn es nur von wenigen Kunden bestellt wird. Die Festlegung dieser Umfänge hat vor der Anwendung der in vorliegender Dissertation entworfenen Methoden zu erfolgen, basiert heute insbesondere auf Erfahrungswissen und sollte durch ein systematisiertes Vorgehen ersetzt werden. Weiterhin empfiehlt sich eine genauere Untersuchung der spezifischen Anwendung sowie des Potentials der entwickelten Verfahren auf den verschiedenen Testebenen zwischen Komponenten- und Systemtests. Damit kann in der Entwicklungs- und Integrationsphase des Produktentstehungsprozesses eine durchgängige Absicherungsstrategie eingesetzt werden, welche aufgrund der Vermeidung mehrfacher Testdurchführungen auf verschiedenen Testebenen Synergien im Prozess mit einer gestiegenen Testtiefe und -breite ermöglichen dürfte.

Anhang

A Qualitätsmaße

Zur Bewertung der Qualität eines Fahrzeugs sind hinsichtlich einer Korrelation mit den in den Abschnitten 4.1 und 4.2 entwickelten Bordnetzkennzahlen ökonomische oder technisch-motivierte Vergleichsmaße einzuführen. Folgende sind beispielhaft geeignet:

- Gewährleistungs- und Kulanzkosten der Elektrik/Elektronik.
  - Gewährleistungs- und Kulanzkosten programmierrelevanter Arbeitswerte.
  - Gewährleistungs- und Kulanzkosten Elektrik/Elektronik-relevanter Befundmodule.
  - Gewährleistungs- und Kulanzkosten programmierrelevanter Arbeitswerte bei Elektrik/Elektronik-relevanten Befundmodulen.
- Anzahl der Gewährleistungs- und Kulanzfälle.
- Anzahl der Werkstattfälle.
- Durchgeführte Fahrzeugdiagnosen.
  - Anzahl der Diagnosen.
  - Anzahl der Einzeldiagnosen während des gesamten Diagnosevorganges.
- Dauern und Raten.
  - Dauer bis zum ersten Gewährleistungs- und Kulanzfall.
  - Dauer bis zum ersten Werkstattfall.
  - Dauer bis zur ersten Diagnose.
  - (Durchschnittliche) Werkstattaufenthaltsdauer.
  - (Durchschnittliche) Diagnosedauer.
  - (Durchschnittliche) Diagnoserate.
  - (Durchschnittliche) Werkstattfallrate.
- Kunden- und Händlerzufriedenheit (Customer / Dealer Satisfaction Index).

Vorliegende Dissertation fokussiert sich insbesondere auf Gewährleistungs- und Kulanzkosten als Qualitätsmaß, mit dem Simulationsmodell aus Abschnitt 8 wird jedoch auch eine Bewertung der Anzahl an Werkstattfällen vorgenommen.

B Produktlebenszykluskosten

Abbildung B.1 stellt eine generische Auflistung von Produktlebenszykluskosten dar.

Unter der Annahme, dass sich die Qualität eines Produkts im weitesten Sinne in dessen Lebenszykluskosten widerspiegelt, wie beispielsweise dass Kundenzufriedenheit mit Gewährleistungs- und Kulanzkosten negativ korreliert ist, lässt sich die Problemstellung in eine zu optimierende Zielfunktion überführen, die sich als Gesamtkostenfunktion über der Variation geeigneter Einflussparameter p ergibt, also

$$ZF(p) = \min_p C(p).$$

Vergleicht man die in Abbildung B.1 aufgelisteten Kostenarten systematisch auf Relevanz mit der Problemstellung, so ergibt sich Folgendes:

- C_R: *Research and development cost*
  - C_{RM}: *System/production life-cycle management*
    Nicht vernachlässigbar, die Prozessabhängigkeiten von Entwicklung sowie Test & Absicherung werden umfangreicher, es wird eine Koordination der zusätzlichen Testläufe erforderlich.
  - C_{RP}: *Product planning*
    Vernachlässigbar, verhält sich bei unveränderter Umwelt invariant.
  - C_{RR}: *Product research*
    Vernachlässigbar, verhält sich bei unveränderter Umwelt invariant, die Forschungsintensität oder Ähnliches wird nicht angepasst.
  - C_{RE}: *Engineering design*
    Nicht vernachlässigbar, abhängig von im Testprozess erkannten, nötigen Anpassungen sind während des Produktlebens weitere Korrekturschleifen der Entwicklung nötig.
  - C_{RD}: *Design documentation*
    Nicht vernachlässigbar, Erfahrungen aus absolvierten Tests sind ebenso zu dokumentieren wie Änderungsanträge oder zusätzliche Entwicklungsiterationen.

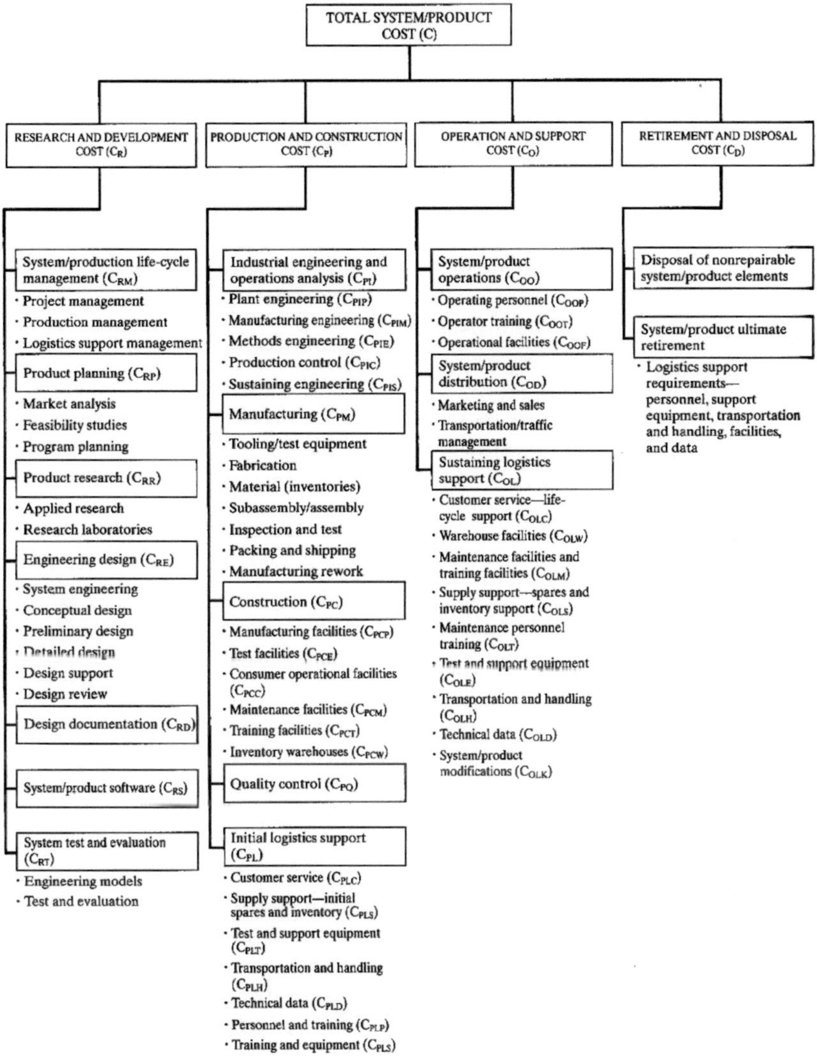

Abbildung B.1: Kostenstruktur von Produktlebenszykluskosten.
Quelle: [Bla05].

– C_{RS}: *System/product software*
Vernachlässigbar, unter der Annahme, dass Entwicklungsaktivitäten an Soft- als auch an Hardware unter C_{RE} subsummiert werden.

- C_{RT}: *System test and evaluation*
  Nicht vernachlässigbar, die Test- und Absicherungsstrategie ist zu optimieren.

- C_P: *Production and construction cost*
  - C_{PI}: *Industrial engineering and operations analysis*
    Vernachlässigbar, verhält sich bei unveränderter Umwelt invariant.
  - C_{PM}: *Manufacturing*
    Vernachlässigbar, verhält sich bei unveränderter Umwelt invariant.
  - C_{PC}: *Construction*
    Vernachlässigbar, verhält sich bei unveränderter Umwelt invariant.
  - C_{PQ}: *Quality control*
    Vernachlässigbar, verhält sich bei unveränderter Umwelt ohne eine neue Qualitätssicherungsstrategie invariant.
  - C_{PL}: *Initial logistics support*
    Vernachlässigbar, verhält sich bei unveränderter Umwelt invariant.

- C_O: *Operation and support cost*
  - C_{OO}: *System/product operations*
    Vernachlässigbar, der Anteil von Leasing-Modellen ist zwar zunehmend, doch ist der Betrieb einer entsprechenden Fahrzeugflotte unabhängig von einer Änderung der Absicherungsstrategie. Anfallende Service- und Reparaturkosten werden unter C_{OLC} betrachtet.
  - C_{OD}: *System/product distribution*
    Vernachlässigbar, verhält sich bei unveränderter Umwelt invariant.
  - C_{OL}: *Sustaining logistics support*
    Nicht vernachlässigbar, eine veränderte Test & Absicherungsstrategie hat unmittelbare Auswirkungen auf diese Kostenart.
    * C_{OLC}: *Customer service – life-cycle support*
      Nicht vernachlässigbar, es fallen beispielsweise Gewährleistungs- und Kulanzkosten als Konsumentenschutz und Kundenservice an.
    * C_{OLW}: *Warehouse facilities*
      Nicht vernachlässigbar, je nach Testergebnis und umgesetzter Strategie können zum Beispiel Komponenteneinlagerungen erforderlich werden.
    * C_{OLM}: *Maintenance facilities and training facilities*
      Vernachlässigbar, verhält sich bei unveränderter Umwelt invariant,

weiterhin ist die Handelsorganisation mit Ausnahme der Niederlassungen in aller Regel kein juristischer Teil des Automobilherstellers selbst.

* C_{OLS}: *Supply support – spares and inventory support*
  Nicht vernachlässigbar, je nach Testergebnis und umgesetzter Strategie können zusätzliche Ersatzteilnachlieferungen für den Service erforderlich werden.
* C_{OLT}: *Maintenance personnel training*
  Vernachlässigbar, je nach umgesetzter Strategie muss zwar beispielsweise eine Minimalprüfung beim Händler durchführbar sein, wobei die Handelsorganisation jedoch rechtlich selbstständig ist und dies gegenüber dem OEM über C_{OLC} abrechnet.
* C_{OLE}: *Test and support equipment*
  Vernachlässigbar, je nach umgesetzter Strategie sind Werkstätten mit Prüf- und Diagnosegeräten zu versorgen, welche jedoch nicht unentgeltlich zur Verfügung gestellt werden.
* C_{OLH}: *Transportation and handling*
  Vernachlässigbar, verhält sich bei unveränderter Umwelt invariant.
* C_{OLD}: *Technical data*
  Vernachlässigbar, verhält sich bei unveränderter Umwelt invariant.
* C_{OLK}: *System/product modifications*
  Vernachlässigbar, unter der Annahme, dass Entwicklungsmodifikationen unter C_{RE} fallen und im Service vorgenommene Modifikationen beispielsweise Teiletausch oder Programmierungen umfassen, welche unter C_{OLC} quantifiziert werden.

- C_D: *Retirement and disposal cost*

  - C_{DN}: *Disposal of nonrepairable system/product elements*
    Vernachlässigbar, wird im Rahmen der Absicherungsstrategie ein Teiletausch vorgeschlagen, so hat die Handelsorganisation die Altteile zwar zu entsorgen, was jedoch analog über C_{OLC} dem OEM in Rechnung gestellt wird.
  - C_{DU}: *System/product ultimate retirement*
    Vernachlässigbar, verhält sich bei unveränderter Umwelt invariant.

Weitere Modellannahmen und -vereinfachungen

Ausgehend von obig aufgelisteten Kostenkriterien lassen sich aufgrund Relevanzüberlegungen folgende Annahmen und Vereinfachungen des Modells treffen.

C_{RM}: *System/production life-cycle management*
Die Abhängigkeiten der Entwicklungs- sowie Test- & Absicherungsprozesse werden zwar umfangreicher, der zusätzlich entstehende Koordinationsaufwand ist aufgrund gelebter Problemmanagementprozesse im Vergleich zu Nachentwicklungskosten jedoch gering. Koordinationsaufwendungen der Entwicklung werden daher ebenfalls unter C_{RE} quantifiziert.

C_{RD}: *Design documentation*
Erfahrungen aus absolvierten Tests sind zu dokumentieren, der Umfang der zusätzlichen Dokumentationen im Rahmen des systematischen Problemmanagementprozesses lässt sich jedoch analog C_{RM} als gering einschätzen. Aufwände der Dokumentation zusätzlicher Entwicklungsiterationen werden damit auch unter C_{RE} betrachtet.

C_{RM} sowie C_{RD} sind daher im Weiteren vernachlässigbar und werden über C_{RE} quantifiziert.

C_{OLW}: *Warehouse facilities*
Die Höhe dieser Kostenart ändert sich nur, falls bei der umgesetzten Absicherungsstrategie Veränderungen bei der Komponenteneinlagerung erforderlich werden.

C_{OLS}: *Supply support – spares and inventory support*
Nur falls eine Veränderung der Ersatzteilstrategie erfolgt, beispielsweise der Tausch funktionierender Fahrzeugkomponenten, ändert sich diese Kostenart.

Finden entsprechend weitergehende Änderungen der Einlagerungs- sowie Ersatzteilversorgungsstrategie nicht statt, so lassen sich diese Kostenarten vollständig vermeiden. Vorliegende Arbeit setzt den Fokus auf die Test- & Absicherungsprozesse der Entwicklung, C_{OLW} und C_{OLS} lassen sich also im Sinne eines integeren Gesamtmodells mit der Indikatorfunktion $\mathbb{1}_{(verändert)}$ modellieren. Dabei ist

$$\mathbb{1}_{(verändert)} = \begin{cases} 1 & Ersatzteilstrategie\ verändert \\ 0 & sonst \end{cases}.$$

Der Einfachheit werden die Einlagerungs- sowie Ersatzteilversorgungskosten von Steuergeräten in vorliegender Dissertation als unverändert angenommen und daher vernachlässigt.

C Beweise zur Beschränktheit der Mischverbaukennzahlen

Es gilt zu beweisen, dass die in Kapitel 4.2 entwickelten Mischverbaukennzahlen sich über Quotientenbildung auf das Intervall $[0;1)$ respektive $[0;1]$ abbilden lassen. Bei der Beweisführung anhand der Datumsdifferenz zwischen Integrationsstufen, also $d_{(i,j)} = ||I_i - I_j|| = |t_i - t_j|$, wird zugunsten der Darstellung auf eine Gewichtung der einzelnen Abstände verzichtet.

Knoten-Mischverbau

$$MVB(\Theta_j, I_0) = \frac{\sum\limits_{i=1}^{n} |t_i - t_0|}{\sum\limits_{i=1}^{n} d_N} = \frac{\sum\limits_{i=1}^{n} |t_i - t_0|}{n \cdot d_N}$$

mit $t_0 = \text{mod}_i\{t_i\}$, $d_N = \max_i\{|t_i - t_0|\}$, $t \in \mathbb{R}$ und $i = 1, \ldots, n$.

Untere Intervallgrenze

Befinden sich alle Steuergeräte SG_i auf einer identischen Integrationsstufe, so gilt

$$|t_i - t_0| = 0 \quad \forall\, i$$

und der Mischverbau ist nach Definition $\equiv 0$.

Obere Intervallgrenze

Da gilt

$$|t_i - t_0| \leq d_N = \max_i\{|t_i - t_0|\} \quad \forall\, i$$

ist

$$MVB(\Theta_j, I_0) = \frac{\sum\limits_{i=1}^{n} |t_i - t_0|}{\sum\limits_{i=1}^{n} d_N} = \frac{\sum\limits_{i=1}^{n} |t_i - t_0|}{n \cdot d_N} \leq 1.$$

Es ist somit die Existenz einer Folge $t_{(i)}$ zu zeigen, für die gilt $MVB \to 1$.

Sei $t_1 = t_2 = 0$, $t_i = 1 - \frac{i-3}{n}\varepsilon$, für $i = 3, \ldots, n$ mit $n \geq 3$ und $0 < \varepsilon < 1$.

Dann ist $t_0 = \text{mod}_i\{t_i\} = 0$ und $d_N = 1$ sowie

$$MVB(\Theta_j, I_0) = \frac{\sum\limits_{i=1}^{n} |t_i - t_0|}{\sum\limits_{i=1}^{n} d_N} = \frac{1}{n} \cdot \sum_{i=3}^{n} \left(1 - \frac{i-3}{n}\varepsilon\right) = 1 - \frac{2}{n} - \frac{(n-2)(n-3)}{2n^2}\varepsilon.$$

Für $\varepsilon \to 0$ bei festem n gilt

$$\sup_{\varepsilon \to 0} = 1 - \frac{2}{n},$$

womit für ein Supremum über alle n gilt

$$\lim_{n\to\infty} \left(1 - \frac{2}{n}\right) = \sup_{\substack{\varepsilon\to 0 \\ n\to\infty}} = 1$$

und damit

$$MVB(\Theta_j, I_0) = \frac{\sum\limits_{i=1}^{n} |t_i - t_0|}{\sum\limits_{i=1}^{n} d_N} = \frac{\sum\limits_{i=1}^{n} |t_i - t_0|}{n \cdot d_N} \overset{\substack{\varepsilon\to 0 \\ n\to\infty}}{\longrightarrow} 1.$$

Die Beschränktheit der Berechnung mit der exogenen Integrationsstufe des Gesamtfahrzeugs als Sollstand ist als Spezialfall vor diesem Hintergrund analog wie der Minimierungsansatz trivial.

$\square$

Kanten-Mischverbau

$$MVB_E(\Theta_j, I_0) = \frac{\sum_{k=1}^{m} |t_i - t_j|}{\sum_{k=1}^{m} d_N} = \frac{\sum_{k=1}^{m} |t_i - t_j|}{m \cdot d_N}$$

mit $d_N = \max_{(i,j)}\{|t_i - t_j|\}$, $t \in \mathbb{R}$, $k = 1, \ldots, m$ und $k \mapsto (i,j)$.

Untere Intervallgrenze

Befinden sich alle n im Fahrzeug vorhandenen Steuergeräte auf einer identischen Integrationsstufe, so befinden sich aufgrund der Eigenschaft einer konvexen Menge auch alle m Kompatibilitätsbeziehungen (i,j) als Kanten in dieser Integrationsstufe. Es gilt

$$|t_i - t_j| = 0 \quad \forall\, k \mapsto (i,j)$$

Der Mischverbau des Systems ist per Definition $\equiv 0$.

Obere Intervallgrenze

Der Mischverbau bei Betrachtung von Kompatibilitätsbeziehungen zwischen Steuergerätepaaren (SG_i, SG_j) erreicht den zu normierenden Maximalwert $m \cdot d_N$, wenn gilt

$$d_{(i,j)} = d_N = \max_{(i,j)}\{|t_i - t_j|\} \quad \forall\, k \mapsto (i,j).$$

Damit existieren in diesem Fall nur sternförmige Hub & Spoke-Kompatibilitätsbeziehungen bei welcher Integrationsstufe I_a das Zentralsteuergerät SG_i enthält und alle weiteren Steuergeräte SG_j Integrationsstufe I_b angehören. In aktuellen, hochvernetzten Fahrzeugbordnetzen ist ein derartiger Zustand unter anderem aufgrund der Kapselung von Safety-Systemen technisch nicht erreichbar, dennoch gilt mathematisch

$$MVB_E(\Theta_j, I_0) = \frac{\sum\limits_{k=1}^{m} |t_i - t_j|}{\sum\limits_{k=1}^{m} d_N} = \frac{\sum\limits_{k=1}^{m} |t_i - t_j|}{m \cdot d_N} = 1$$

und damit sogar $MVB_E(\Theta_j, I_0) \in [0; 1]$.

□

D Vierfeldertests der Mischverbau-Auswertungen

Im Folgenden finden sich die mit der E6x-Fahrzeugmenge aus Abschnitt 4.3.2 durchgeführten Vierfeldertests zur Bewertung der Korrelation verschiedener Mischverbau- und Qualitätsmaße.

Tabelle D.1 analysiert die Korrelation verschiedener Mischverbaumaße zu Gewährleistungs- und Kulanzkosten, Tabelle D.2 zu gewährleistungsrelevanten Werkstattfällen. "eMVB_siggraph_uI" bezeichnet dabei beispielsweise die Vernetzungsstruktur des Kanten-Mischverbaus nach Abschnitt 4.2.2 mit einem funktionalen, ungerichteten Signal-Graphen mit Infrastruktur, "eMVB_busgraph" bezeichnet den stets ungerichteten, physischen Bus-Graphen. Auswertungen mit "vMVB" verwenden demgegenüber nach Abschnitt 4.2.1 den Knoten-Mischverbau mit der Integrationsstufe des Gesamtfahrzeugs als Berechnungsbasis des Steuergeräte-Sollzustandes, "vMVBmin" setzt den Minimierungsansatz um. Die Attribute "age", "bin" und "ord" bezeichnen schließlich gemäß Abschnitt 4.2.3.2 die verschiedenen Abstandsbegriffe zwischen Integrationsstufen, "age" die Datumsdifferenz ihrer Einführung in der Produktion, "bin" die binäre Differenz der Versionsstände sowie "ord" die Ordinalzahldifferenz der Reihenfolge der Integrationsstufen. Die Unterscheidung nach Region bezieht sich dabei auf die Typschlüsselzuordnung, wonach ein US-Typschlüssel eindeutig die Vereinigten Staaten von Amerika, Kanada, Puerto Rico oder Guam identifiziert, das Attribut "ECE" hingegen für alle anderen Länder weltweit gilt. Der durchgeführte Vierfeldertest gilt als erfolgreich, falls mindestens 20% mehr die Theorie bestätigende Fahrzeugpaare als die Theorie verwerfende Fahrzeugpaare existieren, also $q \geq 1,2$ ist, UND die Prüfgröße χ^2 einen höheren Wert als $3,84$ aufweist, womit die Irrtumswahrscheinlichkeit α kleiner als 5% ist, dass die beiden Gruppen keinen statistisch signifikanten Unterschied aufweisen.

Kosten	Mischverbau	Region	Resultat	q	χ^2
GWK	eMVB_siggraph_uI_age	ECE	erfolgreich	2,26	8,72
GWK	eMVB_busgraph_ord	ECE	erfolgreich	2,19	10,18
GWK	vMVB_bin	ECE	erfolgreich	2,16	12,76
GWK	vMVB_age	ECE	erfolgreich	2,2	14,34
GWK	eMVB_siggraph_uI_ord	ECE	erfolgreich	2,17	15,59
GWK	eMVB_busgraph_age	ECE	erfolgreich	2,13	16,29
GWK	vMVB_ord	ECE	erfolgreich	2,09	17,39
GWK	vMVB_ord	USA	erfolgreich	1,48	8,66
GWK	vMVB_age	USA	erfolgreich	1,48	5,51
GWK	eMVB_busgraph_bin	ECE	erfolgreich	2,15	20,21

GWK	vMVB_bin	USA	erfolgreich	1,47	9,74
GWK	vMVBmin_ord	USA	erfolgreich	1,52	12,78
GWK	vMVBmin_age	ECE	erfolgreich	2,17	22,59
GWK	vMVBmin_age	USA	erfolgreich	1,50	8,34
GWK	vMVBmin_ord	ECE	erfolgreich	2,15	23,17
GWK	vMVBmin_bin	USA	erfolgreich	1,53	16,18
GWK	eMVB_busgraph_ord	USA	erfolgreich	1,53	26,73
GWK	vMVBmin_bin	ECE	erfolgreich	2,05	26,40
GWK	eMVB_busgraph_age	USA	erfolgreich	1,54	14,96
GWK	eMVB_busgraph_bin	USA	erfolgreich	1,46	9,20
GWK	eMVB_siggraph_uI_bin	ECE	erfolgreich	2,17	28,67
GWK	eMVB_siggraph_uI_ord	USA	erfolgreich	1,52	7,84
GWK	eMVB_siggraph_uI_age	USA	erfolgreich	1,57	19,39
GWK	eMVB_siggraph_uI_bin	USA	erfolgreich	1,53	17,90

Tabelle D.1: Vierfeldertests mit Gewährleistungs- und Kulanzkosten.

Werkstatt-fälle	Mischverbau	Region	Resultat	q	χ^2
WSFe	vMVB_ord	USA	unentscheidbar	1,04	18,16
WSFe	vMVB_age	USA	unentscheidbar	1,04	18,70
WSFe	vMVB_age	ECE	erfolgreich	1,32	10,58
WSFe	vMVB_bin	USA	unentscheidbar	1,05	16,48
WSFe	eMVB_siggraph_uI_ord	ECE	erfolgreich	1,30	10,59
WSFe	vMVBmin_ord	USA	unentscheidbar	1,05	15,88
WSFe	eMVB_busgraph_ord	ECE	erfolgreich	1,31	11,74
WSFe	vMVBmin_age	USA	unentscheidbar	1,00	39,50
WSFe	vMVBmin_bin	USA	unentscheidbar	1,07	11,78
WSFe	eMVB_busgraph_ord	USA	unentscheidbar	1,01	28,23
WSFe	eMVB_busgraph_age	USA	unentscheidbar	1,04	16,83
WSFe	eMVB_busgraph_bin	USA	unentscheidbar	1,00	34,29
WSFe	eMVB_siggraph_uI_ord	USA	unentscheidbar	1,07	15,97
WSFe	vMVBmin_bin	ECE	erfolgreich	1,31	17,74
WSFe	eMVB_siggraph_uI_age	USA	unentscheidbar	1,00	45,98
WSFe	vMVB_bin	ECE	erfolgreich	1,27	18,22
WSFe	eMVB_siggraph_uI_bin	USA	unentscheidbar	1,04	21,98
WSFe	eMVB_busgraph_age	ECE	erfolgreich	1,27	19,95
WSFe	eMVB_siggraph_uI_age	ECE	erfolgreich	1,29	19,97
WSFe	eMVB_busgraph_bin	ECE	erfolgreich	1,29	21,32
WSFe	vMVBmin_age	ECE	erfolgreich	1,29	23,95
WSFe	eMVB_siggraph_uI_bin	ECE	erfolgreich	1,27	28,45
WSFe	vMVB_ord	ECE	erfolgreich	1,28	31,27
WSFe	vMVBmin_ord	ECE	erfolgreich	1,26	40,02

Tabelle D.2: Vierfeldertests gewährleistungsrelevanter Werkstattfälle.

E Codierrelevante Sonderausstattungen

Folgende Liste enthält beispielhaft die betrachteten, codierrelevanten Sonderausstattungen der BMW Produktlinie E6x. Sie ist bereinigt um Ausstattungen, die als irrelevant für die Absicherung eingestuft werden, zum Beispiel dem Regionalcode der DVD-Laufwerke.

Code	Sonderausstattung
0205	Automatikgetriebe
0206	Sequenzielles Schaltgetriebe
0216	Servolenkung-Servotronic
0223	Electronic Damper Control (EDC)
0229	Dynamic Drive
0235	Anhängerkupplung abnehmbar
0261	Seitenairbag für Fondpassagiere
0265	Reifendruck-Control (RDC) Europa
02MA	Schaltgetriebe
02TB	Sportautomatikgetriebe
02VB	Reifendruck-Control (RDC) USA
0302	Diebstahlwarnanlage mit Fernbedienung
0316	Automatische Heckklappenbetätigung
0322	Komfort-Zugangssystem
0337	M Sportpaket
03AC	Anhängerkupplung
0402	Panoramadach elektrisch
0403	Glasdach elektrisch
0415	Sonnenschutzrollo hinten
0430	Innen-/Aussenspiegel mit Abblendautomatik
0453	Klimatisierte Sitze vorne
0455	Sitzverstellung elektrisch Fahrerseite
0456	Komfortsitz mit Memory
0459	Sitzverstellung vorne elektrisch Memory
0488	Lordosenstütze Fahrer und Beifahrer
0494	Sitzheizung Fahrer/Beifahrer
04MA	M Multifunktionssitz
04MF	Lehnenbreitenverstellung dynamisch

0502	Scheinwerferreinigungsanlage
0508	Park Distance Control (PDC)
0522	Xenon-Licht
0524	Fahrlichtkontrolle
0534	Klimaautomatik
0536	Standheizung
0540	Geschwindigkeitsregelung
0541	Adaptive Cruise Control
0548	Kilometertacho
05AB	Entfall Bremsleuchte zweistufig
05AC	Fernlichtassistent
05AD	Spurverlassenswarnung
05DA	Deaktivierung Airbag Beifahrer
05DF	Aktive Geschwindigkeitsregelung mit Stop&Go-Funktion
0601	TV-Funktion
0603	Fondbildschirm
0605	Vorbereitung Telematik
0606	Radionavigation
0607	Vorbereitung Teleservice
0609	Navigationssystem mit Bordmonitor
0610	Head-Up Display
0611	Night Vision
0620	Spracheingabe
0630	Autotelefon Festeinbau mit schnurlosem Hörer
0633	Vorbereitung Handy Business
0638	Autotelefon Professional
0639	Vorbereitung Handy komplett USA/CDN
0640	Vorbereitung Telefoneinbau universal
0641	Vorbereitung Handy USA universal
0644	Vorbereitung Handy mit Bluetooth
0645	BMW US Radio
0646	Vorbereitung Telefoneinbau Japan
0651	Radio BMW Reverse RDS
0653	Radio Bavaria C Reverse II
0654	Radio Bavaria C III
0655	Radio Bavaria C Business

0663	Radio BMW Professional CD
0664	Radio BMW Reverse RDS
0672	BMW 6-fach CD-Wechsler
0676	HiFi-Lautsprechersystem
0677	HiFi-System Professional DSP
0693	Vorbereitung BMW Satellitenradio
0696	DVD-Wechsler
0697	Automatik-Telefon-Antenne
06AB	Steuerung TeleServices
06FL	USB-/Audio-Schnittstelle
06M1	Individual Fond-Entertainment
06M2	Individual Fond-Infotainment online
06UB	Vorbereitung Sprachverarbeitung
06UC	Vorbereitung TV-Funktion
06UH	Traffic Information
0704	M Sportfahrwerk
0791	M Technik Servotronic

Tabelle E.1: Codierrelevante Sonderausstattungen der BMW Produktlinie E6x.

F Ablaufdiagramme der eingesetzten Clustering-Verfahren

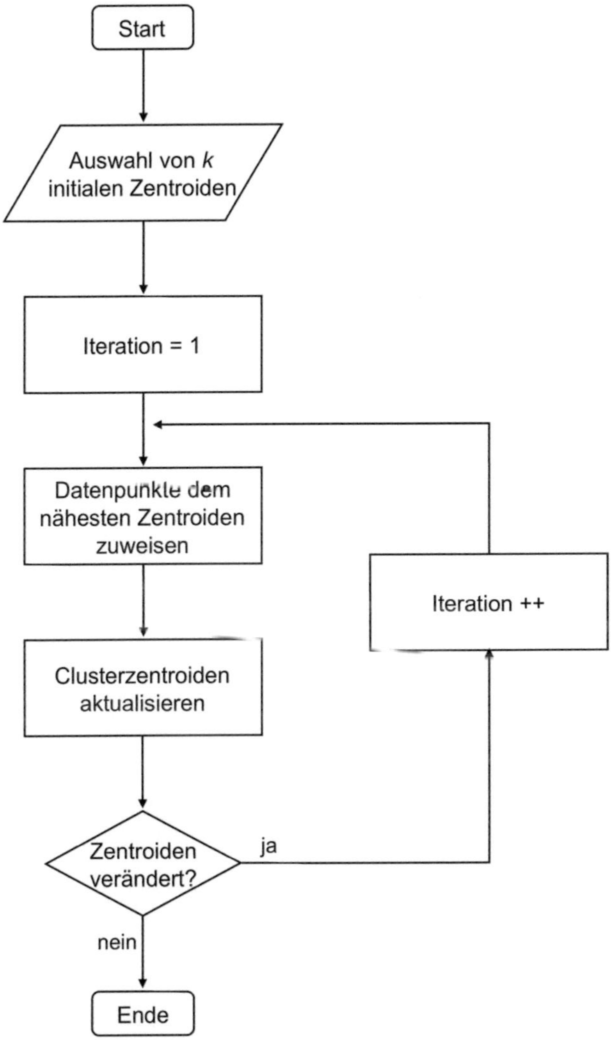

Abbildung F.1: Ablaufdiagramm des k-means-Algorithmus.
Quelle: In Anlehnung an [Sch06d].

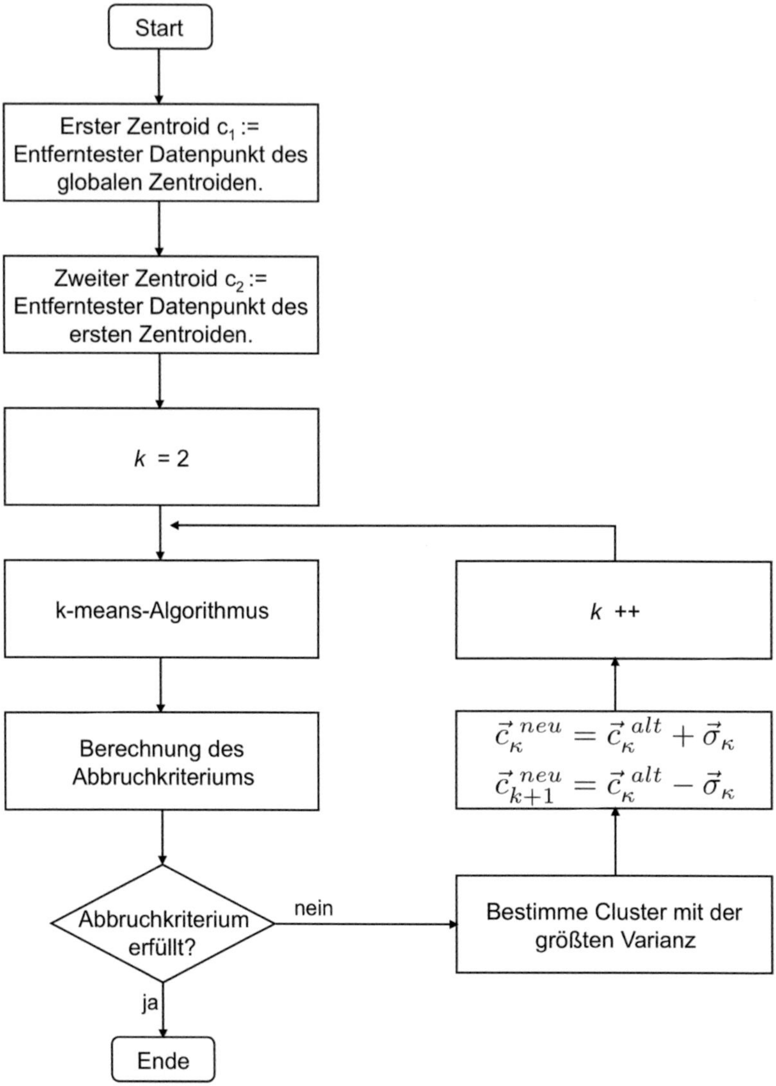

Abbildung F.2: Ablaufdiagramm der SplitVR-Methode.
Quelle: In Anlehnung an [Sch06d].

G Illustration der Clusteranalyse durch ein zweidimensionales Beispiel

Das folgende zweidimensionale Beispiel illustriert das Vorgehen der Clusteranalyse anhand einer Menge von 20 Feldfahrzeugen. Es werden jeweils die gebildeten Cluster mit ihren Zentroiden und die damit erreichte Mean Distance Ratio dargestellt. Schritt 10 zeigt das verwendete dynamische Abbruchkriterium.

1

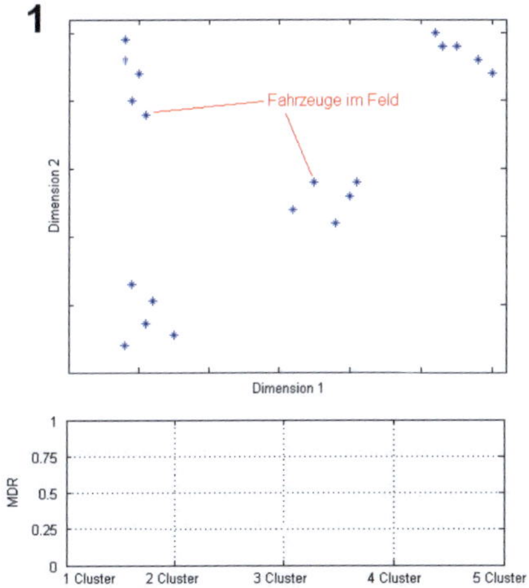

2

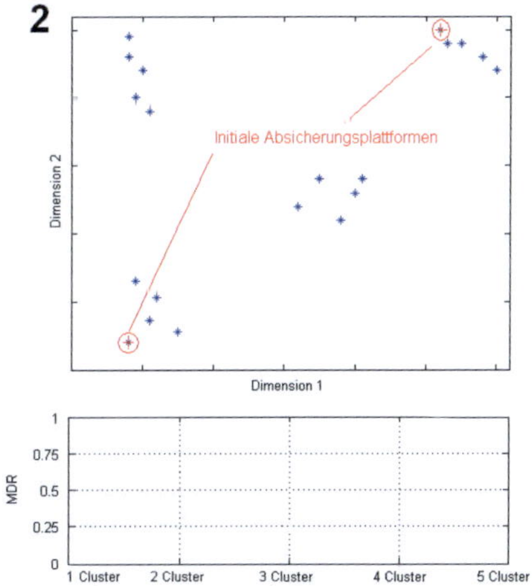

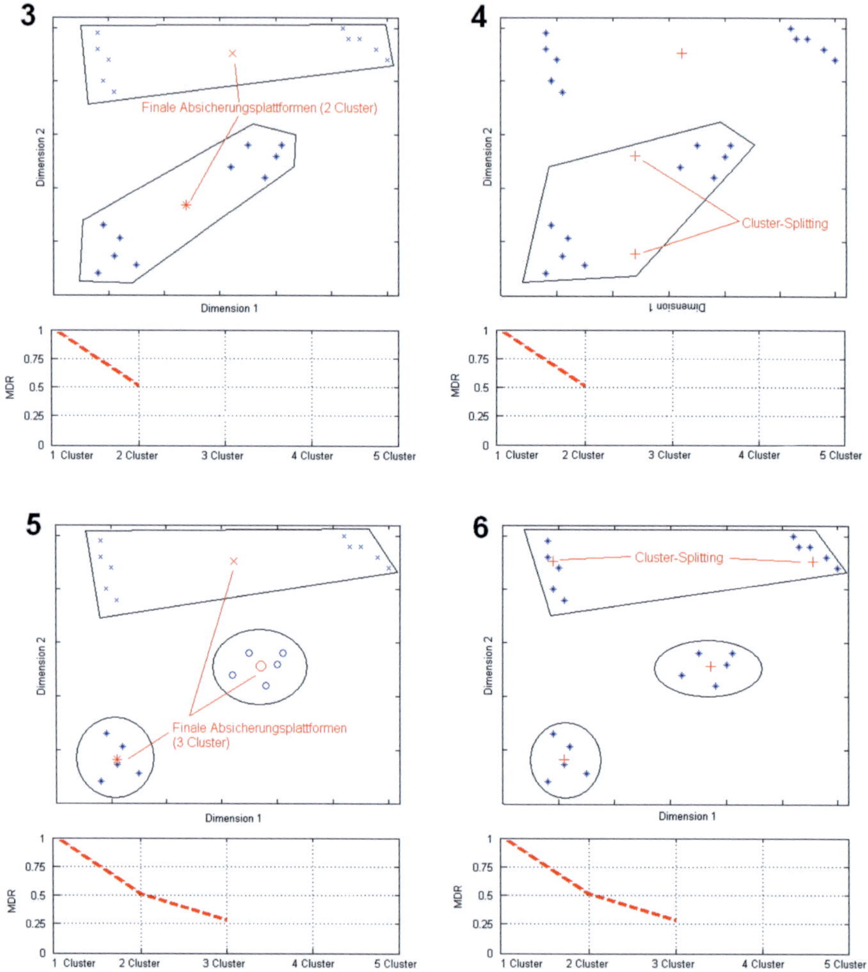
3
Finale Absicherungsplattformen (2 Cluster)
Dimension 1
Dimension 2
MDR
1 Cluster
2 Cluster
3 Cluster
4 Cluster
5 Cluster
4
Cluster-Splitting
Dimension 1
Dimension 2
5
Finale Absicherungsplattformen (3 Cluster)
Dimension 1
Dimension 2
6
Cluster-Splitting
Dimension 1
Dimension 2

7

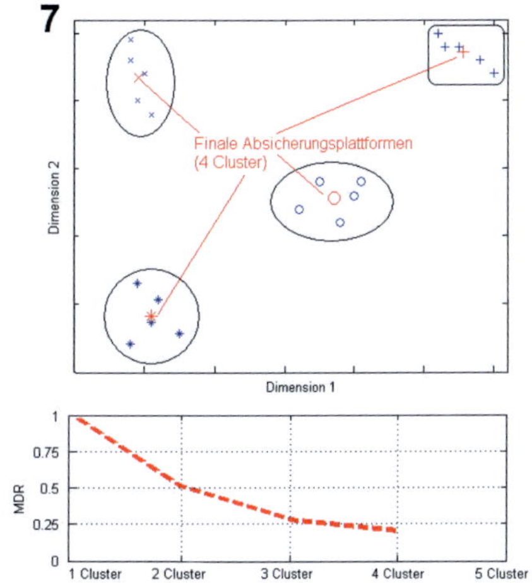
Finale Absicherungsplattformen
(4 Cluster)
Dimension 2
Dimension 1
MDR
1 Cluster
2 Cluster
3 Cluster
4 Cluster
5 Cluster

8

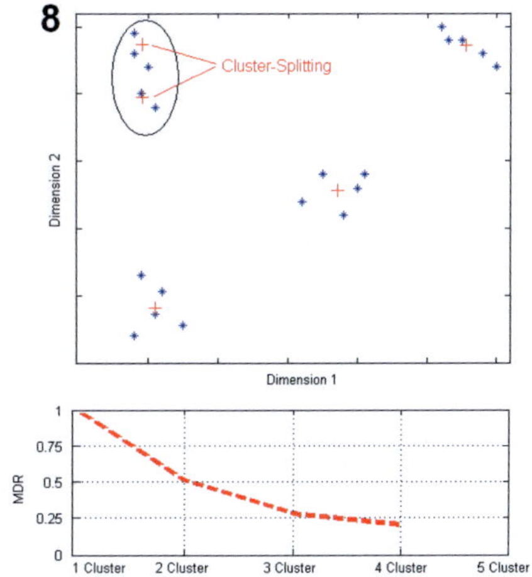
Cluster-Splitting
Dimension 2
Dimension 1
MDR
1 Cluster
2 Cluster
3 Cluster
4 Cluster
5 Cluster

9

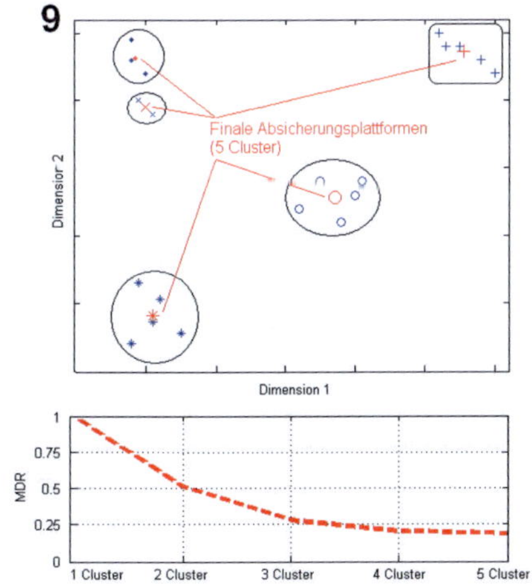
Finale Absicherungsplattformen
(5 Cluster)
Dimension 2
Dimension 1
MDR
1 Cluster
2 Cluster
3 Cluster
4 Cluster
5 Cluster

10

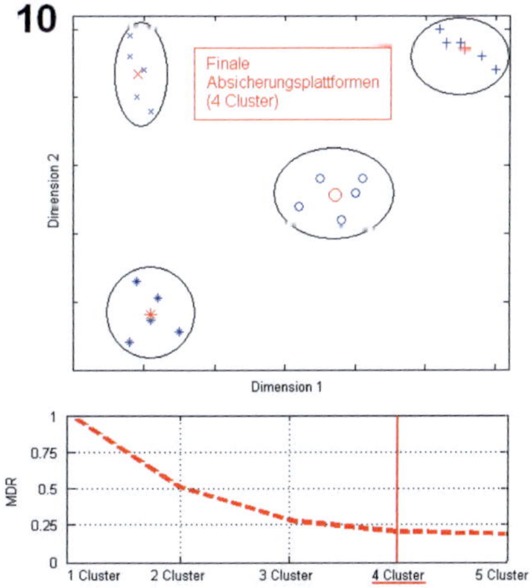
Finale
Absicherungsplattformen
(4 Cluster)
Dimension 2
Dimension 1
MDR
1 Cluster
2 Cluster
3 Cluster
4 Cluster
5 Cluster

H Vergleich von realen und prognostizierten Feldern

Folgend finden sich ausgewählte Feldvergleiche zur Verifikation des in Abschnitt 6.4 entwickelten Prognosemodells.

Tabelle H.1 stellt die Abweichungen des realen Fahrzeugfeldes des BMW 7ers (E65) mit insgesamt 120.000 Fahrzeugen im Vergleich zu einem verkleinerten, prognostizierten Feld mit 20.000 Fahrzeugen dar. Als Wissensbasis wird jegliche verkaufte Fahrzeugkonfiguration des E65 betrachtet, welche mit dem Prognosemodell rückwirkend anhand der (korrekt) bekannten Feldanteile der Sonderausstattungen sowie der Abhängigkeiten zwischen Sonderausstattungen geschätzt wurde.

	Feldanteil			Feldanteil	
	real	virtuell		real	virtuell
$SA_1^{E65/66}$	0,00%	0,00%	$SA_{22}^{E65/66}$	52,60%	52,39%
$SA_2^{E65/66}$	0,00%	0,00%	$SA_{23}^{E65/66}$	2,89%	3,00%
$SA_3^{E65/66}$	0,00%	0,00%	$SA_{24}^{E65/66}$	60,70%	60,55%
$SA_4^{E65/66}$	0,00%	0,00%	$SA_{25}^{E65/66}$	22,37%	22,53%
$SA_5^{E65/66}$	0,00%	0,00%	$SA_{26}^{E65/66}$	3,81%	3,58%
$SA_6^{E65/66}$	0,00%	0,00%	$SA_{27}^{E65/66}$	11,87%	11,85%
$SA_7^{E65/66}$	0,00%	0,00%	$SA_{28}^{E65/66}$	1,29%	1,23%
$SA_8^{E65/66}$	0,00%	0,00%	$SA_{29}^{E65/66}$	70,11%	70,00%
$SA_9^{E65/66}$	0,00%	0,00%	$SA_{30}^{E65/66}$	4,01%	4,16%
$SA_{10}^{E65/66}$	0,00%	0,00%	$SA_{31}^{E65/66}$	10,86%	10,64%
$SA_{11}^{E65/66}$	0,00%	0,00%	$SA_{32}^{E65/66}$	7,06%	7,04%
$SA_{12}^{E65/66}$	0,00%	0,00%	$SA_{33}^{E65/66}$	78,06%	78,09%
$SA_{13}^{E65/66}$	0,00%	0,00%	$SA_{34}^{E65/66}$	63,79%	63,59%
$SA_{14}^{E65/66}$	0,00%	0,00%	$SA_{35}^{E65/66}$	18,01%	17,91%
$SA_{15}^{E65/66}$	0,00%	0,00%	$SA_{36}^{E65/66}$	59,20%	59,40%
$SA_{16}^{E65/66}$	0,46%	0,53%	$SA_{37}^{E65/66}$	14,32%	14,57%
$SA_{17}^{E65/66}$	51,28%	51,05%	$SA_{38}^{E65/66}$	8,21%	8,24%
$SA_{18}^{E65/66}$	60,70%	60,55%	$SA_{39}^{E65/66}$	1,53%	1,49%
$SA_{19}^{E65/66}$	6,32%	6,24%	$SA_{40}^{E65/66}$	56,71%	56,70%
$SA_{20}^{E65/66}$	15,96%	15,80%	$SA_{41}^{E65/66}$	0,00%	0,00%
$SA_{21}^{E65/66}$	5,58%	5,69%	$SA_{42}^{E65/66}$	77,90%	78,21%

$SA_{43}^{E65/66}$	66,63%	66,69%
$SA_{44}^{E65/66}$	48,89%	48,95%
$SA_{45}^{E65/66}$	90,62%	90,74%
$SA_{46}^{E65/66}$	11,23%	11,22%
$SA_{47}^{E65/66}$	38,16%	38,24%
$SA_{48}^{E65/66}$	3,85%	3,88%
$SA_{49}^{E65/66}$	18,56%	19,02%
$SA_{50}^{E65/66}$	65,58%	65,64%
$SA_{51}^{E65/66}$	31,36%	31,45%
$SA_{52}^{E65/66}$	5,63%	5,78%
$SA_{53}^{E65/66}$	8,42%	8,54%
$SA_{54}^{E65/66}$	82,63%	82,50%
$SA_{55}^{E65/66}$	0,00%	0,00%
$SA_{56}^{E65/66}$	79,39%	79,54%
$SA_{57}^{E65/66}$	54,79%	55,11%
$SA_{58}^{E65/66}$	57,41%	57,08%
$SA_{59}^{E65/66}$	90,57%	90,48%
$SA_{60}^{E65/66}$	98,71%	98,72%
$SA_{61}^{E65/66}$	57,37%	57,14%
$SA_{62}^{E65/66}$	0,00%	0,00%
$SA_{63}^{E65/66}$	33,80%	33,95%
$SA_{64}^{E65/66}$	0,87%	0,96%
$SA_{65}^{E65/66}$	85,02%	84,83%
$SA_{66}^{E65/66}$	8,47%	8,58%
$SA_{67}^{E65/66}$	0,13%	0,12%
$SA_{68}^{E65/66}$	6,36%	6,48%
$SA_{69}^{E65/66}$	62,16%	62,29%
$SA_{70}^{E65/66}$	4,18%	4,10%
$SA_{71}^{E65/66}$	10,64%	10,61%
$SA_{72}^{E65/66}$	34,33%	34,25%
$SA_{73}^{E65/66}$	3,34%	3,25%
$SA_{74}^{E65/66}$	0,00%	0,00%
$SA_{75}^{E65/66}$	7,57%	7,84%
$SA_{76}^{E65/66}$	93,01%	93,12%
$SA_{77}^{E65/66}$	3,98%	3,91%
$SA_{78}^{E65/66}$	29,73%	30,28%
$SA_{79}^{E65/66}$	3,88%	3,89%
$SA_{80}^{E65/66}$	15,51%	15,84%
$SA_{81}^{E65/66}$	64,54%	64,91%
$SA_{82}^{E65/66}$	0,00%	0,00%
$SA_{83}^{E65/66}$	20,59%	20,56%
$SA_{84}^{E65/66}$	1,24%	1,28%
$SA_{85}^{E65/66}$	12,84%	13,13%
$SA_{86}^{E65/66}$	14,31%	14,55%
$SA_{87}^{E65/66}$	0,01%	0,02%
$SA_{88}^{E65/66}$	0,93%	0,99%
$SA_{89}^{E65/66}$	33,07%	33,09%
$SA_{90}^{E65/66}$	40,12%	40,02%
$SA_{91}^{E65/66}$	9,31%	9,20%
$SA_{92}^{E65/66}$	2,28%	2,33%
$SA_{93}^{E65/66}$	0,65%	0,63%
$SA_{94}^{E65/66}$	9,11%	9,12%
$SA_{95}^{E65/66}$	1,16%	1,22%
$SA_{96}^{E65/66}$	4,32%	4,17%
$SA_{97}^{E65/66}$	0,34%	0,38%
$SA_{98}^{E65/66}$	82,95%	83,05%
$SA_{99}^{E65/66}$	30,07%	29,77%
$SA_{100}^{E65/66}$	52,12%	52,60%
$SA_{101}^{E65/66}$	3,74%	3,66%
$SA_{102}^{E65/66}$	0,41%	0,42%
$SA_{103}^{E65/66}$	0,27%	0,31%
$SA_{104}^{E65/66}$	0,42%	0,42%
$SA_{105}^{E65/66}$	25,63%	25,91%
$SA_{106}^{E65/66}$	1,21%	1,32%
$SA_{107}^{E65/66}$	8,89%	8,79%
$SA_{108}^{E65/66}$	0,79%	0,81%
$SA_{109}^{E65/66}$	7,42%	7,30%
$SA_{110}^{E65/66}$	0,00%	0,00%
$SA_{111}^{E65/66}$	0,78%	0,82%
$SA_{112}^{E65/66}$	13,31%	13,38%
$SA_{113}^{E65/66}$	1,13%	1,30%
$SA_{114}^{E65/66}$	3,60%	3,65%

$SA_{115}^{E65/66}$	0,00%	0,00%	$SA_{131}^{E65/66}$	1,21%	1,32%
$SA_{116}^{E65/66}$	1,89%	1,98%	$SA_{132}^{E65/66}$	0,80%	0,77%
$SA_{117}^{E65/66}$	1,43%	1,53%	$SA_{133}^{E65/66}$	0,74%	0,73%
$SA_{118}^{E65/66}$	43,45%	43,57%	$SA_{134}^{E65/66}$	0,01%	0,02%
$SA_{119}^{E65/66}$	0,45%	0,49%	$SA_{135}^{E65/66}$	18,59%	18,60%
$SA_{120}^{E65/66}$	0,18%	0,16%	$SA_{136}^{E65/66}$	3,79%	3,81%
$SA_{121}^{E65/66}$	30,17%	30,39%	$SA_{137}^{E65/66}$	0,00%	0,00%
$SA_{122}^{E65/66}$	8,89%	8,79%	$SA_{138}^{E65/66}$	0,00%	0,01%
$SA_{123}^{E65/66}$	46,89%	47,01%	$SA_{139}^{E65/66}$	0,00%	0,00%
$SA_{124}^{E65/66}$	3,15%	3,21%	$SA_{140}^{E65/66}$	1,32%	1,36%
$SA_{125}^{E65/66}$	3,41%	3,29%	$SA_{141}^{E65/66}$	0,00%	0,00%
$SA_{126}^{E65/66}$	3,33%	3,01%	$SA_{142}^{E65/66}$	0,47%	0,55%
$SA_{127}^{E65/66}$	0,03%	0,04%	$SA_{143}^{E65/66}$	0,05%	0,05%
$SA_{128}^{E65/66}$	1,00%	0,93%	$SA_{144}^{E65/66}$	0,77%	0,70%
$SA_{129}^{E65/66}$	8,52%	8,66%	$SA_{145}^{E65/66}$	6,72%	6,89%
$SA_{130}^{E65/66}$	1,13%	1,19%	$SA_{146}^{E65/66}$	0,37%	0,36%

Tabelle H.1: Vergleich des realen und virtuellen Felds für den BMW 7er (E65).

Die Eignung eines virtuellen Felds zur Absicherungsplanung analysieren die Tabellen H.2 und H.3 beispielhaft anhand des BMW 1ers im Markt Japan, mit zum Stichtag der Datenerhebung am 01.07.2008 insgesamt 27.000 dort verkauften Fahrzeugkonfigurationen.

Tabelle H.2 bildet für das reale und das prognostizierte Feld jeweils einen Zentroiden als Absicherungsträger – diese unterscheiden sich in den gewählten Ausstattungen nicht, eine Absicherungsplanung anhand des virtuellen Felds wäre insofern vollständig korrekt. Tabelle H.3 bildet für die gleichen beiden Felder jeweils drei Zentroiden zur Absicherung, womit das Feld genauer als bei nur einer Plattform untersucht wird. Dabei zeigt sich beim zweiten und dritten Absicherungsträger eine Abweichung von insgesamt drei Sonderausstattungen zwischen dem realen und dem virtuellen Feld bei ansonsten identischen Ausstattungen. Insgesamt wird also auch hier die Eignung des virtuellen Felds zur Absicherungsplanung deutlich.

	$\vec{c}^{\,*}_{1,real}$	$\vec{c}^{\,*}_{1,virtuell}$
SA^{1er}_{17}	93,26%	93,11%
SA^{1er}_{36}	99,64%	99,64%
SA^{1er}_{46}	98,31%	98,34%
SA^{1er}_{64}	76,85%	76,93%
SA^{1er}_{65}	53,09%	53,61%
SA^{1er}_{66}	73,78%	74,29%
SA^{1er}_{69}	100%	100%
SA^{1er}_{74}	100%	100%
SA^{1er}_{76}	100%	100%
SA^{1er}_{110}	88,34%	88,25%
SA^{1er}_{118}	50,05%	50,34%
SA^{1er}_{132}	100%	100%
SA^{1er}_{137}	100%	100%
SA^{1er}_{144}	100%	100%
SA^{1er}_{149}	88,34%	88,25%
SA^{1er}_{159}	100%	100%
SA^{1er}_{168}	71,99%	71,86%

Tabelle H.2: Eine Absicherungsplattform des BMW 1ers für Japan.

	$\vec{c}_{1,real}$	$\vec{c}_{1,virtuell}$
SA^{1er}_{17}	99,99%	100%
SA^{1er}_{36}	99,99%	99,99%
SA^{1er}_{46}	100%	99,99%
SA^{1er}_{64}	53,90%	53,59%
SA^{1er}_{66}	64,77%	65,36%
SA^{1er}_{69}	100%	99,99%
SA^{1er}_{74}	100%	99,99%
SA^{1er}_{76}	100%	99,99%
SA^{1er}_{110}	97,22%	97,47%
SA^{1er}_{132}	100%	99,99%
SA^{1er}_{137}	100%	99,99%
SA^{1er}_{144}	100%	99,99%
SA^{1er}_{149}	97,22%	97,47%
SA^{1er}_{159}	100%	99,99%
SA^{1er}_{168}	74,98%	74,78%

	$\vec{c}_{2,real}$	$\vec{c}_{2,virtuell}$
SA_{17}^{1er}	62,89%	71,00%
SA_{28}^{1er}	99,88%	99,72%
SA_{36}^{1er}	97,20%	98,02%
SA_{39}^{1er}	83,29%	87,74%
SA_{46}^{1er}	92,03%	92,94%
SA_{50}^{1er}	96,91%	98,20%
SA_{51}^{1er}	89,23%	69,14%
SA_{55}^{1er}	88,66%	91,74%
SA_{57}^{1er}	86,50%	90,00%
SA_{59}^{1er}	89,76%	70,13%
SA_{64}^{1er}	91,83%	93,69%
SA_{65}^{1er}	99,43%	99,44%
SA_{66}^{1er}	97,76%	98,61%
SA_{69}^{1er}	100%	100%
SA_{74}^{1er}	100%	100%
SA_{75}^{1er}	94,84%	96,44%
SA_{76}^{1er}	100%	100%
SA_{87}^{1er}	99,92%	76,85%
SA_{98}^{1er}	97,20%	74,78%
SA_{118}^{1er}	91,06%	92,85%
SA_{127}^{1er}	83,29%	87,74%
SA_{132}^{1er}	100%	100%
SA_{137}^{1er}	100%	100%
SA_{144}^{1er}	100%	100%
SA_{148}^{1er}	99,92%	76,85%
SA_{159}^{1er}	100%	100%
SA_{166}^{1er}	n.v.	58,59%
SA_{168}^{1er}	91,54%	94,27%

	$\vec{c}_{3,real}$	$\vec{c}_{3,virtuell}$
SA_{17}^{1er}	92,08%	91,46%
SA_{36}^{1er}	99,77%	99,70%
SA_{46}^{1er}	97,72%	97,97%
SA_{50}^{1er}	50,02%	n.v.

SA_{64}^{1er}	99,94%	99,93%
SA_{65}^{1er}	99,99%	100%
SA_{66}^{1er}	78,95%	77,73%
SA_{69}^{1er}	100%	100%
SA_{74}^{1er}	100%	100%
SA_{75}^{1er}	52,76%	n.v.
SA_{76}^{1er}	100%	100%
SA_{110}^{1er}	97,19%	96,69%
SA_{118}^{1er}	98,60%	98,04%
SA_{132}^{1er}	100%	100%
SA_{137}^{1er}	100%	100%
SA_{144}^{1er}	100%	100%
SA_{149}^{1er}	97,19%	96,69%
SA_{159}^{1er}	100%	100%
SA_{168}^{1er}	64,33%	61,63%

Tabelle H.3: Drei Absicherungsplattformen des BMW 1ers für Japan.

Ein Beispiel der Prognose bei exogenen Änderungen zeigt Tabelle H.4 anhand eines prognostizierten Feldes mit 50.000 Fahrzeugen des BMW 7ers (F01). Es wird die Erfüllung der Prognose des Marketings durch das virtuelle Feld dargestellt, wobei die Gesamtmenge von 194 E/E-Sonderausstattungen des F01/F02 sowie dessen Stützbaureihe, dem E65/E66, aufgelistet wird. Da nicht mehr angebotene Sonderausstattungen einen (prognostizierten) Feldanteil von 0% besitzen, finden sich dementsprechend mehrere Einträge mit diesem Wert.

	Prognose		Feldanteil
	$\text{Anteil}_{min}^{(SA_i)}$	$\text{Anteil}_{max}^{(SA_i)}$	virtuell
$SA_1^{F01/02}$	0,00%	0,00%	0,00%
$SA_2^{F01/02}$	0,00%	0,00%	0,00%
$SA_3^{F01/02}$	0,00%	0,00%	0,00%
$SA_4^{F01/02}$	0,00%	0,00%	0,00%

$SA_{5}^{F01/02}$	0,00%	0,00%	0,00%
$SA_{6}^{F01/02}$	0,00%	0,00%	0,00%
$SA_{7}^{F01/02}$	0,00%	0,00%	0,00%
$SA_{8}^{F01/02}$	0,00%	0,00%	0,00%
$SA_{9}^{F01/02}$	0,00%	0,00%	0,00%
$SA_{10}^{F01/02}$	0,00%	0,00%	0,00%
$SA_{11}^{F01/02}$	0,00%	0,00%	0,00%
$SA_{12}^{F01/02}$	0,00%	0,00%	0,00%
$SA_{13}^{F01/02}$	0,00%	0,00%	0,00%
$SA_{14}^{F01/02}$	0,00%	0,00%	0,00%
$SA_{15}^{F01/02}$	0,00%	0,00%	0,00%
$SA_{16}^{F01/02}$	0,00%	0,00%	0,00%
$SA_{17}^{F01/02}$	0,00%	0,00%	0,00%
$SA_{18}^{F01/02}$	0,00%	0,00%	0,00%
$SA_{19}^{F01/02}$	0,00%	0,00%	0,00%
$SA_{20}^{F01/02}$	0,00%	0,00%	0,00%
$SA_{21}^{F01/02}$	0,00%	0,00%	0,00%
$SA_{22}^{F01/02}$	64,00%	89,00%	76,70%
$SA_{23}^{F01/02}$	3,00%	3,00%	3,03%
$SA_{24}^{F01/02}$	0,00%	0,00%	0,00%
$SA_{25}^{F01/02}$	32,00%	32,00%	32,06%
$SA_{26}^{F01/02}$	0,00%	0,00%	0,00%
$SA_{27}^{F01/02}$	0,00%	0,00%	0,00%
$SA_{28}^{F01/02}$	0,00%	0,00%	0,00%
$SA_{29}^{F01/02}$	0,00%	0,00%	0,00%
$SA_{30}^{F01/02}$	0,00%	0,00%	0,00%
$SA_{31}^{F01/02}$	0,00%	0,00%	0,00%
$SA_{32}^{F01/02}$	27,00%	27,00%	27,09%
$SA_{33}^{F01/02}$	76,00%	100,00%	80,64%
$SA_{34}^{F01/02}$	73,00%	73,00%	72,95%
$SA_{35}^{F01/02}$	88,00%	88,00%	87,75%
$SA_{36}^{F01/02}$	66,00%	66,00%	69,88%
$SA_{37}^{F01/02}$	0,00%	0,00%	0,00%
$SA_{38}^{F01/02}$	28,00%	28,00%	34,69%
$SA_{39}^{F01/02}$	0,00%	0,00%	0,00%
$SA_{40}^{F01/02}$	49,00%	77,00%	64,20%

$SA_{41}^{F01/02}$	0,00%	0,00%	0,00%
$SA_{42}^{F01/02}$	73,00%	73,00%	80,76%
$SA_{43}^{F01/02}$	56,00%	72,00%	70,44%
$SA_{44}^{F01/02}$	56,00%	56,00%	56,21%
$SA_{45}^{F01/02}$	100,00%	100,00%	100,00%
$SA_{46}^{F01/02}$	11,00%	11,00%	11,04%
$SA_{47}^{F01/02}$	46,00%	53,00%	68,46%
$SA_{48}^{F01/02}$	46,00%	53,00%	47,34%
$SA_{49}^{F01/02}$	29,00%	29,00%	29,02%
$SA_{50}^{F01/02}$	81,00%	100,00%	83,96%
$SA_{51}^{F01/02}$	54,00%	100,00%	29,13%
$SA_{52}^{F01/02}$	53,00%	64,00%	56,68%
$SA_{53}^{F01/02}$	6,00%	8,00%	4,55%
$SA_{54}^{F01/02}$	76,00%	84,00%	90,09%
$SA_{55}^{F01/02}$	0,00%	0,00%	0,00%
$SA_{56}^{F01/02}$	100,00%	100,00%	100,00%
$SA_{57}^{F01/02}$	63,00%	100,00%	74,91%
$SA_{58}^{F01/02}$	0,00%	0,00%	0,00%
$SA_{59}^{F01/02}$	70,00%	100,00%	91,87%
$SA_{60}^{F01/02}$	0,00%	0,00%	0,00%
$SA_{61}^{F01/02}$	0,00%	0,00%	0,00%
$SA_{62}^{F01/02}$	0,00%	0,00%	0,00%
$SA_{63}^{F01/02}$	77,00%	77,00%	77,15%
$SA_{64}^{F01/02}$	0,00%	0,00%	0,00%
$SA_{65}^{F01/02}$	72,00%	100,00%	90,59%
$SA_{66}^{F01/02}$	16,00%	16,00%	16,02%
$SA_{67}^{F01/02}$	0,00%	0,00%	0,00%
$SA_{68}^{F01/02}$	6,00%	6,00%	5,08%
$SA_{69}^{F01/02}$	69,00%	69,00%	70,46%
$SA_{70}^{F01/02}$	4,00%	4,00%	4,01%
$SA_{71}^{F01/02}$	23,00%	23,00%	22,87%
$SA_{72}^{F01/02}$	31,00%	47,00%	30,92%
$SA_{73}^{F01/02}$	0,00%	0,00%	0,00%
$SA_{74}^{F01/02}$	0,00%	0,00%	0,00%
$SA_{75}^{F01/02}$	0,00%	0,00%	0,00%
$SA_{76}^{F01/02}$	98,00%	100,00%	99,26%

$SA_{77}^{F01/02}$	12,00%	12,00%	11,86%
$SA_{78}^{F01/02}$	53,00%	53,00%	53,01%
$SA_{79}^{F01/02}$	4,00%	4,00%	3,98%
$SA_{80}^{F01/02}$	47,00%	47,00%	46,67%
$SA_{81}^{F01/02}$	68,00%	68,00%	72,86%
$SA_{82}^{F01/02}$	0,00%	0,00%	0,00%
$SA_{83}^{F01/02}$	0,00%	0,00%	0,00%
$SA_{84}^{F01/02}$	0,00%	0,00%	0,00%
$SA_{85}^{F01/02}$	100,00%	100,00%	99,90%
$SA_{86}^{F01/02}$	0,00%	0,00%	0,00%
$SA_{87}^{F01/02}$	0,00%	0,00%	0,00%
$SA_{88}^{F01/02}$	0,00%	0,00%	0,00%
$SA_{89}^{F01/02}$	33,00%	33,00%	30,11%
$SA_{90}^{F01/02}$	0,00%	0,00%	0,00%
$SA_{91}^{F01/02}$	0,00%	0,00%	0,00%
$SA_{92}^{F01/02}$	27,00%	27,00%	27,09%
$SA_{93}^{F01/02}$	13,00%	13,00%	13,07%
$SA_{94}^{F01/02}$	19,00%	19,00%	19,15%
$SA_{95}^{F01/02}$	0,00%	0,00%	0,00%
$SA_{96}^{F01/02}$	0,00%	0,00%	0,00%
$SA_{97}^{F01/02}$	0,00%	0,00%	0,00%
$SA_{98}^{F01/02}$	0,00%	0,00%	0,00%
$SA_{99}^{F01/02}$	53,00%	53,00%	52,03%
$SA_{100}^{F01/02}$	48,00%	48,00%	52,92%
$SA_{101}^{F01/02}$	61,00%	61,00%	61,17%
$SA_{102}^{F01/02}$	0,00%	0,00%	0,00%
$SA_{103}^{F01/02}$	0,00%	0,00%	0,00%
$SA_{104}^{F01/02}$	0,00%	0,00%	0,00%
$SA_{105}^{F01/02}$	3,00%	3,00%	3,00%
$SA_{106}^{F01/02}$	0,00%	0,00%	0,00%
$SA_{107}^{F01/02}$	0,00%	0,00%	0,00%
$SA_{108}^{F01/02}$	0,00%	0,00%	0,00%
$SA_{109}^{F01/02}$	0,00%	0,00%	0,00%
$SA_{110}^{F01/02}$	1,00%	1,00%	1,07%
$SA_{111}^{F01/02}$	26,00%	26,00%	25,95%
$SA_{112}^{F01/02}$	1,00%	2,00%	0,97%

$SA_{113}^{F01/02}$	9,00%	18,00%	9,07%
$SA_{114}^{F01/02}$	1,00%	1,00%	1,01%
$SA_{115}^{F01/02}$	7,00%	7,00%	6,99%
$SA_{116}^{F01/02}$	0,00%	0,00%	0,00%
$SA_{117}^{F01/02}$	1,00%	1,00%	0,98%
$SA_{118}^{F01/02}$	36,00%	48,00%	39,93%
$SA_{119}^{F01/02}$	0,00%	0,00%	0,00%
$SA_{120}^{F01/02}$	4,00%	5,00%	3,99%
$SA_{121}^{F01/02}$	0,00%	0,00%	0,00%
$SA_{122}^{F01/02}$	2,00%	2,00%	1,97%
$SA_{123}^{F01/02}$	2,00%	2,00%	1,98%
$SA_{124}^{F01/02}$	44,00%	63,00%	50,58%
$SA_{125}^{F01/02}$	0,00%	0,00%	0,00%
$SA_{126}^{F01/02}$	0,00%	0,00%	0,00%
$SA_{127}^{F01/02}$	31,00%	31,00%	31,57%
$SA_{128}^{F01/02}$	9,00%	9,00%	8,96%
$SA_{129}^{F01/02}$	49,00%	50,00%	50,81%
$SA_{130}^{F01/02}$	3,00%	3,00%	2,99%
$SA_{131}^{F01/02}$	4,00%	4,00%	3,30%
$SA_{132}^{F01/02}$	3,00%	3,00%	2,95%
$SA_{133}^{F01/02}$	0,00%	0,00%	0,00%
$SA_{134}^{F01/02}$	1,00%	1,00%	1,01%
$SA_{135}^{F01/02}$	9,00%	10,00%	8,94%
$SA_{136}^{F01/02}$	1,00%	1,00%	0,97%
$SA_{137}^{F01/02}$	1,00%	1,00%	0,97%
$SA_{138}^{F01/02}$	1,00%	1,00%	0,75%
$SA_{139}^{F01/02}$	1,00%	1,00%	1,03%
$SA_{140}^{F01/02}$	0,00%	0,00%	0,00%
$SA_{141}^{F01/02}$	19,00%	19,00%	19,02%
$SA_{142}^{F01/02}$	0,00%	0,00%	0,00%
$SA_{143}^{F01/02}$	0,00%	0,00%	0,00%
$SA_{144}^{F01/02}$	0,00%	0,00%	0,00%
$SA_{145}^{F01/02}$	0,00%	0,00%	0,00%
$SA_{146}^{F01/02}$	1,00%	1,00%	1,00%
$SA_{147}^{F01/02}$	0,00%	0,00%	0,00%
$SA_{148}^{F01/02}$	0,00%	0,00%	0,00%

$SA_{149}^{F01/02}$	0,00%	0,00%	0,00%
$SA_{150}^{F01/02}$	0,00%	0,00%	0,00%
$SA_{151}^{F01/02}$	7,00%	7,00%	6,98%
$SA_{152}^{F01/02}$	0,00%	0,00%	0,00%
$SA_{153}^{F01/02}$	17,00%	25,00%	16,94%
$SA_{154}^{F01/02}$	0,00%	0,00%	0,00%
$SA_{155}^{F01/02}$	0,00%	0,00%	0,00%
$SA_{156}^{F01/02}$	0,00%	0,00%	0,00%
$SA_{157}^{F01/02}$	64,00%	100,00%	67,31%
$SA_{158}^{F01/02}$	64,00%	100,00%	85,44%
$SA_{159}^{F01/02}$	36,00%	36,00%	36,37%
$SA_{160}^{F01/02}$	46,00%	70,00%	60,00%
$SA_{161}^{F01/02}$	22,00%	40,00%	38,97%
$SA_{162}^{F01/02}$	23,00%	23,00%	14,83%
$SA_{163}^{F01/02}$	2,00%	2,00%	1,07%
$SA_{164}^{F01/02}$	97,00%	97,00%	97,30%
$SA_{165}^{F01/02}$	20,00%	20,00%	20,24%
$SA_{166}^{F01/02}$	0,00%	0,00%	0,00%
$SA_{167}^{F01/02}$	20,00%	20,00%	20,24%
$SA_{168}^{F01/02}$	19,00%	19,00%	19,17%
$SA_{169}^{F01/02}$	34,00%	34,00%	34,24%
$SA_{170}^{F01/02}$	34,00%	35,00%	33,76%
$SA_{171}^{F01/02}$	31,00%	31,00%	31,00%
$SA_{172}^{F01/02}$	4,00%	4,00%	4,20%
$SA_{173}^{F01/02}$	0,00%	0,00%	0,00%
$SA_{174}^{F01/02}$	0,00%	0,00%	0,00%
$SA_{175}^{F01/02}$	47,00%	47,00%	47,00%
$SA_{176}^{F01/02}$	3,00%	3,00%	2,96%
$SA_{177}^{F01/02}$	5,00%	10,00%	4,98%
$SA_{178}^{F01/02}$	0,00%	0,00%	0,00%
$SA_{179}^{F01/02}$	46,00%	46,00%	45,81%
$SA_{180}^{F01/02}$	46,00%	46,00%	45,81%
$SA_{181}^{F01/02}$	3,00%	3,00%	2,96%
$SA_{182}^{F01/02}$	8,00%	8,00%	7,94%
$SA_{183}^{F01/02}$	47,00%	47,00%	58,38%
$SA_{184}^{F01/02}$	27,00%	38,00%	27,09%

$SA_{185}^{F01/02}$	16,00%	31,00%	0,97%
$SA_{186}^{F01/02}$	0,00%	0,00%	0,00%
$SA_{187}^{F01/02}$	2,00%	2,00%	2,08%
$SA_{188}^{F01/02}$	18,00%	28,00%	18,12%
$SA_{189}^{F01/02}$	32,00%	60,00%	32,01%
$SA_{190}^{F01/02}$	0,00%	0,00%	0,00%
$SA_{191}^{F01/02}$	0,00%	0,00%	0,00%
$SA_{192}^{F01/02}$	0,00%	0,00%	0,00%
$SA_{193}^{F01/02}$	0,00%	0,00%	0,00%
$SA_{194}^{F01/02}$	0,00%	0,00%	0,00%

Tabelle H.4: Vergleich von Prognose und virtuellem Feld für den BMW 7er (F01).

Glossar

Absicherung

Als Absicherung wird die Gesamtmenge an durchgeführten Tests bezeichnet, die zur Überprüfung der (korrekten) Erfüllung einer Menge von Anforderungen durch das Testobjekt dient.

Arbeitswert

Eine definierte Arbeitsposition, die zur Lösung einer Fahrzeugbeanstandung im Service durchgeführt wird.

Baseline

Siehe *Integrationsstufe.*

Bau-Integrationsstufe

Eine Bau-Integrationsstufe ist einem Fahrzeug zugeordnet und beschreibt die Integrationsstufe, die bei dessen Produktion im Werk bestand.

Befund und Befundmodul

Der Befund ist die Beschreibung eines Schadens. Abhängig von der Schadensart lässt er sich in verschiedene Gruppen einteilen, etwa -Komponentenausfall im Infotainment-. Diese Gruppen werden als Befundmodule bezeichnet.

BMW Produktlinie 2

Die BMW Produktlinie 2 kennzeichnet die Modelle des BMW 1ers sowie des BMW 3ers mit den Derivaten E87 (1er 5-Türer), E81 (1er 3-Türer), E82 (1er Coupé), E88 (1er Cabrio), E84 (X1), E90 (3er Limousine), E91 (3er Touring), E92 (3er Coupé) und E93 (3er Cabrio).

BMW Produktlinie 6

Die BMW Produktlinie 6 kennzeichnet die Modelle des BMW 5ers, BMW 6ers sowie BMW 7ers mit den Derivaten F01 (7er), F02 (7er Langversion), F03 (7er Sicherheitsfahrzeug), F04 (7er Hybrid), F07 (5er GT), F10 (5er Limousine), F11 (5er Touring), F12 (6er Cabrio), F13 (6er Coupé) sowie F18 (5er Langversion für den chinesischen Markt).

BMW Produktlinie E6x

Die BMW Produktlinie E6x umfasst den BMW 5er, 6er und 7er mit den Derivaten E60 (5er Limousine), E61 (5er Touring), E63 (6er Coupé), E64 (6er Cabrio), E65 (7er), E66 (7er Langversion) sowie E67 (7er Sicherheitsfahrzeug).

Codierung

Codierung bezeichnet die Frei- oder Abschaltung von Funktionen in Steuergeräten durch Veränderung einer Bitfolge anhand fahrzeugspezifischer Parametersätze. Damit ermöglicht sie die Anpassung von Steuergeräten an ein bestimmtes Fahrzeug, beispielsweise gemäß verschiedener Länderausführungen, Fahrzeugausstattungen oder Fahrzeugtypen. Es wird also die Meilen- oder Kilometeranzeige ebenso codiert wie die Tagfahrlichtschaltung in skandinavischen Ländern. Anstatt für jede dieser Varianten ein eigenes Steuergerät zu entwickeln, wird ein Steuergerät mit verschieden codierten Parametersätzen eingesetzt.

Datenkommunikationsbordnetz

Das Datenkommunikationsbordnetz umfasst alle Komponenten im physischen Bordnetz, die an der Kommunikation beteiligt sind. Das sind Nachrichtenquellen und -senken sowie die Verbindungsinfrastruktur zwischen diesen Knoten.

Derivat

In der Automobilindustrie wird als Derivat die Ausgestaltung eines (generischen) Grundmodells einer Produktfamilie bezeichnet. Beispielsweise sind die Limousine, das Coupé und das Cabrio Derivate der BMW 3er-Reihe.

Energiebordnetz

Das Energiebordnetz ist die Menge an Komponenten, die an der stabilen elektrischen Energieverteilung und -nutzung im Fahrzeug beteiligt sind. Unter dem Aspekt der Architektur sind dies insbesondere alle Energiequellen (vor allem der Generator und die Batterie), die über Verteilungskomponenten (insbesondere dem Kabelbaum) Energie an die Steuerungs- und Regelungseinheiten in den Steuergeräten sowie an alle Sensoren und Aktuatoren zur Realisierung von Fahrzeugfunktionen abgeben.

Fahrzeugtyp

Ein Fahrzeugtyp bezeichnet eine spezifische Ausprägung einer Produktfamilie der Automobilindustrie. Der Fahrzeugtyp ist somit die Differenzierung eines Modells hinsichtlich Abgastechnik, Karosserieform, Antrieb, Getriebe und Lenkung.

Feld

Alle Fahrzeuge, die sich in Kundenhand befinden.

Feldfahrzeug

Ein Fahrzeug, das sich in Kundenhand befindet.

Flashen

Programmierung von Steuergeräten mit (neuer) Software.

Funktionsnetz

Funktionale Zusammenhänge im Datenkommunikationsbordnetz werden durch Funktionen und deren Kommunikationsvernetzung über Signale beschrieben. Die Verknüpfung dieser Elemente bildet das Funktionsnetz.

Gewährleistungs- und Kulanzfall

Innerhalb der Gewährleistungs- und Kulanzzeit dem Hersteller in Rechnung gestellter und durch ihn behobener Mangel eines Feldfahrzeugs.

Integrationsstufe

Die Integrationsstufe stellt zu einem bestimmten Zeitpunkt eine vollständige, dokumentierte, strukturierte und abgestimmte Menge an Konfigurationen als Referenz für nachfolgende Prozesse dar. Sie dokumentiert folglich einen definierten und abgestimmten Systementwicklungsstand, womit insbesondere die den Entwicklungsstand beschreibenden Varianten und Versionen von Steuergeräten fixiert sind. Für jede Variante eines Steuergeräts wird auf Basis der Integrationsstufe die gültige Version festgelegt. Im Konfigurationsmanagement findet sich der synonyme Begriff der Baseline.

Konfiguration

Die Konfiguration eines Fahrzeugs bezeichnet die Menge der im Fahrzeug vorhandenen Sonderausstattungen respektive die Menge der verbauten, versionierten Steuergeräte inklusive Codierung. Es kann entsprechend zwischen einer Sonderausstattungs- sowie einer Steuergerätekonfiguration unterschieden werden. Eine Sonderausstattungskonfiguration kann dabei aufgrund von Versionierung durch mehrere Steuergerätekonfigurationen realisiert werden.

Konfigurationsraum

Der Konfigurationsraum einer Produktfamilie spannt sich mit der Belegung der variablen Systemcharakteristika auf und enthält so alle kombinatorisch möglichen Varianten der Familie. Je größer der Konfigurationsraum, umso mehr Individualisierungsmöglichkeiten existieren für die betrachtete Produktfamilie.

Mischverbau

Das Zusammentreffen von Steuergeräteversionen (Hard- oder Software) in einer Konfiguration, die nicht in einer gemeinsamen Integrationsstufe enthalten sind, respektive nicht gemeinsam einen Systemabnahmeprozess durchlaufen haben.

Physisches Bordnetz

Das physische Bordnetz umfasst alle (physischen) Elemente des Datenkommunikations- und des Energiebordnetzes.

Produktfamilie

Eine Produktfamilie umfasst eine definierte Menge von Derivaten, die ein gemeinsames, identisches Grundmengengerüst aufweisen. Dieses wird um Varianzpunkte ergänzt, die für jedes Derivat individuell parametriert werden, beispielsweise

- derivatspezifisch verschiedene Features wie etwa ein (elektrisches) Cabrioverdeck,
- optionale Features (Sonderausstattungen) wie ein integriertes Navigationssystem oder
- Komponentenalternativen wie ein Basis-, Advanced- oder High-End-Audiosystem.

Produktlinie

Siehe *Produktfamilie*.

Programmierung

Siehe *Flashen*.

Sonderausstattung

Als Sonderausstattungen werden im allgemeinen Sprachgebrauch kostenpflichtige Extras bezeichnet, mit denen ein Kunde sein Fahrzeug individualisieren kann. Neben dieser externen, kundensichtbaren Variabilität der Fahrzeuge einer Produktfamilie existiert jedoch auch interne Variabilität. Durch diese nicht-kundenbestellbaren Extras werden Fahrzeuge seitens der Entwicklung insbesondere an Randbedingungen verschiedener Märkte angepasst, beispielsweise, wenn eine akustische Gurtwarnung vorgeschrieben wird.

Spezifikation

Die Spezifikation beschreibt formalisiert die Eigenschaften eines Systems oder einer Komponente. Bei einem Test gegen die Spezifikation kann entsprechend etwa geprüft werden, ob die definierten Anforderungen durch das Testobjekt erfüllt werden.

Steuergerät

Elektronisches Modul, das einen Prozess steuert beziehungsweise regelt.

Systemabnahmeprozess

Der Systemabnahmeprozess beschreibt eine definierte Absicherung von Integrationsstufen als Baselines durch Tests. Er dient dabei nicht nur der schlussendlichen Prüfung aus Kundensicht im Abnahmetest, ob das System alle spezifizierten Anforderungen erfüllt, sondern insbesondere auch der Bewertung von während der Entwicklung erreichten Funktionsreifegraden in Integrations- und Systemtests.

Testfall

Ein Testfall beschreibt den Ablauf eines Tests, welcher der Überprüfung einer speziellen Eigenschaft eines betrachteten Testobjekts dient. Er umfasst die zu beachtenden Vorbedingungen vor der Systemausführung, die Eingaben während der Durchführung mit Zeitstempel, erwartete Ausgaben des Testobjekts mit

Zeitstempel und eventuelle Nachbedingungen im Sinne von zu erreichenden Systemzuständen.

Testmethode

Verfahren zur systematischen Generierung von Testfällen für ein Testobjekt werden als Testmethoden bezeichnet.

Testobjekt

Das Testobjekt ist das Objekt, das in einem Test auf die Erfüllung seiner Anforderungen geprüft wird. Es kann sich dabei beispielsweise um einzelne Software- oder Hardwarekomponenten, Teilsysteme respektive auch ganze Systeme handeln.

Typschlüssel

Identifizierendes Attribut eines Fahrzeugtypen. In einem Typschlüssel ist für alle möglichen Typmerkmale exakt je eine Merkmalsausprägung definiert. Spezifisch sind dabei Baureihe, Motor- und Getriebeart sowie Lenkradanordnung.

Variante

Als Variante werden verschiedene Ausprägungen eines Systems beziehungsweise einer Komponente bezeichnet, welche im Regelfall eine gemeinsame Basis besitzen und sich durch spezifische Eigenschaften unterscheiden. Varianten ergeben sich so durch die unterschiedliche Belegung variabler Systemcharakteristika, beispielsweise hinsichtlich Sonderausstattungen. Sie entstehen aufgrund der Berücksichtigung verschiedener Randbedingungen in der Entwicklung und realisieren eine konkrete Aufgabenstellung.

Version

Als Versionen bezeichnet man Veränderungen und Weiterentwicklung eines Systems oder einer Komponente respektive deren Varianten über die Zeit. Eine Version erfasst damit einen definierten Zustand eines Objektes während des Lebenszyklus, wobei mehrere Versionen über eine Vorgänger-Nachfolger-Relation im Zusammenhang stehen. Dabei sind mit Versionen Gültigkeiten verbunden, wodurch definiert ist, unter welchen Randbedingungen eine Version eingesetzt werden darf.

Wirkkette

Eine Wirkkette ist eine Schrittkette zur Steuer- oder Regelung von physikalischen Prozessen. Physikalisch betrachtet werden von Sensoren gemessene Größen in Steuergeräten verarbeitet und anschließend an Aktoren als Ausgabe weitergegeben. Die logische Sichtweise betrachtet die zur Realisierung von Funktionen benötigten (Software-) Komponenten mit ihrer Kommunikation untereinander über Signale.

Zwangsausschluss

Ist die fehlerfreie Funktion eines Steuergeräts im Verbund mit sämtlichen Versionsständen funktionsrelevanter Steuergeräte nicht gewährleistet, kommt es zu Zwangsausschlüssen, womit bestimmte Kombinationen verschiedener Steuergeräte(versionen) nicht gemeinsam verbaut werden dürfen.

Zwangskopplung

Lässt sich die (fehlerfreie) Funktion eines Steuergeräts im Verbund mit sämtlichen Vorgängerständen funktionsrelevanter Steuergeräte nur mit anderen Steuergeräten oder gewissen Versionen von diesen realisieren, so wird beispielsweise der Verbau von Steuergerät a mit Version x an den Verbau von Steuergerät b in Version y zwangsgekoppelt.

Abbildungsverzeichnis

Tabellenverzeichnis

Literaturverzeichnis

[3GP08] 3GPP: *Shaping the future of mobile communication standards, Webseite.* 3rd Generation Partnership Project, 2008. `http://www.3gpp.org/`.

[And73] ANDERBERG, MICHAEL R.: *Cluster analysis for applications – Probability and mathematical statistics monograph.* Academic Press Inc., Dezember 1973.

[ARI02] ARINC: *ARINC 664. Aircraft Data Network, Part 1: Systems Concepts and Overview.* Aeronautical Radio Incorporated, 2002.

[Arn06] ARNOLD, DIETER; FURMANS, KAI: *Materialfluss in Logistiksystemen.* Springer, 5. Auflage, November 2006.

[Arr63] ARROW, KENNETH J.: *Social choice and individual values.* John Wiley & Sons, 2. Auflage, 1963.

[Atk00] ATKINSON, COLIN; BAYER, JOACHIM; MUTHIG, DIRK: *Component-Based Product Line Development: The KobrA Approach.* In: *Proceedings of the First Software Product Line Conference (SPLC 2000)*, Seiten 289–309, 2000.

[AUT08] AUTOSAR GBR: *Technical overview v2.2.2, R3.1, Rev 0001*, August 2008.

[Bak07] BAKER, PAUL; RU DAI, ZHEN; GRABOWSKI, JENS; HAUGEN, ØYSTEIN; SCHIEFERDECKER, INA; CLAY, WILLIAMS: *Model-Driven Testing: Using the UML Testing Profile.* Springer, Oktober 2007.

[Bal65] BALL, GEOFFREY H.; HALL, DAVID J.: *ISODATA, a novel method of data analysis and classification.* Research report AD-699616, Stanford Research Institute, 1965.

[Bal67] BALL, GEOFFREY H.; HALL, DAVID J.: *A clustering technique for summarizing multivariate data.* Behavioral Science, 12(2):153–155, März 1967.

[Bal97] BALZERT, HELMUT: *Lehrbuch der Software-Technik. Software-Management, Software-Qualitätssicherung und Unternehmensmodellierung.* Spektrum Akademischer Verlag, November 1997.

[Bal04] Balzert, Heide: *Lehrbuch der Objektmodellierung: Analyse und Entwurf mit der UML 2*, Band 2. Spektrum Akademischer Verlag, November 2004.

[Ban04] Banks, Jerry; Carson, John S.; Nelson, Barry L.; Nicol, David: *Discrete-event system simulation.* Prentice Hall, 4. Auflage, Dezember 2004.

[Bau66] Baum, Leonard E.; Petrie, Ted: *Statistical Inference for Probabilistic Functions of Finite State Markov Chains.* The Annals of Mathematical Statistics, 37(6):1554–1563, 1966.

[Bau70] Baum, Leonard E.; Petrie, Ted; Soules, George; Weiss, Norman: *A Maximization Technique Occurring in the Statistical Analysis of Probabilistic Functions of Markov Chains.* The Annals of Mathematical Statistics, 41(1):164–171, 1970.

[Bau02] Baune, Axel K.: *Dynamische Clusteranalyse-Verfahren, ihre Bewertung und deren Anwendung im medizinischen Umfeld.* Doktorarbeit, Fakultät für Informatik, Abteilung Neuroinformatik, Universität Ulm, 2002.

[Beh29] Behrens, W.V.: *Ein Beitrag zur Fehlerberechnung bei wenigen Beobachtungen.* Landwirtschaftliche Jahrbücher, 68:807–837, 1929.

[Bei95] Beizer, Boris: *Black-Box Testing: Techniques for Functional Testing of Software and Systems.* John Wiley & Sons, Juli 1995.

[Ben05] Bender, Klaus: *Embedded Systems – qualitätsorientierte Entwicklung: Qualitätssicherung bei Embedded Software.* Springer, Februar 2005.

[Ber13] Bernoulli, Jakob: *Wahrscheinlichkeitsrechnung (Ars conjectandi), Dritter und vierter Theil.* 1713.

[Ber98] Bergmann, Jochen: *Funktionsprüfung der Steuerungssoftware intelligenter technischer Produkte.* Doktorarbeit, Technische Universität München, 1998.

[Ber03] Bertolino, Antonia; Gnesi, Stefania: *Use case-based testing of product lines.* In: *Proceedings of the 11th ACM SIGSOFT Symposium on Foundations of Software Engineering 2003*, Seiten 355–358, September 2003.

[Bin99] Binder, Robert V.: *Testing Object Oriented Systems: Models, Patterns and Tools.* Addison Wesley, überarbeitete Auflage, November 1999.

[Bis08] Bishop, Christopher M.: *Pattern Recognition and Machine Learning.* Springer, Februar 2008.

[Bla05] Blanchard, Benjamin S.; Fabrycky, Wolter J.: *Systems engineering and analysis.* Pearson Prentice Hall, 4. Auflage, Juni 2005.

[BMW04] BMW Group: *E/E-Einarbeitungsprogramm für neue Mitarbeiter.* Firmeninterne Publikation, März 2004.

[BMW05] BMW GROUP: *Besonderheiten der Automotive-Domäne bezüglich Kompatibilitätsmanagement*. Firmeninterne Publikation, März 2005.

[BMW06] BMW GROUP: *Glossar Kompatibilitätsmanagement*, Juni 2006.

[Boc05] BOCK, THOMAS; SIEDERSBERGER, KARL-HEINZ; ZAVREL, MARTIN; BREU, ALEX; MAURER, MARKUS: *Simulations- und Testumgebung für Fahrerassistenzsysteme – Vehicle in the Loop*. VDI-Berichte 1900, Erprobung und Simulation in der Fahrzeugentwicklung – Mess- und Versuchstechnik, 2005.

[Boc07] BOCK, THOMAS; MAURER, MARKUS; FÄRBER, GEORG: *Validation of the Vehicle in the Loop (VIL) – A Milestone for the Simulation of Driver Assistance Systems*. In: *Proceedings of IEEE Intelligent Vehicles Symposium 2007*, Seiten 612–617, June 2007.

[Bod06] BODENDORF, FREIMUT: *Daten- und Wissensmanagement*. Springer, 2. Auflage, 2006.

[Bol01] BOL, GEORG: *Wahrscheinlichkeitstheorie. Einführung*. Oldenbourg Wissenschaftsverlag, 4. Auflage, 2001.

[Bol03] BOL, GEORG: *Induktive Statistik*. Oldenbourg Wissenschaftsverlag, 3. Auflage, 2003.

[Bor07] BORG, INGWER; STAUFENBIEL, THOMAS: *Theorien und Methoden der Skalierung*. Huber, September 2007.

[Bot03] BOTHE, TIM: *Planung und Steuerung der Ersatzteilversorgung nach Ende der Serienfertigung*. Doktorarbeit, TU Braunschweig, 2003.

[Brö99] BRÖHL, ADOLF-PETER; DRÖSCHEL, WOLFGANG: *Das V-Modell. Der Standard in der Softwareentwicklung mit Praxisleitfaden*. Oldenbourg, 2. Auflage, Mai 1999.

[Bro02] BROEKMAN, BART; NOTENBOOM, EDWIN: *Testing Embedded Software*. Addison Wesley, November 2002.

[Bro05] BROY, MANFRED; JONSSON, BENGT; KATOEN, JOOST-PIETER; LEUCKER, MARTIN; PRETSCHNER, ALEXANDER (Herausgeber): *Model-Based Testing of Reactive Systems: Advanced Lectures*. Nummer 3472 in *Lecture Notes in Computer Science*. Springer, Juni 2005.

[Bro07] BROY, JULIAN; MÜLLER-GLASER, KLAUS D.: *The impact of time-triggered communication in automotive embedded systems*. In: *International Symposium on Industrial Embedded Systems (SIES '07)*, Seiten 353–356, Juli 2007.

[Bry05] Bryce, Renée C.; Colbourn, Charles J.: *Test prioritization for pairwise interaction coverage*. In: *International Conference on Software Engineering, Proceedings of the 1st international workshop on Advances in model-based testing (A-MOST 2005)*, Seiten 1–7, Mai 2005.

[Bur07] Burgdorf, Florian: *Strategische Analyse der Softwareentwicklungsprozesse mit Konzeption und Evaluation ihrer Langfristverfügbarkeit*. Diplomarbeit, Institut für Angewandte Informatik und Formale Beschreibungsverfahren, Universität Karlsruhe (TH), März 2007.

[Bur09] Burgdorf, Florian; Le, Tuan: *Varianten- und Konfigurationsmanagement von Elektrik- / Elektronik-Komponenten in der Absicherungsplanung von Kraftfahrzeugen*. In: *Proceedings of the 14. VDI-Fachtagung. Erprobung und Simulation in der Fahrzeugentwicklung*. VDI Wissensforum, Juni 2009.

[Cai05] Cai, Xia; Lyu, Michael R.: *The effect of code coverage on fault detection under different testing profiles*. In: *International Conference on Software Engineering, Proceedings of the 1st international workshop on Advances in model-based testing (A-MOST 2005)*, Seiten 1–7, 2005.

[Car01] Carwin Ltd.: *QS-9000: FMEA – Fehler-Möglichkeits- und -Einfluss-Analyse (Deutsche Übersetzung)*. 3. Auflage, Oktober 2001.

[Cav00] Cavarra, Alessandra; Chrichton, Charles; Davies, Jim; Hartman, Alan; Jeron, Thierry; Mounier, Laurent: *Using UML for Automatic Test Generation*. In: *Tools and Algorithms for the Construction and Analysis of Systems (TACAS 2000)*, 2000.

[Che97] Chen, Tsong Y.; Poon, Pak-Lok: *Construction of Classification Trees via the Classification-Hierarchy Table*. Information and Software Technology, 39(13):889–896, 1997.

[Che98] Chen, Tsong Y.; Poon, Pak-Lok: *On the effectiveness of classification trees for test case construction*. Information and Software Technology, 40(13):765–775, 1998.

[Che02] Chen, Tsong Y.; Tse, T. H.; Zhou, Zhiquan: *Fault-based testing without the need of oracles*. Information and Software Technology, 44(15):923–931, 2002.

[Cla76] Clarke, Lori A.: *A System to Generate Test Data and Symbolically Execute Programs*. IEEE Transactions on Software Engineering, SE-2(3):215–222, September 1976.

[Coc00] Cockburn, Alistair: *Writing Effective Use Cases*. Addison-Wesley Longman, November 2000.

[Coh96] Cohen, David M.; Dalal, Siddhartha R.; Parelius, Jesse; Patton, Gardner C.: *The Combinatorial Design Approach to Automatic Test Generation.* IEEE Software, 13(5):83–88, September 1996.

[Con04a] Condron, Chris: *Domain Approach to Test Automation of Product Lines.* In: *Proceedings of the International Workshop on Software Product Line Testing (SPLiT 2004)*, Seiten 27–35, August 2004.

[Con04b] Conrad, Mirko: *Auswahl und Beschreibung von Testszenarien für den Modellbasierten Test eingebetteter Software im Automobil.* Doktorarbeit, Technische Universität Berlin, 2004.

[Coo80] Cook, R. Dennis; Nachtsheim, Christopher J.: *A comparison of algorithms for constructing exact d-optimal designs.* Technometrics, 22(3):315–324, August 1980.

[Cor01] Cormen, Thomas H.; Leiserson, Charles E.; Rivest, Ronald L.; Stein, Clifford: *Introduction to Algorithms.* MIT Press, McGraw-Hill, 2. Auflage, September 2001.

[Dai07] Daimler Chrysler REI/SM: *Classification Tree Editor eXtended Logics*, v1.8 Auflage, Oktober 2007. `http://www.systematic-testing.com/download/cte_download.php`.

[Dal99] Dalal, Siddhartha R.; Jain, Ashish; Karunanithi, Nachimuthu; Leaton, J. M.; Lott, Christopher M.; Patton, Gardner C.; Horowitz, Bruce M.: *Model-Based Testing in Practice.* In: *International Conference on Software Engineering*, Seiten 285–294, 1999.

[Dav79] Davies, David L.; Bouldin, Donald W.: *A cluster separation measure.* IEEE transactions on pattern analysis and machine intelligence, 1:224–227, 1979.

[Dav03] Davis, Richard I. A.; Lovell, Brian C.: *Comparing and evaluating HMM ensemble training algorithms using train and test condition number criteria.* Pattern Analysis and Applications, 6(4):327–336, 2003.

[Dee98] Deering, Steve; Hinden, Robert: *Internet Protocol, Version 6 (IPv6), RFC 2460*, Dezember 1998.

[Dem77] Dempster, Arthur P.; Laird, Nan M.; Rubin, Donald B.: *Maximum likelihood from incomplete Data via the EM algorithm.* Journal of the Royal Statistical Society, Series B (Methodological), 39:1–38, 1977.

[Dij70] Dijkstra, Edsger W.: *Notes on structured programming.* 1970.

[DIN08] DIN: *DIN 55350-11:2008. Begriffe zum Qualitätsmanagement, Teil 11. Ergänzung zu DIN EN ISO 9000:2005.* Deutsches Institut für Normung, 2008.

[Dom02] Dombrowski, Uwe; Bothe, Tim: *Lebenszyklusorientiertes Ersatzteilmanagement für die Nachserienversorgung.* In: *Wissenschaftssymposium Logistik der BVL*, Juni 2002.

[Dom08] Dombrowski, Uwe; Schulze, Sven: *Lebenszyklusorientiertes Ersatzteilmanagement – Neue Herausforderungen durch innovationsstarke Bauteile in langlebigen Primärprodukten.* In: Nyhuis, Peter (Herausgeber): *Beiträge zu einer Theorie der Logistik*, Seiten 439–462. Springer, Januar 2008.

[Dor91] Dorffner, Georg: *Konnektionismus. Von neuronalen Netzwerken zu einer 'natürlichen' KI.* Teubner Stuttgart, 1991.

[Dud00] Duda, Richard O.; Hart, Peter E.; Stork, David G.: *Pattern Classification.* John Wiley & Sons, 2. Auflage, November 2000.

[Due90] Dueck, Günter; Scheuer, Tobias: *Threshold accepting: A general purpose optimization algorithm appearing superior to simulated annealing.* Journal of Computational Physics, 90:161–175, September 1990.

[Due93] Dueck, Günter: *New Optimization Heuristics: The Great-Deluge Algorithm and the Record-to-Record Travel.* Journal of Computational Physics, 104:86–92, 1993.

[Dun97] Dunietz, I. S.; Ehrlich, Willa K.; Szablak, B. D.; Mallows, Colin L.; Iannino, Anthony: *Applying design of experiments to software testing: experience report.* In: *Proceedings of the 19th international conference on Software engineering*, Seiten 205–215, 1997.

[EAS08] EASA: *European Aviation Safety Agency, Webseite.* European Aviation Safety Agency, 2008. `http://www.easa.eu.int`.

[Ebb85] Ebbinghaus, Hermann: *Über das Gedächtnis.* 1885.

[Eck03] Eckert, Claudia: *IT- Sicherheit. Konzepte, Verfahren, Protokolle.* Oldenbourg, Juni 2003.

[Eic01] Eichelsbacher, Peter: *Eine Diskussion der Faustregel von Laplace.* Stochastik in der Schule, 21(1):22–27, 2001.

[Elm75] Elmendorf, William R.: *Cause-Effect Graphs in Functional Testing.* Technischer Report TR_00.2487, IBM, 1975.

[Ern03] Ernst, Michael D.: *Static and dynamic analysis: synergy and duality.* ICSE Workshop on Dynamic Analysis, Mai 2003.

[ESG07] ESG ELEKTRONIKSYSTEM- UND LOGISTIK-GMBH: *Analyse und Bewertung der Auswirkung der Fahrzeug-Komplexität und -Konformität auf Werkstattfälle und GWK-Kosten*. Firmeninterne Publikation, 2007.

[Ets01] ETSCHBERGER, KONRAD: *Controller Area Network. Grundlagen, Protokolle, Bausteine, Anwendungen*, Band 2., völlig überarb. Hanser Fachbuch, Mai 2001.

[Fig05] FIGUEIREDO, RENATO; DINDA, PETER A.; FORTES, JOSÉ: *Resource Virtualization Renaissance*. IEEE Computer, 38(5):28–31, Mai 2005.

[Fis35] FISHER, RONALD A.: *The fiducial argument in statistical inference*. Annals of Eugenics, 6:391–398, 1935.

[For65] FORGY, EDWARD W.: *Cluster analysis of multivariate data: Efficiency vs. interpretablility of classifications*. Biometrics, 21:768–769, 1965.

[Fri98] FRITZKE, BERND: *Vektorbasierte Neuronale Netze*. Shaker, Dezember 1998.

[Fri01] FRITZ, ANDREAS: *Berechnung und Monte-Carlo-Simulation der Zuverlässigkeit und Verfügbarkeit technischer Systeme*. Doktorarbeit, Universität Stuttgart, 2001.

[FT07] FOTSING TCHOUTANG, LUCIE ELEONORE: *Selbstorganisierende Karten für die Auswertung von Felddaten im Automobilbereich am Beispiel der BMW Group*. Diplomarbeit, Universität Paderborn, Heinz Nixdorf Institut, Schaltungstechnik, September 2007.

[Göd31] GÖDEL, KURT: *Über formal unentscheidbare Sätze der Principia Mathematica und verwandter Systeme I*. Monatshefte für Mathematik und Physik, 38:173–198, Dezember 1931.

[Gep04] GEPPERT, BIRGIT; LI, JENNY; RÖSSLER, FRANK; WEISS, DAVID M.: *Towards Generating Acceptance Tests for Product Lines*. In: *Software Reuse: Methods, Techniques and Tools. Proceedings of the 8th International Conference on Software Reuse (ICSR 2004)*, Nummer 3107 in *Lecture Notes in Computer Science*, Seiten 35–48. Springer, Juli 2004.

[Giu02] GIUSTO, PAOLO; BRUNEL, JEAN-YVES; FERRARI, ALBERTO; FOURGEAU, ELIANE; LAVAGNO, LUCIANO; SANGIOVANNI-VINCENTELLI, ALBERTO L.: *Automotive Virtual Integration Platforms: Why's, What's and How's*. In: *20th International Conference on Computer Design (ICCD 2002), VLSI in Computers and Processors*, IEEE Computer Society, September 2002.

[Gla08] GLAS, BENJAMIN; KLIMM, ALEXANDER; SANDER, OLIVER; MÜLLER-GLASER,

Klaus D.; Becker, Jürgen: *A self adaptive interfacing concept for consumer device integration into automotive entities.* IEEE International Symposium on Parallel and Distributed Processing (IPDPS 2008), Seiten 1–6, April 2008.

[Gom04] Gomaa, Hassan: *Designing Software Product Lines with UML: From Use Cases to Pattern-Based Software Architectures.* Addison-Wesley Professional, Juli 2004.

[Gri95] Grimm, Klaus: *Systematisches Testen von Software – Eine neue Methode und eine effektive Teststrategie.* Doktorarbeit, Institut für Softwaretechnik und Theoretische Informatik, Technische Universität Berlin, 1995.

[Gri05] Grindal, Mats; Offutt, Jett; Andler, Sten F.: *Combination Testing Strategies: A Survey.* Software Testing, Verification and Reliability, 15(3):167–199, 2005.

[Gro93a] Grochtmann, Matthias; Grimm, Klaus: *Classification trees for partition testing.* Software testing, Verification and Reliability, 3(2):63–82, Juni 1993.

[Gro93b] Grochtmann, Matthias; Grimm, Klaus; Wegener, Joachim: *Tool-Supported Test Case Design for Black-Box Testing by Means of the Classification-Tree Editor.* In: *Proceedings of the 1st European International Conference on Software Testing, Analysis and Review (EuroSTAR '93)*, Seiten 169–176, Oktober 1993.

[Gro95] Grochtmann, Matthias; Wegener, Joachim; Grimm, Klaus: *Test Case Design Using Classification Trees and the Classification-Tree Editor CTE.* In: *Proceedings of the 8th International Software Quality Week*, Mai 1995.

[Grz05] Grzemba, Andreas; von der Wense, Hans-Christian: *LIN-Bus.* Franzis, Januar 2005.

[Grz07] Grzemba, Andreas: *MOST: Das Multimedia-Bussystem für den Einsatz im Automobil.* Franzis, September 2007.

[Ham97] Hammer, Theodore; Rosenberg, Linda; Huffman, Lenore; Hyatt, Lawrence: *Measuring requirements testing – Experience report.* In: *Proceedings of the 19th international conference on Software engineering*, Seiten 372–379, 1997.

[Har74] Harary, Frank: *Graphentheorie.* Oldenbourg, 1974.

[Har75] Hartigan, John A.: *Clustering algorithms.* John Wiley & Sons, 1975.

[Har87] Harel, David: *Statecharts: A Visual Formalism for Complex Systems.* Science of Computer Programming, 8(3):231–274, 1987.

[Har01] Hartmann, Nico: *Automation des Tests eingebetteter Systeme am Beispiel der*

Kraftfahrzeugelektronik. Doktorarbeit, Universität Karlsruhe (TH), 2001.

[Hau07] HAUSCHILD, JAN: *Beitrag zur Modellierung stochastischer Prozesse in der Sicherheits- und Zuverlässigkeitstechnik mittels Monte-Carlo-Simulation unter Berücksichtigung dynamischer Systemänderungen*. Doktorarbeit, Bergische Universität Wuppertal, 2007.

[Hei05] HEINRICHS, HELMUT: *Palandt – Kommentar zum Bürgerlichen Gesetzbuch*. 65. Auflage, 2005.

[Her91] HERLIHY, MAURICE P.; WING, JEANETTE M.: *Specifying Graceful Degradation*. IEEE Transactions on Parallel and Distributed Systems, 2(1):93–104, Januar 1991.

[Heu03] HEUSER, HARRO: *Lehrbuch der Analysis, Teil 1*. Teubner Verlag, 15. Auflage, Februar 2003.

[Höf07] HÖFER, ANDREAS; TICHY, WALTER F.: *Status of Empirical Research in Software Engineering*. In: BASILI, VICTOR R.; ROMBACH, H. DIETER; SCHNEIDER, KURT; KITCHENHAM, BARBARA A.; PFAHL, DIETMAR; SELBY, RICHARD W. (Herausgeber): *Empirical Software Engineering Issues. Critical Assessment and Future Directions, International Workshop, Dagstuhl Castle, Germany, June 26–30, 2006. Revised Papers.*, Band 4336 der Reihe *Lecture Notes in Computer Science*, Seiten 10–19. Springer, März 2007.

[Hil96] HILL, DAVID R.C.: *Object-oriented analysis and simulation*. Addison Wesley, April 1996.

[HIS07] HIS: *HIS-Arbeitskreis Kompatibilitätsmanagement*. Herstellerinitiative Software, Oktober 2007. `http://www.automotive-his.de/`.

[Hof95] HOFER, ANTON: *Klassische-Regler – Fuzzy-Regler. Ein kritischer Vergleich*. Telematik. Zeitschrift des Telematik-Ingenieursverband, Februar/März 1995.

[Hub97] HUBER, FRANZ; SCHÄTZ, BERNHARD; EINERT, GERALF: *Consistent Graphical Specification of Distributed Systems*. In: FITZGERALD, JOHN; JONES,CLIFF B.; LUCAS, PETER (Herausgeber): *Proceedings of the 4th International Symposium of Formal Methods Europe (FME '97)*, Band 1313, Seiten 122–141, Springer, September 1997.

[IAS99] IAS 37: *Provisions, contingent liabilities and contingent assets*. International Accounting Standard, Juli 1999.

[IEC01] IEC: *DIN EN 61508: Funktionale Sicherheit elektrischer/elektronischer/program-*

mierbar elektronischer sicherheitsbezogener Systeme. International Electrotechnical Commission, August 2001.

[IEE85] IEEE: *IEEE Std 754-1985. Standard for Binary Floating-Point Arithmetic for microprocessor systems.* Institute of Electrical and Electronics Engineering, 1985.

[IEE98] IEEE: *IEEE Std 1012-1998. Standard for Software Verification and Validation.* Institute of Electrical and Electronics Engineering, 1998.

[ISO00] ISO: *ISO 14230, Road vehicles – Diagnostic systems, Keyword protocol 2000.* International Organization for Standardization, 2000.

[ISO05] ISO: *ISO 9000:2005, Qualitätsmanagementsysteme – Grundlagen und Begriffe.* International Organization for Standardization, Dezember 2005.

[ISO06] ISO, IEC: *ISO 15504, Software Process Improvement and Capability Determination (SPICE).* International Organization for Standardization, International Electrotechnical Commission, 2006.

[ISO09] ISO: *ISO/DIS 26262. Road vehicles – Functional safety. Committee Draft.* International Organization for Standardization, Juli 2009.

[Jac99] Jacob, Rüdiger; Eirmbter, Willy H.: *Allgemeine Bevölkerungsumfragen – Einführung in die Methoden der Umfrageforschung.* 1999.

[Kai08] Kaiser, Oliver S.; Eickenbusch, Heinz; Grimm, Vera; Zweck, Axel: *Zukunft des Autos.* VDI Technologiezentrum, 2008.

[Kan90] Kang, Kyo C.; Cohen, Sholom G.; Hess, James A.; Novak, William E.; Peterson, A. Spencer: *Feature-Oriented Domain Analysis (FODA), Feasibility Study.* Technical report, CMU/SEI-90-TR-021, Carnegie Mellon, Software Engineering Institute, November 1990.

[Kan03] Kansomkeat, Supaporn; Rivepiboon, Wanchai: *Automated-generating test case using UML statechart diagrams.* In: *Proceedings of the 2003 annual research conference of the South African institute of computer scientists and information technologists on Enablement through technology*, Seiten 296–300, 2003.

[Kau04] Kauppinen, Raine; Taina, Juha; Te, Antti: *Hook and template coverage criteria for testing framework-based software product families.* In: *Proceedings of the International Workshop on Software Product Line Testing (SPLiT 2004)*, Seiten 7–12, August 2004.

[Kel08] Kellermann, Helmut; Németh, Géza; Kostelezky, Jörg; Barbehön, Kai L.; El-Dwaik, Fathi; Haneberg, Michael: *Datenautobahn – E/E-*

Architektur der nächsten Generation. Elektronik automotive. Sonderausgabe BMW 7er, Seiten 8–13, Oktober 2008.

[Kem04] KEMPER, HANS-GEORG; MEHANNA, WALID; UNGER, CARSTEN: *Business Intelligence – Grundlagen und praktische Anwendungen. Eine Einführung in die IT-basierte Managementunterstützung.* Vieweg, November 2004.

[Kir83] KIRKPATRICK, SCOTT; GELATT, CHARLES D..; VECCHI, MARIO P.: *Optimization by Simulated Annealing.* Science, 220(4598):671–680, Mai 1983.

[Kir02] KIRRMANN, HUBERT; GROSSPIETSCH, KARL-ERWIN: *Fehlertolerante Steuerungs- und Regelungssysteme.* Automatisierungstechnik 50, 8:362–374, August 2002.

[Kis05] KISHI, TOMOJI; NODA, NATSUKO; KATAYAMA, TAKUYA: *Design Verification for Product Line Development.* In: *Proceedings of the 9th International Conference on Software Product Lines (SPLC 2005)*, Seiten 150–161, September 2005.

[Kna04] KNAUBER, PETER; SCHNEIDER, JOHANNES: *Tracing Variability from Implementation to Test Using Aspect-Oriented Programming.* In: *Proceedings of the International Workshop on Software Product Line Testing (SPLiT 2004)*, Seiten 36–44, August 2004.

[Kre05] KRENGEL, ULRICH: *Einführung in die Wahrscheinlichkeitstheorie und Statistik.* Vieweg, 2. erw. Auflage, Oktober 2005.

[Kru95] KRUSE, RUDOLF; GEBHARDT JÖRG; KLAWONN, FRANK: *Fuzzy-Systeme.* Teubner, 2. Auflage, 1995.

[Kru97] KRUSE, RUDOLF; NAUCK, DETLEF; KLAWONN, FRANK: *Neuronale Fuzzy-Systeme.* Spektrum der Wissenschaften. Dossier. Kopf oder Computer, April 1997.

[Lau05] LAUX, HELMUT: *Entscheidungstheorie.* Springer, 6. Auflage, Januar 2005.

[Law00] LAW, AVERILL M.; W. KELTON, DAVID W.: *Simulation, modeling and analysis.* McGraw-Hill Higher Education, 3. Auflage, Januar 2000.

[Lem08] LEMBER, JÜRI; KOLOYDENKO, ALEXEY: *The adjusted Viterbi training for hidden Markov models.* Bernoulli, 14(1):180–206, 2008.

[Lig02] LIGGESMEYER, PETER: *Software-Qualität. Testen, Analysieren und Verifizieren von Software.* Spektrum Akademischer Verlag, August 2002.

[Lig05] LIGGESMEYER, PETER; ROMBACH, DIETER: *Software-Engineering eingebetteter Systeme: Grundlagen, Methodik, Anwendungen.* Spektrum Akademischer Verlag, Juni 2005.

[Lin80] LINDE, YOSEPH; BUZO, ANDRES; GRAY, ROBERT M.: *An algorithm for vector quantizer design*. IEEE Transactions on communications, 28(1):84–95, Januar 1980.

[Lio07] LIONBRIDGE TECHNOLOGIES, INC.: *Lionbridge erweitert seine Microsoft-Zertifizierungen durch das neue "Certified for Windows Server 2008"-Programm*. VeriTest, Juni 2007. `http://www.lionbridge.com/lionbridge/de-DE/company/news/Lionbridge-Expands-MS-Cert-Portfolio-with-CfW-Server-2008.htm`.

[Lug04] LUGER, GEORGE F.: *Artificial Intelligence. Structures and Strategies for Complex Problem Solving*. Addison Wesley, 5. Auflage, Oktober 2004.

[Man85] MANDL, ROBERT: *Orthogonal Latin squares: an application of experiment design to compiler testing*. Communications of the ACM, 28(10):1054–1058, 1985.

[Mar90] MARTELLO, SILVANO; TOTH, PAOLO: *Knapsack problems – Algorithms and computer implementations*. John Wiley & Sons, August 1990.

[McG01] MCGREGOR, JOHN D.: *Testing a software product line*. Technical report, CMU/SEI-2001-TR-022, Carnegie Mellon, Software Engineering Institute, Dezember 2001.

[McQ67] MCQUEEN, JAMES B.: *Some methods for classification and analysis of multivariate observations*. In: NEYMAN, JERZY; LE CAM, LUCIEN M. (Herausgeber): *Proceedings of the 5th Berkeley symposium on mathematical statistics and probability*, Seiten 281–297. University of California, 1967.

[Mer02] MERKLE, ANDREAS; TERZIS, ANESTIS: *Digitale Funkkommunikation mit Bluetooth*. Franzis Verlag, 1. Auflage, 2002.

[Met76] METCALFE, ROBERT M.; BOGGS, DAVID R.: *Ethernet: Distributed Packet Switching for Local Computer Networks*. Communications of the ACM, 19(7):395–404, Juli 1976.

[Mic05] MICROSOFT CORPORATION: *Microsoft Forms New Connected Systems Division*, 2005. `http://www.microsoft-watch.com/content/operating_systems/microsoft_forms_new_connected_systems_division.html`.

[Mic08a] MICROSOFT CORPORATION: *Windows Hardware Developer Central – WDK and Developer Tools*, 2008. `http://www.microsoft.com/whdc/devtools/wdk/WDKpkg.mspx`.

[Mic08b] MICROSOFT CORPORATION: *Windows Hardware Developer Central – Windows Logo Program*, 2008. `http://www.microsoft.com/whdc/winlogo/default.`

mspx.

[Mic08c] MICROSOFT CORPORATION: *Windows Hardware Developer Central – Windows Logo Program – Requirements and Policies*, 2008. http://www.microsoft.com/whdc/winlogo/hwrequirements.mspx.

[Moo65] MOORE, GORDON E.: *Cramming more components onto integrated circuits*. Electronics, 38(8):114–117, April 1965.

[Mor90] MORELL, LARRY J.: *A Theory of Fault-Based Testing*. IEEE Transactions on Software Engineering, 16(8):844–857, August 1990.

[Mut04] MUTH, ANNETTE; EHRET, JÜRGEN; SCHLOSSER, JOACHIM; DEMMELER, THILO; BILLEMAZ, MARCO; BRUNEL, JEAN-YVES; FOURGEAU, ELIANE; GIUSTO, PAOLO: *Design and Verification of Automotive Networked Systems using Architectural Simulation*. In: *IFAC Symposium on Advances in Automotive Control*, Seiten 36–41, April 2004.

[Mye76] MYERS, GLENFORD J.: *Software Reliability: Principles and Practices*, Band 1. Wiley, September 1976.

[Mye79] MYERS, GLENFORD J.: *The Art of Software Testing*, Band 1. John Wiley & Sons, Februar 1979.

[Nai98] NAIR, VIJAY N.; JAMES, D.A.; EHRLICH, WILLA K.; ZEVALLOS, J.: *A Statistical Assessment of Some Software Testing Strategies and Application of Experimental Design Techniques*. Statistica Sinica, 8:165–184, 1998.

[Nar00] NARDELLI, NICOLAS: *Entwicklung eines Testkonzepts für parametrisierbare Simulationsmodelle mechanischer, hydraulischer und regelungstechnischer Systeme*. Diplomarbeit, Universität Stuttgart, November 2000.

[Nau02] NAUCK, DETLEF; KLAWONN, FRANK; KRUSE, RUDOLF: *Neuronale Netze und Fuzzy-Systeme. Grundlagen des Konnektionismus, Neuronaler Fuzzy-Systeme und der Kopplung mit wissensbasierten Methoden*. Vieweg, 2. Auflage, Oktober 2002.

[Neb03] NEBUT, CLÉMENTINE; FLEUREY, FRANCK; TRAON, YVES L.; JÉZÉQUEL, JEAN-MARC: *A Requirement-Based Approach to Test Product Families*. In: VAN DER LINDEN, FRANK (Herausgeber): *Revised Papers of the 5th International Workshop on Software Product-Family Engineering (PFE 2003)*, Nummer 3014 in *Lecture Notes in Computer Science*, Seiten 198–210, Springer, November 2003.

[Neu02] NEUMANN, KLAUS; MORLOCK, MARTIN: *Operations Research*. Hanser Fachbuch, 2. Auflage, April 2002.

[Nis97] Nissen, Volker: *Einführung in evolutionäre Algorithmen. Optimierung nach dem Vorbild der Evolution.* Vieweg, 1997.

[ntv08] n-tv.de: *Dekra-Mängelreport – BMW 1er liegt an der Spitze*, Januar 2008. `http://www.n-tv.de/901137.html`.

[Obe99] Oberweis, Andreas; Sneed, Harry M.: *Software-Management '99.* Fachtagung der Gesellschaft für Informatik. Teubner, Oktober 1999.

[Oer05] Oertel, Klaus; Schleuter, Willibert: *Audi – Vorsprung durch Elektronik! Raum für innovative Ideen.* Hanser automotive, 7–8.2005:16–18, 2005.

[Off99] Offutt, Jeff; Abdurazik, Aynur: *Generating Tests from UML Specifications.* In: *Proceedings of the Second IEEE International Conference on the Unified Modeling Language (UML99)*, Oktober 1999.

[Ole08] Olejniczak, Robert: *Systematisierung des funktionalen Tests eingebetteter Software.* Doktorarbeit, Technische Universität München, 2008.

[Oli06] Olimpiew, Erika M.; Gomaa, Hassan: *Customizable Requirement-based Test Models for Software Product Lines.* In: Knauber, Peter; Krueger, Charles; Trew, Tim (Herausgeber): *Proceedings of SPLiT 2006 – Third International Workshop on Software Product Line Testing*, Seiten 17–22, August 2006.

[OSE09] OSEK: *OSEK VDX Portal, Webseite.* Offene Systeme und deren Schnittstellen für die Elektronik im Kraftfahrzeug, 2009. `http://www.osek-vdx.org/`.

[Ost88] Ostrand, Thomas J.; Balcer, Marc J.: *The Category-Partition Method for specifying and generating functional tests.* Communications of the ACM, 31(6):676–686, Juni 1988.

[Per92] Perry, Dewayne E.; Wolf, Alexander L.: *Foundations for the Study of Software Architecture.* ACM SIGSOFT Software Engineering Notes, 17(4):40–52, 1992.

[Poh05] Pohl, Klaus; Böckle, Günter; van der Linden, Frank: *Software Product Line Engineering. Foundations, Principles, and Techniques.* Springer, Juli 2005.

[Pol02] Pol, Martin; Koomen, Tim; Spillner, Andreas: *Management und Optimierung des Testprozesses – Ein praktischer Leitfaden für erfolgreiches Testen von Software mit TPI und TMap.* dpunkt, 2. Auflage, 2002.

[Pos81] Postel, Jonathan: *Internet Protocol, RFC 791*, September 1981.

[Pre03a] Prenninger, Wolfgang: *Inkrementelle Entwicklung von Verhaltensmodellen zum Test von reaktiven Systemen.* Doktorarbeit, Technische Universität München, 2003.

[Pre03b] PRETSCHNER, WALTER A.: *Zum modellbasierten funktionalen Test reaktiver Systeme.* Doktorarbeit, Technische Universität München, März 2003.

[PUR09] PURVENTIS – SIMPLIFY YOUR BUSINESS: *TRAVIS.* PURVENTIS GmbH, 2009. http://www.purventis.de/.

[Rab89] RABINER, LAWRENCE R.: *A Tutorial on Hidden Markov Models and Selected Applications in Speech Recognition.* In: *Proceedings of the IEEE*, Band 77, Seiten 257–286, 1989.

[Ras06] RASMUSSEN, CARL E.; FRANZ, MATTHIAS: *Unsupervised Learning.* Vorlesungsskript, Wilhelm-Schickard-Institut für Informatik, Eberhard Karls Universität Tübingen, 2006.

[Rau07] RAUSCH, MATTHIAS: *FlexRay. Grundlagen, Funktionsweise, Anwendung.* Hanser Fachbuch, November 2007.

[Rec06] RECHENBERG, PETER; POMBERGER, GUSTAV: *Informatik-Handbuch.* Hanser Fachbuch, 3. Auflage, 2006.

[Rei06a] REIF, KONRAD: *Automobilelektronik – Eine Einführung für Ingenieure.* ATZ/MTZ-Fachbuch, 1. Auflage, April 2006.

[Rei06b] REIS, SASCHA; METZGER, ANDREAS; POHL, KLAUS: *A Reuse Technique for Performance Testing of Software Product Lines.* In: KNAUBER, PETER; KRUEGER, CHARLES; TREW, TIM (Herausgeber): *Proceedings of SPLiT 2006 – Third International Workshop on Software Product Line Testing*, Seiten 5–10, August 2006.

[Ric53] RICE, HENRY G.: *Classes of Recursively Enumerable Sets and Their Decision Problems.* Transactions of the American Mathematical Society, 74:358–366, 1953.

[Ric96] RICHARDSON, DEBRA J.; WOLF, ALEXANDER L.: *Software Testing at the Architectural Level.* In: *Proceedings of the Second International Software Architecture Workshop (ISAW-2)*, Seiten 68–71, IEEE, Oktober 1996.

[Rot04] ROTH, GERHARD: *Warum sind Lehren und Lernen so schwierig?* System Schule, Jahrgang 8, Heft 1, März 2004.

[RTC92] RTCA: *RTCA DO-178B/C, Software Considerations in Airborne Systems and Equipment Certification.* Radio Technical Commission for Aeronautics Incorporated, Dezember 1992.

[RTC00] RTCA: *RTCA DO-254, Design Assurance Guidance for Airborne Electronic Hardware.* Radio Technical Commission for Aeronautics Incorporated,

April 2000.

[RuS08] ROHDE & SCHWARZ: *Rohde & Schwarz International, Webseite*, 2008. `http://www.rohde-schwarz.com/`.

[Sac03] SACHS, LOTHAR; HEDDERICH, JÜRGEN: *Angewandte Statistik. Anwendung statistischer Methoden*. Springer, 11. überarb. und aktualis. Auflage, September 2003.

[Sac06] SACHS, LOTHAR; HEDDERICH, JÜRGEN: *Angewandte Statistik. Methodensammlung mit R*. Springer, 12. vollst. neu bearb. Auflage, September 2006.

[SAE96] SAE: *Aerospace Recommended Practice ARP 4754: Certification considerations for Highly-Integrated or Complex Aircraft Systems*. Society of Automotive Engineers, 1996.

[Sch03] SCHMID, HERMANN: *Konzeption einer pragmatischen Testmethodik für den Test von eingebetteten Systemen*. Doktorarbeit, Universität Ulm, 2003.

[Sch06a] SCHLOSSER, JOACHIM: *Architektursimulation von verteilten Steuergerätesystemen*. Doktorarbeit, Technische Universität München, 2006.

[Sch06b] SCHMECK, HARTMUT: *Grundlagen der Informatik 2 – Berechenbarkeit und Komplexität*. Vorlesungsskript, Institut für Angewandte Informatik und Formale Beschreibungsverfahren, Universität Karlsruhe (TH), 2006.

[Sch06c] SCHÄUFFELE, JÖRG; ZURAWKA, THOMAS: *Automotive Software Engineering*, Band 3., verb. u. erw. Vieweg+Teubner, März 2006.

[Sch06d] SCHUSTER, ROBERT: *Development and application of clustering-methods for data analysis and pattern recognition*. Diplomarbeit, Lehrstuhl für Mensch-Maschine-Kommunikation, Technische Universität München, Mai 2006.

[Sch07] SCHREINER, WOLFGANG: *Berechenbarkeit und Komplexität – Entscheidbarkeit und Unentscheidbarkeit*. Vorlesungsskript, Institut für Symbolisches Rechnen, Johannes Kepler Universität Linz, 2007.

[Sch08a] SCHEICKL, OLIVER; RUDORFER, MICHAEL: *Automotive real time development using a timing-augmented AUTOSAR specification*. In: *Proceedings of the 4th European Congress on Embedded Real Time Software (ERTS 2008)*, Januar 2008.

[Sch08b] SCHEICKL, OLIVER; RUDORFER, MICHAEL; AINHAUSER, CHRISTOPH; FEIERTAG, NICO; RICHTER, KAI: *How timing interfaces in AUTOSAR can improve distributed development of real-time software*. In: *Informatik 2008. Workshop Automotive Software Engineering*, September 2008.

[Sch08c] SCHEIDEMANN, KATHRIN: *Verifying Families of System Configurations.* Doktorarbeit, Technische Universität München, 2008.

[She94] SHERWOOD, GEORGE: *Effective testing of factor combinations.* In: *Proceedings of the third International Conference on Software Testing, Analysis, and Review (STAR94)*, Mai 1994.

[Sim69] SIMON, HERBERT A.: *The sciences of the artificial.* MIT Press, 1. Auflage, 1969.

[Sim97] SIMMES, DIRK: *Entwicklungsbegleitender Systemtest für elektronische Steuergeräte.* Doktorarbeit, Technische Universität München, 1997.

[Smo88] SMOLENSKY, PAUL: *On the proper treatment of connectionism.* Behavioral and Brain Sciences, 11:1–23, März 1988.

[Ste98a] STEVENS, BRETT: *Transversal Covers and Packings.* Doktorarbeit, Department of Mathematics, University of Toronto, 1998.

[Ste98b] STEVENS, BRETT; MENDELSOHN, ERIC: *Efficient Software Testing Protocols.* In: *Proceedings of CASCON'98 (Center for Advanced Studies Conference)*, Seiten 279–293, Dezember 1998.

[Ste04] STEPHENSON, ZOË; ZHAN, YUAN; CLARK, JOHN; MCDERMID, JOHN: *Test Data Generation for Product Lines – A Mutation Testing Approach.* In: *Proceedings of the International Workshop on Software Product Line Testing (SPLiT 2004)*, Seiten 13–18, 2004.

[SV00] SESMA VITRIÁN, ELENA: *Betrachtung von Qualitätsmethoden am Beispiel der Fehler-Möglichkeits- und Einfluss-Analyse – FMEA.* Diplomarbeit, Institut für Werkzeugmaschinen und Fabrikbetrieb, Fachgebiet Qualitätswissenschaft, Technische Universität Berlin, 2000.

[SV04] SESMA VITRIÁN, ELENA: *Beitrag zur Ermittlung von Kosten und Nutzen der präventiven Qualitätsmethoden QFD und FMEA.* Doktorarbeit, Fakultät V – Verkehrs- und Maschinensysteme, Technische Universität Berlin, Juli 2004.

[Swi03] SWIFT, MICHAEL M.; BERSHAD, BRIAN N.; LEVY, HENRY M.;: *Improving the reliability of commodity operating systems.* In: *Proceedings of the 19th ACM symposium on Operating systems principles (SOSP 2003)*, Seiten 207–222, 2003.

[Syr05] SYRJAKOW, MICHAEL: *Simulationstechnik.* Vorlesungsskript, Berufsakademie Mannheim, Universität Karlsruhe (TH), 2005.

[Szc07] SZCZERBICKA, HELENA: *Einführung in die Diskrete Simulation.* Vorlesungsskript, Institut für Systems Engineering, Leibniz Universität Hannover, 2007.

[Tes08] TESEON – COMPLEXITY UNDER CONTROL: *LOOMEO*. Teseon GmbH, 2008. `http://www.teseon.com/`.

[Tic98] TICHY, WALTER F.: *Should computer scientists experiment more? 16 reasons to avoid experimentation*. IEEE Computer, 31(5):32–40, 1998.

[Tic07] TICHY, WALTER F.: *Die Rolle der Empirie in der Softwaretechnik*. Software Process Improvement and Quality (SPIQ) e.V., Juli 2007.

[Tre96] TRETMANS, JAN: *Conformance testing with labelled transition systems: implementation, relations and test generation*. Computer Networks and ISDN Systems, 29(1):49–79, Dezember 1996.

[TUM09] TU MÜNCHEN, BMW GROUP FORSCHUNG UND TECHNIK. MUNICH CENTER OF AUTOMOTIVE RESEARCH. CAR@TUM: *IT-Motive 2020 – Option einer neuen E/E-Architektur*, Februar 2009.

[Ung09a] UNGERMANN, JOCHEN; HAMMER, BERNHARD; SIEGWART, ROLAND: *Entwicklung eines Planungsstandards für die Gesamtfahrzeugerprobung unter Einbeziehung von Erprobungs- und Gewährleistungsdaten*. In: *14. VDI-Fachtagung – Erprobung und Simulation in der Fahrzeugentwicklung. Mess- und Versuchstechnik*, Juni 2009.

[Ung09b] UNGERMANN, JOCHEN; HAMMER, BERNHARD; SIEGWART, ROLAND: *Variantenoptimale Versuchsplanung in der Gesamtfahrzeugerprobung*. In: *24. VDI-Fachtagung – Technische Zuverlässigkeit 2009. Entwicklung und Betrieb zuverlässiger Produkte*, April 2009.

[V-M08] V-MODELL XT: *Das V-Modell XT – Der Entwicklungsstandard für IT-Systeme des Bundes*. Entwicklungsstandard, Bundesministerium des Innern, 2008. `http://www.v-modell-xt.de/`.

[Val07] VALIDAS AG: *Absicherungsnähe*. Firmeninterne Publikation, Mai 2007.

[Ver96] VERBAND DER AUTOMOBILINDUSTRIE (VDA): *Sicherung der Qualität vor Serieneinsatz*. VDA-Empfehlung Band 4, Teil 2, 1996.

[Ver05] VERBAND DER AUTOMOBILINDUSTRIE (VDA): *Langzeitarchivierung nicht zeichnungsbasierter, digitaler Produktdaten – Übersicht, Anforderungen und generelle Empfehlungen*. VDA-Empfehlung 4958 Teil 1, Juni 2005.

[Vig04] VIGENSCHOW, UWE: *Objektorientiertes Testen und Testautomatisierung in der Praxis: Konzepte, Techniken und Verfahren*. Dpunkt, September 2004.

[Weg01] WEGENER, JOACHIM: *Evolutionärer Test des Zeitverhaltens von Realzeit-Systemen*. Doktorarbeit, Humboldt-Universität Berlin, 2001.

[Wel47] Welch, B.L.: *The generalization of Student's problem when several different population variances are involved.* Biometrika, 32:28–35, 1947.

[Wil00] Williams, Alan W.: *Determination of Test Configurations for Pair-Wise Interaction Coverage.* In: *Testing of Communicating Systems: Tools and Techniques, IFIP TC6/WG6.1 13th International Conference on Testing Communicating Systems (TestCom 2000),* August–September 2000.

[Wil01] Williams, Alan W.; Probert, Robert L.: *A Measure for Component Interaction Test Coverage.* In: *Proceedings of the ACS/IEEE International Conference on Computer Systems and Applications (AICCSA '01),* Seite 304, 2001.

[Wil02a] Williams, Alan W.: *Software Component Interaction Testing: Coverage Measurement and Generation of Configurations.* Doktorarbeit, University of Ottawa, 2002.

[Wil02b] Williams, Alan W.; Probert, Robert L.: *Formulation of the Interaction Test Coverage Problem as an Integer Program.* In: *Proceedings of the IFIP 14th International Conference on Testing Communicating Systems,* Seite 283, 2002.

[Wil04] Williams, Jamie J.: *Test Case Management of Product Line Points of Variability.* In: *Proceedings of the International Workshop on Software Product Line Testing (SPLiT 2004),* Seiten 66–77, August 2004.

[Win05] Winkler, Franz: *Theoretische Informatik – Formale Grundlagen der Informatik 2.* Skriptum, Institut für Symbolisches Rechnen, Johannes Kepler Universität Linz, 2005.

[Wis87] Wishart, David: *Clustan Version 4.* Benutzerhandbuch, Clustan Ltd., 1987.

[Wol01] Woltereck, Martin: *Dynamische Zuverlässigkeitsanalyse mit anlagenspezifischen Störfallsimulatoren.* Doktorarbeit, Technische Universität München, 2001.

[Wol04] Woltereck, Martin; Hauschild, Jan; Meyna, Arno: *Dynamic Reliability Analysis for Automotive Applications.* In: *Proceedings of European Safety and Reliability Conference ESREL 2004,* Seiten 185–197, Berlin, Germany, 2004.

[Won94] Wong, W. Eric; Horgan, Joseph R.; London, Saul; Mathur, Aditya P.: *Effect of test set size and block coverage on the fault detection effectiveness.* In: *Proceedings of the 5th International Symposium on Software Reliability Engineering,* Seiten 230–238, 1994.

[Zen04] Zeng, Hui; Zhang, Wendy; Rine, David: *Analysis of Testing Effort by Using Core Assets in Software Product Line Testing.* In: *Proceedings of the International*

Workshop on Software Product Line Testing (SPLiT 2004), Seiten 1–6, August 2004.

[Zet09] ZETTL, JOHANNES: *Risikoanalyse und -optimierung zur Bestimmung einer Absicherungsstrategie für Elektronikkomponenten im Automobil*. Diplomarbeit, Institut für Operations Research, Universität Karlsruhe (TH), März 2009.

[Zie02] ZIEZOLD, HERBERT: *Die Faustregel* $np(1-p) \gtrapprox 9$. Stochastik in der Schule, 22(1):13–15, 2002.

[Zim06] ZIMMERMANN, WERNER; SCHMIDGALL, RALF: *Bussysteme in der Fahrzeugtechnik*. ATZ/MTZ Fachbuch, April 2006.

Stichwortverzeichnis